2015年版

发电企业
节能降耗技术

FADIANQIYE

JIENENGJIANGHAO JISHU

西安热工研究院　编著

中国电力出版社
CHINA ELECTRIC POWER PRESS

内容提要

本书以提高火电机组安全运行的经济性和可靠性、提高能源转化利用率、减少污染物排放为目标，深入阐述了多种火力发电厂节能降耗技术，并结合相应的改造实例，给出了技术经济评价。

全书共分 15 章，主要内容包括火力发电厂能耗现状与节能技术措施、火力发电机组热力系统节能理论、火力发电厂节能评估、火电机组的运行优化调整、锅炉运行优化调整、燃煤安全高效洁净掺烧、脱硫装置节能运行、电除尘器节能、风机节能、火力发电厂节约燃油技术、汽轮机通流部分改造、汽轮机辅机节能诊断和运行优化、热力系统的节能改造、火力发电厂节水和信息化在火力发电厂节能降耗中的应用等。

本书内容新颖、材料丰富、覆盖面广、信息量大，适合从事火力发电厂节能降耗管理、监督及运行工作的人员阅读，也可供相关技术人员使用。

图书在版编目（CIP）数据

发电企业节能降耗技术／西安热工研究院编著 . —北京：中国电力出版社，2010.2（2015.3 重印）
ISBN 978-7-5123-0031-6

Ⅰ.①发…　Ⅱ.①西…　Ⅲ.①发电厂-节能-技术　Ⅳ.①TM621

中国版本图书馆 CIP 数据核字（2010）第 006420 号

中国电力出版社出版、发行

（北京市东城区北京站西街 19 号　100005　http://www.cepp.sgcc.com.cn）
北京丰源印刷厂印刷
各地新华书店经售

*

2010 年 2 月第一版　2015 年 3 月北京第三次印刷
787 毫米×1092 毫米　16 开本　20.75 印张　501 千字
印数 5001—6000 册　定价 **58.00** 元

前 言

能源是人类社会赖以生存和发展的重要物质基础。我国的人均能源资源拥有量较低，其中，煤炭和水力资源人均拥有量相当于世界平均水平的 50%，石油、天然气人均资源量仅为世界平均水平的 1/15。我国尚处在工业化、城镇化加快发展的历史阶段，高耗能产业在经济增长中仍将占有较大比重，转变能源生产和消费模式，提高能源效率，减少能源消耗，是一项长期而艰巨的任务。节约资源是我国的基本国策，"十一五"规划纲要把"十一五"时期单位 GDP 能耗降低 20% 左右作为约束性指标。

电力工业既是二次能源生产行业，又是一次能源消费大户。火力发电工业能源消耗量大，煤炭消耗量占全国产煤量的一半以上。2008 年，我国电力工业全国平均供电煤耗为349g/kWh，与世界先进水平（1999 年）相差约29g/kWh；生产厂用电率为5.87%，与世界先进水平（1999 年）相差约 2 个百分点。电力工业节能构成了我国节能工作的重要组成部分，通过指导电厂加强用能管理，采取技术上可行、经济上合理、符合环境保护要求的措施，可以减少电力生产过程中各个环节的损失和浪费，更加合理、有效地利用能源，减少污染物和温室气体排放量。

西安热工研究院以提高火电机组安全运行的经济性和可靠性、提高能源转化利用率、减少污染物排放为目标，近年来投入了大量人力、物力，针对火力发电厂生产过程中各个环节普遍存在不同程度的能量损失问题进行调查、研究，研发出大量节能降耗的新技术、新方法，取得了一定的技术成果。这些技术和成果的应用对改善火力发电厂的节能降耗状况起到了积极的促进作用。为了及时总结火力发电厂节能降耗技术的发展趋势，交流和研讨火力发电厂节能降耗技术研究的最新成果与动态，进一步推动节能降耗技术在发电企业中的应用，西安热工研究院在多次成功举办发电企业节能降耗技术高级研修班的基础上，广泛听取发电企业的意见和建议，组织相关行业专家对培训教材进行深度加工、整理并审核了本书。

本书第一章由赵毅编写，第二章由严俊杰编写，第三章由于新颖、梁昌乾编写，第四章由朱立彤编写，第五章由张广才编写，第六章由姚伟编写，第七章由何育东编写，第八章由张滨渭编写，第九章由刘家钰编写，第十章由徐党旗编写，第十一章由肖俊峰、宁哲编写，第十二章由居文平编写，第十三章由宋文希编写，第十四章由杨宝红编写，第十五章由王智微编写。本书由赵毅任主编、杨寿敏任副主编，杨寿敏担任总核稿，王西生担任组织协调工作，汪德良、朱宝田、安敏善、赵宗让、何红光、于新颖、王春昌、聂剑平、宁哲、宋文希、胡洪华、祁君田、董康田、王生鹏对相关章节进行了核稿，刘英雄对总体结构及章节布局提出了建设性建议，柴华强承担了策划、组稿、协调及后期的统筹工作。

本书展示了火力发电厂节能降耗技术的最新成果，也包含了西安热工研究院在火力发电厂节能降耗技术领域的研究心得和宝贵的实践经验。本书内容新颖、材料丰富、覆盖面广、信息量大，可供国内电力行业的管理和专业技术人员，特别是关注火力发电厂节能降耗技术的相关读者了解火力发电厂节能降耗技术，具有重要的参考价值和工程应用价值。

　　本书将会对火力发电厂节能降耗技术在我国的推广应用起到一定的促进作用。

　　本书在编写过程中，得到西安热工研究院及相关专业技术部门、业务管理部门的大力支持，西安交通大学严俊杰教授也给予大力支持，在此一并致谢。

　　本书在使用过程中将根据技术的发展不断扩充、修正和完善。对于本书中的缺点与不足之处，欢迎读者不吝赐教。

编委会

2009 年 12 月

目 录

第 一 章

火力发电厂能耗现状与节能技术措施

能源匮乏与环境承载能力弱是中国经济发展面临的最大难题。随着我国工业化、城镇化的快速发展，能源供需矛盾和环境问题更显突出。因此，节能降耗既是我国经济社会发展的一项长远战略方针，也是当前一项紧迫任务。我国已经明确"十一五"期末单位国内生产总值能源消耗要比"十五"期末降低 20%，将节能降耗目标与经济增长目标放在了同等重要的位置。

火力发电既是二次能源生产行业，也是一次能源的消费大户，我国电力工业的发展趋势及其能耗状况将在宏观层面对我国的一次能源利用战略产生重大影响。因此，针对我国一次能源结构特点及其利用现状，以及电力工业的发展趋势和能耗水平，本书系统客观地分析了目前我国火力发电厂在一次能源利用与转化方面存在的问题，从电力工业宏观结构、企业技术管理及发电机组技术水平层面提出了相应的节能技术措施，以期对发电厂节能降耗进行技术指导。

第一节 我国一次能源结构特点

我国煤炭资源总量为 5.6 万亿 t，其中已探明储量为 1 万亿 t，占世界总储量的 11%，技术可开采储量 1800 亿吨。而石油仅占世界储量的 2.4%，天然气仅占世界储量的 1.2%。因此，在我国的一次能源结构中，煤炭显然占据着主导地位。

近几年，我国一次能源消费总量随着 GDP 的增长而大幅度增长。2006 年，一次能源消费总量达到 24.6 亿 t 标准煤，2007 年消费总量达到 26.5 亿 t 标准煤，2005 ~ 2007 年三年的平均增长速度为 9.3%。但是，受一次能源结构的制约，长期以来，煤炭在我国一次能源生产和消费中的比例一直在 70% 左右，始终占主导地位，并且随煤炭产量的增加而增长，如图 1 - 1 和图 1 - 2 所示。预计在今后 30 ~ 50 年内，煤炭在我国一次能源构成及一次能源消费中的主导地位不会改变。

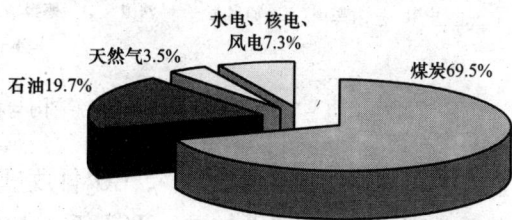

图 1 - 1 煤炭在我国一次能源消费中的比例（2007 年）

与世界主要国家比较，我国以煤为主的一次能源消费结构不尽合理。目前，世界煤炭在能源结构消费中平均水平为 28.6%，其中美国为 24.3%，俄罗斯为 13.7%，德国为

图 1 - 2　我国一次能源消费量的增长

27.7%，见图 1 - 3。同时，我国的能源利用效率与世界先进水平相比也存在较大差距，单位 GDP 能耗高于世界平均水平 3 倍，其中比美国高 4.3 倍，比日本高 8.6 倍，比德国高 5.2 倍；单位 GDP 电力消耗比世界平均水平高 2.7 倍，比北美地区高 3.2 倍，比欧洲地区高 3.6 倍，并且比印度高 33%；我国火电厂的平均热效率为 33% ～ 35%，而发达国家为 40% 以上，相差 5 ～ 7 个百分点；工业锅炉平均效率为 60% ～ 65%，发达国家效率为 80% 以上，相差 15 ～ 20 个百分点。

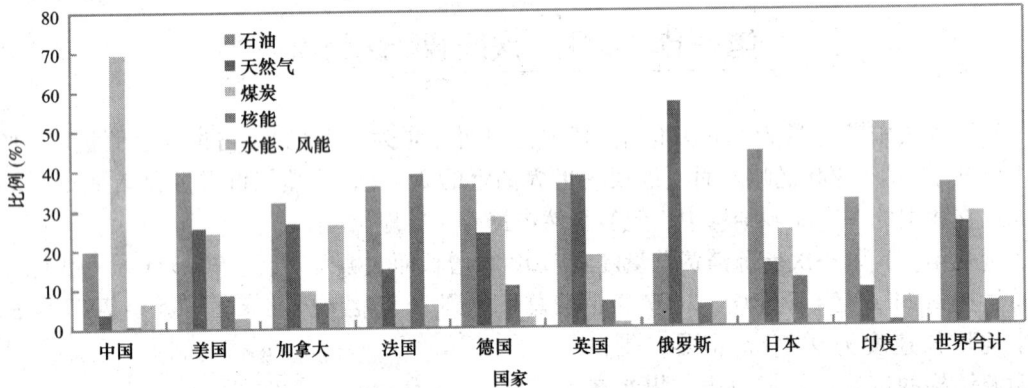

图 1 - 3　我国一次能源消费结构与世界主要国家的比较（2007 年）

我国的煤炭消耗量为世界第一，CO_2 排放量居世界第二位，因能源利用效率低，致使污染物排放治理的成本也日益加重。2007 年，我国 SO_2 排放总量 2321 万 t，其中电力、热力生产排放 1147 万 t，占 49.4%，较 2005 年比例下降了 2.6 个百分点。预计 2010 年我国 SO_2 排放总量达 3200 万 t，2020 年为 3500 万 t。一次能源消费结构不合理、能源利用效率低和环境污染加剧，已成为制约国民经济及社会可持续、协调发展的主要瓶颈之一。因此，提高一次能源利用效率，特别是燃煤发电效率，对节约资源、改善环境、促进经济及社会可持续发展具有重要的意义，也是一项十分艰巨的任务。

第二节　我国电力发展趋势与能耗现状

近年来，我国煤炭及电力生产大幅度增长，2006～2008 年电力生产的平均增长速度为 18.6%。2008 年全国总发电量达到 3.433 4 万亿 kWh，其中火力发电量约占全部发电量的 80.95%，在电力生产中占主导地位。2002～2008 年煤炭产量年均增长 13.41%，其中发电与热电联产用煤约占原煤产量的 50%。2008 年原煤产量达到 27.16 亿 t，发电与热电联产用煤 13.4 亿 t，占 49.34%。因此，为进一步提高燃煤发电的效率，节能降耗十分重要。

一、发电装机容量及发电量构成

近年来，我国电力持续快速发展，"十五"期间发电装机容量增长 60%，平均年增长 10%。

"十一五"前三年，装机容量每年增长量达 1 亿 kW，截至 2008 年底，全国总装机容量达到 7.925 3 亿 kW，同比增长 10.34%，其中火电总装机容量为 6.013 2 亿 kW，水电总装机容量为 1.715 2 亿 kW，核电总装机容量为 907.8 万 kW，风电总装机容量为 1324.22 万 kW。截至 2009 年底，全国总装机容量达 8.740 7 亿 kW，同比增长 10.23%。其中，火电为 6.520 5 亿 kW，占总容量的 74.60%；水电为 1.967 9 亿 kW，占总容量的 22.51%。

"十五"期间及"十一五"前三年，我国火电机组装机容量增长与总装机同比增长，一直占总装机容量的 75% 左右，火力发电量约占全国总发电量的 80% 以上，而火力发电的 95% 是燃煤发电，见图 1-4。

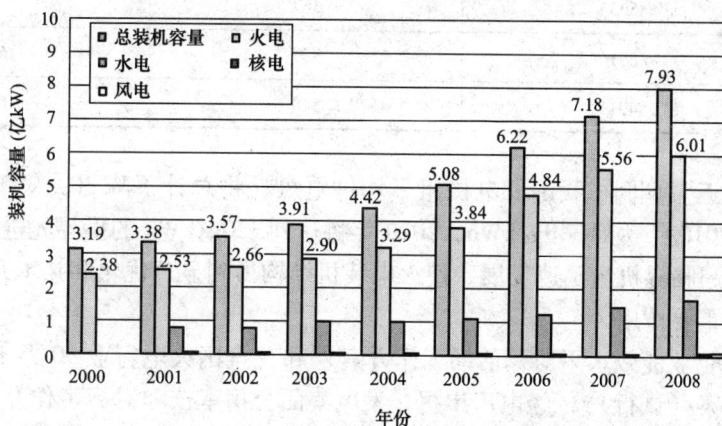

图 1-4　我国发电总装机容量及其构成

目前，随着国家"上大压小"政策的实施，火电机组的装机结构逐步优化。2008 年，全国 300MW 及以上火电机组的装机容量比例达到 61.5%，已成为我国火力发电的主力机型。但是，100MW 及以下小火电机组的装机容量仍有 1 亿 kW 左右，约占火电总装机容量的 16.6%，平均供电煤耗高达 460g/kWh 以上，其中大部分为单机容量 50MW 及以下的小火电机组，见图 1-5。

比较我国与几个主要发达国家的装机结构，美国 2007 年总装机容量为 1087.79GW，其

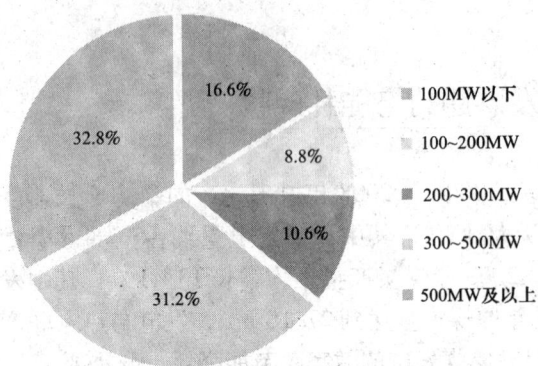

图1-5 我国火电机组的容量结构（2008年）

中燃煤机组占30.89%、燃油机组占5.74%、天然气机组占41.31%、核电机组占9.72%、水电机组占7.14%、风电机组占1.53%、抽水蓄能机组占1.87%、地热发电机组占0.30%、太阳能发电机组占0.05%；日本2006年总装机容量为238.43GW，其中燃煤机组占16%、燃油机组占19%、天然气机组占25%、核电机组占21%、水电机组占19%、地热发电机组占0.52%。而我国是以燃煤发电为主，2008年底全国总装机容量792.53GW，其中火电装机占75.87%，而在火电机组中，燃煤机组容量占95%以上。因此，提高燃煤发电效率、节能降耗是当前我国发电企业最主要和最紧迫的任务。

二、火电厂能耗指标

在发电企业的不懈努力下，"十五"期间我国火电机组供电煤耗下降了22g/kWh，平均每年下降4.4g/kWh，2005年全国火电机组平均供电煤耗为370g/kWh；至2008年，全国火电机组平均供电煤耗已降为349g/kWh，见表1-1。

表1-1 近年火电机组主要能耗指标

年份	利用小时（h）	供电煤耗（g/kWh）	发电厂用电率（%）
2005	5876	370	6.80
2006	5633	367	6.77
2007	5316	357	6.75
2008	4911	349	6.84

预计"十一五"期间，我国发电机组平均供电煤耗将总计下降30g/kWh，平均每年下降6g/kWh；到2010年达到340g/kWh，2020年将达到320g/kWh的世界先进水平。近几年，随着超临界及超超临界机组迅速发展，使火电装机结构得到显著优化和技术升级，对火电厂节能降耗发挥了重要作用。

按照《火电企业能效水平对标活动工作方案》和《全国火电行业30万千瓦级机组能效水平对标技术方案（试行）》，经电厂申报、发电集团公司审核和对标工作办公室综合分析，中电联公布了2009年全国火电300、600～1000MW级火电机组主要能效指标对标结果，见表1-2～表1-5。

表1-2 2009年300MW级机组供电煤耗对标结果

分类条件	统计台数	供电煤耗（g/kWh）			
		平均值	最优值	前20%先进值	前40%先进值
国产纯凝	217	337.47	315	324.2	326.43
进口纯凝	52	327.64	306.83	316.68	319.8

分类条件	统计台数	供电煤耗（g/kWh）			
		平均值	最优值	前20%先进值	前40%先进值
供热	65	336.55	301.52	320.46	327.63
空冷	13	356.22	346.84	—	—
300～335MW 纯凝湿冷机组	240	336.45	314.84	324.52	328.51
350～380MW 纯凝湿冷机组	46	326.04	306.83	315.79	318.61

表 1-3　　　　2009 年 300MW 级机组生产厂用电率对标结果

分类条件	统计台数	厂用电率（%）			
		平均值	最优值	前20%先进值	前40%先进值
空冷	13	8.57	7.6	—	—
湿冷	321	5.88	3.02	4.27	4.71

表 1-4　　　　2009 年 600～1000MW 机组供电煤耗对标结果

分类条件	统计台数	供电煤耗（g/kWh）			
		平均值	最优值	前20%先进值	前40%先进值
俄（东欧）制机组	8	328.68	322.09	—	—
空冷机组	23	346.98	334.70	336.86	338.60
超超临界机组	7	300.18	293.10	—	—
超临界机组（湿冷）	81	315.14	299.77	306.04	313.18
亚临界机组（湿冷）	68	324.19	311.35	316.89	318.83

表 1-5　　　　2009 年 600～1000MW 机组生产厂用电率对标结果

分类条件	统计台数	厂用电率（%）			
		平均值	最优值	前20%先进值	前40%先进值
湿冷机组	166	5.18	3.24	4.31	4.56
闭式机组	81	5.27	4.19	4.50	4.69
开式机组	85	5.10	3.24	4.14	4.45
空冷机组	23	7.50	4.62	4.87	5.81

三、火电厂节能降耗现状

1. "上大压小"节能效果

从 2005～2008 年，600MW 及以上大容量高效燃煤机组新增装机容量 13 553 万 kW，该容量等级机组在全国火电总装机容量中的比例增加了 18.37 个百分点。2006 年，全国关停小火电机组 313.98 万 kW。2007 年 1 月，国务院下发了《国务院批转发展改革委、能源办关于加快关停小火电机组若干意见的通知》（国发［2007］2号），随后，国家提出了"十一五"期间全国关停小火电机组5000万kW，2007年关停小火电机组1000万kW的目标。据国家电力监管委员会（电监会）2007年度和2008年度的《电力监管年度报告》，2007年我国关停小火电机组共553台，容量1438万kW（平均供电煤耗483g/kWh）；2008年关停小火电机组1669万kW。据电监会2009年7月公布的数据，2009年上半年全国关停小火电机组1989万kW。"十一五"期间已累计关停5407万kW，提前一年半完成计划关停目标。

"上大压小"项目的实施，使电源结构得到明显改善，对节能减排具有重要意义。经测算，"十一五"期间已关停的5407万kW小火电机组所减少的发电量由大容量机组替代，相当于每年减少原煤消耗7069万t，减少二氧化硫排放109万t，减少二氧化碳排放14 138万t。

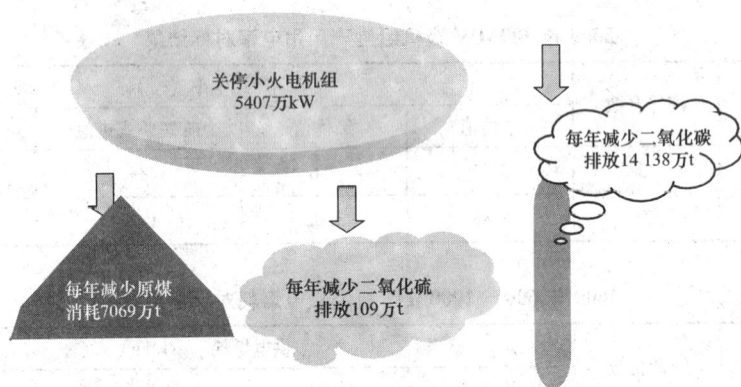

图1-6　2006～2009年6月关停小火电机组的成效估算

2. 政策推进热电联产发展

热电联产是一种能源利用效率高、经济效益好的采暖供热方式。按照我国能源发展"十一五"规划，要"大力推进热电联产、热电冷联产和热电煤气多联供"。

近年来，随着我国城镇化步伐加快，城市建设规模不断扩大，北方城市居民冬季采暖的需求量日渐增大。在这种形势下，各地纷纷申报热电联产项目，以满足城市供热的需求。据不完全统计，仅2006年，各地上报国家发改委热电项目共计131项，总装机规模约5135万kW。

除新建机组外，现役机组供热改造发展迅速。20世纪七八十年代投运的凝汽式机组，发电效率低、资源浪费大。因此，将其中一部分具备条件的现役凝汽式机组改造为热电联产机组，充分利用现有电源资源，既可以提高能源利用效率，又可以尽快地满足热力需求。

3. 现役机组节能技术的普遍应用

"十一五"期间，尤其是2008年，随着我国电煤供应紧张、价格上涨，现役燃煤机组的节能减排工作在全国范围内全面展开，节能降耗技术得到了广泛应用，机组能耗指标显著下降。重点开展的节能降耗工作有：① 火电厂节能评估工作不断加强，应用机组更加广泛；② 300MW及以上国产汽轮机通流改造技术逐步推广应用；③ 弹性可调汽封、蜂窝汽封、"王常春"汽封普遍采用，及近期在国内出现的刷式汽封也得到了应用；④ 开展冷端运行方式优化，提高凝汽器真空，降低循环水泵耗电率；⑤ 凝结水泵变频改造；⑥ 循环水泵高低速改造或变频改造；⑦ 热力及疏水系统优化改进；⑧ 为适应煤质变化的要求，混煤掺烧得到重视；⑨ 通过锅炉燃烧优化调整，确定合理的一、二次风配比，一次风速，配煤配风方式，煤粉细度及过剩空气系数等，确定锅炉燃烧系统的最佳运行参数，并提供不同负荷下过剩空气系数、风煤比曲线等，用以指导锅炉优化运行；⑩ 采用等离子点火节油技术、微油点火技术，节约助燃油消耗；⑪ 实施各类风机局部叶轮改造、动静叶可调、变频改造或高低速改造，提高风机运行效率，避免风机失速颤振；⑫ 电除尘器供电电源改造，实现除尘器运行方式优化；⑬ 脱硫装置运行方式优化，降低脱硫装置耗电率；⑭ 推广应用火电厂SIS 系统和节能调度系统，通过对火电厂生产过程的实时监测和分析，实现对全厂生产过程的优化控制和全厂负荷优化调度。

4. 发电行业节能降耗存在的主要问题

（1）电源结构方面。受一次能源结构特点的影响，我国发电装机中火电装机容量比重偏大，其容量和发电量分别占 75% 以上及 80% 以上；水电、核电、风电、可再生能源发电比重偏小，特别是核电发展缓慢，只占 1.23%。

（2）火电装机结构方面。统计数据显示，2008 年，100MW 及以下小机组仍占火电装机容量的 16.6%。与超超临界机组相比，100MW 以下小机组能耗指标落后，煤耗约高 120g/kWh。超临界和超超临界机组、供热机组、燃气—蒸汽联合循环机组所占比例仍有待提高。此外，我国洁净煤发电技术发展也较缓慢，如整体煤气化联合循环发电技术（IGCC）目前尚处于研究开发及示范阶段。

（3）火电厂设计及设备性能方面。火电厂热力系统未进行充分优化设计，主辅机选型及热力系统设计没有达到最佳。由于火电设备的设计水平、制造水平、安装质量等原因，使国产机组运行性能达不到同等进口机组水平，效率普遍低于设计保证值，200MW 机组效率差5%～7%，早期投产引进型 300MW 机组效率差 2%～5%，国产 600MW 超临界机组效率差约 1%～2.5%。

（4）运行管理方面。部分电厂运行管理水平不高，实际运行煤耗普遍高于性能考核试验值 2%～4%；普遍存在煤质特性变化大、汽轮机通流部分间隙大、凝汽器真空差、热力系统汽水损失大、运行方式不合理、能耗计量和统计不准确、负荷率低等问题。

第三节　火力发电厂节能的主要技术措施

一、优化火电结构

1. 发展大型高效燃煤机组

对燃煤机组，在相同的技术条件下，主蒸汽压力每提高 1MPa，机组热耗率下降约0.13%～0.15%；主蒸汽温度每提高 10℃，机组热耗率下降约 0.25%～0.30%；再热蒸汽温度每提高 10℃，机组热耗率下降约 0.15%～0.20%。

现阶段，超超临界参数机组（26.25MPa/600℃/600℃）的热耗率比常规超临界参数机组（24.2MPa/538℃/566℃）低约 2.5%，比亚临界参数机组（16.7MPa/538℃/538℃）低约 4%～5%。超超临界机组效率比高压机组效率高 12%，煤耗低约 39%。因此，加快建设高参数、大容量燃煤发电机组，逐步淘汰低参数小机组是最有效的节能措施。

2. 发展热电联产机组

发展热电联产机组，提高能源利用效率，是我国重要的能源政策。在以工业热负荷为主的地区，因地制宜建设以供热为主的背压机组；在采暖负荷集中或发展潜力较大的地区，建设 30 万 kW 等级高效环保热电联产机组；在中小城市建设以循环流化床锅炉为主的热电煤气三联供机组，以洁净能源作燃料的分布式热电联产和热电冷联供，将分散式供热燃煤小锅炉改造为集中供热。计划到 2010 年，使"城市集中供热普及率由 30% 提高到 40%，新增供暖热电联产机组超过 4000 万 kW，年可节能 3500 万 t 标准煤以上。"

在我国大中型城市、较大的县城周边，现役的燃煤机组，特别是工业和采暖热负荷相对较大的大中型城市周边 15km 范围，容量在 135MW 及以上的现役纯凝汽燃煤机组，实施供热改造和以高参数、大容量供热机组替代老、小机组等方式，实现城市集中供热。

3. 发展清洁煤发电技术

更高参数（700℃）超超临界火力发电（USC）、整体煤气化联合循环发电（IGCC）、超临界循环流化床锅炉（CFBC）、增压循环流化床锅炉、绿色煤电技术（Greengen，即煤气化制氢、氢燃料电池发电及富氢燃气轮机联合循环发电，实现二氧化碳近零排放）等清洁发电技术，具有能源利用效率高、污染物（包括二氧化碳）排放量低的优势，将是今后火力发电技术的主流发展方向。目前这些技术还处于商业示范阶段，由于其成本较高，大规模发展应用还需一定时日。

4. "上大压小"，加快关停小火电机组

2007 年，全国 100MW 以下小火电机组装机容量约 1 亿 kW，占火电装机容量的 23%，供电煤耗在 460g/kWh 以上，严重影响"十一五"节能降耗和污染减排目标的实现。

对此，国务院"国发〔2007〕2 号"文件明确关停范围：50MW 以下；运行满 20 年、单机容量 100MW 级以下；已到设计寿命服役期、单机 200MW；供电标准煤耗高于全国平均 15% 或当地 10% 的低效机组。

2007～2010 年，全国要关停燃煤小机组 50 000MW 以上，用平均供电煤耗 315g/kWh 的新建高效机组取代 50 000MW 煤耗 460g/kWh 的小机组，可使供电煤耗降低 11g/kWh 以上，每年可节约 5000 万 t 以上标准煤、减排 160 万 t 以上二氧化硫。仅此一项，可完成全国节能减排目标的 1/5。

二、火电厂设计优化

目前，国外发电企业在积极推行业主主导发电厂设计的模式，使设计充分发挥生产、建设和科研机构的综合优势，通过电厂概念设计优化各系统及设备。如德国 Niederaussem 电厂 K 号 1000MW 褐煤机组，通过采取各种设计优化措施，使机组净效率由 35.5% 提高到 45.2%，提高了 9.7 个百分点（其中：提高蒸汽参数使机组效率提高 1.6 个百分点，采用高效汽轮机使机组效率提高 2.3 个百分点，减少辅机耗功使机组效率提高 1.5 个百分点，系统优化设计使机组效率提高 1.6 个百分点，提高冷端效率使机组效率提高 1.4 个百分点，废热回收利用使机组效率提高 1.3 个百分点）。

消化吸收国内外现代化大型火电厂先进可靠的成熟设计优化技术和成功经验，采用节能新技术、新产品、新工艺以及节能降耗与环保新技术，通过对火电机组的系统设计、参数匹配和设备选型进行优化，可进一步提高火电厂效率，降低工程造价，使火电厂设计指标达到领先。

总结火电厂设计和技改经验，及时修订设计技术标准、规程与规范，不断完善并应用于火电厂工程项目建设。

三、综合节能评估技术

火电厂生产过程中各环节均存在不同程度的能量损失。为发现问题、挖掘节能潜力，应首先对电厂进行全面的节能评估和诊断，确定各种能量损失的大小，分析其产生的原因，确定是否为可控损失和部分可控损失，评估各个环节节能潜力，有针对性地分类提出各项节能降耗措施和途径，指导电厂通过加强运行管理、技术改造、设备检修维护、设备消缺、应用节能新技术等手段提高效率，降低能耗，为科学制定降耗措施提供依据。节能评估还可以及时发现设计、制造、安装过程中存在的各种问题，是火电厂节能降耗的一项基础性工作。

实施综合节能评估技术，需由有经验的专家组成评估小组，按照统一的评估标准，通过现场勘察、运行数据分析、试验诊断等方法，对影响机组能耗的各种因素进行定量分析和分类排序（包括可控损失、部分可控损失和不可控损失），分类提出各项节能降耗措施和途径，并预测节能效果。

四、机组运行优化技术

1. 锅炉燃烧优化调整

锅炉热效率损失主要是排烟损失（q_2）与机械不完全燃烧损失（q_4）。排烟损失取决于排烟温度和排烟氧量，机械不完全燃烧损失主要取决于飞灰含碳量。飞灰含碳量每增加 3%～5%，影响锅炉效率约 1 个百分点。300MW 及以上容量电站燃煤锅炉，排烟温度每升高 10℃，锅炉效率大约降低 0.5 个百分点，影响供电煤耗约 1.7g/kWh。

通过锅炉燃烧优化调整，确定合理的一二次风煤配比、一次风速、配煤配风、煤粉细度及过量空气系数等，使锅炉在最佳氧量与经济煤粉细度下运行，保证煤粉稳定着火、燃烧完全、减少漏风，并提供不同负荷下过量空气系数、风煤比曲线等，用以指导锅炉优化运行，实现优化燃烧。电厂应定期进行锅炉在不同负荷运行条件下的燃烧优化调整试验，特别是在煤种变化和锅炉大修后都应进行必要的调整试验，以使锅炉在调整后的最佳参数下运行。

2. 锅炉混煤掺烧

我国煤炭资源丰富，发电用煤包括烟煤、劣质烟煤、贫煤、褐煤及无烟煤等各种煤种。由于各种煤之间的特性差异明显，即使同一种煤，随产地、矿点、地质条件及开采、运输、储存等条件的不同，其煤质特性也有差别，再加上实际用煤时，一些电厂还掺烧各类洗中煤和煤矸石等劣质燃料，增大了进炉煤质的变化幅度，使煤质进一步偏离了设计煤种，对锅炉的安全经济性运行造成重大影响。

解决该问题的一个有效途径就是应用合理的混煤掺烧技术。调研发现，我国大多数电厂没有完善的混煤措施，机组投产运行后对煤场混煤的组织管理工作不够重视，缺乏科学的混煤手段，因混煤不良而影响锅炉安全经济运行的问题较普遍。国内长期以来对电站混煤掺烧技术开展了系统研究，积累了丰富的煤质特性与掺烧数据，建立了数据库系统，并开发出变更煤种及混烧决策系统软件，已成功应用于绥中电厂 800MW 机组、沙角 C 电厂 660MW 机组、营口电厂 600MW 机组、新华电厂 330MW 机组等数十家电厂的机组上。

3. 汽轮机组优化运行

汽轮机组优化运行是以汽轮机及其辅机的运行优化试验为基础，以最优化理论为指导，在现有的设备、负荷和系统条件下，依据汽轮机的实际运行情况，确定汽轮机组运行的基础工况和基准工况，以获得汽轮机组在不同负荷下较高的运行效率，提高机组经济性，降低机组供电煤耗，同时为实现机组的在线性能监测和优化管理提供必要依据。主要试验包括：

(1) 定、滑压运行试验。在不同负荷下选择汽轮机组不同的主蒸汽参数进行一系列对比试验，确定汽轮机相对内效率 η_i 和循环热效率 η_t 的变化对机组经济性的影响，寻找更为合理、经济的定、滑压运行曲线，为确定汽轮机的最佳运行方式和提高机组运行经济性提供科学依据。

(2) 给水泵运行方式试验。给水泵运行方式的优化调整试验是在不同负荷时，结合汽轮机滑压运行试验，确定给水泵组的效率和耗汽（电）量，通过技术经济比较，找出给水泵组的最佳运行方式，同时根据单台给水泵本身余量较大的特点，在低负荷工况下，进行给水泵最大出力试验，以确定低负荷下单台给水泵运行的可能性和经济性。

(3) 机组微增出力和循环水泵优化调整试验。在机组负荷和循环水温度一定的条件下，汽轮机背压随循环水流量的改变而变化，而循环水流量变化又直接影响到循环水泵的功耗。通过机组微增出力和循环水泵优化调整试验，寻求循环水泵耗功和机组微增出力之间的最佳匹配，使汽轮机背压能够保持在最经济的运行条件下。

(4) 辅机电耗及厂用电测试。在汽轮机及其辅机运行优化调整试验的同时，对各个负荷下辅助设备的耗电量逐个进行测量，并确定厂用电量，从厂用电耗的对比确认运行优化调整的效果。

4. 提高冷端系统运行性能

目前在役的 300MW 及以上容量机组中，约 50% 机组的真空达不到设计值，约 30% 机组的真空比设计值差 1～2kPa。通常，真空每降低 1kPa，供电煤耗增加约 2.5g/kWh。影响"冷端"系统性能的因素主要有：真空系统严密性差、凝汽器冷却管脏污、凝汽器热负荷大（热力系统内漏影响）、循环冷却水流量不足、抽气设备工作性能降低、冷却塔效率低等。提高"冷端"系统运行性能的措施有：

1) 提高真空严密性，对真空严密性差的机组采用停机灌水或氦质谱仪等方法进行检漏，并根据泄漏率大小及时分期、分批进行处理，保证严密性合格（真空下降率小于 0.27kPa/min）。

2) 保持凝汽器清洁（清洁度大于等于 0.8～0.85），保证凝结水水质，对冷却管内钙垢进行酸洗；正常投入凝汽器胶球清洗装置；在凝汽器入口处设置循环水二次滤网；定期清理凝汽器水室等。

3) 提高真空泵出力，试验表明，降低真空泵工作水温度或冷却水温度，可有效提高出力。

4) 提高冷却塔效率，可采用新型淋水填料、塔芯部件、除水器等。

5. 脱硫装置优化运行

我国火力发电厂目前已安装投运烟气脱硫装置的机组容量占火电装机总容量的 65% 以上，其中采用石灰石—石膏湿法烟气脱硫技术工艺约占 95% 以上。在烟气脱硫装置的实际运行中，厂用电率高和物耗量大是被普遍关注的问题。引起这些问题的主要原因有：设计选型不合理，生产管理不到位，运行方式不合理。对于设计方面的原因，只能通过技术改造消除缺陷，但受到投入资金和检修停运时间的限制，代价较大。对于生产管理方面的原因，可以通过加强生产管理加以改善。对于运行方面的原因，则可以通过制定运行优化策略、改进运行方式以达到节能降耗效果。目前，一些电厂已开展了脱硫装置运行节能技术的应用，并取得了一定的节能效果。

6. 电除尘器节电技术

燃煤电厂电除尘器电耗一般占机组额定电功率的 0.2% ～ 0.5%。在满足环保排放标准的前提下，可通过电除尘器供电电源改造，优化电除尘器运行方式及相关参数，达到高效、节电的效果。研究表明，在相同排放浓度下，双室五电场电除尘器比双室三电场电除尘器更节电。因此，对新机组除尘器选型及在役机组除尘器改造项目，应尽量考虑增加除尘器电场数和增大比集尘面积，这样既可保证除尘效率，又可降低除尘器电耗。

五、节能技术改造

1. 泵与风机变频调速技术

我国电站风机的总体技术水平已进入国际先进行列，但为满足我国火力发电的实际需求，在制造工艺、质量管理、选型设计和运行水平等方面还需进一步提高。此外，电站风机普遍存在选型不合适、运行效率低、运行可靠性较低、运行操作不合理等问题。总体来说，我国电站风机平均耗电率较高，且运行水平参差不齐，未达到风机本身应有的技术水平，节电潜力较大。

当机组负荷发生变化时，泵或风机的负荷（流量）也同时发生变化，现有机组通常采用传统的调节入口或出口阀门（挡板）进行调节，增加了系统阻力，降低了设备效率。对此，若采用变频调速技术，将阀门（挡板）调节改为转速调节，能够减少节流损失，降低轴功率，达到节电的目的。以 300MW 机组为例，当负荷（流量）降低到 70% 时，变频调速装置比传统调节节电约 60%，平均节电约 50%，且运行负荷越低，节电效果越明显。

2. 高效节能型风机和水泵

以目前在役的 300MW 燃煤机组为例，风机及水泵普遍存在流量、扬程、压头与系统不匹配，实际运行工况点偏离设计最佳工况点，使运行效率或出力达不到设计值；设计效率偏低或设计裕量偏大，造成节流损失大、运行效率较低等问题。对此，可通过采用高效叶轮、可调静叶、降低系统阻力等方法，对在役机组的风机和水泵进行节能技术改造，以提高运行效率。

3. 汽轮机通流部分技术改造

早期 200、300、600MW 机组（含引进型），由于设计技术年代较早，热耗率和缸效率偏离设计值较多。以国产 300MW 亚临界机组为例，其设计热耗在 7823kJ/kWh 左右，高压缸、中压缸、低压缸效率设计值分别在 87%、93%、88% 左右。但是，实际运行中高压缸、中压缸、低压缸效率分别低于设计值 5 个百分点、3 个百分点和 6 个百分点左右，热耗率高于设计值 5% ～ 7%。

采用先进的汽轮机设计技术（包括采用先进的叶型、全三元流设计技术、弯扭三维叶片、精确的动强度设计和精密制造技术等）进行高、中、低压缸通流部分改造，主汽和调节阀门型线改造；采用新型汽封结构（可调汽封、刷式汽封等）及汽封系统改造等，不仅可提高汽轮机效率，还可提高汽轮机通流能力和出力，同时可解决机组存在的安全可靠性问题（如高压喷嘴室变形错位、高压隔板冲刷、中压隔板静叶变形等）。

通过汽轮机通流部分改造，可使 200MW 机组效率提高约 5%，出力提高约 10%，供电煤耗能够降至 350g/kWh；可使 300MW 机组效率提高约 3%，出力提高约 10%，供电煤耗能够降至 327g/kWh。

国内 200、300MW 汽轮机通流部分改造的实践已证明，对早期设计的汽轮机采用先进的设计技术实施通流部分改造，是降低机组能耗、提高效率的有效途径。目前，国内 200MW 汽轮机已基本改造完毕，300MW 机组已有数十台汽轮机改造业绩。表 1-6 为部分 300、600MW 汽轮机通流改造的效果。

表 1-6 　　　　　　　　　国产 300MW 与 600MW 汽轮机通流改造效果

厂名	机组容量（MW）	提高出力（%）	降低煤耗（g/kWh）
西柏坡 2 号机	300	5	20
哈三 3 号机	600	—	10
平圩 1 号机	600	5	13

4. 电动给水泵改汽动给水泵

为提高机组供电能力，降低厂用电率，在一定条件下，采用汽动给水泵，可使机组效率有所提高。若汽动给水泵汽轮机效率高于电能传递效率与主机抽汽口后通流效率的乘积，则采用汽动给水泵是经济的。单元机组容量在 250～300MW 以上或给水泵的总功率在 6000kW 以上时，设计上采用汽动给水泵较为合理。但是否有必要对已有电动泵进行改造，还需要进一步研究。

5. 热力系统节能技术

机组热力系统泄漏和加热器运行端差大对经济性影响较大。热力系统泄漏，主要是系统内漏，常见泄漏包括蒸汽管道启动疏水、各种旁路系统、加热器事故疏水、辅助蒸汽系统、冗余系统的阀门泄漏等。内漏不仅造成有效能损失，还使凝汽器热负荷增加，影响机组真空和辅机电耗。国产 300MW 机组由于系统内漏，可影响煤耗约 2～5g/kWh。加热器运行端差大的原因主要是加热器在过高或过低水位甚至无水位运行、水侧和汽侧泄漏、不凝结气体聚集等。以 300MW 机组为例，若加热器上端差平均增加 2.4℃，煤耗上升约 0.7g/kWh。为解决上述问题，可采用声学测试仪、红外测温仪、点温计等逐一检测阀门内漏，或用热平衡和流量平衡方法计算系统内漏；及时维修或更换泄漏阀门、改造冗余系统。对加热器应调整加热器疏水水位，保证在正常水位运行，加热器壳侧定期放空气，排除不凝结气体，定期清洗加热器管。

6. 微油点火技术

通过特殊设计的煤粉燃烧器，使用微量的燃油（油枪出力 20～60kg/h）在一次风粉喷嘴内部点燃部分煤粉（3～6t/h），通过喷入炉膛燃烧的煤粉加热炉膛，再在炉内点燃其他喷入炉膛的煤粉气流，从而实现锅炉冷态启动、低负荷少油和微油点火助燃的目的。一台 300MW 机组，按照每年锅炉停炉 5 次，每次冷态启动按 5h 测算，常规油枪每次启动耗燃油 50t，一年启动耗油量 250t。如果采用微油点火技术，每台锅炉安装 4 只微油枪，一只微油点火油枪燃油按照 50kg/h 计算，年启动耗油量仅为 5t，节油率约为 95%。但目前这项技术尚未完全成熟，实际应用中，还需要大油枪配合，大小油枪混用，实际节油率在 50%～70%。

7. 等离子点火技术

等离子点火是利用直流电流（280～350A）在介质气压为 0.01～0.03MPa 的条件下接

触引弧，并在强磁场下获得稳定功率的直流空气等离子体，该等离子体在煤粉燃烧器中形成温度高于5000K的局部高温区，煤粉颗粒通过该等离子"火核"受到高温加热，从而迅速燃烧。等离子点火技术适用于煤粉锅炉，但对煤种、燃烧方式、制粉系统配备等有一定的要求。

8. 纯氧燃烧点火技术

纯氧燃烧点火系统的构成包括点火枪、电点火器、推进系统、火检和保护系统。点火枪中的一次燃料（燃油或天然气）与纯氧预混，经电打火点燃助燃燃料燃烧，形成的高温烟气与纯氧一次风粉混合物掺混，提升煤粉颗粒的温度并达到着火点。在持续不断的纯氧助燃下，混合物温度急剧上升，并达到能够自组织燃烧的临界条件。该技术适用于烟煤、贫煤、无烟煤及掺烧煤矸石锅炉的点火。

利用纯氧点火技术，一台300MW机组锅炉启动的费用为常规油枪点火技术的1/10，节油率为90%。

六、运行管理及优化调度

1. 对标及运行管理

（1）开展电力企业对标工作，以先进企业能耗指标作为标杆，分析本企业能耗指标实际值与先进值、设计值之间的差距，分析原因，制定相应改进目标，分解和落实改进措施。

（2）定期进行电厂生产过程能量平衡试验与能损诊断，对全厂能量分配与消耗进行全面定量分析，制定全厂综合节能降耗技术措施和管理办法。

（3）加强入厂煤、入炉煤和煤场的计量管理，加强煤质特性分析，有条件时应加装在线实时分析装置，做到计量、统计准确，减少煤热值差，要做到正反平衡数据一致。

（4）研究常用煤种的掺烧和混烧特性，确定最佳配煤比例，尽可能适应锅炉设计煤种燃烧特性要求，保证燃烧的稳定性与经济性。

（5）完善机组耗差在线分析软件或厂级信息监控系统配置，实时分析系统和设备运行性能，指导机组优化运行。

（6）定期进行不同负荷运行方式的优化调整试验，以使主机和辅机及热力系统能够在最优匹配的方式下运行。

（7）定期进行凝汽机组"冷端"系统经济性诊断试验和运行方式优化，保证机组在良好真空下运行，凝汽系统和循环冷却系统按优化匹配方式运行。

（8）在机组大修、技术改造、煤质变动后，应进行锅炉燃烧优化和制粉系统优化调整试验，提高锅炉效率、低负荷稳燃能力和降低辅机电耗。

2. 区域负荷优化调度

在区域（省）电网内按高效、环保、经济的原则调度机组负荷，优先安排高效、清洁机组多发电，减少高耗能小机组发电量，能够有效降低发电煤耗。发电公司可与电网公司协商，在年度总发电量一定的条件下，增加大机组利用小时，在同一发电厂内按效率分配机组负荷。

3. 合同能源管理

合同能源管理机制是一种将节能改造所获得的部分收益用于支付实施节能项目资金投入的节能投资方式。由专门从事节能投资、管理和服务，并以赢利为目的的节能服务公司来运作业务。

节能服务公司与愿意进行节能改造的电厂签订节能服务合同，为节能项目进行投资或融资，向电厂提供能源效率审计、节能项目设计、施工、监测、管理等一条龙服务，并通过与电厂分享项目实施后产生的节能效益来赢利和滚动发展。"合同能源管理"机制特别适用于当前节能效益明显，但投资较大的火电厂辅机变频改造项目。

第四节　火力发电厂节能降耗重点工作

能源与环境已成为制约我国经济发展的瓶颈，发电企业作为一次能源消耗大户，其节能降耗工作对国家一次能源利用战略和"十一五"节能减排目标的实现有着重大影响。

加快建设高参数、大容量火电机组，尽可能采用超临界或超超临界参数机组，加速淘汰100MW及以下中小火电机组，是最有效的节能手段。

对现有火电厂进行全厂节能综合评估和诊断，分析节能潜力，找准节能方向，分类提出降耗实施方案和措施，是火电厂节能降耗的一项基础性工作。

近期应重点抓紧实施投资少、见效快的电厂节能挖潜技术措施。包括：热力系统节能、提高凝汽器真空、主辅机运行方式优化、燃烧优化调整等。应扎实做好技术改造规划，加大技术改造资金投入力度，对节能效益显著的技术改造项目（如汽轮机通流部分改造、新型汽封、变频调速、少油点火等），要在发电集团所属电厂加强推广应用力度，以形成规模效益。

进一步加强火电厂运行节能管理，完善能耗计量和管理，特别是燃料分析和管理体系，完善经济指标分析和耗差在线分析等软件及其推广应用等。

与各省或区域电网公司协商，在保证计划发电量的同时，由发电公司内部协调，优化发电结构，尽可能安排大容量、高效率机组多发电，减少小机组发电量。

加强火电厂优化设计，注重主辅设备的优化选型和热力系统设计。加大先进成熟的节能新技术、新产品、新工艺和新方法在新建机组中的应用。在火电厂设计阶段充分考虑节能的各项技术措施，以保证新建项目能耗指标的先进性。

尝试采用"合同能源管理"的经营模式，解决技术改造资金不足的问题。可利用发电集团投融资渠道或其他渠道，委托"节能技术服务公司"进行节能潜力评估、项目设计、投资并承担节能技术改造工程等，技术改造投资由节能所获得的效益中分期偿还。

第 二 章

火力发电机组热力系统节能理论

等效焓降法是一种新型的热工理论，利用其对火电厂热力系统进行经济性诊断，具有简捷、准确、方便等特点，是热力系统经济性诊断的基础理论。本章主要介绍等效焓降理论的基本原理及应用。

等效焓降首先由前苏联学者库兹涅佐夫在 20 世纪 60 年代后期提出，并在 20 世纪 70 年代逐步完善、成熟，后经西安交通大学多位学者拓展而形成了完整的理论体系。等效焓降法基于热力学的热变功的基本原理，考虑到设备质量、热力系统结构和参数的特点，经过严密的理论推导，得出几个热力分析参量 H_j 及 η_j 等，用以研究热工转换及能量利用程度的一种方法。各种实际热力系统，在系统和参数确定后，这些参量也就随之确定，并可通过一定公式计算，成为一次性参数给出。对热力设备和系统进行经济性诊断分析时，可直接用这些参数进行定量诊断、分析和计算。等效焓降法既可用于热力系统整体的计算，也可用于热力系统的局部分析定量和经济性诊断。它基本上属于能量转化中的热平衡法，但是摒弃了常规计算的缺点，不需要全盘重新计算就能诊断系统变化的经济性，即用简捷的局部运算代替整个系统的繁杂计算。具体讲，它只研究与系统改变有关的那些部分，并用给出的一次性参量进行局部定量，确定变化的经济效果。

等效焓降法主要用来分析蒸汽动力装置和热力系统的经济性。在火电厂的设计中，用以论证方案的技术经济性，探讨热力系统和设备中各种因素的影响以及局部变动后的经济效益，是热力工程和热力系统优化设计的有力工具。对于运行电厂，可用于分析诊断热力系统的热经济性，从而为节能改造提供确切的技术依据。在机组经济性分析中，等效焓降法对于诊断电厂能量损耗的场所和设备，查明能量损耗的大小，发现机组存在的缺陷和问题，指出节能改造的途径与措施，以及评定机组的完善程度和挖掘节能潜力等，都是重要的技术手段。分析问题时，这种方法能充分剖析事物的本质和矛盾，分清问题的主次，从而促进问题的正确解决。

第一节 等效焓降的基本原理

一、抽汽等效焓降

抽汽等效焓降是指排挤 1kg 加热器抽汽返回汽轮机后的真实做功大小。研究图 2-1 这样一个简单的热力系统，假设一个纯热量 q（即无工质带入系统）进入第 3 加热器中，使第 3 加热器的抽汽减少 1kg，这 1kg 蒸汽称为排挤抽汽。这个被排挤的抽汽中有一部分做功到

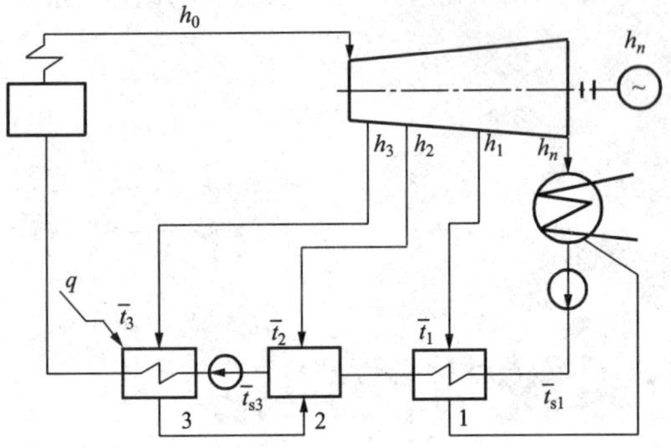

图 2-1 机组热力系统

汽轮机的排汽出口，另一部分做功到后面各抽汽口再被抽出用以加热给水。这 1kg 排挤抽汽返回汽轮机以及随后在各个抽汽口上分配，可按照热平衡方程计算。

由于第 3 加热器抽汽减少 1kg，在仅有热量加入而无工质加入时，其疏水也相应减少 1kg，因而使疏水在第 2 加热器的放热量减少 $\gamma_2 = \bar{t}_{s3} - \bar{t}_1$，这个减少的热量应当由第 2 加热器抽汽来补偿，其补偿量为

$$\alpha_{2-3} = \frac{\gamma_2}{q_2}$$

$$q_2 = h_2 - \bar{t}_1$$

式中 q_2——第 2 加热器 1kg 抽汽的放热量，kJ/kg；

α_{2-3}——排挤第 3 加热器 1kg 抽汽分配达到第 2 加热器的份额。

此时排挤抽汽在汽轮机中继续向后流动的份额只有 $(1-\alpha_{2-3})$ 了。这部分蒸汽膨胀做功到凝汽器凝结后，产生相同流量的水返回第 1 加热器。第 1 加热器为了加热这部分水，抽汽应增加。其计算式为

$$\alpha_{1-3} = (1-\alpha_{2-3})\tau_1/q_1$$

$$\tau_1 = \bar{t}_1 - \bar{t}_n$$

$$q_1 = h_1 - \bar{t}_{s1}$$

式中 τ_1——第 1 加热器中 1kg 水的焓升，kJ/kg；

q_1——第 1 加热器中 1kg 抽汽的放热量，kJ/kg；

α_{1-3}——排挤第 3 加热器 1kg 抽汽分配到第 1 加热器中的份额。

由于在第 1 和第 2 加热器中增加了抽汽份额，并产生了做功不足，故第 3 加热器排挤 1kg 抽汽返回汽轮机的真实做功为

$$H_3 = (h_3 - h_n) - \alpha_{2-3}(h_2 - h_n) - \alpha_{1-3}(h_1 - h_n)$$

这个做功就是第 3 加热器的抽汽等效焓降，用符号 H_3 表示。一般来说，对第 j 加热器用 H_j 表示。从抽汽等效焓降 H_j 的定义和推导可以看出：在抽汽减少的情况下，表示 1kg 排挤抽汽做功的增加值；反之，抽汽量增加时，则表示做功的减少值。显然，它考虑了比该抽汽压力更低的所有加热器抽汽量的变化。

分析抽汽等效焓降的物理意义可以发现，排挤 1kg 加热器抽汽，需要加入的热量为 q_j，而排挤 1kg 抽汽获得的功为 H_j。因而，H_j 对 q_j 之比是一个热效率的含义，故称为抽汽效率 η_j。它反映任意抽汽能级 j 处热变功的程度，和该能级以下（由于加入热量引起）的一切做功变化。即

$$\eta_j = \frac{H_j}{q_j}$$

H_j 的计算方法是：从排出的 1kg 抽汽的焓降 $(h_j - h_n)$ 中减去某些固定成分，因此可归纳为

$$H_j = (h_j - h_n) - \sum_{r=1}^{j-1} \frac{A_r}{q_r} H_r$$

式中　A_r——取 γ_r 或 τ_r，根据加热器类型而定；

　　　r——加热器 j 后更低压力抽汽编号。

如果第 j 加热器为汇集式加热器，则 A_r 均以 τ_r 代之；如果第 j 加热器为疏水放流式加热器，则从 j 以下直到（包括）汇集式加热器用 γ_r 代替 A_r，而在汇集加热器以下，无论是汇集式还是疏水放流式加热器，则一律以 τ_r 代替 A_r。

各抽汽等效焓降 H_j 算出后，按做功与加入热量之比，可得相应的抽汽效率。即

$$\eta_j = \frac{H_j}{q_j}$$

由于 H_j 和 q_j 均为已知数，故 η_j 的计算极为方便。

二、新蒸汽等效焓降

新蒸汽等效焓降实际上就是 1kg 新蒸汽的实际做功，因此新蒸汽的等效焓降为

$$H_M = (h_0 - h_n) - \alpha_1(h_1 - h_n) - \alpha_2(h_2 - h_n) - \cdots - \alpha_z(h_z - h_n)$$

推导、整理可得

$$H_M = (h_0 - h_n) - \sum_{r=1}^{z} \tau_r \frac{H_r}{q_r}$$

由此可以看出，新蒸汽等效焓降的计算与抽汽等效焓降计算通式按汇集式加热器的计算方法相同。因此，抽汽等效焓降的计算通式也可运用于新蒸汽。这时，把锅炉视为汇集式加热器即可。由于这样的计算没有考虑轴封蒸汽的渗漏及利用、加热器的散热、抽汽器耗汽及泵功能量消耗等辅助成分的做功损耗，所以得到的等效焓降称为毛等效焓降。如果扣除这些附加成分的做功损失，则称为净等效焓降。新蒸汽的净等效焓降可表示为

$$H = h_0 - h_n - \sum_{r=1}^{z} \tau_r \frac{H_r}{q_r} - \sum \Pi$$

式中　$\sum \Pi$——轴封漏汽及利用、加热器散热、抽汽器耗汽和泵功耗能等辅助成分的做功损失的总和，其计算方法以后讨论。

汽轮机的装置效率，即实际循环效率 η_i 可按新蒸汽等效焓降与加入热量求得，即

$$\eta_i = \frac{H}{Q}$$

式中　Q——热力循环的吸热量，kJ/kg。

第二节　热力系统节能诊断的基本法则

火电厂热力系统节能诊断就是要确定其热力设备和系统偏离标准值时对机组经济指标影响的大小。热力系统中的各种热经济性问题，可以归纳为两大类：一类是纯热量变动或出入系统，它只有热量变迁或进出系统，没有工质伴随，简称"纯热量"；另一类是带工质的热量变动或出入系统，它不仅有热量变迁，而且还伴随有工质的变迁，简称"带工质的热量"。显然，这两类热经济性问题有本质区别，它们对经济性的影响和效果

及分析计算的方法都将因此而有很大不同。由此可以得出热力系统中的任何变化都可以归结为纯热量和带工质的热量进出系统来进行分析诊断，因此进行热力系统经济性诊断的最基本的内容是建立纯热量和带工质的热量进出系统对机组经济指标影响的定量计算法则。

一、纯热量进出系统的定量诊断法则

对热力系统而言，纯热量可以分为两种：一种是热力系统内部热量的进出，称为内部热量利用；另一种是外部热量进出热力系统，称为外部热量利用。对于内部热量利用，如果内部热量利用使循环作功增加 ΔH，则装置效率为

$$\eta_i = \frac{H + \Delta H}{Q}$$

式中 H——1kg 新蒸汽的实际做功，即新蒸汽等效焓降，kJ/kg；

Q——循环的吸热量，kJ/kg；

ΔH——内部热量利用的做功，kJ/kg。

由此可知，任何内部热量的利用，都使装置效率得以提高，因为内部损失热量再次回收利用，都将提高循环吸热的利用程度、提高热变功的份额，故而装置效率总是提高的。

对于外部热量利用，若按热力学原理分析，除循环功增加 ΔH 外，循环吸热量也将增加，即外部热量被利用的热量 ΔQ 也是循环吸热的一部分。故装置效率为

$$\eta_i = \frac{H + \Delta H}{Q + \Delta Q}$$

由此可知，外部热量利用，通常都使装置效率降低，因为外部余热的品位一般低于新蒸汽能级，热变功的程度较低，余热的大部分将变为冷源损耗，从而大大增加了循环的冷源损失，降低了装置效率。

若将外部热量利用按余热利用方法处理，其装置效率则为

$$\eta_i = \frac{H + \Delta H}{Q}$$

下面讨论纯热量利用对机组经济指标影响的具体计算方法。

1. 外部热量进入系统

热力循环以外的任何热量，比如电机冷却热量、工艺余热以及锅炉排烟热量等，均属无工质携带的外部热量，它们进入热力系统是外部纯热量的利用问题。

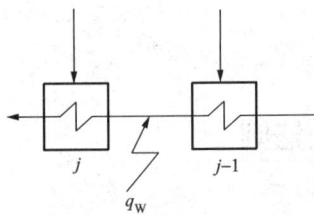

图 2-2 外部热量进入系统

图 2-2 为局部热力系统（1kg 工质），当有外部纯热量 q_w 进入系统时，如果将该热量视为余热利用处理，即只计它的做功收入而不计循环加入热量的增加。这时，装置的热经济性将因余热利用而得到提高。

纯热量 q_w 加入系统，与等效焓降性质和概念完全相同。因而，该热量的做功也就是新蒸汽等效焓降的变化，能够按等效焓降概念直接写出。由于该热量从第 j 加热器和第 $j-1$ 加热器之间进入系统，热量利用在能级第 j 上，故新蒸汽等效焓降的增量为

$$\Delta H = q_w \eta_j$$

装置热经济性的变化，因视外来热量为余热利用，则循环加入热量 Q 保持不变，而利

用外部热量后的新蒸汽等效焓降变为

$$H' = H + \Delta H$$

故装置效率相对提高为

$$\delta\eta_i = \frac{\eta'_i - \eta_i}{\eta'_i} \times 100\% = \frac{\frac{H'}{Q} - \frac{H}{Q}}{\frac{H'}{Q}} \times 100\% = \frac{\Delta H}{H'} \times 100\%$$

或

$$\delta\eta'_i = \frac{\eta'_i - \eta_i}{\eta_i} \times 100\% = \frac{\Delta H}{H} \times 100\%$$

应当指出，这里的 $\delta\eta_i$ 或 $\delta\eta'_i$ 计算公式是在 Q 不变时才成立，否则要另行推导。

其他热经济指标变化如下：

热耗率的变化为 $\qquad\qquad \Delta q = -q\delta\eta_i$

标准煤耗率的变化为 $\qquad\quad \Delta b = -b\delta\eta_i$

全年标准煤耗量的变化为 $\qquad \Delta B_{b(n)} = -B_{b(n)}\delta\eta_i$

2. 内部热量出入系统

如给水泵的焓升、除氧器排气余热的回收利用，以及热力设备和管道的散热等均属内部纯热量。它们进入系统是一个内部纯热量的利用问题，出系统则是纯热量损失问题。因而，它们引起的热经济指标变化也可由等效焓降原理直接求得。

图 2 - 3 为给水泵焓升 τ_b 的示意图。由于 τ_b 是纯热量进入系统，并利用在 η_j 能级上，因而按等效焓降概念，新蒸汽等效焓降的增量为

图 2 - 3　为给水泵焓升示意

$$\Delta H = \tau_b \eta_j$$

故泵功焓升热量回收使装置热经济性的变化为

$$\delta\eta_i = \frac{\Delta H}{H + \Delta H} \times 100\%$$

同样，热力设备出现某种热量损失或热量输出时，即出现内部纯热量出系统的问题时，按其所处能级可用等效焓降原理简便地求得该热量引起的做功损失和热经济性指标的变化，其计算公式与内部热量利用一样，不同的只是一个表示做功增加和经济性提高，另一个表示做功减少和经济性降低，其装置效率的相对变化为

$$\delta\eta_i = -\frac{\Delta H}{H - \Delta H} \times 100\%$$

二、带工质的热量进出系统的定量诊断法则

带工质的热量，无论是外部热量还是内部热量，除了热量进出系统外，还有工质进出系统。因此，这类问题的处理不同于纯热量，不能简单地应用等效焓降原理进行定量诊断其对热经济指标的影响，必须考虑系统工质的变化。具体分析时，还应区分携带热量的工质是蒸汽还是热水以及其进入热力系统的位置。

1. 蒸汽携带热量进系统

图 2 - 4 表示具有焓值 h_f、份额为 α_f 的蒸汽，从 η_j 能级进入系统。比如轴封漏汽回收

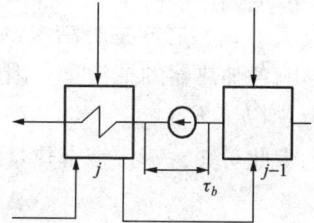

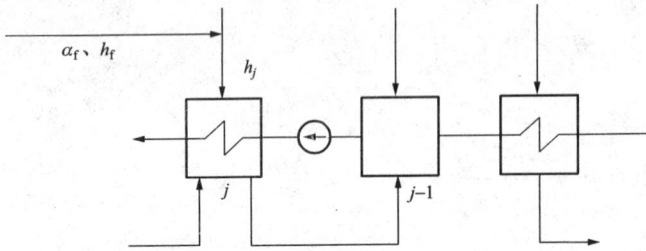

图 2-4 蒸汽携带热量进系统

利用于加热器，或者外部蒸汽进入加热器就属于这种情况，其目的是提高装置的经济性。

为了确定蒸汽携带热量进入系统引起作功和装置经济性的变化，可以把这个热量分成两部分来研究：一部分为纯热量 $\alpha_f(h_f - h_j)$；另一部分为带工质的热量 $\alpha_f h_j$。

显然，纯热量进入系统的做功是一个用等效焓降概念容易解决的问题。由于此热量利用于抽汽效率为 η_j 的能级上，因而做功的变化为

$$\Delta H_1 = \alpha_f(h_f - h_j)\eta_j$$

第二部分带工质的热量 $\alpha_f h_j$，正好与该级抽汽焓值 h_j 一致，因此 α_f 来汽恰好顶替相同流量的抽汽，不产生疏水的变化。为了保持系统工质的平衡，进入凝汽器的化学补水量必须相应减少 α_f，这样主凝结水量将保持不变。由于疏水量及主凝结水量均未发生变化，因而不影响各加热器的抽汽量。因此，被顶替的抽汽返回汽轮机，将全部直接到达凝汽器，其做功为 $\alpha_f(h_j - h_n)$。

由此可知，蒸汽携带热量的全部做功应是两部分热量做功的代数和。即

$$\Delta H = \alpha_f[(h_f - h_j)\eta_j + (h_j - h_n)]$$

装置经济性的相对变化为

$$\delta\eta_i = \frac{\Delta H}{H + \Delta H} \times 100\%$$

2. 蒸汽携带热量出系统

图 2-5 表示具有焓值 h_f、份额为 α_f 的蒸汽，从汽轮机出系统。比如轴封漏汽、门杆漏汽就属于这种情况，其实质是减少汽轮机做功，降低了装置的经济性。

由于系统中有 α_f 的工质出系统，凝汽器必须有 α_f 的化学补充水进入系统，而蒸汽出系统和水的进系统均不影响回热系统的抽汽和疏水，故新蒸汽做功的变化为

$$\Delta H = \alpha_f(h_f - h_n)$$

对装置热经济性的影响为

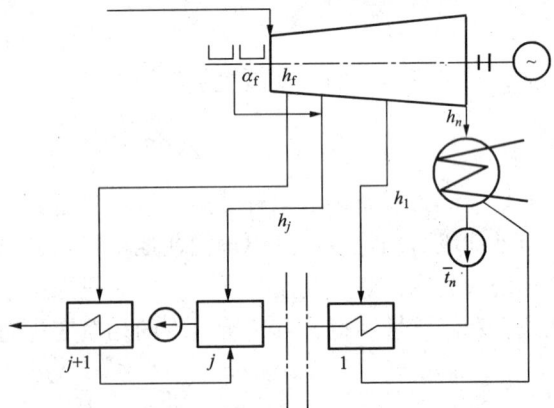

图 2-5 蒸汽携带热量从汽轮机出系统

$$\delta\eta_i = -\frac{\Delta H}{H - \Delta H} \times 100\%$$

蒸汽带热量出系统的另一种方式是从加热器汽侧出系统，如图 2-6 所示，具有焓值 h_f、份额为 α_f 的蒸汽从第 j 加热器汽侧出系统。可以将其分解为两部分：一部分为纯热量 $\alpha_f(h_f - h_j)$；另一部分为带工质的热量 $\alpha_f h_j$。

显然，纯热量出系统的做功损失是一个用等效焓降概念容易解决的问题。由于此热量从抽汽效率为 η_j 的能级上损失，因而做功损失为

$$\Delta H_1 = \alpha_f (h_f - h_j) \eta_j$$

剩余的带工质的热量 $\alpha_f h_j$，正好与该级抽汽焓值 h_j 一致，因此 α_f 的蒸汽从汽轮机出系统不产生疏水的变化。为了保持系统工质的平衡，进入凝汽器的化学补水量必须相应增加 α_f，这样主凝结水量将保持不变。由于疏水量及主凝结水量均未发生变化，因而不影响各加热器的抽汽量。所以其做功损失为 $\alpha_f (h_j - h_n)$。由此可知，蒸汽携带热量从加热器汽侧出系统的全部做功应是两部分热量做功的代数和。即

$$\Delta H = \alpha_f [(h_f - h_j) \eta_j + (h_j - h_n)]$$

装置经济性的相对变化为

$$\delta \eta_i = -\frac{\Delta H}{H - \Delta H} \times 100\%$$

3. 热水携带热量进系统

无论外部热水还是内部热水进入系统，其方式有三种：一种是从主凝结水管路进入（见图 2-7），另一种是从加热器疏水管路进入（见图 2-8），第三种是从加热器汽侧进入（见图 2-9）。由于热水进入地点不同，产生的经济效果和诊断计算方法也不相同。

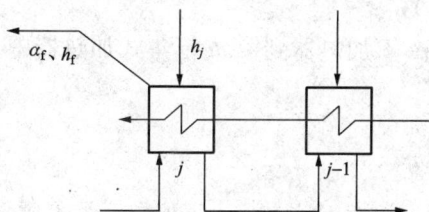

图 2-6　蒸汽携带热量从加热器汽侧出系统

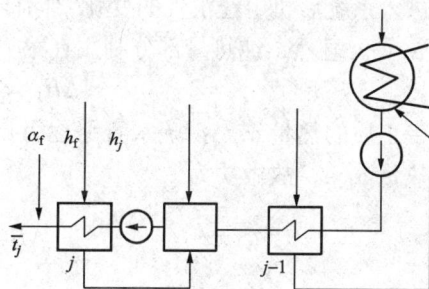

图 2-7　热水携带热量进入凝结水管侧

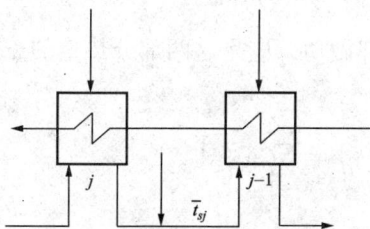

图 2-8　热水携带热量从加热器疏水管进系统

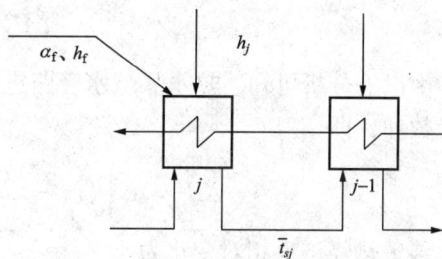

图 2-9　热水携带热量从加热器汽侧进系统

（1）热水从主凝结水管路进入系统。

图 2-7 表示具有焓值 h_f、份额为 α_f 的热水从第 j 加热器后进入凝结水管路。为了诊断该热水携带热量进入系统后引起的做功和装置经济性的变化，把这个热量分成两部分来研究：一部分是纯热量 $\alpha_f (h_f - \bar{t}_j)$；另一部分是带工质的热量 $\alpha_f \bar{t}_j$。

显然，纯热量进入系统引起的做功变化是一个与等效焓降概念一致的问题，由于此热量

利用于抽汽效率为 η_{j+1} 的能级，因而做功为

$$\Delta H_1 = \alpha_f (h_f - \bar{\imath}_j) \eta_{j+1}$$

另一部分带工质的热量 $\alpha_f \bar{\imath}_j$，正好与混合点的凝结水焓 $\bar{\imath}_j$ 相同，因此 α_f 的热水恰好顶替 α_f 的主凝结水。为了保持系统工质的平衡，此时进入凝汽器的化学补给水也相应减少 a_f。显然，它使第 1 至第 j 加热器中流过的主凝结水减少 α_f，因而汽轮机做功的变化为

$$\Delta H_2 = \alpha_f \sum_{r=1}^{j} \tau_r \eta_r$$

由此可知，热水从主凝结水管路进入系统的全部做功变化应是两部分热量做功的代数和。即

$$\Delta H = \alpha_f \left[(h_f - \bar{\imath}_j) \eta_{j+1} + \sum_{r=1}^{j} \tau_r \eta_r \right]$$

装置经济性的相对变化为

$$\delta \eta_i = \frac{\Delta H}{H + \Delta H} \times 100\%$$

（2）热水从疏水管路进入系统。

图 2-8 是具有焓值 h_f、份额为 α_f 的热水从第 j 加热器的疏水管路进入系统。为诊断该热水进入系统后机组经济性的变化，同样把它分成两部分，即纯热量 $\alpha_f (h_f - \bar{\imath}_{sj})$ 和带工质的热量 $\alpha_f \bar{\imath}_{sj}$。显然，纯热量部分利用在第 $j-1$ 加热器中，因而做功

$$\Delta H_1 = \alpha_f (h_f - \bar{\imath}_{sj}) \eta_{j-1}$$

带工质的热量 $\alpha_f \bar{\imath}_{sj}$ 沿疏水管路逐级自流，在第 $j-1$ 加热器到第 m 汇集式加热器中分别放出热量 $\alpha_f \gamma_r$，故做功为

$$\Delta H_2 = \alpha_f \sum_{r=m}^{j-1} \gamma_r \eta_r$$

当该热水进入第 m 汇集式加热器后，正好顶替 α_f 的主凝结水，为了保持系统工质平衡，这时进入凝汽器的化学补给水将相应减少 α_f，因而获得做功为

$$\Delta H_3 = \alpha_f \sum_{r=1}^{m-1} \tau_r \eta_r$$

由以上分析可知，热水从疏水管路进入系统的全部做功，应是这两部分热量的三个做功的代数和，即

$$\Delta H = \alpha_f \left[(h_f - \bar{\imath}_{sj}) \eta_{j-1} + \sum_{r=m}^{j-1} \gamma_r \eta_r + \sum_{r=1}^{m-1} \tau_r \eta_r \right]$$

装置热经济性相对变化为

$$\delta \eta_i = \frac{\Delta H}{H + \Delta H} \times 100\%$$

（3）热水从加热器汽侧进系统。

图 2-9 是具有焓值 h_f、份额为 α_f 的热水从第 j 加热器的汽侧进入系统。为诊断该热水进入系统后机组经济性的变化，其分析方法有两种。

一种是仿照热水进入疏水管进行处理，同样把它分成两部分，即纯热量 $\alpha_f (h_f - \bar{\imath}_{sj})$ 和带工质的热量 $\alpha_f \bar{\imath}_{sj}$，对其进行经济性诊断时的不同之处是此时纯热量部分利用在第 j 加热器

中，因此，可以得出其对做功的影响为

$$\Delta H = \alpha_f \left[(h_f - \bar{t}_{sj}) \eta_j + \sum_{r=m}^{j-1} \gamma_r \eta_r + \sum_{r=1}^{m-1} \tau_r \eta_r \right]$$

另一种方法是将其作为蒸汽进入系统处理，相当于一部分为纯热量 $\alpha_f(h_f - h_j)$；另一部分为带工质的热量 $\alpha_f h_j$，因此，也可以方便地得出其对做功的影响，即

$$\Delta H = \alpha_f \left[(h_f - h_j) \eta_j + (h_j - h_n) \right]$$

装置热经济性相对变化为

$$\delta \eta_i = \frac{\Delta H}{H + \Delta H} \times 100\%$$

4. 热水携带热量出系统

热水携带热量出系统可以是给水或疏水。带工质的热水出系统的定量分析诊断计算公式是带工质的热量进入系统的定量公式的一个特例，即令所有公式中的纯热量部分等于零，同时 ΔH 取负号即可。因为热水出系统不存在纯热量的问题。

给水携带热量出系统的诊断计算公式是将热水携带热量进主凝结水系统公式中的纯热量项视为零即可，其做功损失为

$$\Delta H = \alpha_f \sum_{r=1}^{j} \tau_r \eta_r$$

物理意义为：给水出系统损失工质 α_f，为了保持系统工质的平衡，必须从凝汽器补入相同流量的化学补充水，由此可知通过第 1 至第 j 加热器的水量均增加了 α_f。

装置热经济性相对变化为

$$\delta \eta_i = -\frac{\Delta H}{H - \Delta H} \times 100\%$$

疏水携带热量出系统的诊断公式是将热水携带热量进疏水系统公式中的纯热量项视为零即可，其做功损失为

$$\Delta H = \alpha_f \left(\sum_{r=m}^{j-1} \gamma_r \eta_r + \sum_{r=1}^{m-1} \tau_r \eta_r \right)$$

物理意义为：疏水出系统损失工质 α_f，为保持系统工质的平衡，必须从凝汽器补入 α_f 的化学补充水。由此可知，流经第 1 至第 j 加热器的水量增加 α_f。

装置热经济性相对变化为

$$\delta \eta_i = -\frac{\Delta H}{H - \Delta H} \times 100\%$$

综上所述，热水携带热量进系统与出系统的诊断公式是通用的。从热力过程可知热水携带热量出系统不存在纯热量部分，所以取消进系统公式中的纯热量项就是出系统的诊断公式。所不同的是，进系统是做功增加，出系统是做功减少。

三、补水地点对诊断计算公式的影响

前面论述携带工质的内、外热量进出系统的诊断计算中，均以补充水进入凝汽器为基点。如果实际补充水进入除氧器，则前述诸计算公式都应增添一项补水地点引起的做功差异。

系统补充水由凝汽器补入改为从除氧器补入（如图 2－10 所示）引起的做功差异，按等效焓降理论的工质进出系统进行分析，相当于 α_{bs} 热水从凝汽器出系统和从除氧器进系统

的复合行为，因此对做功的影响为

$$\Delta H_{bs} = \alpha_{bs} \left[\sum_{r=1}^{m} \tau_r \eta_r - (\bar{t}_{m-1} - \bar{t}_{bs}) \eta_m \right]$$

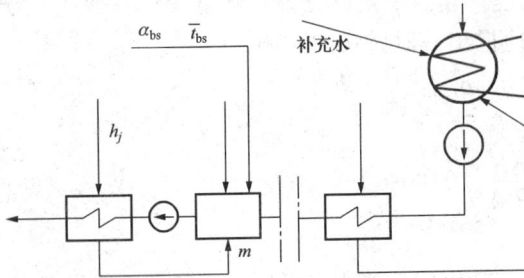

图 2-10 补水方式系统图

物理意义是：由于补水进入除氧器增加了除氧器用汽，因而新蒸汽做功减少了 $\alpha_{bs}(\bar{t}_{m-1} - \bar{t}_{bs}) \eta_m$，但补水不进凝汽器，也不沿低压加热器逐级吸热，故获得做功为 $\alpha_{bs} \sum_{r=1}^{m} \tau_r \eta_r$。两者的代数和就是补水地点引起的做功差异。

应当指出，凡有工质进出系统，且补水地点又在除氧器时，若引用前面以凝汽器为补水基点的计算公式，都应在该公式中增补这项做功差异。

四、新蒸汽净等效焓降的计算

在上节中，计算新蒸汽等效焓降时指出，新蒸汽毛等效焓降 H_M 扣除热力系统全部辅助成分的做功损失 $\sum \Pi$，就得到新蒸汽净等效焓降。即

$$H = H_M - \sum \Pi$$

热力系统的辅助成分，是指除了抽汽回热加热以外的一切附加成分。它一般包括：门杆漏汽及其利用、轴封漏汽及其利用、抽气器用汽及其回收利用、给水泵的焓升、加热器的散热损失等。各种热力系统都有自己的辅助成分。它们的做功损失和回收利用的做功，均可以用本节前面讨论的基本法则进行局部定量诊断计算。这些做功损失和回收利用做功的代数和，就是所求的 $\sum \Pi$。

第三节　应用等效焓降进行经济性诊断的条件

从等效焓降的推导过程可知，应用等效焓降进行热力系统经济性诊断的计算是以新蒸汽流量保持不变为前提条件的。这样就避免了热力系统一般计算方法的缺点，即热力系统中影响热经济性的任何变化，其最终结果都将导致各级抽汽量和总汽耗量的变化，因而只有全部从头开始计算，才能求得热经济性变化的结果。如果把新蒸汽流量固定不变，则热力系统中出现的任何影响经济性的变化，只是改变了汽轮机的功率和该变动以后的抽汽份额，各级抽汽流量不致全部变动。因此就有可能通过抽汽量和热量的局部变化进行分析，从而直接求得经济性变化的结果。这样就简化了计算，使局部定量诊断成为可能。

此外，在计算等效焓降时，认为新蒸汽参数、再热参数、排汽参数以及各抽汽参数均为已知，且保持不变，即汽轮机膨胀过程线的变化暂时不予考虑。所有这些都是建立等效焓降概念和推导公式的前提条件。另外，为了局部定量诊断分析的方便，认为加入循环的热量 Q 也保持不变。

在这些前提条件下，求得的全部抽汽等效焓降和抽汽效率，是一些完全确定的数值和物理含义相当的参量。它们以一次性参数供给，不必经常计算，成为分析热力系统的重要参数。新机组的这些参数，最好由制造厂提供。运行多年或参数有变化的机组，可通过热力试验给予确定。其物理意义是：等效焓降 H_j 是 1kg 抽汽流从第 j 个加热器处返回汽轮机的真实做功能力，它标志着汽轮机各个抽汽口的能级或能位高低。H_j 越大，它所处的能级就越高，汽流的做功能力也就越大。抽汽效率 η_j 表示任意热量加到汽轮机的回热系统第 j 个加热器时，该热量在汽轮机中转变为功的程度或份额。在新蒸汽部位的 η_j 最大，等于装置效率 η_i，而凝汽器的 η_j 最小，等于零（即 $\eta_j = 0$），所以抽汽效率 η_j 的数值处于 η_i 和 0 之间。

实际工程计算中，大量应用的是 η_j，尤其在经济性诊断计算中使用更为普遍。因为在热力系统中任意地方发生热量的增减变化，它所引起的作功变化就等于该热量与所处能级的抽汽效率的乘积。还应当明确认识到，所得的做功变化，已毫无遗漏地考虑了该能级以下所有加热器的抽汽量、疏水量等的全部变化。这是因为 η_j 中反映了这些变化的缘故。所以 η_j 是等效焓降的关键，是等效焓降能使局部定量和经济性诊断简便、准确的根本原因。

第四节　热力系统节能诊断举例

火电机组热力系统通常包括：回热系统、补充水系统、排污及其利用系统、轴封渗漏及其利用系统、自动轴封和抽气器系统、厂用蒸汽系统、减温减压系统、喷水减温系统、蒸发器系统、除氧器的连接系统等。所有这些系统及系统中的热力设备性能都将对机组热经济性产生影响，有的甚至影响很大。热力系统节能诊断就是要定量分析这些系统和设备的运行性能对机组经济性指标的影响大小。这样就为正确、合理选择热力系统，指导热力系统的正确运行以及热力设备的维护、检修提供了依据，使系统和设备的作用与效果得以充分发挥，并使潜力获得有效利用。下面针对具体的系统和设备介绍其定量诊断方法。

一、轴封渗漏及其利用系统的经济性诊断

轴封渗漏及其利用系统是指门杆漏汽、轴封漏汽及其回收利用的系统。门杆漏汽、轴封漏汽不仅损失了工质，还伴随有热量损失，将降低机组的热经济性。为了减少工质和热量的损失，通常汽轮机的轴封漏汽、门杆漏汽都回收利用于回热系统，用以加热主凝结水或给水，达到提高经济性的目的。

图 2-11 是一个机组的轴封系统示意图。调速汽门的门杆漏汽 α_{fm} 被引入第 m 加热器中；轴封 A 处漏汽 α_{fA}

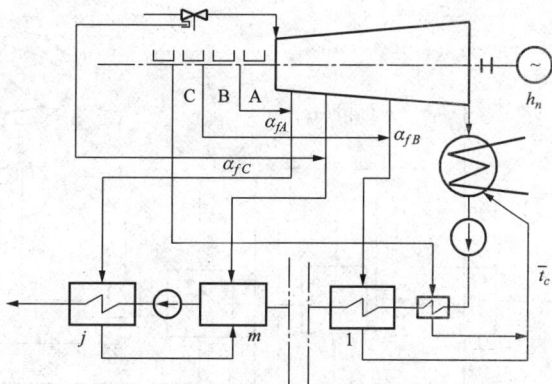

图 2-11　机组的轴封系统示意

被利用于第 j 加热器中；轴封 B 处漏汽 α_{fB} 进入第 1 加热器；轴封 C 处漏汽 α_{fC} 被利用于轴封加热器中。这样的轴封渗漏及其利用系统，从热平衡角度分析，如果忽略轴封管道系统的散热损失，则各处渗漏的工质和热量将全部得到回收利用，没有热量损失。显然，这样的分析未能反映系统的完善程度。经济性诊断的目的就是确定这种连接系统对经济指标的影响和回收利用系统的完善程度。下面以轴封 A 处漏汽 α_{fA} 被利用于第 j 加热器中为例，研究其经济性诊断模型。

轴封渗漏相当于带热量的蒸汽出系统，其做功能力损失为

$$\Delta H_{f1} = \alpha_{fA}(h_{fA} - h_n)$$

轴封渗漏被引入第 j 加热器中，属于带热量蒸汽进系统，其回收功为

$$\Delta H_{f2} = \alpha_{fA}\left[(h_{fA} - h_j)\eta_j + h_j - h_n\right]$$

如果诊断轴封漏汽对机组经济性的影响，则装置效率的变化为

$$\delta\eta_i = -\frac{\Delta H_{f1}}{H - \Delta H_{f1}} \times 100\%$$

如果诊断轴封漏汽回收对机组经济性的影响，则装置效率的变化为

$$\delta\eta_i = \frac{\Delta H_{f2}}{H + \Delta H_{f2}} \times 100\%$$

轴封渗漏及利用系统对装置热经济性的影响为

$$\delta\eta_i = -\frac{\Delta H_{f1} - \Delta H_{f2}}{H - \Delta H_{f1} + \Delta H_{f2}} \times 100\%$$

以上给出的轴封漏汽及其利用系统的经济性诊断模型具有通用性，适用于轴封漏汽回收进入加热器汽侧的系统。对于图 2-11 中采用轴封冷却器的回收系统，其回收功的计算模型为

$$\Delta H_{\beta} = \alpha_{fC}(h_{fC} - \bar{t}_c)\eta_1$$

其他计算公式没有任何差别。

二、厂用蒸汽系统的经济性诊断

发电厂在生产过程中，有各种用汽的设备和场所，比如加热重油、蒸汽吹灰、各种蒸汽拖动设备以及采暖和生活用汽等。它们是生产和生活所必需的汽源，一般由厂用蒸汽系统供给。厂用蒸汽的汽源通常来自汽轮机的某段抽汽。厂用蒸汽，一方面是生产和生活所必需的，另一方面必然导致新蒸汽做功能力下降，热经济性降低。其做功能力降低，可以按带工质的热量出系统计算；如果凝结水有回收利用时，再按带工质热水入系统计算其回收功。两者的代数和便是厂用蒸汽的实际做功损失。

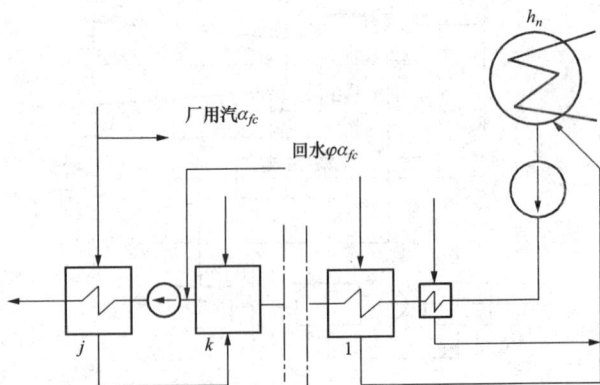

图 2-12 为厂用蒸汽 α_{fc} 从第 j 加热器的抽汽引出。如果有 $\varphi\alpha_{fc}$ 的凝结水返回第 k 加热器出口的主凝结水管或第 k 加热器的汽侧，则

图 2-12 厂用汽系统示意

厂用蒸汽出系统所引起的作功损失为

$$\Delta H_{fC1} = \alpha_{fc}(h_j - h_n)$$

凝结水返回第 k 加热器出口的主凝结水管的回收功为

$$\Delta H_{fc2} = \varphi\alpha_{fc}\left[(\bar{i}_{fc} - \bar{i}_k)\eta_{k+1} + \sum_{r=1}^{k} \tau_r\eta_r \right]$$

凝结水返回第 k 加热器汽侧的回收功为

$$\Delta H_{fc3} = \varphi\alpha_{fc}\left[(\bar{i}_{fc} - \bar{i}_{sk})\eta_k + \sum_{r=1}^{m-1} \tau_r\eta_r + \sum_{r=m}^{k-1} \gamma_r\eta_r \right]$$

式中 α_{fc}——厂用蒸汽份额；

φ——厂用蒸汽的回水率。

如果厂用蒸汽的疏水全部回收，则 $\varphi=1$；如果疏水根本不回收或不能回收，则 $\varphi=0$。

厂用蒸汽对装置热经济性影响的诊断模型为

$$\delta\eta_i = -\frac{\Delta H_{fc1} - \Delta H_{fc2}}{H - \Delta H_{fc1} + \Delta H_{fc2}} \times 100\% \quad \text{或} \quad \delta\eta_i = -\frac{\Delta H_{fc1} - \Delta H_{fc3}}{H - \Delta H_{fc1} + \Delta H_{fc3}} \times 100\%$$

厂用蒸汽做功损失较大，使热经济性有较大幅度的降低。改进的方法首先是减少厂用蒸汽的流量，其次应在满足生产和生活要求的前提下，尽量降低厂用蒸汽参数，即采用低品位的汽源作厂用蒸汽。目前，一些电厂用较高参数的汽源作厂用汽，甚至用新蒸汽减温减压后供给，这是很不合理的。

三、过热器喷水减温系统的经济性诊断

由于喷水调温结构简单、调温幅度大和惰性小等优点，在现代锅炉机组的过热器上得到了广泛应用。但是，再热器汽温的调节原则上不使用喷水方法。因为那样将大大降低装置的热经济性。通常再热器设置喷水调温仅作为辅助性细调或事故喷水。

喷水减温是热力系统的一个重要组成部分，它的连接方式将直接改变热力循环的状态，影响整个装置的热经济性，尤其是再热器喷水减温只相当于一个中压循环，故对机组的经济性影响很大。因此，喷水减温系统的定量分析是指导系统设计运行及合理改造的技术依据，也是经济性诊断的一个重要方面。

过热器喷水调温系统，按减温水来源可分为给水泵出口分流和最高加热器出口分流两种系统，如图 2-13 所示。第一种，减温水不流经高压加热器，故减少回热抽气，降低回热程度，使热经济性降低；第二种，由于不影响热力循环，如果忽略锅炉内部的微小变化，则对热经济性不产生任何影响。

过热器喷水调温系统的经济性诊断就是定量分析减温水来自给水泵出口时，对机组经济性的

图 2-13 过热器喷水调温系统

影响大小。如图 2-13 中 a 所示。由于喷水减温，分流量 α_{ps} 不经过高压加热器，减少了第 $(m+1)$ ～ 第 n 个高压加热器的回热抽汽，增加的做功为

$$\Delta H = \alpha_{ps}\left(\sum_{r=m+1}^{n} \tau_r\eta_r - \tau_b\eta_{m+1} \right)$$

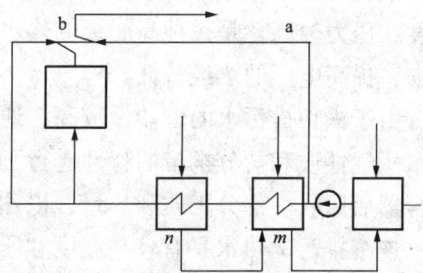

式中　τ_b——给水泵焓升，kJ/kg；

　　　m——除氧器的编号。

同时，1kg 新蒸汽吸热量的增加值为

$$\Delta Q = \alpha_{ps}\left(\sum_{r=m+1}^{n}\tau_r - \tau_b\right)$$

因而，喷水减温后的新蒸汽等效焓降及新蒸汽的吸热量分别为

$$H' = H + \Delta H$$
$$Q' = Q + \Delta Q$$

式中　H——无喷水减温时的新蒸汽等效焓降，kJ/kg；

　　　Q——无喷水减温时的新蒸汽吸热量，kJ/kg。

据此，喷水减温使装置效率的相对变化为

$$\delta\eta_i = \frac{\eta'_i - \eta_i}{\eta'_i} \times 100\% = \frac{\dfrac{H'}{Q'} - \dfrac{H}{Q}}{\dfrac{H'}{Q'}} \times 100\% = \frac{\Delta H - \Delta Q \dfrac{H}{Q}}{H'} \times 100\%$$

$$= \frac{\Delta H - \Delta Q \eta_i}{H + \Delta H} \times 100\%$$

四、排污及其利用系统的经济性诊断

现代大型机组，为了保证机组的安全以及运行的经济性，对蒸汽的清洁度提出了严格要求。为此，汽包式自然循环锅炉均有连续排污装置。我国规定，汽包锅炉的排污率不得低于0.3%，但也不得超过下列数值：

（1）以化学除盐水或蒸馏水为补给水的凝汽式电厂：1%。

（2）以化学软水为补给水的凝汽式电厂：2%。

（3）以化学除盐水或蒸馏水为补给水的热电厂：2%。

（4）以化学软水为补给水的热电厂：5%。

锅炉连续排污不仅带来工质损失，而且还伴随有热量损失。连续排污不仅数量大，而且温度、压力较高，是一种高能级的热水。因此，应当充分予以回收利用，以减少工质和热量损失，提高电厂的热经济性。

由于锅炉排污水的含盐量较高，通常是通过排污扩容器系统给予回收利用。扩容器是基于水蒸气性质和盐分携带的特性进行工作的，对锅炉排污水进行扩容回收利用。排污水经过扩容器后回收一部分工质和热量，以达到提高热经济性的目的。

连续排污的热水具有较高温度和压力，是一种高能位热水，属带工质的热水出系统。如图 2-14 所示，排污份额 α_{pw} 的热力过程是从补充水开始进入热力系统，沿凝结水和给水加热路线，经过加热器逐级升温，最后在锅炉中加热到汽包饱和温度出系统。由此可以得出其做功损失为

$$\Delta H = \alpha_{pw}\sum_{r=1}^{n}\tau_r\eta_r$$

同时，循环吸热量增加为

$$\Delta Q = \alpha_{pw}\left(\bar{t}_{pw} - \bar{t}_{gs}\right)$$

式中 $\bar{t}_{pw}$——锅炉排污水焓，kJ/kg；

　　$\bar{t}_{gs}$——锅炉给水焓，kJ/kg。

根据上一节的推导，可以得出锅炉连续排污对装置效率的影响为

$$\delta\eta_i = \frac{\Delta H + \Delta Q\eta_i}{H - \Delta H} \times 100\%$$

为了回收排污的部分工质并利用其热量，一般通过排污扩容器系统实现，如图 2-15 所示。它包括一级或多级排污扩容器。排污水经减压后，在扩容器里进行扩容蒸发，产生的蒸汽通常引入回热系统进行回收利用。为了稳定扩容器的压力，采用一级扩容时多数是将扩容蒸汽引入定压除氧器中；采用多级扩容器时，均将扩容蒸汽引入不同的回热加热器中。首先研究采用一级扩容回收的经济性诊断模型。显然，扩容蒸汽是以带工质的热量进系统，其回收功为

$$\Delta H = \alpha_k \left[(h_k - h_m)\eta_m + (h_m - h_n) \right]$$

式中 h_k——扩容蒸汽焓，kJ/kg；

　　h_m——扩容蒸汽引入的回热加热器抽汽焓，kJ/kg。

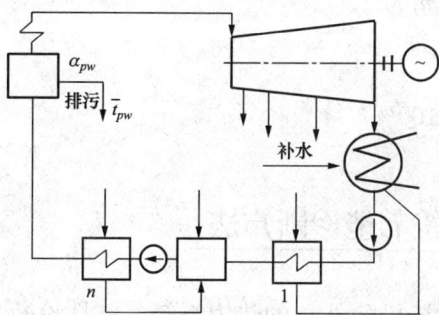

图 2-14　锅炉排污系统　　　　　　　图 2-15　排污扩容利用系统

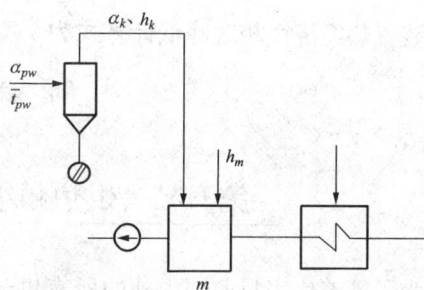

如果采用多级扩容回收利用，则为多股扩容蒸汽携带热量进系统，其回收功为

$$\Delta H = \sum_{r=1}^{n} \alpha_{kr} \left[(h_{kr} - h_{pr})\eta_{pr} + (h_{pr} - h_n) \right]$$

式中 h_{kr}——第 r 级扩容蒸汽焓，kJ/kg；

　　h_{pr}——第 r 级扩容蒸汽引入的回热加热器抽汽焓，kJ/kg；

　　n——排污扩容的总级数；

　　α_{kr}——第 r 级扩容蒸汽量。

排污扩容回收利用系统的热经济效果为

$$\delta\eta_i = \frac{\Delta H}{H + \Delta H} \times 100\%$$

排污扩容利用系统的经济性诊断，对单级扩容系统通过计算引入不同的回热加热器，可以选择扩容器的最优连接位置，同时还可探讨多级扩容回收利用的经济合理性。

五、再循环系统的经济性诊断

在热力系统的低压凝结水管道上，经常设有再循环系统，如图 2-16 所示。它是将部分凝结水返回凝汽器，使之再次流经凝汽器、轴封加热器、蒸汽抽气加热器，有的系统还包括部分低压加热器，从而形成一个环路系统，故称凝结水再循环系统。目的是为了调节流经轴

封加热器、蒸汽抽气加热器的凝结水量或改变送往除氧器的凝结水量，以适应系统运行中某些工况的需要。

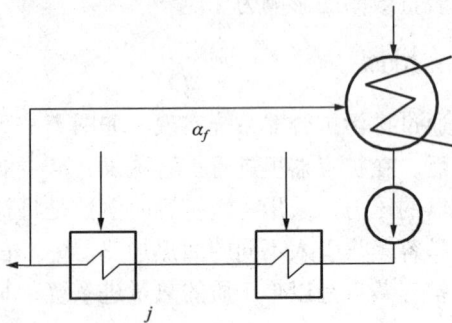

图 2 - 16　凝结水再循环系统

凝结水再循环系统投入运行时，由于它不断将加热后的热水返回凝汽器，并在那里放热，无疑增加了冷源损失，降低了热经济性。这在某些工况下，作为短期暂时运行以确保系统正常运行、设备安全工作是必要的。但如果将它作为经常性、较长时期的正常运行系统使用就欠妥当了。有的电厂由于忽视对再循环管路阀门的检修，导致其内漏，从而降低了运行经济性。

如图 2 - 16 所示，如果有 α_f 的主凝结水经过再循环，则做功能力损失为

$$\Delta H = \alpha_f \sum_{r=1}^{j} \tau_r \eta_r$$

装置热经济性相对降低计算式为

$$\delta \eta_i = \frac{\Delta H}{H - \Delta H} \times 100\%$$

第五节　供热机组热力系统节能诊断方法

为了能够代表目前国内外的所有供热机组（背压机除外）的热力系统经济性诊断，采用如图 2 - 17 所示的具有再热的双抽机组（200MW）为例进行研究。

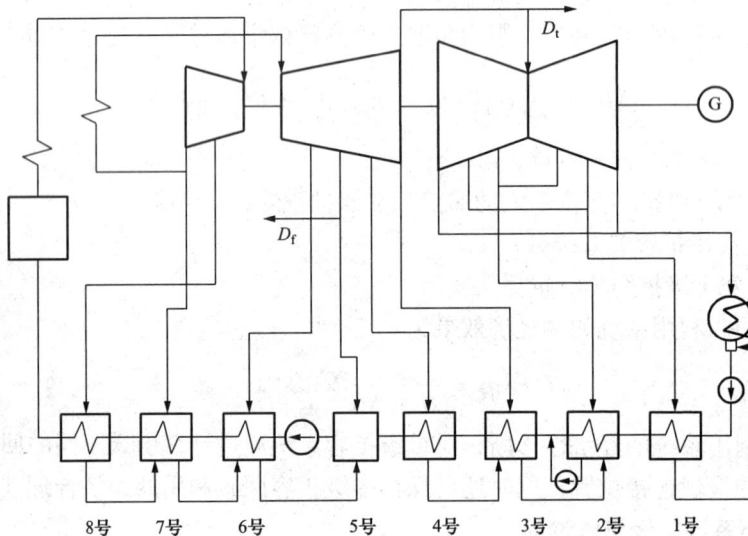

图 2 - 17　具有再热的双抽机组

根据前面的经济性诊断理论，可以得出该机组抽汽等效焓降。

对于热再热蒸汽及其以后的抽汽，有

$$H_j = h_j - h_n - \sum_{r=1}^{j-1} \frac{A_r}{q_r} H_r$$

式中　h_j——第 j 个加热器的抽汽焓，kJ/kg；

　　　h_n——汽轮机的排汽焓，kJ/kg；

　　　q_r——第 r 个加热器的 1kg 抽汽放热量，kJ/kg；

　　　A_r——根据加热器的型式取 τ_r 或 γ_r，kJ/kg；

　　　τ_r——第 r 个加热器的 1kg 凝结水的焓升，kJ/kg；

　　　γ_r——第 $r+1$ 个加热器的 1kg 疏水在第 r 个加热器的放热量，kJ/kg；

　　　j——加热器的编号（$j=1$，2，…，6）。

对于冷再热蒸汽以前的抽汽，有

$$H_j = h_j - h_n + \sigma - \sum_{r=1}^{j-1} \frac{A_r}{q_r} H_r$$

式中　σ——1kg 蒸汽在再热器中的吸热量，kJ/kg；

　　　j——加热器的编号（$j=7$，8）。

各加热器的抽汽效率为

$$\eta_j = \frac{H_j}{q_j}$$

假设该供热机组的新蒸汽量为 D_0，工业抽汽量为 D_n，采暖抽汽量为 D_t，供热抽汽的返回水及补充水都进入凝汽器，则该机组的新蒸汽等效焓降（即循环功）为

$$H_0 = h_0 - h_k + \sigma - \sum_{r=1}^{n} \frac{\tau_r}{q_r} H_r - \frac{D_n}{D_0}(h_n - h_k) - \frac{D_t}{D_0}(h_t - h_k) - \sum \Pi_f$$

式中　n——热力系统中加热器的数目，$n=8$；

　　　Π_f——各种辅助成份的作功能力损失，kJ/kg。

如果由于热力系统的某种变化而引起 1kg 新蒸汽等效焓降的改变为 ΔH^*、1kg 新蒸汽的循环吸热量变化为 Δq，则可得出供热机组新蒸汽等效焓降的真实变化 ΔH 为

$$\Delta H = \Delta H^* - \left(\frac{D_n}{D'_0} - \frac{D_n}{D_0} \right)(h_n - h_k) - \left(\frac{D_t}{D'_0} - \frac{D_t}{D_0} \right)(h_t - h_k)$$

式中　D'_0——系统变化后的新蒸汽量，t/h；

　　　ΔH^*——相当于凝汽机组的新蒸汽等效焓降的变化，kJ/kg。

由能量供应水平相等的原则可知，系统变化前后的功率不变，则有

$$H_0 D_0 = (H_0 + \Delta H) D'_0$$

整理得

$$\Delta H = \frac{H_0}{H_0 + \Pi_f + \Pi_t} \Delta H^*$$

$$\Pi_f = \frac{D_f}{D_0}(h_f - h_n)$$

$$\Pi_t = \frac{D_t}{D_0}(h_t - h_n)$$

供热机组热力系统变化前后的总热耗量变化为

$$\Delta Q = \frac{D'_0(q_0 + \Delta q) - D_0 q_0}{\eta_{gl}\eta_{gd}}$$

$$= \frac{D_0 q_0}{\eta_{gd}\eta_{gl}}\Big[\Big(\frac{D'_0}{D_0} - 1\Big) + \frac{D'_0}{D_0}\frac{\Delta q}{q_0}\Big]$$

式中　q_0——1kg 蒸汽的循环吸热量，kJ/kg；

　　　η_{gd}——管道效率；

　　　η_{gl}——锅炉效率；

　　　Δq——1kg 新蒸汽的循环吸热量的变化，kJ/kg。

由供热机组能量供应水平相等和热量法分配原则可知，在不考虑机组管道效率和锅炉效率变化情况下，此总热耗量的变化 ΔQ 属发电的热耗量变化，因而可以得出供热机组发电煤耗率的变化 Δb 为

$$\Delta b = \frac{3600\Delta Q}{29\,308N_d} = \frac{3600\Delta Q}{29\,308D_0 H_0 \eta_{jx}\eta_d}$$

将前式代入并进行整理得到

$$\Delta b = \frac{H_0 + \varPi_f + \varPi_t}{H_0}\cdot\frac{\Delta q\dfrac{H_0 + \varPi_f + \varPi_t}{q_0} - \Delta H^*}{H_0 + \varPi_f + \varPi_t + \Delta H^*}\cdot\frac{3600q_0}{29\,308\eta_{gl}\eta_{gd}\eta_{jx}\eta_d(H_0 + \varPi_f + \varPi_t)}$$

令

$$\lambda = \frac{H_0 + \varPi_f + \varPi_t}{H_0}$$

$$b^* = \frac{3600q_0}{29\,308\eta_{gl}\eta_{gd}\eta_{jx}\eta_d(H_0 + \varPi_f + \varPi_t)}$$

$$H_0^* = H_0 + \varPi_f + \varPi_t$$

$$\eta_i = \frac{H_0 + \varPi_f + \varPi_t}{q_0}$$

则

$$\Delta b = \lambda\frac{\Delta q\eta_i - \Delta H^*}{H_0^* + \Delta H^*}b^*$$

可以看出：

（1）b^* 是新蒸汽量为 D_0 时凝汽机组的发电煤耗率。

（2）H_0^* 是凝汽机组的新蒸汽等效焓降，Δq 是凝汽机组 1kg 新蒸汽吸热量的变化（凝汽机组与供热机组相同），η_i 是凝汽机组的汽轮机装置效率，因此其第二项是再热凝汽机组装置效率的相对变化 $\delta\eta_i$。

（3）λ 是与凝汽机组的新蒸汽等效焓降和供热机组的新蒸汽等效焓降有关的常数，本书称其为供热机组的经济性指标转换系数。

从而可以把供热机组热力系统变化引起机组经济性改变的表达式写为

$$\Delta b = \lambda\frac{\Delta q\eta_i - \Delta H^*}{H_0^* + \Delta H^*}b^* = \lambda\delta\eta_i b^* = \lambda\Delta b^*$$

式中　λ——供热机组的经济性指标转换系数；

　　　H_0^*——再热凝汽机组的新蒸汽等效焓降，kJ/kg；

η_i ——再热凝汽机组汽轮机装置效率；

Δb^* ——凝汽机组的经济性变化，g/kWh。

从式中可以明显地看出，供热机组热力系统的经济性变化与凝汽机组的经济性变化通过系数 λ 得以完全统一。

第三章

火力发电厂节能评估

第一节　火力发电厂节能管理

一、节能技术政策

国家制订的节能工作方针和原则，是以提高能源利用效率为核心，以转变经济增长方式、调整经济结构、加快技术进步为根本，强化全社会的节能意识，建立严格的管理制度，实行有效的激励政策，逐步形成具有中国特色的节能长效机制和管理体制。

坚持开发与节约并举，节约优先的方针，通过调整产业结构、产品结构和能源消费结构，用高新技术和先进适用技术改造提升传统产业，促进产业结构优化升级，淘汰落后技术和设备，提高产业的整体技术装备水平和能源利用效率。

坚持节能与发展相互促进，把节能作为转变经济增长方式的主攻方向，从根本上改变高耗能、高污染的粗放型经济增长方式；坚持发挥市场机制作用与政府宏观调控相结合，努力营造有利于节能的体制环境、政策环境和市场环境；坚持源头控制与存量挖潜、依法管理与政策激励、突出重点与全面推进相结合。

国家通过制订政策，推广节能技术的应用和普及，与电力工业相关的节能技术有如下几种：

（一）发展能源资源优化开发与优化利用技术

制定煤炭、石油、天然气、煤层气（煤矿瓦斯）、水电和海上油气田等大型能源资源总体开发方案并滚动修订；优化煤、油、气和水电资源的配置；统筹规划能源开发、运输、储存、加工、转换、燃料替代等，以达到能源开发利用最佳整体效益。

优化和调整用能结构，实现有效利用能源资源。高耗能产业因地制宜地靠近能源产地布局。有条件的矿区统筹发展煤电、煤化工、煤炭建材等综合利用产业。

（二）发展多种能源发电与合理配置技术

依据我国一次能源资源和大用电负荷中心分布特征，发展煤炭坑口大容量群发电技术与大水电基地发电技术；发展大容量燃气、蒸汽联合循环发电和燃气轮机调峰发电技术；缺水地区发展节水型发电技术；在缺乏能源资源地区，积极发展安全堆型核电技术；发展煤矸石综合利用电厂。

在热负荷集中地区，发展热电联产，热、电、冷三联产发电技术；北方采暖地区大中城市发展集中供热的热电联产，优先建设以热定电的背压供热机组和200MW以上的抽汽供热机组。

发展高参数、大容量、高效率发电技术。大型电力系统发展超临界、超超临界压力等级发电技术；推广建设600MW及以上高参数大容量燃煤机组、高效洁净煤发电机组和大型联合循环机组，限制在大电网内新建常规300MW及以下中、小型凝汽式机组。重点开发并推广适合国情的循环流化床及整体煤气化发电技术，积极发展300MW及以上大型循环流化床锅炉。优化供电方案，逐步淘汰单机容量100MW及以下常规燃煤纯凝汽式小火电机组和单机容量50MW及以下的以发电为主的燃油锅炉、发电机组。

实施节能电力调度，限制能耗高的机组发电，最大限度节约能源。

发展大容量、远距离、安全经济输电技术。

发展500kV超高压输电技术。

禁止电力系统新建燃油发电厂。

（三）发展水电资源综合优化开发、利用技术

大力发展流域梯级水电优化开发技术。

大电网重点发展500MW以上大型混流或水轮机发电技术。

靠近负荷中心的地区，重点发展300MW及以上大型抽水蓄能电站技术。

（四）电力生产节能技术

发展、推广火电厂全过程优化运行和状态监控技术。在煤粉锅炉中推广气化小油枪、等离子点火等节油或无油点火稳燃节能技术。

推广电力设备改造提效技术。对现有200、300MW机组，进行提高低压缸通流部分效率的改造及各类机组低效辅机的技术改造。

发展、推广电网经济运行技术。优化电网运行方式，优化变压器分接头配置，加强无功补偿及其调节能力，提高用电功率因数。建立、完善电网运行信息系统，推广电网线损诊断与管理技术。加强对电网线损率的分级管理和分区分压分线（台站）的统计分析、理论计算和小指标考核等线损管理制度。发展推行电网用电侧监测管理技术。

发展、推广大型企业用电管理信息系统、车间工艺自动控制节能技术。

（五）推广和利用高效节能设备

研发、推广高效节能型工业通用设备和专用设备，主要包括工业锅炉、工业窑炉、各种电动机、风机、泵、压缩机、气体分离设备、电力变压器等。

发展、推广高效和清洁燃料工业锅炉。

发展、推广新型高效工业锅炉系列。

发展、推广循环流化床工业锅炉，采用与燃气轮机或内燃机配套的余热锅炉。

推广使用洁净煤、型煤和生物质燃料等的锅炉。

发展先进高效的燃烧装置，推广煤粉分级燃烧等洁净燃烧方式；提高工业锅炉自动控制装置和燃烧监测手段；推广低阻高效旋风除尘器。

发展、推广高效机电设备。

推广S11型及低损耗变压器、低能耗导线、金具等节能型配电设备及附件。

发展高性能无功补偿装置。推广可调节型低压无功补偿装置、高压先进性能无功补偿装置（SVC、SVG等）；改进电网供电质量的节电设备，如谐波防治装置等。

发展、推广高效率的泵类设备。通过完善泵的三元流场、二相流分析计算方法，改进加工工艺，使泵的能效达到83%～87%；开发使用与变频器结合的可进行流量调节的恒流量、

变扬程特性水泵，替代水阀进行流量调节，并扩大系列型谱范围，增加品种。

推广节能型通用风机产品，通用风机的效率平均应达到80%～85%。开发新型矿用风机、风扇、电厂、工业锅炉用高效节能风机，如三叶罗茨风机、三元流动叶轮的高效节能风机等；开发使用与变频器结合，用于流量调节的恒流量、变扬程特性风机。

发展、推广变频调速技术与装置及内反馈斩波调速技术与装置。开发电动机拖动用节能调速装置、工艺调速性能用交流调速装置、特种调速用交流调速装置、变频电源及车船使用的直—交逆变电源、牵引调速专用装置、绿色发电用异步电动机变频调速装置等。

研究、发展节能高效电动机。采用冷轧硅钢片代替热轧硅钢片，生产动力用电动机和与变频器集成的变频电动机。研发、推广铜转子电机高起动转矩永磁同步电机。

研发余热、废热、太阳能空调、热泵机组和冷热电联产装置。

（六）开发和利用节能新材料

研发用于交通、石油化工和电力行业的耐高压、耐磨损、抗腐蚀，改善导电、导热性的轻合金结构材料，超细晶粒硬质合金材料，高抗磨金属材料及非金属材料。

研发、推广用于煤炭、电力、冶金、建材、化工等行业的高耐磨工艺介质。

研发低密度、高强度、高弹性模量、耐疲劳的颗粒增强铝基复合材料，结构陶瓷、多孔陶瓷等结构材料和功能材料，以及高性能的增强黏合剂。

（七）鼓励和利用可再生能源

可再生能源是指风能、太阳能、水能、生物质能、地热能和海洋能等非化石能源。可再生能源是我国重要的能源资源，在满足能源需求，改善能源结构，建设资源节约型、环境友好型社会等方面发挥重要作用。

1. 水电技术

发展清洁高效大型水轮发电机组及抽水蓄能水电站机组制造技术。研究600MW以上贯流式、1000MW级混流式水轮发电机组、300MW以上蓄能机组和150MW以上冲击式水电机组设计、制造技术；提高中小水电机组技术水平和制造质量，研究老电站更新改造技术和流域优化调度技术。

发展、推广小水电技术。在边远地区，推广离网型小水电技术；在有条件地区，推广小水电站并网发电技术。研发小水电系统自动化和一体化技术。

2. 生物质能技术

研发、推广秸秆、薪柴等生物质高效燃烧供热发电技术，研发生物质直燃锅炉和配套生物质原料前处理技术与设备。

研发、推广大中型沼气工程供气、发电技术和设备，研发500、1000kW等多个谱系的生物质燃气内燃机。

研发、推广生物质气化供气、发电技术，研发生物质气化焦油催化裂解技术与装置。

研发、推广城市固体废弃物发电技术，研发垃圾焚烧发电、垃圾填埋气回收利用技术和设备。

研发生物液体燃料生产技术，开发以甜高粱茎秆、薯类作物、甜菜和植物纤维等为原料的燃料乙醇技术。

开发以小桐子、油桐、黄连木、棉籽等油料植物（作物）为原料的生物柴油技术；推广餐饮等行业的废油回收、加工利用技术。

研发、推广生物质致密成型燃料技术。

研发、推广非粮食能源作物的选育和种植技术，选育培养适合荒山荒滩、沙地、盐碱地种植的稳产高产、对生态环境安全无害的非粮食能源作物。

3. 风电技术

研发、推广风力发电技术，推广离网型陆地风力发电技术，推广陆地风电并网发电技术，研发近海风电并网发电技术。

研发大中型风电设备，推广国产 1MW 以上风电机组，发展 2MW 及以上风电机组集成制造技术。

研发风电配套技术，研发风电场集中及远程监控技术，风电场机组安全保障与风电场事故平稳过渡技术，风电场安全运行技术，风电场发电量预测及调度匹配软件。

4. 太阳能技术

研发太阳能光伏硅材料的生产技术，发展太阳能光伏发电技术；发展太阳能热利用技术；研发太阳能热发电技术，形成太阳能热发电系统设计集成能力。

5. 地热能技术

发展地源热泵技术，研究高温型热泵材料及技术；发展地热发电技术；开发中低温地热发电系统，研究适合中低温地热发电热力循环的低沸点工质，研发地热蒸汽高温发电技术、深层地热发电技术；推广符合环境保护和水资源保护要求的地热供暖、供热水技术。

6. 海洋能技术

研发潮汐、波浪、海水温差等海洋能发电技术。

二、节能减排综合方案

（一）重点用能单位节能管理

年消耗标煤超过 1 万 t 的重点用能单位，其节能工作的基本要求是：

重点用能单位应贯彻执行国家的节能法律、法规、方针、政策和标准，接受政府主管部门对其能源利用状况的监督、检查。

建立健全节能管理制度；运用科学的管理方法和先进的技术手段，制定并组织实施本单位节能计划和节能技术进步措施，合理有效地利用能源。

每年应安排一定数额资金用于节能科研开发，节能技术改造和节能宣传与培训。

健全能源计量，监测管理制度，配备合格的能源计量器具仪表，能源计算器具的配备和管理应达到《企业能源计量器具配备和管理导则》规定的要求。

建立能源消费统计和能源利用状况报告制度。重点用能单位应指定专人负责能源统计，建立健全原始记录和统计台账。

每年 1 月底前向主管经济贸易委员会报送上一年度的能源利用状况报告。报告应包括能源购入、能源加工转换与消费、单位产品能耗、主要耗能设备和工艺能耗、能源利用效率、能源管理、节能措施和节能经济效益分析、预测能源消费等。

建立能源消耗成本管理制度，根据国家和地方政府有关部门制定的单位产品能耗限额，制定先进、合理的企业单位产品能耗限额，实行能源消耗成本管理。

建立有利于节约能源、降低消耗、提高经济效益的节能工作责任制。明确节能工作岗位的任务和责任，通过岗位责任制和能耗定额管理等形式将能源使用管理制度化、落实到人，纳入经济责任制。

开展节能宣传与培训。主要耗能设备操作人员未经节能培训不得上岗。

设立能源管理岗位，聘任的能源管理人员应熟悉国家有关节能法律、法规、方针、政策，具有节能知识、三年以上实际工作经验和工程师以上（含工程师）职称，并报政府主管部门备案。

能源管理人员负责对本单位的能源利用状况进行监督检查。

（二）千家企业计划

工业是我国能源消费的大户，能源消费量占全国能源消费总量的70%左右。重点耗能行业中的高能耗企业又是工业能源消费的大户。据统计，千家企业2004年综合能源消费量为6.7亿t标准煤，占全国能源消费总量的33%，占工业能源消费量的47%。开展千家企业节能行动，突出抓好高耗能行业中高耗能企业的节能工作，强化政府对重点耗能企业节能的监督管理，促进企业加快节能技术改造，加强节能管理，提高能源利用效率，对提高企业经济效益，缓解经济社会发展面临的能源和环境约束，确保实现"十一五"规划目标和全面建设小康社会目标，具有十分重要的意义。千家企业节能工作的基本要求如下。

1. 加强组织领导，落实节能目标责任制

企业要成立由企业主要负责人挂帅的节能工作领导小组，建立和完善节能管理机构，设立能源管理岗位，明确节能工作岗位的任务和责任，为企业节能工作提供组织保障。各企业要将本企业节能目标，层层分解，落实到车间、班组，一级抓一级，落实责任，逐级考核，加强监督，强化节能目标管理。

2. 建立健全能源计量、统计制度，定期报送企业能源利用状况报告

千家企业要按照《加强能源计量工作的意见》和相关要求，配备合理的能源计量器具、仪表，加强能源计量管理。加强能源统计，建立健全原始记录和统计台账，按要求定期报送企业能源利用状况报告。企业能源利用状况报告包括能源消耗情况、用能效率、节能效益分析、节能措施等内容。具体填报要求由国家统计局专题部署。

3. 开展能源审计，编制节能规划

各企业要按照GB/T 17166—1997《企业能源审计技术通则》的要求，开展能源审计，完成审计报告。通过能源审计，分析现状，查找问题，挖掘潜力，提出切实可行的节能措施；在此基础上，编制企业节能规划，并认真加以实施。企业节能规划要目标明确，重点突出，措施有力，并有年度实施计划。各企业要在本实施方案下发后的半年内，将能源审计报告和节能规划报所在地省级节能主管部门（发展改革委或经贸委、经委，下同）审核；未能通过审核的，应在3个月内进行修改或补充，并重新提交。

4. 加大投入，加快节能降耗技术改造

各企业每年都要安排一定数额资金用于节能技术改造。要加大节能新技术、新工艺、新设备和新材料的研究开发和推广应用，加快淘汰高耗能落后工艺、技术和设备，大力调整企业产品、工艺和能源消费结构，把节能降耗技术改造作为增长方式转变和结构调整的根本措施来抓，促进企业生产工艺的优化和产品结构的升级，实现技术节能和结构节能。

5. 建立节能激励机制

各企业要建立和完善节能奖惩制度，安排一定的节能奖励资金，对节能发明创造、节能

挖潜革新等工作中取得成绩的集体和个人给予奖励，对浪费能源的集体和个人给予惩罚；将节能目标的完成情况纳入各级员工的业绩考核范畴，严格考核，节奖超罚。

6. 加强节能宣传与培训

各企业要组织开展经常性的节能宣传与培训，重点组织好每年一度的"全国节能宣传周"活动。定期组织能源计量、统计、管理和操作人员业务学习和培训，主要耗能设备操作人员未经培训不得上岗。加强企业节约型文化建设，提高资源忧患意识、节约意识和环境意识，增强社会责任感。

（三）节能奖励政策

国家发改委和财政部制订专门奖励政策，支持企业开展节能技术改造活动。

对十大重点节能工程〔包括：燃煤工业锅炉（窑炉）改造工程，区域热电联产工程，余热余压利用工程，节约和替代石油工程，电机系统节能工程，能量系统优化工程，建筑节能工程，绿色照明工程，政府机构节能工程，节能监测和技术服务体系建设工程〕范围内的企业节能技术改造项目，实行"以奖代补"新机制，按改造后实际取得的节能量给予奖励，多节能，多奖励。政府主要是对节能结果进行考核和奖励，以新的机制确保政策实施的针对性和实效性。

一是建立节能报告、审计制度。凡是享受节能奖励的企业都要将节能技术改造项目的能耗和预计取得的节能量向政府报告，由政府委托专门的节能量审核机构对企业节能报告进行审计，保证节能量的准确性和真实性。

二是明确企业的节能责任。凡是享受奖励的企业必须按规定要求完成节能目标。政府要对结果进行考核，对不能完成节能目标的企业，要采取扣回节能奖励资金等经济处罚措施。

三是分清中央和地方政府责任。中央财政主要支持做好基础性工作，并对十大重点节能工程中的节能量超过 1 万 t 标准煤的企业节能技术改造项目给予奖励，奖励标准为项目改造后每形成 1t 标准煤节约能力，东部奖励 200 元，中西部奖励 250 元。对符合奖励条件的节能技术改造项目，为调动企业积极性，按企业报告节能量先预拨 60% 的奖励资金，等项目完成后，再根据审计的节能量进行清算。

（四）节能调度

为提高电力工业能源使用效率，节约能源，减少环境污染，国家出台节能调度政策，对各类发电机组按以下顺序确定调度序位：

（1）无调节能力的风能、太阳能、海洋能、水能等可再生能源发电机组。

（2）有调节能力的水能、生物质能、地热能等可再生能源发电机组和满足环保要求的垃圾发电机组。

（3）核能发电机组。

（4）按"以热定电"方式运行的燃煤热电联产机组，余热、余气、余压、煤矸石、洗中煤、煤层气等资源综合利用发电机组。

（5）天然气、煤气化发电机组。

（6）其他燃煤发电机组，包括未带热负荷的热电联产机组。

（7）燃油发电机组。

同类型火力发电机组按照能耗水平由低到高排序，节能优先；能耗水平相同时，按照污染物排放水平由低到高排序。机组运行能耗水平近期暂依照设备制造厂商提供的机组能耗参数排序，逐步过渡到按照实测数值排序，对因环保和节水设施运行引起的煤耗实测数值增加要做适当调整。污染物排放水平以省级环保部门最新测定的数值为准。

第二节　火力发电厂节能评估的基本要求

我国火电厂的平均热效率为33% ～ 35%，发达国家在40%以上。提高一次能源利用效率，特别是燃煤发电效率，对资源节约、改善环境具有更加重要的意义，也是一项十分艰巨的任务，节能减排、建设节约环保型社会也由此成为我国当前的基本国策。火电厂能耗评估与节能潜力分析研究项目的目的就是为了完成并实现这个基本国策。

1. 火电厂节能评估目的

为了实现火电厂节能减排，首先必须对电厂的能耗水平进行诊断、评估，找出影响能耗的主要因素，分析节能潜力，然后提出节能降耗的措施，分步实施或者技术改造，最终达到节能减排的目的。

2. 评估范围

机组主要运行参数，汽轮机热耗率，汽轮机缸效率，汽轮机抽汽回热系统，冷端系统，锅炉效率，三大风机运行状况，磨煤机，烟风系统，烟尘排放，燃煤品质，主要辅机电耗，主要设备与主、再热蒸汽管道保温状况等。

3. 评估依据

机组运行数据或试验数据、现场运行报表、机组性能考核试验报告、机组大修前后试验报告、机组定期或专项节能分析报告；相关技术改造的可研及试验报告等。

4. 评估技术

以设计值为基础、依据运行或者试验数据，采用美国标准 ASME PTC6 的相关规定以及等效热降方法，分析机组的主要运行经济指标、煤耗、厂用电率以及各种影响因素、与基准值的偏差，开展偏差原因定量分析。

根据耗差分析，挖掘节能潜力，为实现机组主要经济指标煤耗、厂用电率等达到基准值或者目标值，提出电厂节能管理、运行、检修等工作重点，以及该厂机组节能降耗技术改造可行的措施和建议。

5. 评估结果

包括运行及经济指标现状、能耗分析、节能改造措施的建议、预期效果、结论等。

通过对电厂进行火电厂能耗评估与节能潜力分析，指导电厂运行、设备维护及技术改造，推动电厂节能降耗目标的实现，将电厂建设成节约环保型企业。

6. 技术特点

（1）以电厂运行、维护的实际情况为基础。

（2）理论分析与专家经验相结合。

（3）能耗水平评估和节能潜力分析为主体。

（4）技术改进措施为重点。

7. 技术关键

（1）火电厂能耗水平计算。

（2）节能潜力分析。

（3）提高电厂经济性途径和措施。

第三节　火力发电厂节能评估工作导则

一、项目概况

主要描述电厂基本情况（包括主要设备情况、投产、检修、运行时间等）。

二、设备现状和能耗水平

（1）运行性能指标。

（2）厂用电指标。

（3）水耗指标。

（4）可靠性指标。

（5）主要运行参数（额定工况、当前工况）。

（6）锅炉考核试验结果。

（7）锅炉末次大修后试验结果。

（8）汽轮机考核试验结果。

（9）汽轮机末次大修后试验结果。

（10）主要辅机近期试验结果。

（11）机组设计性能。

三、影响电厂经济性的主要因素分析

与设计值比较，查找差距，计算每一个因素或者参数对煤耗的影响，影响总量加上设计煤耗后应该与当前运行煤耗相当。

分析计算方法依据 ASME PTC6《汽轮机性能试验规程》、等效焓降法。

四、节能潜力分析

针对主要影响因素，分析可控、部分可控和不可控因素对煤耗影响所占的比重。分析可控和部分可控两种因素对煤耗的改善量，提出相应技术措施和方法。计算通过采取技术措施可以实现的煤耗降低量。

五、节能降耗措施及建议

重点节能技改措施的分析研究（要求方案比较、技术深度、具有一定的可操作性）。电厂节能减排工作的建议。

六、目标煤耗和厂用电

采取相应措施后电厂可以实现的厂用电率和供电煤耗。所有潜力得到充分挖掘后可实现的理想厂用电率和供电煤耗。

第四节　影响火力发电厂经济性的因素

一、汽轮机通流效率

火电厂汽轮机通流效率的具体表征为汽轮机缸效率，由于现代大型汽轮机均为多级分缸结构，所以汽轮机组通流效率集中体现在汽轮机热耗率上。从设计角度考虑，提高汽轮机通流效率的措施有：

（1）采用全三维设计计算，减少动叶和静叶的冲角损失等以减少叶型损失。

（2）增加叶片相对高度、采用可控涡设计技术，降低环型叶栅根部和顶部的二次流损失。

（3）采用先进的汽封结构和形式，减少漏汽损失。

（4）合理增大动叶和静叶之间的间隙，设计有效的去湿结构，减少湿汽损失。

（5）优化速比设计。

（6）低压缸通流部分叶根、叶顶边界形状设计为光顺结构。

（7）增加末级叶片长度，改进排汽缸气动性能，减少余速损失。

从电厂运行维护的角度考虑，减少进汽阀门节流损失、降低管道压损、减少工质泄漏、减缓老化以及提高机械效率和发电机效率，均可改善汽轮机通流性能。

在我国电厂实际运行中，绝大多数汽轮机组的通流效率远低于设计值，主要原因在于：

（1）设计的汽轮机效率偏高。

（2）制造厂设备加工和安装质量与设计存在差距。

（3）高、中压缸上下缸温差大，造成汽缸变形、汽封磨损。

（4）个别级通流间隙设计不合理。

（5）电厂安装或检修未能保证把汽轮机通流部分间隙调整在设计范围内，造成实际通流径向间隙远大于设计值。

（6）机组启、停及运行中存在高中压缸温差超标或启停运行操作方式不当造成通流部分汽封磨损。

（7）汽水品质差、通流部分结垢严重。

（8）运行方式不当。

国产引进型 300MW 机组汽轮机高压缸、中压缸和低压缸设计效率分别约为 86% ～ 88%、92% ～ 94%、88% ～ 91%，汽轮机设计热耗约为 7930kJ/kWh。国产超临界 600MW 机组汽轮机高压缸、中压缸和低压缸设计效率分别约为 87% ～ 88%、92.5% ～ 94%、89% ～ 92%，汽轮机热耗率约为 7530kJ/kWh。国产超超临界 1000MW 机组汽轮机高压缸、中压缸和低压缸设计效率分别约为 88% ～ 91%、92% ～ 94%、90% ～ 93.5%，玉环电厂汽轮机设计热耗率为 7316kJ/kWh。在实际运行中，各类火电机组，特别是国产机组的汽轮机缸效率以及热耗率普遍与设计水平差距较大，严重影响了机组的运行经济性，因此，提高汽轮机通流性能是电厂节能降耗工作的关键。典型国产大机组汽轮机缸效率对热耗率的影响参见表 3-1。

表 3-1　　　　　典型机组汽轮机缸效率降低一个百分点时对机组热耗率的影响　　　　　kJ/kWh

机组类型	引进型 300MW 机组	哈汽亚临界 600MW 机组	哈汽超临界 600MW 机组	上汽超超临界 1000MW 机组
高压缸	15.2	14.7	14.9	12.6
中压缸	12.4	12.9	10.9	18.5
低压缸	40.9	38.4	38.2	30.1

二、主蒸汽参数

主蒸汽参数对汽轮机组的热经济性有很大的影响，提高主蒸汽初参数（主蒸汽压力和主蒸汽温度）的实质是通过提高循环吸热过程的平均温度，以提高其循环热效率。以理想朗肯循环为例，在分析主蒸汽压力 p_0 和主蒸汽温度 t_0 对循环效率的影响时，假设其他参数保持不变，仅讨论单一蒸汽参数的影响。

（一）主蒸汽温度

设理想朗肯循环吸热过程平均温度为 $\bar{t}_0$，放热过程平均温度 t_1 由背压 p_1 决定。循环热效率为 $\eta_t = 1 - t_1/\bar{t}_0$。设初压 p_0 和背压 p_1 不变，初温由 t_0 提高到 t_0' 时，吸热过程平均温度提高为 $\bar{t}_0'$，其理想循环热效率为 $\eta_t' = 1 - t_1/\bar{t}_0'$。由于 $\bar{t}_0' > \bar{t}_0$，所以 $\eta_t' > \eta_t$。因此提高主蒸汽初温可以提高循环热经济性，热效率提高 $\delta\eta_t$ 为 $\delta\eta_t = \eta_t' - \eta_t = t_1(1/\bar{t}_0 - 1/\bar{t}_0')$。此外，主蒸汽初温的提高，使末级排汽干度提高，减少了低压缸湿汽损失。

通过对各类 300MW 以上典型机组分析计算，主蒸汽温度降低 1℃ 影响汽轮机热耗率约 0.032%，影响量约为 2.5kJ/kWh。机组容量越大，影响量变小。典型超临界 600MW 机组主蒸汽温度对热耗率的影响曲线见图 3-1。

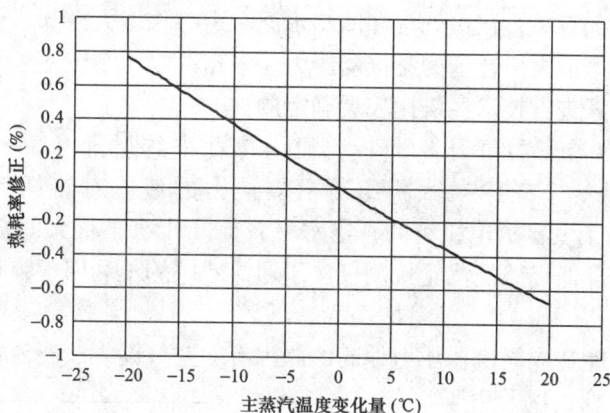

图 3-1 典型超临界 600MW 机组主蒸汽温度对热耗率的影响

运行中可能造成主蒸汽温度偏差的原因有：燃料量不足、过热器喷水量大、过热器积垢、水冷壁积垢、过剩空气量较高、燃烧器倾角调整不合理、烟气流量不合适、旁路挡板位置不当、温度控制给定值漂移、过热器管泄漏、过热器受热面面积不合理等。

运行人员通常可采取吹灰、调整燃烧器摆角、调整旁路挡板设置、调整减温烟气流量挡板、控制过剩空气量、手动控制过热器喷水流量等措施来调整主蒸汽温度。可以进行的维护有：重新设置温度控制给定值、修理过热器喷水控制阀、清洗锅炉水冷壁、清洗过热器管屏、消除过热器管道泄漏、增加或减少过热器受热面等。

（二）主蒸汽压力

当主蒸汽温度和背压一定时，提高主蒸汽压力 p_0 可以提高循环热效率 η_i。但提高主蒸汽压力受热力循环蒸汽膨胀终了时排汽湿度的限制，当主蒸汽温度 t_0 和排汽压力 p_1 一定时，提高主蒸汽压力 p_0 使汽轮机排汽干度减小，湿汽损失增大，甚至可能影响机组运行安全性。此外，提高主蒸汽压力 p_0 使蒸汽比体积减小，汽轮机叶顶漏气损失相对加大，部分削弱了主蒸汽压力提高对提高机组热经济性的影响。采用中间再热不仅可以降低排汽湿度，还可以提高机组的热经济性，典型的亚临界 300、600MW 和超临界 600MW 机组主蒸汽压力对热耗

率的影响约为 $29 \sim 38kJ/kW \cdot h/MPa$。

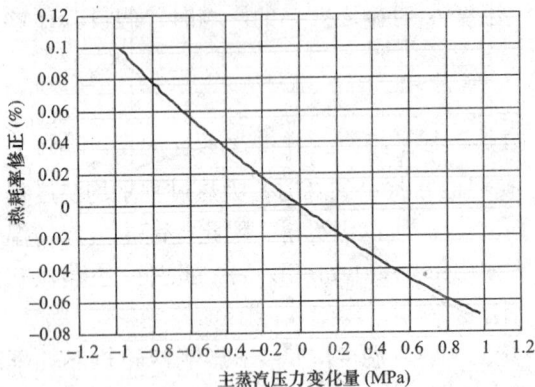

图 3 - 2　典型超临界 600MW 机组主蒸汽
压力对热耗率的影响

典型超临界 600MW 机组主蒸汽压力对热耗率的影响见图 3 - 2。

机组在运行过程中引起主蒸汽压力偏低的主要原因是给水压力低及燃烧调整不当，运行人员可采取措施提高给水流量和增大燃料量。

三、冷端参数

火电厂汽轮机冷端参数指凝汽器压力 p_1 和汽轮机排汽温度 t_1，凝汽器压力的变化直接影响火电机组的热经济性。

凝汽器压力与汽轮机排汽参数、排汽量、凝汽器冷却水量、冷却水温、凝汽器面积、凝汽器清洁状况有关，在排汽量和冷却水温一定时，增大冷却水量可以降低凝汽器压力，使汽轮机输出功率增大。合理的凝汽器压力是根据冷却水系统、末级叶片尺寸和凝汽器面积等投资费用等因素进行技术经济比较后确定的。

300MW 机组凝汽器压力每升高 1kPa，机组热耗率约增加 0.8%，发电煤耗约升高 2.2g/kWh，功率约减少 2.2MW。大机组凝汽器压力的偏差对热耗率的影响约为 $70 \sim 80kJ/kW \cdot h/kPa$。目前我国火电机组的真空水平较前几年有了很大的提高，但是机组真空差距引起的能耗水平降低仍然是汽轮机侧仅次于通流效率的不利因素，普遍与设计水平相差 1kPa 以上。

机组运行中，可能造成凝汽器压力偏高的原因有：空气漏入、凝汽器负荷过大、凝汽器管积垢、循环水流量低，以及由于环境条件改变或冷却塔性能变化造成的循环水入口温度升高。运行人员可采取的措施有：增加循环水流量、投入备用真空泵、真空系统查漏、投入备用循环水泵、若有备用的冷却塔小室则将其投入运行。检修时可采用消除凝汽器漏真空、修理热力系统隔离阀、清洗凝汽器、修理循环水出口控制阀、修理冷却塔等维护措施来改善凝汽器真空。典型超临界 600MW 机组排汽压力对热耗率的影响见图 3 - 3。

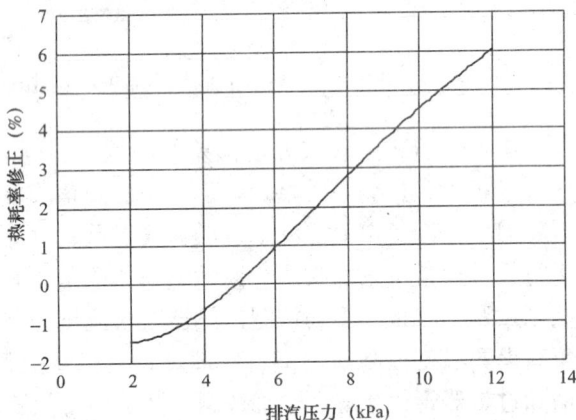

图 3 - 3　典型超临界 600MW 机组排汽
压力对热耗率的影响

四、给水温度

热力发电厂蒸汽动力循环的热源为高温烟气，其放热过程不是恒温的，循环热效率低的主要原因是蒸汽吸热过程的平均温度较低，致使烟气与蒸汽之间的换热温差较大，换热不可逆损失较大，做功能力损失较大。因此，提高蒸汽动力循环热效率的根本途径是提高工质吸热过程的平均温度及减少冷源损失，采用给水回热循环，提高给水温度是改进吸热过程的有效方法。

工质的吸热过程分预热、沸腾和过热三个阶段。其中，水从预热到沸腾的吸热过程在三个阶段中温度最低。回热循环利用已在汽轮机中做过功的蒸汽，通过给水回热加热器加热给水，提高给水温度，从而提高了给水在锅炉内吸热的平均温度，同时减少了凝汽器中的冷源损失，使抽汽的热量得到充分利用，从而提高了循环效率。

在其他条件不变的情况下，给水回热温度越高，回热级数越多，则回热循环效率也将越高。但随着回热级数的增加，循环热效率的增加值越来越小。

影响给水回热循环热经济性的主要参数是回热给水焓增的分配、最佳给水温度和回热级数。按给水焓增的平均分配法，最佳给水温度 t_{fw}^{op} 为

$$t_{fw}^{op} = (t_{bo} - t_c)/2$$

式中　　t_{bo}——主蒸汽温度，℃；

　　　　t_c——凝结水温度，℃。

采用回热提高给水温度能够提高热经济性，但是需要采用回热加热器，增加了设备投资和运行成本，因此要通过综合的技术经济性分析来确定最佳给水温度和回热级数。

经济上最有利的给水回热级数和给水温度主要取决于燃料价格和设备投资，并与主蒸汽参数、机组容量和设备利用率等因素有关。表 3-2 给出了部分国产机组的给水回热加热级数和给水温度，由表 3-2 可见，对大型机组给水回热加热级数一般为 7～8 级，给水温度为 275～295℃。

表 3-2　　　　　　　　　　　部分典型国产机组的回热级数和给水温度

机组型号	N300-16.7/538/538	N600-16.7/538/538	N600-24.2/566/566	N1000-26.25/600/600
回热级数	8	8	8	8
给水温度℃	275	273	275.1	292.5

运行机组锅炉给水温度降低，将会影响汽轮机热耗率增加，国内典型机组的给水温度变化与汽轮机热耗率变化关系趋势见图 3-4。

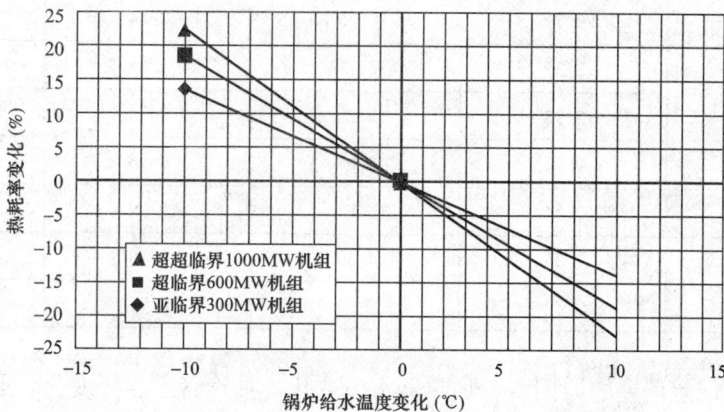

图 3-4　国产典型机组给水温度变化对热耗率的影响

五、加热器端差

给水加热器的设置是根据等焓分配原则结合电厂投资成本，经综合技术经济比较确定的，因而具有最佳经济性。加热器是否运行以及其运行性能，将直接影响到机组热经济性。例如300MW机组若解除高压加热器，将使热耗率增大约286J/kWh，并且还将使得锅炉部分受热面的运行参数偏离设计值较多，导致设备故障率上升。

从给水回热加热的热力过程来分析，由于存在加热器端差，引起回热过程熵增，导致可用能损失，从而削弱了回热效果。

加热器上端差增大，加热器出口给水温度降低，造成给水在更高一级加热器内吸热量增大，高压抽汽量增大，机组出力降低，热经济性下降。若再热之前的高压加热器上端差增大，不但会影响机组出力，还将影响机组循环吸热量。

加热器疏水端差（下端差）增大，造成本级加热器抽汽流量增大，疏水焓提高，下一级加热器抽汽流量略有减少，综合作用之下，机组出力降低，热经济性下降。

国产典型机组的回热系统一般采用三台高压加热器、四台低压加热器以及一台除氧器，加热器上端差相对下端差对热经济性的影响较大。各类典型机组加热器端差对热经济性的影响见表3-3。

表3-3　　　国产典型机组加热器上端差增加10℃时对热耗率的影响　　　kJ/kWh

机组类型	N300-16.7/537/537	N600-16.7/537/537	N600-24.2/566/566	N1000-26.25/600/600
上端差				
1号高压加热器	13.54	14.60	18.57	22.22
2号高压加热器	8.83	8.81	7.46	7.28
3号高压加热器	11.72	10.95	9.26	10.75
5号低压加热器	11.04	11.01	10.34	7.80
6号低压加热器	11.80	11.45	12.79	5.73
7号低压加热器	8.31	8.08	7.62	13.55
8号低压加热器	9.24	9.44	8.44	8.15
下端差				
1号高压加热器	0.77	0.75	0.54	0.47
2号高压加热器	2.32	2.11	1.66	2.37
3号高压加热器	2.93	3.20	2.76	2.91
5号低压加热器	0.72	0.67	0.98	2.25
6号低压加热器	0.84	0.81	0.90	—
7号低压加热器	1.37	1.39	1.40	—
8号低压加热器	2.42	2.03	1.78	—

造成加热器端差偏差的原因有：加热器水位变化、抽汽管道压降变化、通过加热器的凝结水或给水流量变化、加热器导向板泄漏、加热器内存在不凝结气体、加热器管子积垢。可采取的措施有：优化加热器水位、改善和优化加热器排气、消除导向板泄漏。

六、系统泄漏

热力发电厂在各负荷下，水、汽系统都有其正常的循环回路，实际运行中，这些循环回路中可能有水、汽等工质发生内漏和外漏，外漏工质所具有的能量完全损失。内漏工质未通过正常热力系统，其能量未得到利用或被降级利用，这两者都将影响机组的热经济性。

这些潜在的泄漏点分布范围极广，使得有大量的能量从系统中泄漏，而未得到利用。统计表明，大部分电厂对热力系统的查漏和堵漏工作还有待提高。

根据经验，在相同条件下实际热耗率明显高于考核试验结果时，通过恰当的热力系统检漏、堵漏和优化工作，节能效果十分显著。对于国产 300MW 机组，系统泄漏造成的机组煤耗增大约 3～8g/kWh，表 3-4 给出了某电厂 330MW 机组节能评估期间热力系统泄漏对机组热耗率和发电煤耗的影响量。

表 3-4　　　　　热力系统泄漏对机组热耗率和发电煤耗的影响量

泄漏部位	泄漏量 （t/h）	1t/h 的泄漏量对热耗率的影响 （kJ/kWh）	热耗率影响量 （kJ/kWh）	发电煤耗影响量 （g/kWh）
主蒸汽母管疏水泄漏	0.30	8.36	2.51	0.1
冷再热蒸汽母管疏水泄漏	2.47	6.10	15.05	0.6
再热蒸汽母管疏水泄漏	4.60	7.63	35.11	1.4
再热蒸汽支管疏水泄漏	5.59	7.63	42.63	1.7
各加热器危急疏水泄漏	29.25	0.60	17.55	0.7
除氧器放水门泄漏	5.65	0.44	2.51	0.1
六段抽汽止回阀后疏水泄漏	3.19	1.89	6.02	0.24
辅汽供轴封汽动阀前疏水泄漏	1.33	5.26	7.02	0.28
辅汽至除氧器疏水泄漏	1.33	5.26	7.02	0.28
高压旁路泄漏	0.75	8.36	6.27	0.25
低压旁路泄漏	1.15	7.63	8.78	0.35
轴封溢流量增大	0.49	5.17	2.51	0.1
合　　计			153	6.1

消除热力系统泄漏的唯一有效办法是定期对热力系统进行检查，查明机组热力循环中存在的泄漏部位，并根据情况安排检修处理。

七、减温水量

维持稳定的汽温是保证机组安全经济运行所必需的，喷水减温由于具有结构简单、调温有效快捷等特点而成为汽温调节的一个主要手段。火电机组通常都配有过热减温水和再热减温水。

过热减温水按来源可分为给水泵出口分流和省煤器入口分流两种。当过热减温水来自给水泵出口的分流，则由于减温水不经过高压加热器，直接进入锅炉，使得高压加热器抽汽量减少，机组回热程度降低。且喷水循环的不可逆性大于主循环，同时过热减温水直接在锅炉吸收的热量比流经高压加热器后从锅炉吸收的热量多，导致机组经济性下降，热耗率升高，煤耗相应增大。如果过热减温水来自省煤器入口的分流，则对机组热经济性影响较小。

再热减温水一般来自给水泵的中间抽头，对机组经济性影响较大。首先，因为再热减温水调节再热汽温的热力过程是个非再热的中低参数循环，其循环热效率远低于高参数的主循环；其次，再热减温水没有经过高压加热器，机组回热程度降低，被排挤的蒸汽在汽轮机做功后进入凝汽器与循环水交换热量，机组冷源损失增大，影响机组热效率。因此，再热减温水一般作为事故备用调节手段，机组正常运行时，应尽量少投。

过热器减温水和再热器减温水流量对机组热耗率和发电煤耗的影响见表3-5，典型国产超临界600MW机组再热器减温水流量对热耗率的影响关系见图3-5。

表3-5   1t/h减温水流量对机组经济性的影响

机组类型	影响热耗率（kJ/kWh）		影响发电煤耗（g/kWh）	
	过热器减温水	再热器减温水	过热器减温水	再热器减温水
N300-16.7/537/537	0.29	1.76	0.01	0.06
N600-16.7/537/537	0.59	2.05	0.02	0.07
N600-24.2/566/566	0.59	2.05	0.02	0.07
N1000-26.25/600/600	0.29	2.05	0.01	0.07

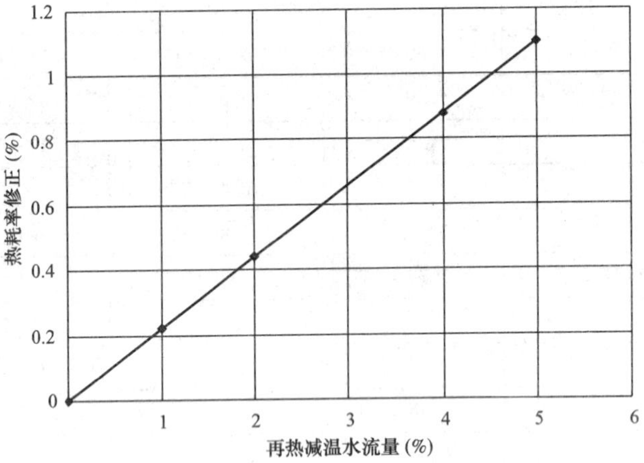

图3-5 国产超临界600MW机组再热器减温水流量对热耗率的影响

八、排烟温度

排烟温度是指锅炉最末级受热面出口处的平均烟气温度。排烟温度与锅炉负荷、炉膛出口过量空气系数、给水温度及炉内各级受热面的清洁程度等因素直接相关。

当锅炉负荷增加时，沿烟气流程各级烟温升高，最终排烟温度升高；当锅炉燃料量不变时，炉膛过量空气系数增加时，炉内理论燃烧温度下降，炉膛出口烟温降低，而其后各级对流受热面出口烟温升高，排烟温度升高；当锅炉燃料量不变时，给水温度因回热系统原因而降低时，由于省煤器的传热温压增大，单位吸热量增加，省煤器后烟气温度下降，排烟温度下降，锅炉效率提高。但此时蒸发量下降，为保持蒸发量不变就必须增加燃料量，当保持蒸发量不变而给水温度降低时，排烟温度大体上为原来数值。炉膛内受热面及其后各级受热面的清洁程度对排烟温度的影响是显而易见的，为保持锅炉运行的经济性，炉膛及对流受热面的吹灰是不可少的。

制粉系统的漏风使通过空气预热器的风量减少；炉膛的漏风不仅减少了通过空气预热器的风量，且使锅炉炉膛内的温度降低，辐射吸热量减少，出口烟温升高；尾部烟道的漏风使受热面的传热温压降低，所有这些都会引起排烟损失的升高。此外，煤种多变，煤质下降，例如，燃煤灰分增加，发热量降低，或因挥发分大大增高而不得不在系统中掺入大量冷风时，也都会使锅炉运行的排烟温度升高。

对于 300MW 及以上容量燃用烟煤锅炉，排烟温度每升高 10 ～ 12℃，锅炉效率约降低 0.5 个百分点。

九、煤粉细度

煤粉细度是指煤粉中一定粒级范围内的颗粒所占的质量分数（以%表示），是评价煤粉质量的指标之一。通常将煤粉样品按规定方法用标准筛进行筛分，煤粉细度可用留在筛子上的剩余煤粉量所占总煤粉量的分数表示（例如：$R_{90} = 20\%$ 筛孔尺寸为 $90\mu m$）；也可用通过筛子的煤粉量与总煤粉量的分数表示（例如：$D_{90} = 80\%$ 筛孔尺寸为 $90\mu m$）。显然，留在筛子上的煤粉越多，表示煤粉越粗，反之表示煤粉越细。发电厂常用 30 号和 70 号两种筛子，即常用 R_{200} 和 R_{90} 表示煤粉细度。对于 R_{90} 相同的煤粉，R_{200} 大者，其含大颗粒煤粉的比例较大，也就是说这种煤粉的均匀性差，反之则表明煤粉的均匀性好。由 R_{90} 与 R_{200} 也可求得煤粉的均匀性指数 n，即

$$n = \frac{\lgln \dfrac{100}{R_{90}} - \lgln \dfrac{100}{R_{200}}}{\lg \dfrac{90}{200}} \tag{3-1}$$

煤粉细度及其均匀性对锅炉炉内的燃烧和运行性能均有重大影响。较细的煤粉所需的燃尽时间短，这不仅可使燃烧效率提高，飞灰可燃物降低，还可减小水冷壁的结渣倾向，降低炉膛出口烟温。特别是当煤粉的均匀性指数比较高时，因为煤粉中的粗颗粒减少而更加明显。

煤粉均匀性指数与制粉设备，特别是与粗粉分离器的结构性能有关，若采用动静式旋转分离器，则均匀性指数 n 可达到 1.3 ～ 1.5。

煤粉细度的降低时，磨煤及制粉电耗也随之增加。但有计算及研究表明，降低煤粉细度和设法增加其均匀性指数是十分可取的。对褐煤以外的各煤种，一般推荐的煤粉细度为 $R_{90} = 0.5nVdaf \%$。但对燃用一定煤种的最佳煤粉细度，最好通过优化试验确定。

十、灰渣可燃物含量

灰渣包括炉底排出的大渣和尾部烟道各处收集的沉降灰和飞灰。各处灰渣的颗粒组成和可燃物（未燃尽碳）的多少均不相同，一般地，固态排渣锅炉的炉底大渣可燃物含量较高（与煤种、运行工况有关），省煤器和空气预热器下灰斗的沉降灰颗粒较飞灰粗而可燃物含量也较飞灰高。除进行锅炉的性能考核试验时计测炉底大渣可燃物含量外，由于大渣占入炉总灰量的比率仅为 10% ～ 15%，常常只注重飞灰可燃物。液态排渣锅炉的粒化渣可燃物含量常常为零，飞灰颗粒较固态排渣锅炉的飞灰颗粒细，可燃物含量更低。

影响灰渣可燃物含量高低的因素主要是煤质特性、煤粉细度和运行配风工况。燃煤挥发分降低、灰分增加和发热量下降通常使灰渣可燃物含量增加，即或不增加或反有所降低，也因灰分增加和发热量下降使固体未完全燃烧引起的热损失增加；煤粉细度增加（即变粗）和均匀性指数下降将直接引起灰渣可燃物含量增加；运行中的配风工况对灰渣可燃物含量的

影响也是显著的，炉膛出口过量空气系数下降或炉膛内局部缺风都会使灰渣可燃物含量增加。

十一、炉膛出口过量空气系数

锅炉送风量或烟道各部漏风量的变化，都会引起过量空气系数的变化。对于现代大型电站锅炉，烟道各部漏风量都比较小，过量空气系数的大小也就反映出送入炉膛内风量的大小。在一定的负荷范围内，当燃料量不变而炉膛出口过量空气系数增加时，气体不完全燃烧热损失 q_3 和固体不完全燃烧热损失 q_4 降低。而因排烟温度升高和烟气量的增加，排烟热损失则始终随过量空气系数的提高而增加，故而超过合理的过量空气系数时，将会使锅炉热效率降低。同时，过量空气系数的提高将使送、引风机的电耗增加。但是，锅炉在低于最佳过量空气系数下运行是很不利的，此时，不仅会使 q_3、q_4 大大增加，还会导致炉膛内受热面结渣和腐蚀，影响锅炉运行的安全性。

最佳过量空气系数应通过锅炉燃烧优化调整试验获得。锅炉运行在这一过量空气系数下具有最佳的性能，即兼有热效率高、炉内受热面无严重结渣和腐蚀、汽温调节正常和氮氧化物 NO_x 排放最低的优良性能。对于不同燃料（特别是燃用不同煤质）、不同负荷时的这一数值是不相同的。对结渣性不强、含硫量低的高挥发分烟煤，可采用低过量空气系数运行方式，其最佳过量空气系数在 1.15 左右，相比于过量空气系数为 1.20 ~ 1.25 时，锅炉效率可提高约 0.3%，NO_x 排放可降低 15% ~ 20%。但对低挥发分的贫煤和无烟煤，由于燃尽特性差，不得不提高过量空气系数运行，通常，其最佳过量空气系数大于 1.2。

十二、空气预热器漏风率

电站锅炉的空气预热器主要是钢管式和回转式空气预热器，大型电站锅炉几乎全都采用回转式空气预热器。近年来，我国空气预热器的设计、制造和运行水平均有较大的提高，新机组投运后第一年内的漏风率不超过 6%，一年后的漏风率不超过 8%。目前，国产设备的最高水平为第一年内漏风率达 5% 以下。

空气预热器的漏风有两种表示方法，即漏风系数和漏风率。在 20 世纪 80 年代前，我国以漏风系数衡量空气预热器的漏风大小，以后，随着国外引进技术的采用，逐渐以漏风率表示为主。两者的定义及其计算公式为

漏风系数 Δa 是空气预热器出口烟气的过剩空气系数 a'' 与入口 a' 之差，即

$$\Delta a = a'' - a' \qquad (3-2)$$

漏风率 L 为漏入空气预热器烟气侧的空气量占进入该烟道的烟气的质量分数（以%表示），也就是空气预热器出口和进口烟气量之差与进口烟气量的质量分数。按 ASME PTC 4.3《空气预热器试验规程》测算漏风率的经验公式，漏风率与漏风系数的关系式为

$$L = (\Delta a/a') \times 90 \qquad (3-3)$$

锅炉运行和试验的实践表明，该关系式是比较准确的，使用也很方便。

一般情况下，空气预热器漏风率上升 1%，发电煤耗增加 0.15g/（kWh）。

十三、出力系数

机组出力系数对汽轮机组热经济性有较大影响，一般当机组运行在设计工况下时，热经济性最佳。但我国电网峰谷差较大，大机组也在频繁参与调峰运行。2008 年度，全国火电

国产 300MW 级机组平均出力系数低于 70%。因此，在进行火电厂能耗诊断和分析中，必须考虑出力系数对机组经济性的影响。一般情况下，要同时考虑出力系数对发电煤耗的影响和对厂用电的影响。

从理论上讲，不同负荷下的汽轮机热耗率可以从汽轮机制造厂提供的热平衡图上得出，锅炉效率也可以从不同工况的设计值计算，然后就能得出不同负荷下的发电煤耗。但是，设计数据和理论计算的结果与机组实际的运行状况差距甚远，所以，在实际分析中，仍然以现场试验数据为基础，拟合出出力系数对发电煤耗和厂用电的修正曲线，据此修正出力系数的影响。

根据某超临界 600MW 机组在不同工况下的设计热力特性数据，结合多台同类型机组在不同工况下的实测数据，经拟合得到不同工况下发电厂用电率和发电煤耗与出力系数的关系，曲线见图 3-6 和图 3-7。

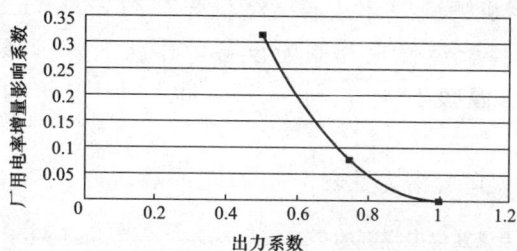

图 3-6　出力系数对厂用电率增量的影响系数　　　图 3-7　出力系数对发电煤耗增量的影响系数

第五节　能耗诊断与节能潜力评估实例

一、某电力公司新建机组节能评估

A 电厂 3 号机组考核试验的发电煤耗较设计值 276.6g/kWh 高 6.2g/kWh，2006 年 1～8 月实际运行的发电煤耗较设计值高 35.6g/kWh。主要影响因素有：汽轮机通流部分效率低、机组真空低、热力系统阀门内漏、最终给水温度降低、锅炉排烟温度高、燃料中石子煤量大、机组出力系数低。通过运行调整、检修、强化管理等手段能够获得的节能潜力约为 14g/kWh。

B 电厂 3、4 号机组考核试验的发电煤耗较设计值（276.9g/kWh）分别高 9.9g/kWh 和 12.1g/kWh，考核试验的供电煤耗较设计值（295.9g/kWh）分别高 4.7g/kWh 和 4.0g/kWh，实际运行的发电煤耗较设计值分别高 30.8g/kWh 和 23.2g/kWh，实际运行供电煤耗较设计值分别高 28.4g/kWh 和 28.7g/kWh。机组运行煤耗较设计值偏高的主要原因为汽轮机通流部分效率未达到设计水平、汽轮机真空低、锅炉排烟温度高、热力系统阀门内漏、再热器减温水流量大、系统补水率高、煤质变化的影响、机组负荷率低。节能潜力约为 12g/kWh。

C 电厂 1、2 号机组考核试验的发电煤耗较设计值（280.5g/kWh）分别高 7.48g/kWh 和 5.36g/kWh，考核试验的供电煤耗较设计值（295.95g/kWh）分别高 5.13g/kWh 和

2.6g/kWh，实际运行发电煤耗较设计发电煤耗分别高 19.15g/kWh 和 13.73g/kWh，实际运行供电煤耗较设计供电煤耗分别高 20.12g/kWh 和 13.73g/kWh。虽然 C 电厂两台机组，经过一年多的设备消缺和节能降耗改造，目前的设备运行状况已达到较好水平，但同设计值相比，还存在一定的差距，其主要原因为汽轮机缸效率低，高、中压缸之间漏汽量大，汽轮机真空低，小汽轮机汽耗率大，热力系统阀门内漏和机组负荷率低。节能潜力约 3 ~ 4g/kWh。

D 电厂 5、6 号机组平均运行发电煤耗为 315.9g/kWh，供电煤耗为 344.4g/kWh。实际运行工况较考核试验的发电煤耗增加了 23.4g/kWh，供电煤耗增加了 26.5g/kWh。实际运行的供电煤耗较设计值高约 30g/kWh。影响煤耗的主要因素为汽轮机通流部分效率低，系统及阀门内漏，主蒸汽、再热蒸汽参数未达标，机组真空低，再热器减温水流量大，系统补水率大，机组保温不良，石子煤影响。节能潜力约为 13g/kWh。

C 电厂与 A、B 电厂设备基本相同，但机组运行经济指标较好，其主要原因是 C 电厂投产后经过近 2 年的消缺和综合治理，汽轮机通流效率改善，降低煤耗约 2g/kWh；机组运行真空较好，降低煤耗约 2g/kWh；燃料配烧优化和制粉设备工作状况好，降低煤耗约 2g/kWh，主蒸汽参数和锅炉排烟温度接近设计水平，也降低煤耗约 3g/kWh。

影响 A 电力公司新投产机组供电煤耗的因素及降耗潜力见表 3-6 和表 3-7。

表 3-6　　　　　　　　　A 电力公司新投产机组主要因素对供电煤耗的影响　　　　　　　　　g/kWh

影响因素 ＼ 机组	A 电厂 3 号机	B 电厂 3 号机	B 电厂 4 号机	C 电厂 1 号机	C 电厂 2 号机	D 电厂 5 号机	D 电厂 4 号机
出力系数	5	6	6	5	5	5.12	5.88
缸效率	8.3	7.1	10.5	6.1	6.65	2.85	2.85
HP - IP 漏汽	0.9	0.8	0.8	0.93	1.76	—	—
真空	5	3.67	3.67	1.22	1.3	3.49	4.25
燃料	3.68	1.9	1.9	—	—	0.7	0.68
给水泵汽轮机流量				1.52	1.57		
再减水量	0.9	0.7	0.7	0.23	0.82	1.86	2.85
系统泄漏	1.9	1.9	1.9	1.11	1.48	7.58	7.58
补水率	—	1.5	0.78	—	—	1.02	1.02
排烟温度	0.7	2.47	3.14	—	—	—	—
主汽参数	1.14	—	—			1.54	1.83
加热器、给水温度	1.733	—	—			0.94	1.08
设备保温	—	—	—			1.14	1.14
合 计	29.25	26.04	29.39	16.11	18.58	26.24	29.16

表 3-7　　　　　　　A 电力公司新投产机组节能降耗潜力　　　　　　　g/kWh

项目 \ 电厂	A 电厂	B 电厂	C 电厂	D 电厂
2006 年 1～8 月运行供电煤耗	327.8	324.5	312.9	344.4
实际运行供电煤耗较设计值高	35.6	29	15～20	30
主要因素影响煤耗总量	29.29	26～29	16～18.6	26～29
负荷率等不可控因素影响煤耗	5	6	5	5.5
汽轮机通流部分效率、高中压缸之间漏汽、真空、燃料等部分可控因素影响煤耗	17.88	13.47～16.87	9.77～11.28	7.42
主蒸汽参数、系统泄漏、减温水、补水、排烟温度、加热器、保温等可控因素影响煤耗	6.37	6.5	1.3～2.3	14.6
可以挖掘的节能潜力	14	12	3～4	13

机组经济性降低的主要因素有：

（1）汽轮机缸效率达不到设计水平。

（2）凝汽器真空低。

（3）系统和高压疏水阀门普遍存在内漏。

（4）煤质变化或者石子煤影响。

（5）主蒸汽和再热蒸汽参数偏差。

（6）锅炉再热器减温水流量大。

（7）锅炉排烟温度高。

（8）空气预热器漏风率大。

（9）机组出力系数下降。

节能降耗工作重点为：

（1）合理设计、调整汽轮机通流部分安装间隙。

（2）调整轴端汽封间隙和中压缸冷却蒸汽流量，减少汽轮机高、中压缸之间漏汽量。

（3）从真空严密性治理、凝汽器清洁度、冷却水流量调配入手，提高机组真空。

（4）消除系统和高压疏水阀门内漏，减少工质流失和能量损失。

（5）调整提高主蒸汽和再热蒸汽参数，使锅炉、汽轮机在设计条件下运行。

（6）加强运行调整，提高调整质量，减少锅炉再热器减温水流量。

（7）治理烟风系统缺陷，减少空气预热器漏风率，降低锅炉排烟温度。

（8）加强磨煤机优化运行管理，降低厂用电，提高燃料利用效率。

二、B 电力公司部分电厂节能评估

由于设计、安装、运行等诸多因素的影响，发电机组的实际发电煤耗与设计发电煤耗不可避免地存在一定程度的偏差或损失，这部分损失反映了实际状态与理想状态的差距。部分损失是发电厂不可控制的，如出力系数、煤质、机组老化等；部分损失通过采用一些运行或技改措施可以弥补，这里称为可控损失。电厂节能降耗潜力划分见图3-8。

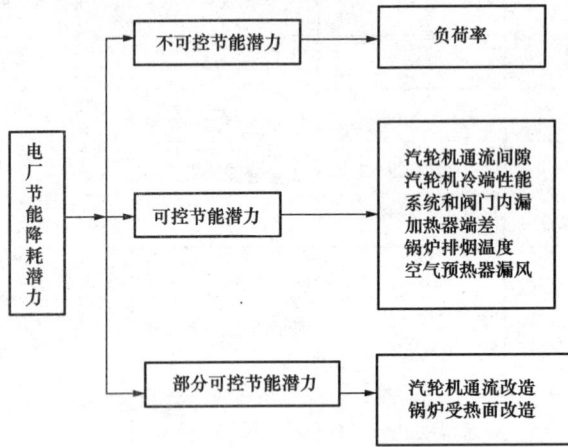

图3-8　电厂节能潜力划分

可控节能损失主要有：通过电厂检修维护、运行调整、强化管理、小型技术改造等措施可以得到的节能潜力，例如，汽轮机通流间隙调整、汽封改造、汽轮机冷端治理、加热器水位调整、内漏治理、减温水治理、燃烧调整、运行参数调整等。

不可控节能损失主要有：电厂无法控制的经济性影响因素，例如机组负荷、煤质变化、设备老化等。

部分可控节能损失主要有：只有通过大型技术改造等手段或者较多资金投入才能得到的节能潜力，包括汽轮机通流改造、锅炉增加受热面、泵与风机更新改造等重大技改的收益。

B电力公司节能评估情况见表3-8～表3-15。

表3-8　　　　　　　　　　B电力公司部分电厂能耗现状

项目 电厂	设计发电煤耗 （g/kWh）	运行发电煤耗 （g/kWh）	运行厂用电率 （%）	运行供电煤耗 （g/kWh）
DLT	288	315.1	7.32	340
HBW	282.6	325.1	8.67	356
WH	308.3	362.6	7.74	393
FZ	315.6	351.2	8.3	383
BS	283.7	319.2	8	347
WLT	302	334.3	8.9	367
LH	283.6	315.4	8.59	345
MX	310.5	345.2	8.91	379
JQ	289.6	317.4	8	345
FT	312.3	359.2	8.13	391
SD	297.9	328.3	9.8	364

表3-9　　　　　　　　　　　B 电力公司部分电厂指标差距

项目　　　电厂	公司达标折算煤耗（g/kWh）	公司达标折算厂电率（%）	运行供电煤耗（g/kWh）	运行厂用电率（%）	供电煤耗与公司达标值的差距（g/kWh）	厂用电率与公司达标值的差距（%）
DLT	337.72	8.3	340	7.32	2.28	-1.0
HBW	343.88	8.2	356	8.67	12.12	0.5
WH	343.17	8.2	393	7.74	49.83	-0.5
FZ	376.68	7.8	383	8.3	6.32	0.5
BS	335.51	8.2	347	8	11.49	-0.2
WLT	354.17	8.8	367	8.9	12.83	0.1
LH	335.51	8.2	345	8.59	9.49	0.4
MX	341.96	9.2	379	8.91	37.04	-0.3
JQ	335.51	8.2	345	8	9.49	-0.2
FT	359.48	8.2	391	8.13	31.52	-0.1
SD	343.17	8.5	364	9.8	20.83	1.3
平均	346.07	8.35	364.55	8.40	18.48	0.05

表3-10　　　　　　　　　　B 电力公司部分电厂性能指标差距

项目　　　电厂	机组（MW）	公司达标值 供电煤耗（g/kWh）	公司达标值 厂用电率（%）	电厂运行值 供电煤耗（g/kWh）	电厂运行值 厂用电率（%）	运行值与达标值之差 供电煤耗（g/kWh）	运行值与达标值之差 厂用电率（%）
DLT	2×600	343.17	8.5	356.25	7.67	13.08	-0.83
DLT	4×330	334.42	8.2	331.18	7.14	-3.24	-1.06
DLT	2×330	334.42	8.2	330.65	7.27	-3.77	-0.93
HBW	2×200	359.48	8.2	372.73	8.51	13.25	0.31
HBW	2×330	334.42	8.2	336.16	8.89	1.74	0.69
WH	2×200	359.48	8.2	393.02	8.3	33.54	0.1
FZ	2×200	359.48	8.2	382.5	8.31	23.02	0.11
FZ	4×200	385.28	7.6	383.4	8.57	-1.88	0.97
BS	2×300	335.51	8.2	345.14	8.16	9.63	-0.04
WLT	2×300	354.17	8.8	366.5	8.92	12.33	0.12
LH	2×300	335.51	8.2	358.11	8.55	22.6	0.35
MX	2×300	341.96	9.2	379	8.91	37.04	-0.29
JQ	2×300	335.51	8.2	345.59	8.08	10.08	-0.12
FT	2×200	359.48	8.2	391	8.13	31.52	-0.07
SD	4×600	343.17	8.5	364	9.21	20.83	0.71
平均		347.70	8.31	362.35	8.31	14.65	0.00

表 3 – 11　　　　**B 电力公司部分电厂影响因素与能耗分析**　　　　g/kWh

影响因素 ＼ 电厂	WLT	HBW	WH	FZ
汽轮机热耗影响	4.17	17.88	19.18	9.02
排烟温度	2.86	1.86	4.47	4.30
飞灰可燃物损失		0.01	4.54	—
负荷率	5.91	3.61	2.90	3.78
系统内漏	2.00	3.00	5.00	2.00
凝汽器真空度	3.11	—	—	1.70
再热器减温水量	0.52	0.96	1.93	1.16
再热蒸汽温度	0.20	0.21		0.97
补水率	0.74	0.48	1.16	0.95
空气预热器漏风率	0.40	0.95	—	0.91
过冷度	0.00	0.00	0.45	0.83
主蒸汽温度	0.18	—	—	0.51
给水温度	0.00	0.07	1.16	0.51
主蒸汽压力	—	—	—	0.24
过热器减温水量	0.19	0.47	0.19	0.03
合　计	20.28	29.50	40.98	26.91

表 3 – 12　　　　**B 电力公司部分电厂影响因素与能耗分析**　　　　g/kWh

影响因素 ＼ 电厂	BS	WLT	LH	MX	JQ	FT	SD
负荷	7.17	6.99	8.20	7.82	8.49	2.12	9.11
锅炉效率低	—	5.43	—	3.00	—	—	1.3
再热减温水	0.14	1.72	0.09	0.35	0.65	0.51	4.56
过热减温水	—	—	—	—	—	—	2.19
单阀运行	—	—	—	1.89	—	—	—
主再热参数	1.54	2.19	0.83	2.86	1.28	0.33	0.74
临时滤网	1.32						
汽轮机热耗率	14.41	1.08	7.06	7.06	5.69	19.15	9.20
低旁阀门内漏	1.00	—	1.00	—	—	—	—
凝汽器真空低	5.49	7.63	3.51	—	3.08	6.11	6.09
给水温度低	0.33	0.29	0.30	—	—	—	—
加热器端差大	0.25	0.74	1.05	0.10	0.50		0.03
凝汽器过冷度	—	—	—	0.33			
热力系统内漏	4.00	5.50	6.25	4.00	6.00	4.00	3.00
冷渣器回水	—	—	—	0.90	—	—	—
中缸冷却蒸汽量	—	—	—	2.20	—	—	—
散热损失	1.59	0.17	—	1.60	0.45	1.41	0.58
合　计	37.24	31.72	28.29	29.58	28.67	33.63	36.78

表 3-13 　　　　　　　　　**B 电力公司部分电厂可控节能潜力**　　　　　　　　g/kWh

影响因素　　　　电厂	WLT	HBW	WH	FZ
汽轮机热耗影响	1.25	5.50	6.44	2.35
排烟温度	1.43	0.98	2.23	2.15
系统内漏	1.00	1.50	3.50	0.50
凝汽器真空度	1.55	—	—	0.85
再热器减温水量	0.47	0.87	1.74	1.04
凝汽器补水率	0.37	0.26	0.58	0.48
空预器漏风率	0.24	0.47	0.27	0.55
再热蒸汽温度	0.20	0.20	—	0.97
过冷度	—	—	—	0.17
主蒸汽温度	0.18	0.00	—	0.51
给水温度	—	0.09	1.16	0.51
主蒸汽压力	—	—	—	0.24
过热器减温水量	0.10	0.23	0.10	0.01
可控合计	6.79	10.09	16.01	10.32

表 3-14 　　　　　　　　　**B 电力公司部分电厂可控节能潜力**　　　　　　　　g/kWh

影响因素　　　　电厂	BS	WLT	LH	MX	JQ	FT	SD
提高锅炉效率	—	3.80	—	2.10	—	—	—
再热器减温水流量调整	0.13	1.55	0.08	0.31	0.59	0.46	4.10
过热器减温水流量调整	—	—	—	—	—	—	1.10
单阀运行	—	—	—	1.89			
主、再蒸汽参数调整	1.54	2.19	0.83	2.86	1.28	0.33	0.74
临时滤网拆除	1.32						
汽轮机通流改造	3.32	—	3.00	3.00	0.85	5.19	1.87
凝汽器真空低治理	3.59	5.12	0.91	—	1.31	2.02	3.62
提高给水温度	0.33	0.29	0.30				
加热器端差大调整	0.25	0.74	1.06	0.10	0.50		0.03
凝汽器过冷度大治理					0.07		
热力系统内漏治理	2.50	2.75	3.63	2.00	3.00	2.00	1.50
冷渣器回水改进	—	—	—	0.90	—	—	—
中缸冷却蒸汽流量	—	—	—	—	0.66	—	—
散热损失	1.03	0.11	—	1.04	0.29	0.92	0.38
机炉主辅机运行优化	2.00	2.00	2.00	2.00	2.00	2.00	2.00
可实现的节能潜力	16.01	19.79	11.32	15.09	12.04	13.42	15.34

影响因素 \ 电厂	BS	WLT	LH	MX	JQ	FT	SD
风机节电改造	0.26	0.18	0.19	0.91	0.34	0.38	0.30
凝结泵变频改造	0.04	—	0.15	0.07	—	0.04	0.13
循泵电机双速改造	0.30	—	0.33	—	—	—	—
电动给水泵改汽动泵	2.50	—	3.00	—	2.00	—	—
机炉主辅机运行优化	0.10	0.10	0.10	0.10	0.10	0.10	0.10
厂用电率下降（%）	3.20	0.28	3.77	1.08	2.44	0.52	0.53

表 3 - 15　　　　　　　　　　B 电力公司部分电厂可控节能潜力

项目 \ 电厂	容量（MW）	各种因素对发电煤耗的影响量（g/kWh）	可控的节能潜力（g/kWh）
DLT	3180	20.28	6.79
HBW	1060	29.50	10.09
WH	400	40.98	16.01
FZ	1200	26.91	10.32
BS	600	37.24	16.01
WLT	600	31.72	19.79
LH	600	28.29	11.32
MX	600	29.58	15.09
JQ	600	28.67	12.04
FT	400	33.63	13.42
SD	2400	35.65	15.33
平　均		28.93	11.84

B 电力公司机组存在的主要问题为：

（1）机组负荷率低。

（2）汽轮机通流部分效率低。

（3）汽轮机冷端系统性能不佳。

（4）热力系统及阀门内漏。

（5）锅炉空气预热器漏风率高。

（6）风机匹配和运行缺陷。

（7）锅炉排烟温度高。

（8）煤质变化大。

（9）其他（减温水流量、加热器端差等）。

第六节 火力发电厂节能评价体系

一、总体情况

火力发电厂节能评价体系共由三部分组成。第一部分为火力发电厂节能指标评价表，第二部分为火力发电厂节能管理评价表，第三部分火力发电厂节能指标评价计算软件以及节能评价体系注释表。

火力发电厂节能指标评价表和节能管理评价表依据国家、行业的相关标准、规程以及现场实践经验等，针对节能指标和节能管理工作进行逐项评价。

通过对影响煤耗、水耗、油耗、电耗等指标的主要因素层层分解，确定反映火力发电厂能耗状况的指标。按相互影响的层面划分，火力发电厂节能指标评价表的内容构成主要有4个部分和三级指标，如表3-16所示。

表3-16　　　　　　　火力发电厂节能指标评价构成和权重分配表

一级指标		二级指标		三级指标
项目	权重	项目	权重	
供电（热）煤耗	65%	锅炉效率	100	排烟温度、锅炉氧量、飞灰可燃物、炉渣可燃物、空气预热器漏风率
		热耗率	550	高压缸效率、中压缸效率、低压缸效率、主蒸汽温度、再热蒸汽温度、主蒸汽压力、再热蒸汽压力、过热器减温水流量、再热器减温水流量、凝汽器真空、真空严密性、凝汽器端差、凝结水过冷度、给水温度、加热器端差、高压加热器投入率、补水率
综合厂用电率	20%	发电厂用电率	170	磨煤机耗电率、一次风机耗电率、排粉机耗电率、引风机耗电率、送风机耗电率、循环水泵耗电率、凝结水泵耗电率、电动给水泵耗电率、除灰除尘耗电率、输煤耗电率、脱硫耗电率
		非生产厂用电率	20	
		供热用电	10	
单位发电量取水量	10%	发电除盐水耗	25	
		工业废水回收率	20	
		循环水浓缩倍率	30	
		化学自用水率	10	
		灰水比	15	
燃油消耗量	5%			

第1部分的一级指标为供电（热）煤耗，锅炉热效率和热耗率为二级指标，并分别包含有5个和16个三级指标。

第2部分的一级指标为综合厂用电率，二级指标为发电厂用电率、非生产厂用电率和供热用电，其中发电厂用电率包含有11个三级指标。

第3部分的一级指标为燃油消耗量，无二级和三级指标。

第4部分的一级指标为单位发电量取水量,包含5个二级指标。

火力发电厂节能指标评价表中指标权重分配原则如下:

(1)一级指标间的权重分配。

1)由于煤炭占发电成本的70%左右,故将与煤耗有关的指标权重取为65%。

2)厂用电占发电成本不到10%,但由于从节能降耗的角度,降低厂用电率相对比较困难,因此取与厂用电有关的指标权重为20%。

3)油耗占发电成本的比重相对最小,故取其权重为5%。

4)水耗大约占发电成本的3%~4%,考虑到我国水资源缺乏,取权重为10%。

(2)二级指标权重根据一级指标和三级指标的权重进行分配。

(3)三级指标之间的权重是按照其对一级指标影响的程度进行分配的。

(4)考虑到不同级别指标对机组节能状况的影响不同,在计算节能指标评价总分时,对不同级别指标乘以不同的系数,即

$$指标评价总分 = 0.8 \times 一级指标总分 + 0.2 \times 二级指标总分$$

火力发电厂节能管理评价表的构成和权重分配如表3-17所示。按专业分类和实践经验,将节能管理分为3个主要类别和8个主要项目。火力发电厂节能管理评价表中不同类别和项目的权重是综合考虑其对火电厂节能的影响、生产管理的实际可操作性等因素进行分配的。

表3-17　　　　　　火力发电厂节能管理评价构成和权重分配表

类　别	权　重	项　目	权　重
基础管理	30%	管理机构	2%
		监督与分析	10%
		计划和规划	10%
		燃料管理	8%
技术管理	40%	热力试验	18%
		运行调整	22%
设备管理	30%	检修维护	16%
		技术改造	14%

火电厂节能评价总览表见表3-18。

表3-18　　　　　　火力发电厂节能评价总览表

设备基本情况
锅炉型号:_____
锅炉制造厂:_____
锅炉效率设计值:_____
排烟温度设计值:_____
汽轮机型号:_____
汽轮机制造厂:_____
热耗设计值:_____
汽轮机高、中、低压缸效率设计值:_____
发电机型号:_____
发电机制造厂:_____
机组投产日期:_____

续表

	指标	设计值/试验值	运行值	评价得分	评价结论
节能指标评价	供电煤耗				
	发电煤耗（供热煤耗）				
	锅炉效率				
	热耗率				
	综合厂用电（供热厂用电率）				
	发电厂用电率				
	单位发电取水量				
	燃油消耗量				

	项目	标准分	评价得分	评价结论	
节能管理评价	基础管理				
	技术管理				
	设备管理				

主要缺陷

改进措施

评价结果综述

二、火力发电厂节能评价表

火力发电厂节能指标评价见表3－19。

表3－19　　　　　　　　　　火力发电厂节能指标评价表

序号	指标	标准分	设计值	试验值	实际值	评分办法（扣完为止）	评价结果
1	供电（热）煤耗	650				发电煤耗上升1g/kWh扣10分	
1.1	锅炉热效率	100				降低0.1个百分点扣3分	
1.1.1	排烟温度	22				升高1℃扣1.5分	
1.1.2	锅炉氧量	22				升高0.1个百分点扣1分	
1.1.3	飞灰可燃物	22				升高1个百分点扣4分	
1.1.4	炉渣可燃物	12				升高3个百分点扣2分	

续表

序号	指 标	标准分	设计值	试验值	实际值	评分办法（扣完为止）	评价结果
1.1.5	空气预热器漏风率	22				升高 1 个百分点扣 1.5 分	
1.2	热耗率	550				升高 2.7kJ/kWh 扣 1 分	
1.2.1	高压缸效率	20				降低 1% 扣 6 分	
1.2.2	中压缸效率	30				降低 1% 扣 8 分	
1.2.3	低压缸效率	40				降低 1% 扣 10 分	
1.2.4	主蒸汽温度	38				降低 1℃ 扣 1 分	
1.2.5	再热蒸汽温度	32				降低 1℃ 扣 0.8 分	
1.2.6	主蒸汽压力	35				降低 0.3MPa 扣 2 分	
1.2.7	过热器减温水量	18				增加 10t/h 扣 1.5 分	
1.2.8	再热器减温水量	46				增加 10t/h 扣 5 分	
1.2.9	凝汽器真空	72				升高 0.1kPa 扣 3 分	
1.2.10	真空严密性	40				升高 0.01kPa/min 扣 1 分	
1.2.11	凝汽器端差	45				升高 1℃ 扣 10 分	
1.2.12	凝结水过冷度	18				降低 1℃ 扣 6 分	
1.2.13	给水温度	32				降低 1℃ 扣 2 分	
1.2.14	加热器上端差	22				升高 1℃ 扣 1 分	
1.2.15	加热器下端差	6				升高 10℃ 扣 1 分	
1.2.16	高压加热器投入率	20				降低 1 个百分点扣 4 分	
2	凝汽器补水率	36				升高 1% 扣 6 分	
2.1	综合厂用电率	200				升高 0.1 个百分点扣 3 分	
2.1.1	发电厂用电率	170				升高 0.1 个百分点扣 3 分	
2.1.2	磨煤机耗电率	22				升高 0.1 个百分点扣 3 分	
2.1.3	引风机耗电率	20				升高 0.1 个百分点扣 3 分	
2.1.4	送风机耗电率	16				升高 0.1 个百分点扣 3 分	
2.1.5	排粉机耗电率	12				升高 0.1 个百分点扣 3 分	
2.1.6	一次风机耗电率	12				升高 0.1 个百分点扣 3 分	
2.1.7	循环水泵耗电率	18				升高 0.1 个百分点扣 3 分	
2.1.8	凝结水泵耗电率	10				升高 0.1 个百分点扣 3 分	
2.1.9	给水泵耗电率	18				升高 0.1 个百分点扣 3 分	
2.1.10	除灰除尘耗电率	15				升高 0.1 个百分点扣 3 分	
2.1.11	输煤耗电率	12				升高 0.1 个百分点扣 3 分	
2.1.12	脱硫耗电率	15				升高 0.1 个百分点扣 3 分	
2.2	非生产厂用电率	20				升高 0.1 个百分点扣 3 分	
2.3	供热用电率	10				升高 0.1 个百分点扣 3 分	
3	单位发电量取水量	100				升高 0.1m³/MWh 扣 20 分	
3.1	发电除盐水耗	25				升高 0.1m³/MWh 扣 4 分	

续表

序号	指 标	标准分	设计值	试验值	实际值	评分办法（扣完为止）	评价结果
3.2	循环水浓缩倍率	20				降低0.1倍扣4分	
3.3	化学自用水率	30				升高1个百分点扣2分	
3.4	灰水比	10				灰水比低于基准值，水比例升高1个单位扣2分	
3.5	工业废水回收率	15				升高1个百分点扣2分	
4	燃油消耗量	50				升高0.1个百分点扣10分	

第 四 章

火电机组的运行优化调整

第一节　运行优化的适用范围

　　火电机组的运行优化技术是以最优化理论为指导，依据机组主辅机设备实际运行情况，通过全面优化试验的结果及综合分析，建立一整套运行优化操作程序和合理的优化软件包，使机组能在各种负荷范围内保持最佳的运行方式和最合理的参数匹配。火电机组的运行优化技术包括两个方面，其一是火电机组运行优化试验，其二是修改热控系统控制方式。运行优化试验主要是从运行角度入手，对机组运行方式和参数进行调整，寻找其在运行过程中始终保持最佳状态的运行方案。而维持机组最佳运行状态的主要手段是将试验得出的机组在各负荷范围内的最佳运行方式和主要运行参数的最佳匹配方案用于自动控制系统的参数整定，优化控制方式。实践证明，通过对火电机组运行方式的全面优化，机组的经济性能相对提高0.8%～1.5%，供电煤耗相应下降 2～4g/kWh。

一、现代火电机组

　　现代火电机组均具备较高的自动化装备，机组的启停、升降负荷、稳态运行均能够在自动状态下完成，但较先进的自动化装备仅是硬件，需要有一套完整的最佳运行控制曲线对机组运行参数进行整定。火电机组的运行优化技术就是通过试验，得出机组全负荷范围内的最佳控制方式，为现代火电机组提供一套安全、经济的运行方案，使先进的硬件能最大限度地发挥其最佳作用。

二、DCS 改造后的老机组

　　目前许多老机组在进行汽轮机通流部分现代化技术改造的同时，完成了 DCS 的改造，更新后的控制系统需要进行调整，以适应新的机组条件对经济运行的要求。而火电机组的运行优化调整正是通过试验，得出适合改造后机组运行的最佳控制方式，为其提供最佳运行控制曲线。

三、燃煤变化的机组

　　燃烧煤种变化的机组，由于原有的运行方式不适应新的煤种，通过火电机组的运行优化调整试验，得出适合新煤种的机组最佳运行控制方式，为重新整定控制系统设定值提供有效的参考依据。

第二节　运行优化的目的和特点

　　运行优化调整的目的是深挖设备潜力，增效节能，降低发电煤耗：

（1）规范运行方式。

（2）提高机组运行水平。

（3）提高机组运行安全性。

（4）提高主机运行效率。

（5）降低辅机功耗。

（6）减少污染物排放。

（7）提高机组升降负荷速率。

先进的硬件应配备先进的软件，其主要特点有：

（1）在不同负荷下进行单独的优化调整试验，采用单因素轮换法，锅炉、汽轮机分别进行一系列调整试验，确定在变工况时锅炉的最佳运行方式，汽轮机最佳的定、滑压运行曲线和给水泵最佳运行方式，循环水泵最佳运行方式和机组最佳运行背压以及最佳的加热器传热效果。

（2）采用独立调整和联合调整相结合的方法，确保机组整体运行的最佳效果，既考虑提高主机的运行经济性，又兼顾辅机的节能效果，使电厂在增效节能两方面获得效益。

（3）充分考虑机组热控系统和试验结果的匹配关系，使试验结果对机组运行指导落到实处。

第三节　运行优化的主要内容

火电机组运行优化是建立在整个机组主、辅设备一系列运行优化试验的基础上，通过热控系统及运行优化在线分析系统得以实现的。主要包括锅炉及其辅机运行优化、汽轮机及其辅机运行优化、机组整体运行优化、热控系统调整及编制运行优化在线分析系统。

一、锅炉及其主要辅机运行优化

（1）风量标定。为了准确反映一次风量、二次风量及入炉总风量，同时为调整试验作准备，优化试验首先对风量测量一次元件进行标定，并将标定结果用于修正热工测量系统，以保证 DAS 系统数值显示和打印结果的准确性，控制系统自动调节的正确性。

（2）制粉系统调整。重点调整煤粉细度和煤粉分配均匀性（有条件的情况下），同时对于中储式和直吹式系统，根据各自特点，进行相关的专门试验，摸索出制粉系统最佳运行方式。

（3）燃烧器配风调整。主要是从安全的角度出发，重点调整炉膛火焰结构，使炉膛内火焰不偏斜、不飞边、着火点位置合理、降低燃烧器区域结焦倾向；同时解决汽温偏差、氧量偏差等问题。对于四角切圆燃烧方式，调整对象为一次风量、周界风量、风箱炉膛差压；对于旋流燃烧方式，调整对象为一次风量、内外二次风及旋流强度。

（4）锅炉运行经济性及降低污染物调整。主要解决可燃物高、运行经济性差等问题，主要调整对象包括入炉总风量、燃尽风量。

二、汽轮机及其主要辅机优化

汽轮机及其辅机运行优化调整流程见图 4 - 1。

（1）定、滑压运行参数的选择。在不同负荷下，选择定压参数和不同的滑压参数，进行经济性比较，获得机组在全负荷范围内的最佳运行方式。

```
┌─────────┐
│ 风量标定 │
└─────────┘
     │
     ▼                    ┌──────────────┐
┌─────────────┐      ┌───▶│  制粉系统调整  │
│ 风量测量系统 │──────┤    └──────────────┘       ┌──────────────────┐
└─────────────┘      │                           │  修改协调控制系统  │
     │               │    ┌──────────────┐       └──────────────────┘
     ▼               └───▶│  锅炉燃烧调整  │
┌─────────────┐           └──────────────┘
│ 风量显示系统 │
└─────────────┘
```

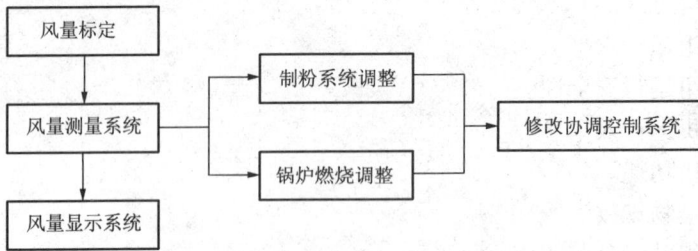

图 4-1 锅炉及其辅机运行优化调整流程示意

（2）给水泵组最佳运行方式确定。主要包括两个方面，一是通过不同负荷定、滑压运行方式下的给水泵组效率的测量，确定给水泵组的最佳运行参数和运行方式；二是根据单台给水泵余量较大的特点，在低负荷时进行给水泵组不同备用方式的试验，以获得较高的运行经济性。

（3）最佳凝汽器背压试验。包括机组微增出力试验和循环水泵运行优化配置试验，通过不同负荷下改变凝汽器背压，测量机组的微增功率及循环水泵功耗，寻求最佳凝汽器背压；通过调整循环水泵的流量，测量循环水泵耗功的变化，获得循环水泵的运行优化配置。

（4）加热器传热效果调整试验。通过加热器水位的调整，确定各加热器的最佳出水温度和疏水端差，以使得各加热器在较高的效率下运行。

三、机组整体优化

（1）机、炉联合试验。按照锅炉和汽轮机优化结果分别设定参数，进行机、炉联合试验，验证机组在不同负荷下的最佳运行方式，确定不同负荷下机组的最佳供电煤耗。

（2）机组升降负荷试验。应用锅炉和汽轮机分别优化的结果，改变机组变负荷速率，进行机组升降负荷试验，以使机组升降负荷过程既稳又快。

四、热控系统调整

将锅炉和汽轮机运行优化试验的结果结合机组控制系统的特点，绘制成曲线，替换或修改原有的控制曲线，使运行优化试验的结果同机组的日常运行结合起来，使试验得到的经济效益真正落到实处。调整内容包括一次风量控制曲线，一次风压控制曲线，风箱炉膛差压控制曲线，有关二次风控制曲线，运行氧量控制曲线，入炉总风量控制曲线，汽温、汽压控制曲线，定、滑压运行曲线等。

五、运行优化在线分析系统

采用非线性规划 SCDD 计算方法，结合优化试验结果，建立运行优化在线分析软件系统。该软件系统可提供特征参数最佳控制曲线和相应特征参数的实时值，提供主要运行经济性指标目标值和当前值，计算相应损失费用，运行人员可以通过 CRT 画面清楚地了解机组运行经济情况，指导运行人员进行合理的操作。

应当强调的是，由于火电机组的运行优化充分考虑了机组热控系统和试验结果的匹配关系，所以试验结果完全可以用于热控系统。而只有将试验结果用于热控系统，才能保证机组的最佳运行；反之，如果机组热控系统无法投入，或投入率较低，运行优化的意义就不大。简而言之，机组自动化程度越高，优化效果越明显。

以下将从锅炉及其辅机的运行优化、汽轮机及其辅机的运行优化两方面，详细阐述火电机组的运行优化技术。

第四节　锅炉及其辅机运行优化调整

随着我国火电机组容量的不断增加，电站锅炉参数在不断提高，炉膛的尺寸也在不断增大，容易出现炉内火焰充满度差、受热面受热不均等问题，导致锅炉受热面爆管、水冷壁高温腐蚀、炉膛结渣、运行经济性偏低、污染物排放较高，尤其在煤种发生变化和机组频繁参与调峰时，上述现象更为突出。通过锅炉及其辅机的运行优化试验，针对煤种的变化和负荷的不同，以获得最为经济的运行方式。

现代电站锅炉具有较高的自动控制水平，锅炉启停、稳定运行均可自动完成，这些技术的发展，对电站锅炉的运行优化调整试验提出了新的要求。因此，可以认为，电站锅炉运行优化试验的目的，就是寻找锅炉最佳燃烧方式并通过热工自动控制方式的完善得以实现。

现代锅炉的燃烧方式仍为四角切圆燃烧（包括炉内双切圆燃烧和墙式燃烧器切圆燃烧方式）和前后墙对冲燃烧方式。四角切圆燃烧方式燃烧器尽管在一、二次风喷嘴布置上有一些新的变化，但基本结构还是采用经典的直流燃烧器和大风箱结构，并配备不同偏转角度的二次风喷嘴；前后墙对冲燃烧方式基本结构仍为双调风旋流燃烧器并配有燃尽风喷嘴。因此，锅炉运行优化调整方案设计基本思路不会改变，只是更应注重炉膛火焰的充满度、炉内温度场和氧量分布的对称性。

锅炉运行优化试验主要测点与性能考核试验测点基本相同，但在整个运行优化试验过程中还要监视和重点记录以下一些参数：

（1）表盘氧量指示；

（2）主蒸汽流量；

（3）入炉总风量；

（4）风箱炉膛差压；

（5）磨煤机出力；

（6）一次风热风母管压力；

（7）过热器、再热器壁温；

（8）通过看火孔观察火焰几何形状。

锅炉运行优化的内容一般称之为调整因素，无论直流燃烧器还是旋流燃烧器的运行优化，一般均采用"单因素轮换法"，即改变一个被调整因素，保持其他调整因素不变，观察、测试该调整因素对于锅炉运行的影响，然后逐步轮换各调整因素。由于"单因素轮换法"未考虑各因素之间的交互作用，单纯由此方法作出的试验结果，常出现最佳工况非"最佳"的现象，因此，有时需要辅之以组合工况试验，即同时改变两个以上调整因素，检查运行效果。

锅炉运行优化方案设计，主要是解决煤粉锅炉运行优化调整"调什么"、"怎么调"、"调多少"的问题，本节将结合典型的四角切圆燃烧和前后墙对冲燃烧方式，重点介绍锅炉运行优化试验如何进行方案设计及一些调整技巧。

一、四角切圆燃烧方式调整方案设计

（一）调整因素

如何确定调整因素，也就是解决调什么的问题。四角切圆燃烧方式调整因素有哪些，是

由燃烧系统决定的，包括制粉系统、燃烧器和送风系统。

1. 一次风系统

无论直吹式制粉系统还是中储式制粉系统，描述进入炉膛的一次风粉混合物的参数主要包括一次风粉混合物的温度、速度、浓度及煤粉细度，其中，一次风粉混合物的温度及煤粉细度为独立变量，而速度和浓度有一定相关性，对于给定的锅炉出力，每只燃烧器出力基本不变，因此，一次风粉混合物的速度和浓度可以用一个参数表示，即进入喷燃器的一次风量，对于直吹式制粉系统，为进入磨煤机的一次风量；对于中储式制粉系统，为一次风箱压力。因此，一次风系统调整因素可归纳为 3 个因素：一次风粉混合物的温度、一次风量（对于中储式制粉系统为一次风压）和煤粉细度。

对于直吹式制粉系统，一次风温即磨煤机出口温度。通过设定磨煤机出口温度控制值，由热工调节系统自动改变冷热风门开度来实现；对于中储式制粉系统，一次风温可以通过调节再循环风量和热一次风量以及增减冷一次风量等措施实现。

对于直吹式制粉系统，一次风量即进入磨煤机的风量，通过设定磨煤机进口风量控制值，由调节系统自动改变冷热风门开度来实现；对于中储式制粉系统，一次风量可以通过调节热一次风箱压力等措施实现。

煤粉细度主要通过改变分离器折向门开度进行调节。

2. 二次风系统

四角切圆燃烧方式二次风系统一般包括燃料风、辅助风、燃尽风。燃料风喷嘴设在煤粉喷燃器的周围，也称周界风。燃尽风喷嘴设在整组燃烧器的顶部，在超临界、超超临界锅炉燃烧器的设计中，出于降低 NO_x 的目的，燃尽风喷嘴的层数有增加的趋势，由过去 1～2 层的典型设计，增加到 4～6 层，因此，其对燃烧的影响也越来越大；同时，燃尽风喷嘴过去随主燃烧器上下摆动，部分超超临界锅炉增加了其水平摆动功能。作为二次风的主体，辅助风喷嘴一般设在煤粉喷燃器之间，与煤粉喷燃器呈相间布置，形成均等配风。

四角切圆燃烧方式二次风系统的燃料风、辅助风、燃尽风之和为总二次风量，且均从大风箱引出，这三种二次风风量既受风门挡板开度的控制，又受风箱炉膛差压的控制，是多变函数，不易采用"单因素轮换法"进行运行优化调整。比较可行的办法是：首先，确定二次风系统的调整因素为总风量、燃料风和燃尽风三种，总风量由表盘氧量指示值代表；由于总风量与燃料风量、辅助风量、燃尽风量存在和的关系，因此，表盘氧量、燃料风量和燃尽风量一经确定，辅助风量也相应确定，无需再把辅助风也作为一个调整因素；其次，关于燃料风与燃尽风的调整，应先确定一个合适的风箱炉膛差压，使燃料风与燃尽风的调整仅与其风门开度有关，在确定的风箱炉膛差压下，通过改变风门开度来改变燃料风与燃尽风风量。

（二）各调整因素对炉内燃烧的影响

锅炉的燃烧工况在很大程度上影响着锅炉设备和整个发电厂运行的安全性和经济性。对于超临界、超超临界锅炉，由于设备的庞大和复杂性，燃烧系统可调整因素较多，且各因素对燃烧工况的稳定性、经济性及设备的安全性影响均不相同，因此，在设计调整方案时，应首先了解各调整因素对炉内燃烧的影响。

1. 一次风量对炉内燃烧的影响

燃烧器出口保持合适的一次风速，对维持燃烧器出口区域理想的速度场、温度场和浓度场有重要的影响。一次风速偏高，会增加着火热容量，着火推迟；一次风速过高，对于燃烧劣质煤的锅炉，则会有吹灭火焰的可能，或火检检不到信号，造成炉膛灭火。一次风速过低，则容易使燃烧初期缺氧，甚至烧坏燃烧器，并在一次粉管造成煤粉沉积。因此一次风量的大小，会直接影响设备的安全性、燃烧工况的稳定性以及运行的经济性。因此，在确定试验调整范围和试验后一次风量的最终取定时，应十分注意。

2. 一次风温对炉内燃烧的影响

从燃烧的角度看，一次风温越高越好。但对于不同的煤种，一次风温的设定值不同，在选择一次风温设定值时，可以考虑以下几个方面：

（1）煤质特性。鉴于我国现在动力用煤比较紧张，很多电厂燃烧用煤非设计煤种，因此可以根据实际燃烧煤种的挥发分、水分及灰分含量，适当调整一次风温设定值。

（2）制粉系统适应能力。对于直吹式制粉系统，改变磨煤机出口温度设定值，需要同时考虑一次风量能否满足，要同时协调磨煤机进口冷、热风门开度及热一次风母管压力（部分锅炉为一次风机出口压力）之间的关系，调整的目标是：在额定负荷工况下，各投运磨煤机在能够维持合适的一次风温和一次风量的前提下，冷风门开度越小越好，最好全关，一次风热风母管压力越低越好，热风门开度约为70%。

对于中储式制粉系统，情况比较复杂，既要考虑一次风温和一次风量，同时还要考虑制粉系统的系统通风量和再循环风量等参数。总之，在条件允许的情况下，尽量减少甚至关闭冷一次风量是调整的理想目标。

3. 煤粉细度对燃烧工况的影响

煤粉细度是影响锅炉运行经济性的最主要因素。煤粉细度的影响，主要表现在锅炉机组（包括制粉系统）运行的经济性方面，一般情况下，煤粉越细，锅炉未燃碳分热损失越小，而制粉系统的电耗越大；煤粉越粗，锅炉未燃碳分热损失越大，但制粉系统的电耗相应减小。煤粉太粗，也会影响到一次风粉气流的着火稳定性，因此，在运行优化调整中应综合考虑，寻找最佳值。

4. 燃料风对燃烧工况的影响

燃料风的主要作用为：

（1）增强一次风粉气流刚度，防止气流偏斜和煤粉离析。

（2）提高一次风气流卷吸能力。

（3）调整着火距离，保护燃烧器不被烧损。

（4）扩大对煤种的适应性。

一般情况下，考虑燃料风的大小，首先要看火焰着火点距燃烧器出口的距离，防止着火点太近，烧损燃烧器。其次，燃料风偏小，一次风射流刚度变差，易造成一次风射流"贴壁"，出现燃烧器区域结渣。第三，应考虑对燃烧经济性的影响，燃料风偏小，会造成燃烧前期缺氧，使火焰拖长，飞灰可燃物增加；燃料风偏大，着火推迟，火焰中心上移，火焰有效行程缩短，飞灰可燃物和锅炉排烟温度上升，燃烧经济性变差。因此在设计和实施运行优化调整方案时，应充分考虑这几个方面。

5. 燃尽风对燃烧工况的影响

各个制造厂对燃尽风有一些不同的叫法，本文指的是位于燃烧器最上层的二次风喷嘴，有的锅炉燃尽风喷嘴与主燃烧器成一个统一体，有的锅炉燃尽风喷嘴与主燃烧器之间有一定的距离。

设置燃尽风的主要目的是为减少 NO_x 的生成而组织分级燃烧，并在燃烧后期提供适量空气，保证可燃物的燃尽。除此之外，运行中它还有调节氧量偏差、汽温偏差、蒸汽温度等多项作用，因此，在设计运行优化调整方案和最终确定运行方案时，应兼顾 NO_x 的生成和燃烧经济性等多方面因素。

6. 总风量对燃烧工况的影响

总风量一般是由表盘氧量指示信号进行校正控制的，它直接影响锅炉运行的安全性、经济性、NO_x 的排放量以及锅炉出口蒸汽温度，是一个十分重要的运行参数。氧量对汽温的影响，主要是针对呈对流特性的受热面，氧量增加，汽温上升，反之则汽温下降。超临界、超超临界锅炉一级过热器一般布置在尾部烟道，属于纯对流受热面，有些锅炉一级过热器出口汽温作为运行安全保护，例如华能玉环电厂 1000MW 机组锅炉。因此，在设计运行优化调整方案和最终确定运行方案时，务必引起充分的重视。氧量对 NO_x 的影响比较明显，氧量增加，锅炉排烟中 NO_x 上升，氧量减小，NO_x 下降。NO_x 排放量受到有关标准的限制，因此，合适的运行氧量的选取，同时应考虑环保的要求。从经济性的角度来分析，氧量小，飞灰可燃物上升，q_4 热损失增加；氧量大，排烟量增加，q_2 热损失和辅机功耗均增大；但有一个最佳值，使得 q_4、q_2 热损失及辅机功耗之和达到最小。

总之，偏小的氧量运行，汽温不易保持，锅炉效率可能降低，甚至出现炉内结渣趋势；反之，氧量偏大，可能出现受热面超温，锅炉效率降低，辅机功耗均增大，NO_x 排放量超标。因此，寻找合适的氧量很有必要。

(三) 设计运行优化调整试验方案

在明确了运行优化调整试验的内容、确定了调整的因素后，应该考虑的是如何设计运行优化调整试验方案。

确定运行优化调整试验方案，应该充分考虑热工自动调节的要求。现代锅炉热工自动调节采用计算机输出指令来完成，各调整因素在计算机程序中是哪个运行参数的函数，或者说引起各调整因素变化的自变量分别是什么，以及调整因素与其自变量的函数形式是什么，是设计运行优化调整试验方案的主要依据。

一般地，锅炉燃烧系统的自动调节主要由机炉协调控制系统（DCS）来完成。直吹式制粉系统一次风量设计为给煤机转速的函数，在某一给煤量（给煤机启动最小煤量）以下出力，其一次风量为一不变的最小风量值，在其以上出力，一次风量与给煤量呈线性关系，即给煤量增加，一次风成正比例增加；燃料风量也是给煤机转速的函数，给煤量为零时，燃料风门开度为零，或为一最小开度（比如10%），用以冷却喷燃器，随着给煤量的增加，其值成正比例增加。燃尽风量的变化是随着总风量的改变而改变的，在某一总风量值以下，燃尽风门开度为零；在其值以上，燃尽风门开度随着总风量的增加而增加；总风量达到100%时，燃尽风门开度也达到100%。表盘氧量设计为锅炉负荷的函数，随着锅炉负荷的增加，氧量减小。风箱炉膛差压也是负荷的函数，在锅炉负荷为35%（或40%）以下时，为一较小的定值；在锅炉负荷为35%（或40%）以上，风箱炉膛差压随着锅炉负荷的增加按正比例关系而增加。煤粉细度由磨煤机分离器挡板现场手动控制，在额定负荷下，通过试验确定分离器挡板为一合适位置，一般在其他负荷下不再调整。上述控制方式见图 4-2～图 4-6，这些控制方式显示的函数关系，在热工组态中已经设计好。运行优化调整试验的目的，主要是结合具体的锅炉和具体的煤种，寻求最佳的燃烧控制方式，并用以修改设计的这些控制曲线。

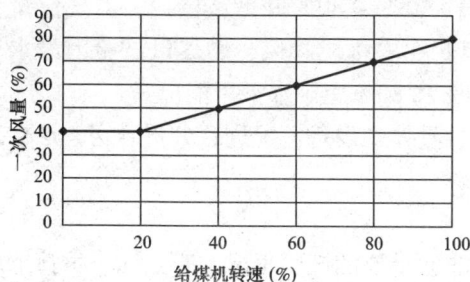

图 4-2　一次风量控制曲线

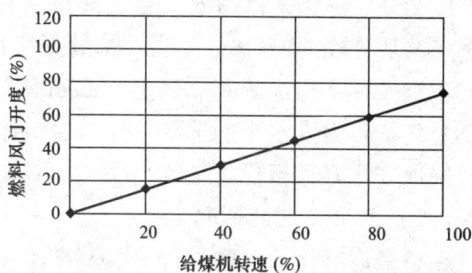

图 4-3　燃料风量控制曲线

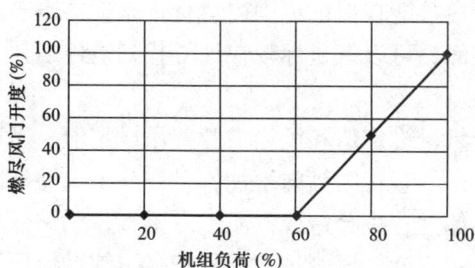

图 4-4　燃尽风量控制曲线

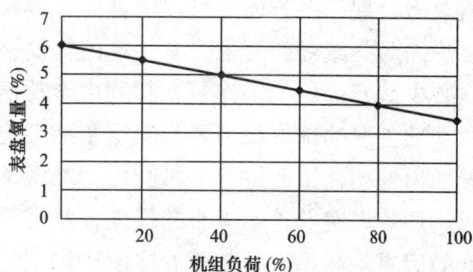

图 4-5　氧量校正曲线

在方案设计时，凡是与锅炉负荷成函数关系的因素，应在不同负荷的工况下安排试验项目，如氧量等。变燃尽风量试验也按不同的负荷进行安排，因为负荷不同，总风量也不同。凡是与给煤机转速成函数关系的因素，应安排在磨煤机出力不同的工况下进行，如一次风量、燃料风量等。否则，试验结果就不能用计算机指令来完成，或者说，计算机不"认识"试验结果，达不到试验的目的。

图 4-6　风箱炉膛差压控制曲线

对于中储式制粉系统，一次风压设计为给粉机转速的函数；也有的锅炉燃尽风量设计为锅炉出力的函数等，但这些不影响运行优化调整试验方案设计的基本思路，应按照上述思路安排试验工况。

（四）确定各因素的变化水平

确定运行优化调整各因素（即一次风量、磨煤机分离器挡板开度、燃料风量、燃尽风量、表盘氧量等）的变化幅度，即变化水平，主要是根据煤质特性和各风门挡板的流量—开度特性。对于发热量较高、挥发分较大的易着火煤种，煤粉细度可粗一些运行，磨煤机分离器挡板开度水平可取 30%、50%、70% 进行试验；对于发热量较低、挥发分较小、灰分较大的煤种，煤粉细度可细一些运行，磨煤机分离器挡板开度水平可取 40%、60%、80% 进行试验。但在试验中应考虑磨煤机的具体运行情况，防止出现堵煤、振动、石子煤增大、磨煤机电动机电流超限等现象，同时应借鉴制粉系统试验的经验。一次风量的取值应按煤的易燃程度确定，对于易燃煤种，风煤比可按 1.8、2.0、2.2 选取；对于难燃煤种，风煤比可

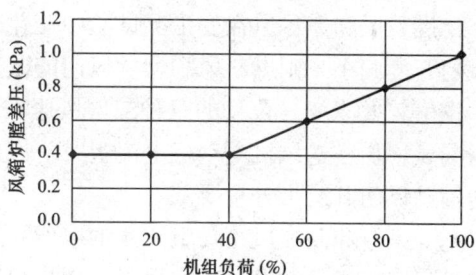

选取得小一些。关于风门挡板特性，目前锅炉采用的调节风门流量—开度特性，一般都是风门开度为 0%～50% 范围内，空气流量变化较大；在 50%～80% 开度范围内，空气流量变化逐步减弱；在 80% 以上开度，风量变化甚微。因此在安排燃料风、燃尽风试验因素水平时，不宜按开度指示等间隔确定，比如取 20%、40% 和 80% 三个水平可能更好。

总之，各因素水平的选取，要结合具体的煤种、具体的设备情况进行分析确定，这样才能较好地安排好运行优化试验。

（五）基准工况的选取

在整个运行优化试验过程中，基准工况是一个非常重要的试验工况，它是同一负荷下所有变因素试验比较的基准，这个工况的选取，对于运行优化调整能否按计划顺利进行影响较大。基准工况选得好，即一次风量、燃料风门开度、燃尽风门开度、煤粉细度和表盘氧量设定值取得合理，一方面，可以保证试验过程中运行参数能在保证范围内运行，燃烧器不被烧损，炉内污染减轻，变工况有一定的裕度；另一方面，可以有目标较快地寻找到最佳运行工况，减少运行优化的工作量，起到事半功倍的效果。

基准工况的选取，主要是确定基准工况下表盘氧量设定值和风箱炉膛差压设定值。基准氧量取得偏小，试验过程中可能出现汽温不易保持，炉膛污染倾向增加，且在整个试验期间造成锅炉效率偏低等不应有的损失；基准氧量取得偏大，也会造成汽温不易调整，锅炉效率偏低的后果。风箱炉膛差压的取值决定了辅助风门的开度，风箱炉膛差压较高，辅助风门开度相对较小；风箱炉膛差压较低，辅助风门开度相对较大。因为燃料风、燃尽风及辅助风三种风量之和为总二次风量，如果辅助风门开度偏大，偏大的辅助风量会造成燃料风和燃尽风偏小，燃料风和燃尽风在变工况试验中变化效果不太明显，仅能起到微调的作用；反之，辅助风门开度偏小，则燃料风和燃尽风门的改变，将会引起较大的风量变化，造成三种二次风比率发生较大改变（设计的三种二次风速大致相等），引起燃烧不良，同时还会引起空气预热器漏风增加，送风机电动机电流上升。因此，确定基准工况下合理的风箱炉膛差压以及相应的辅助风门开度十分重要。

基准氧量和基准风箱炉膛差压的取值可采用两种方法：其一是试验方法，在额定负荷，维持投运磨煤机给煤量、一次风量、磨煤机分离器挡板开度及机组运行参数不变，设定燃料风和燃尽风风门开度为一定值（可取 80% 或 100%），与此同时，解除风箱炉膛差压和辅助风门的自动调节关系，辅助风门开度设定为定值（可取 40% 或 50%），风箱炉膛差压处于跟踪状态，通过改变表盘氧量设定值，比如表盘氧量分别设为 5.0%、4.5%、4.0%、3.5%、3.0% 和 2.5%，记录和测量表盘氧量和排烟中 CO 含量的关系，记录表盘氧量和风箱炉膛差压之间的关系以及锅炉蒸汽温度、减温水量、燃烧器摆角、过热器和再热器管壁温度等数据。一般情况下，随着氧量的减小，CO 值出现增加趋势，在氧量小到某一值时，CO 值开始剧增，此时的氧量值，为该锅炉运行的最低氧量，如果锅炉运行氧量小于该值，将会严重损害燃烧的经济性，同时也可能给设备带来一些损坏。因此基准工况中基准氧量的选取，要根据测得的 CO～O_2 曲线，找出这一最低氧量值，选择大于该氧量值（约 0.5 或 0.8 个百分点）的数据作为基准氧量，例图 4-7 中可以选择基准氧量为 3.0%。同时，根据测得的风箱炉膛差压和表盘氧量的关系曲线（见图 4-7）得到基准氧量相对应的风箱炉膛差压，作为基准工况下风箱炉膛差压的设定值，例图 4-8 中，基准氧量为 3.0% 所对应的风箱炉膛差压为 1000Pa。确定基准氧量和基准工况下风箱炉膛差压的设定值，还需要考虑锅炉汽温是否容易维持，否则，应进一步加大基准氧量。这一试验一般为快速摸底试验。

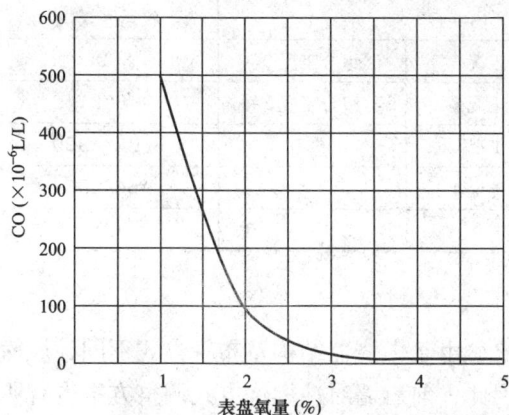

图4-7 CO与表盘氧量关系曲线

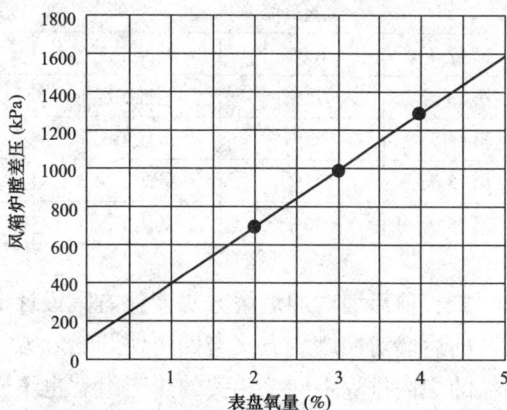

图4-8 风箱炉膛差压与表盘氧量关系曲线

通过以上简单试验，可以寻找到合理的基准工况下的运行参数，在确定了基准工况后，可做正式的变因素的运行优化调整试验，以上试验也可称为运行优化调整试验的粗调整工作，对于不同的负荷，粗调工作无需都做，仅在额定负荷下进行即可，其他负荷下的基准参数，可以按经验估算出来。

基准氧量和基准风箱炉膛差压的取值还可根据经验简单估计出来，不一定采用试验方法，只要将燃料风和燃尽风风门开度设定为一定值（可取80%或100%），与此同时，解除风箱炉膛差压和辅助风门的自动调节关系，辅助风门开度设定为定值（可取40%或50%），风箱炉膛差压处于跟踪状态，根据煤种确定表盘氧量设定值，在设定的氧量下记录风箱炉膛差压值即可。

（六）运行优化调整试验方案安排

综上所述，结合一个假设4台磨煤机可以带满负荷的锅炉实例，作出一个示范性的运行优化试验方案以供参考，见表4-1。

表4-1 运行优化调整试验日程表

时间	试验负荷	试验内容			投运磨煤机
第1天	100%	基准工况1	变氧量1	变氧量2	BCDE
第2天	100%	基准工况1	变煤粉细度1	变煤粉细度2	BCDE
第3天	100%	基准工况1	变燃尽风量1	变燃尽风量2	BCDE
第4天	100%	基准工况1	变一次风量1	变一次风量2	BCDE
第5天	100%	基准工况1	变燃料风量1	变燃料风量2	BCDE
第6天	75%	基准工况2	变氧量1	变氧量2	BCD
第7天	75%	基准工况2	变燃尽风量1	变燃尽风量2	BCD
第8天	75%	基准工况2	变一次风量1	变一次风量2	BCDE
第9天	75%	基准工况2	变燃料风量1	变燃料风量2	BCDE
第10天	50%	基准工况3	变氧量1	变氧量2	CD
第11天	50%	基准工况3	变燃尽风量1	变燃尽风量2	CD

时间	试验负荷	试 验 内 容			投运磨煤机
第 12 天	100%	基准工况 1	组合工况 1	组合工况 2	BCDE
第 13 天	75%	基准工况 1	组合工况 1	组合工况 2	BCD
第 14 天	100%	最佳工况 1	最佳工况 2		BCDE/ABCD
第 15 天	75%	最佳工况 3	最佳工况 4		ABC/CDE
第 16 天	50%	最佳工况 5			CD

二、前后墙对冲燃烧方式调整方案设计

前后墙对冲燃烧方式与四角切圆燃烧方式相比，由于燃烧器结构及布置方式不同，煤粉颗粒的炉内过程不同，相关的热工组态也不同，因此，前后墙对冲燃烧方式调整方案也有所区别。从运行优化调整方案设计的角度来考虑，前后墙对冲燃烧方式与四角切圆燃烧方式的主要区别见表 4－2。

表 4－2　　　　　　　前后墙对冲燃烧方式与四角切圆燃烧方式的比较

项目	旋流燃烧	切圆燃烧	旋流燃烧器调整要点
炉内火焰形式	每个燃烧器出口一个火炬	炉内形成一个火球	各风室风量需要配平
燃烧器出口火焰扩张角	旋流叶片开度决定	28°～30°	应观察火焰结构
燃尽情况	火焰后期燃烧弱	火焰后期燃烧强	火焰旋流强度不宜太小
结渣情况	火焰易飞边结渣	火焰一般不飞边结渣	火焰旋流强度不宜太大
风箱炉膛差压控制	无	有	各二次风量不能化为相关风门的独立变量

（一）前后墙对冲燃烧方式调整因素

前后墙对冲燃烧方式一般采用双调风旋流燃烧器，其系统结构包括中心风、一次风、内二次风、外二次风及燃尽风，由内向外顺次同心环形布置，燃尽风喷嘴设在主燃烧器区域的顶部。双调风旋流燃烧器中心风设有单独的风门；内二次风和外二次风调节装置包括内二次风量调节门，用以调节内外二次风量比例；内二次风旋流叶片和外二次风旋流叶片，分别用以调节内外二次风旋流强度。在每层燃烧器（包括燃尽风喷嘴）前后墙均有各自的大风箱，每个大风箱在锅炉两侧均有调节风门，用以调节进入大风箱的风量（一般用风箱压力表示）。

前后墙对冲燃烧方式一次风系统调整因素包括一次风粉混合物的温度、一次风量及煤粉细度，其与四角切圆燃烧方式完全一样，不再赘述。

前后墙对冲燃烧方式二次风系统调整因素包括中心风量、内二次风和外二次风风量比率、内二次风和外二次风旋流强度及燃尽风量。由于中心风量、内二次风和外二次风风量及燃尽风量之和为总二次风量，这四种二次风风量既受风门挡板开度的控制，又受风箱压力的控制，是多变函数，与四角切圆燃烧方式一样，同样不易采用"单因素轮换法"进行运行优化调整；而且内二次风和外二次风旋流叶片的调整，或多或少也影响内外二次风量的变化，同时内二次风和外二次风旋流强度对于煤粉气流的着火与燃尽、燃烧器的安全运行及炉内结渣影响较大，因此，对于前后墙对冲燃烧方式二次风系统的调整比较可行的办法是分两

步进行。

将二次风系统的调整因素分为两部分，第一部分为确定炉膛火焰结构的调整因素，包括中心风门开度、内二次风量调节门开度、内二次风和外二次风旋流叶片开度；第二部分为确定燃烧经济性的调整因素，即总风量、燃尽风量。总风量和燃尽风量一经确定，主燃烧器区域的二次风量也相应确定。由于在第一部分调整因素调整时，已确定了中心风门开度、内二次风量调节门开度、内二次风和外二次风旋流叶片开度，因此其相应的风量分配也相应确定。

（二）各调整因素对炉内燃烧的影响

前后墙对冲燃烧方式一次风系统调整因素包括一次风粉混合物的温度、一次风量及煤粉细度，对炉内燃烧的影响与四角切圆燃烧方式完全一样，现仅对二次风系统调整因素作一些说明。

1. 中心风对炉内燃烧工况的影响

中心风由于其布置在燃烧器的中央位置，其外紧围着一次风粉气流，因此，其作用为：

（1）增加了一次风射流周界长度，增加了一次风粉气流同高温烟气接触的面积，增加了煤粉着火的稳定性。

（2）补充煤粉燃烧初期氧量不足。

（3）保护燃烧器不被烧损。

中心风对燃烧器出口回流区起着减弱的作用，但由于其风量一般设计较小，影响效果不是太大，因此，在确定试验调整范围和试验后中心风量的最终取定时，应结合煤种考虑，一般置40%～60%开度即可。

2. 内外二次风比率对炉内燃烧工况的影响

内二次风和外二次风组成分级燃烧，使燃烧受到控制，其作用为降低 NO_x 生成，保护燃烧器不被烧损。内二次风量设计也比较小，确定试验调整范围和试验后内外二次风量的最终取定时，应顾及燃烧器的烧损和 NO_x 生成，确定其调节门开度。

3. 内外二次风旋流叶片开度对炉内燃烧工况的影响

内外二次风旋流强度通过设在内外二次风道内的旋流叶片进行调整，内二次风旋流强度影响一次风粉气流的着火距离，影响燃烧器出口高温烟气回流区伸向燃烧器出口端面的深度，影响二次风与一次风的混合程度。内二次风旋流强度越强，煤粉着火越快，一、二次风混合的越早；反之，煤粉着火越晚，一、二次风混合过程越长，甚至出现煤粉点不着火焰现象。

外二次风是二次风的主体，它提供了燃烧必需的氧量，决定了整个煤粉火焰的火焰结构及几何形状，决定了燃烧器区域的速度场、温度场及浓度场。外二次风旋流强度的调整对于前后墙对冲燃烧方式的运行优化调整至关重要，外二次风旋流强度对于煤粉的着火、燃尽，炉内结渣趋势，水冷壁壁面气氛和高温腐蚀以及受热面超温均有重要影响。因此在确定试验调整范围和试验后外二次风旋流强度的最终取定时，应给予多方面的注意。

4. 燃尽风对炉内燃烧工况的影响

前后墙对冲燃烧方式燃尽风的设置目的及作用与四角切圆燃烧方式一样，只是其调整风门一般分别位于前后墙的两侧，因此，在设计运行优化调整方案和最终确定运行方案时，考虑的内容与四角切圆燃烧方式基本一样。

（三）设计运行优化试验方案

通过前面的分析可知，前后墙对冲燃烧方式二次风系统运行优化调整因素分为两部分：第一部分为确定炉膛火焰结构的调整因素，即中心风门开度、内二次风量调节门开度、内二次风和外二次风旋流叶片开度；第二部分为确定燃烧经济性的调整因素，即总风量、燃尽风量。一般地，第一部分调整因素为手动方式，第二部分调整因素为自动方式。

结合考虑一次风系统调整因素，前后墙对冲燃烧方式运行优化调整试验方案按三个阶段设计：

首先，在额定负荷下对煤粉细度、一次风量及一次风温进行调整。

其次，调整中心风门开度、内二次风量调节门开度、内二次风和外二次风旋流叶片开度。需要强调的是，中心风门开度、内二次风量调节门开度、内二次风和外二次风旋流叶片开度的调整应在低负荷下（最好低于50%额定负荷）进行，因为低负荷可以通过看火孔看到炉内每个燃烧器出口火焰的几何形状，应根据煤粉火焰的几何形状逐个调整投运燃烧器的风门开度和旋流叶片，直至完成全部燃烧器的调整。

对于旋流燃烧器的调整，通过看火孔看火十分重要，通常看火应关注火焰的四个方面，即着火点位置、火焰张角、火焰可见长度及火焰亮度，力求使每个燃烧器出口火焰达到：

（1）既不是封闭结构，又不是全扩散结构。

（2）既具有卷吸高温烟气能力，又不飞边冲刷炉墙。

（3）既能稳定着火，又可减小结渣趋势。

第三，在不同负荷，比如50%、75%、100%额定负荷（或者60%、80%、100%额定负荷）下，进行总风量和燃尽风量调整。

对于前后墙对冲燃烧方式，总风量和燃尽风量均为锅炉负荷的函数，因此应在不同的负荷下安排调整工况。

三、运行优化试验结果整理

完成锅炉运行优化方案设计并实施调整试验后，需要对试验结果进行整理，并协助热工专业技术人员进行相关调节方式的修改，以便将运行优化调整试验结果落实到锅炉的日常运行中。

（一）四角切圆燃烧方式试验结果整理

对于采用四角切圆燃烧方式的锅炉，至少应整理出以下运行曲线：

（1）一次风量控制曲线。

（2）一次风母管压力控制曲线。

（3）总风量控制曲线。

（4）氧量校正曲线。

（5）风箱炉膛差压控制曲线。

（6）燃料风门开度控制曲线。

（7）燃尽风门开度控制曲线。

（8）汽温控制曲线。

同时，应提出磨煤机分离器挡板开度等手动方式的最佳位置：

（二）前后墙对冲燃烧方式试验结果整理

对于采用前后墙对冲燃烧方式的锅炉，至少应整理出以下运行曲线：

（1）一次风量控制曲线。

（2）一次风母管压力控制曲线。

（3）总风量控制曲线。

（4）氧量校正曲线。

（5）燃尽风门开度控制曲线。

（6）汽温控制曲线。

同时，应提出以下手动方式的最佳位置：

（1）磨煤机分离器挡板开度。

（2）中心风门开度。

（3）内二次风门开度。

（4）内二次风旋流叶片开度。

（5）外二次风旋流叶片开度。

（三）各调整因素对锅炉运行的影响

在最终确定各因素取值和确定最佳运行方式时，应结合锅炉运行中常出现的一些具体问题，重点考虑调整因素对燃烧效果的影响。各因素对锅炉运行的影响见表4-3。

表4-3　　　　　　　　　　　各调整因素对锅炉运行的影响

调整对象	影响内容
表盘氧量	锅炉效率、蒸汽温度、结渣趋势
煤粉细度	飞灰、大渣可燃物
一次风量	排烟温度
一次风母管压力	磨煤机出力、制粉系统阻力、预热器漏风
风箱炉膛差压	风系统阻力、预热器漏风
燃尽风开度	汽温偏差、氧量偏差、蒸汽温度
反切风嘴风量开度	汽温偏差、氧量偏差
内二次风风量开度	燃烧器烧损
外二次风旋流叶片开度	燃烧器烧损、受热面壁温偏差、结渣

第五节　汽轮机及其辅机运行优化

随着我国火电机组单机容量、总装机容量以及电网容量的不断增加，汽轮机的功率和参数在不断提高，汽轮机组的设计效率和煤耗也在不断降低。然而在现阶段，很多机组投运后，受电网、煤质等因素的影响，往往不能带基本负荷运行，负荷率长期维持在70%～80%甚至更低的水平，使得高参数、大容量汽轮机的高效率未能得以发挥，机组的经济性受到较大影响，供电煤耗明显偏高。

汽轮机及其辅机的运行优化试验以最优化理论为指导，在现有的设备、负荷和系统条件下，依据汽轮机的实际运行情况，确定汽轮机组运行的基础工况和基准工况，以获得汽轮机组在不同负荷下较高的运行效率，提高机组经济性，降低机组供电煤耗，同时为实现机组性能的在线监测和优化管理提供必要依据。

一、汽轮机及其辅机运行优化试验内容

(一) 定、滑压运行试验

在机组现有的主、辅设备运行方式下，进行汽轮机组的摸底试验，测定在不同负荷下汽轮机组整体的运行性能，作为与运行优化调整后机组经济性对比的基准。

根据热力循环理论，机组在低负荷下滑压运行时，由于进汽节流损失小，漏汽损失也小，使得机组循环的相对内效率 η_i 比定压运行时有较大的提高，但因为此时的主蒸汽压力较低，循环热效率 η_t 也会降低。当相对内效率 η_i 的增加幅度补偿了循环热效率 η_t 的下降幅度，此时的滑压参数才是比较经济的。

结合摸底试验的结果，并参考制造厂商的设计计算资料，在不同负荷下选择汽轮机组不同的主蒸汽参数（通过改变主汽调节门的控制方式获得不同的主蒸汽压力）进行一系列对比试验，确定汽轮机相对内效率 η_i 和循环热效率 η_t 的变化对机组经济性的影响，寻找更为合理、更为经济的定、滑压运行曲线，为确定汽轮机的最佳运行方式和提高机组运行经济性提供科学依据。

图 4-9 为典型的机组定滑压运行曲线。

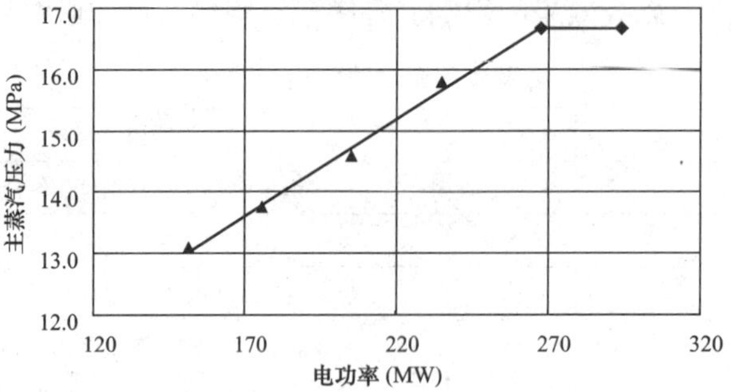

图 4-9 机组定滑压运行曲线

从运行安全性的角度分析，机组在低负荷工况时，滑压运行也优于定压运行。在每个负荷工况下，随着主蒸汽压力由定压至滑压变化时，高压缸排汽温度会随之增高，相应的高压缸排汽的金属温度也具有与高压缸排汽温度一样的变化趋势。这样，在低负荷时，各滑压运行工况的高压缸排汽温度相对于满负荷时变化幅度较小，滑压工况的缸体温度场与满负荷时的缸体温度场相比也变化不大。从机组叶片和缸体热应力角度分析，滑压工况时缸体内温度场变化幅度很小或基本保持不变，使得机组部件所受的热应力冲击较小，减轻了机组所受的热疲劳，降低了设备的寿命损耗，保证了机组运行的可靠性和安全性，有利于长期运行。

(二) 给水泵运行方式试验

汽动给水泵耗汽量大，电动给水泵耗电量大，都直接影响机组运行经济性。按照电厂运行规程，机组在大于或等于50%负荷时，两台给水泵运行；小于50%负荷时，单台给水泵运行。给水泵运行方式的优化调整试验是在不同负荷时，结合汽轮机滑压运行试验，确定给水泵组的效率和耗汽（电）量，通过技术经济比较，找出给水泵组的最佳运行方式，同时根据单台给水泵本身余量较大的特点，在低负荷工况下，进行给水泵最大出力试验，以确定低负荷下单台给水泵运行的可能性和经济性。

(三) 机组微增出力和循环水泵优化调整试验

在汽轮机组的各项参数中，汽轮机背压变化对机组出力和热耗率的影响最大，进而影响

整个机组的煤耗。在主蒸汽流量、主蒸汽参数和再热蒸汽参数一定的条件下，汽轮机背压降低（真空提高），机组出力增加，热耗率降低；反之，出力减少，热耗率增加。

汽轮机背压是由机组负荷、循环水温度和循环水流量决定的。在机组负荷和循环水温度一定的条件下，汽轮机背压随循环水流量的改变而变化，而循环水流量变化又直接影响到循环水泵的耗功。循环水流量增加，汽轮机背压降低，机组出力增加，但同时循环水泵的耗功也增加。当循环水流量增加太多时，循环水泵耗功的增加就会与机组出力的增加相抵消。因此循环水泵耗功和机组微增出力之间必然存在最佳匹配，使汽轮机背压能够保持在最经济的运行条件下。对于闭式循环水系统，还与冷却塔的冷却效果有关。

为确定循环水泵耗功和机组微增出力之间的最佳匹配，需要进行以下两项试验：

（1）分别在不同负荷下变化机组背压，求得机组微增出力的相对值。

（2）分别在不同负荷下，调整循环水泵的匹配和运行方式，测定机组背压与冷却水流量和循环水泵耗功的关系。

根据上述循环水泵在不同负荷下的试验和测量结果，结合循环水泵在不同的匹配和运行方式时的流量、功耗和汽轮机的微增出力，计算出在不同冷却水温度和不同负荷下，机组的最佳真空。

图 4-10 为机组最佳背压曲线。

图 4-10　机组最佳背压曲线

（四）辅机电耗及厂用电测试

在汽轮机及其辅机运行优化调整试验的同时，对各个负荷下辅助设备的耗电量逐个进行测量，并确定厂用电量，从厂用电耗的对比确认运行优化调整的效果。

（五）优化工况试验

在完成了汽轮机及其辅机的运行优化调整试验后，参照各工况优化后的运行参数、辅助设备的运行方式等，在不同负荷下分别进行试验，以确定最佳运行曲线，并与摸底试验的结果对比，确定运行优化调整试验的效果。

二、汽轮机及其辅机的运行优化调整试验条件

在保证试验精度和不影响机组安全运行的前提下，一部分测点将借用电厂运行监视

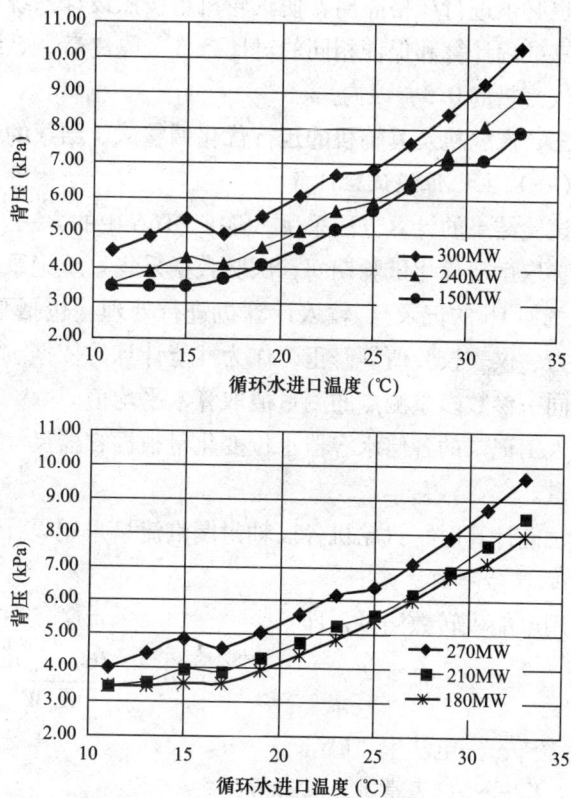

测点。

在试验测点中，机组电功率、汽轮机背压、主蒸汽参数、再热蒸汽参数、高压缸排汽参数、中压缸排汽参数、给水温度以及最终给水流量、过热减温水流量、再热减温水流量等，都是重要参数，需要用高精度仪表测量。在试验前应对测点位置的正确性及仪表精度进行确认，并于测量前对试验仪表进行校验。

汽包水位、除氧器水箱水位和凝汽器热井水位的测量也需准确，水位计不得出现有气泡、无水位和满水现象。试验期间停止补水，汽包水位、除氧器水箱水位、凝汽器热井水位以及各加热器水位正常，水位稳定变化，避免水位出现剧烈波动。

需特别强调的是，在进行汽轮机及其辅机运行优化调整试验时，对进、出系统的汽、水工质也必须进行严格隔离，使汽轮机组按照设计系统和单元制运行，以保证试验在各种工况下能够准确计算和保证相同的对比条件。隔离后，系统的不明泄漏量也需要保证在满负荷时主蒸汽流量的 0.3% 以内。

三、汽轮机及其辅机的运行优化调整试验结果的计算和分析

(一) 主机性能试验计算

试验结果的计算方法采用 ASME PTC6 中的方法。

选取运行优化试验期间，试验数据采集系统记录的每一工况相对稳定的一段连续记录数据（例如 1h 的记录），输入计算机进行处理，包括平均值计算、仪表零位、水柱高差、大气压力、仪表校验值等修正，作为性能计算的依据。

同一参数多重测点的测量值取算术平均值。

人工记录的各储水容器水位变化量根据容器尺寸、记录时间和介质密度，将其换算成当量流量。

性能计算时，汽轮机各段轴封漏汽流量采用设计的轴封漏汽流量。

1. 电功率的计算

用电能表转数测量，即

$$P_e = \frac{3600 K_{pt} K_{ct}}{K_w W}$$

式中　P_e——电功率，kW；

　　　K_w——仪表常数，转/kW；

　K_{pt}、K_{ct}——电压和电流互感器的变比；

　　　W——电能表转数，s/转。

用两表法测量，即

$$P_e = K_w K_{pt} K_{ct} (W_1 + W_2)$$

式中　P_e——电功率，kW；

　　　K_w——仪表常数；

　K_{pt}、K_{ct}——电压和电流互感器的变比；

　W_1、W_2——功率变送器的两路输出值，W。

2. 计算最终给水流量

按照流量测量装置设计计算书的有关数据和试验时的测量参数进行计算，其计算公式为

$$G_{fw} = 1.264\,466\,652 \times 10^4 C\varepsilon d^2 \sqrt{\frac{\Delta p \rho}{1 - \beta^4}}$$

式中　G_{fw}——最终给水流量，kg/h；

   C——流量测量装置流出系数；

   β——工作状态下流量测量装置节流件内径 d 与管道内径 D 之比；

   ε——流体流过节流装置时的膨胀系数；

   d——工作状态下流量测量装置节流件内径，mm；

   Δp——流量测量装置节流件前后差压，kPa；

   ρ——工作状态下流体介质密度，kg/m³。

3. 系统不明泄漏量

根据试验期间各储水容器水位变化量的当量流量以及明漏量的测量结果，计算系统的不明泄漏量，即

$$\Delta G = G_{dl} + G_{hw} + G_{dr} - G_{ml}$$

式中　ΔG——系统不明泄漏量，kg/h；

   G_{dl}——除氧器水箱水位变化当量流量（下降为正），kg/h；

   G_{hw}——热井水位变化当量流量（下降为正），kg/h；

   G_{dr}——汽包水位变化当量流量（下降为正），kg/h；

   G_{ml}——可测量的系统明漏量，kg/h。

4. 主蒸汽流量计算

主蒸汽流量计算式为

$$G_{ms} = G_{fw} + G_{dr} - G_{bml} - \Delta G$$

式中　G_{ms}——主蒸汽流量，kg/h；

   G_{bml}——可测量的炉侧明漏流量，kg/h。

5. 冷再热蒸汽流量

冷再热蒸汽流量计算式为

$$G_{crh} = G_{ms} - G_{hpvl} - G_{gn} - \sum_{i=1}^{2} G_{exi}$$

式中　G_{crh}——冷再热蒸汽流量，kg/h；

   G_{hpvl}——高压门杆漏汽总量，kg/h；

   G_{gn}——高压缸前、后轴封漏汽总量，kg/h；

   G_{exi}——抽汽流量，kg/h。

6. 热再热蒸汽流量

热再热蒸汽流量计算式为

$$G_{hrh} = G_{crh} + G_{rhs} + G_{hpvl}$$

式中　G_{hrh}——热再热蒸汽流量，kg/h。

7. 试验热耗率的计算

试验热耗率的计算式为

$$HR_t = \frac{G_{ms}h_{ms} - G_{fw}h_{fw} + G_{hrh}h_{hrh} - G_{crh}h_{crh} - G_{shsp}h_{shsp} - G_{rhsp}h_{rhsp}}{P}$$

式中　　HR_t——机组试验热耗率，kJ/kWh；

G_{ms}——主蒸汽流量，kg/h；

h_{ms}——主蒸汽焓值，kJ/kg；

G_{fw}——主给水流量，kg/h；

h_{fw}——主给水焓值，kJ/kg；

G_{hrh}——热再热蒸汽流量，kg/h；

h_{hrh}——热再热蒸汽焓值，kJ/kg；

G_{crh}——冷再热蒸汽流量，kg/h；

h_{crh}——冷再热蒸汽焓值，kJ/kg；

G_{shsp}——过热减温水流量，kg/h；

h_{shsp}——过热减温水焓值，kJ/kg；

G_{rhsp}——再热减温水流量，kg/h；

h_{rhsp}——再热减温水焓值，kJ/kg；

P——发电机输出功率，kW。

8. 高、中压缸效率计算

汽轮机高、中压缸效率分别按照高压缸的进出口参数和中压缸的进出口参数进行计算。

9. 加热器特性计算

（1）端差。

端差的计算式为

$$\delta t = t_{sat} - t_{w2}$$

式中　　t_{sat}——加热器入口蒸汽压力下的饱和温度，℃；

t_{w2}——加热器给水出口温度，℃。

（2）疏水冷却段端差。

疏水冷却段端差计算式为

$$\delta t_{dc} = t_{od} - t_{w1}$$

式中　　t_{od}——加热器疏水温度，℃；

t_{w1}——加热器进口给水温度，℃。

（二）修正计算

修正计算参照 ASME PTC6 简化试验方法中的有关规定，包括一类系统修正计算和二类参数修正计算。两类修正均包括对汽轮机试验热耗率及输出功率的修正。由于汽轮机运行优化调整试验并非考核性试验，因而非电厂运行人员可调整的项目一般不进行修正，如凝汽器过冷度、再热器压降等。

1. 系统修正计算

主要对以下项目进行修正：

（1）最终给水温度（最后一个高压加热器出口端差和抽汽管道压损）。

（2）过热减温水流量。

（3）再热减温水流量。

2. 参数修正计算

主要包括：

（1）主蒸汽压力。

（2）主蒸汽温度。

（3）再热蒸汽温度。

（4）排汽压力。

（三）给水泵组效率计算

（1）前置泵和给水泵总扬程

$$H_p = \frac{p_2 - p_1}{\rho g}$$

式中　H_p——前置泵和给水泵扬程，m；

　　　p_2、p_1——给水泵出口、前置泵进口压力，Pa。

（2）给水泵抽头扬程

$$H_c = \frac{p_c - p_1}{\rho g}$$

式中　H_c——给水泵抽头扬程，m；

　　　p_c——给水泵抽头压力，Pa。

（3）泵组效率

$$\eta = \frac{(G_p H_p + G_c H_c)g}{1000 G_t (h_t - h_{exit})} \quad 或 \quad \eta = \frac{(G_p H_p + G_c H_c)g}{3600 P_{gr}}$$

式中　G_p——给水泵出口流量，t/h；

　　　G_c——给水泵抽头流量，t/h；

　　　P_{gr}——电动机输入功率，kW；

　　　G_t——给水泵汽轮机流量，t/h；

　　h_t、h_{exit}——给水泵汽轮机进口焓、排汽理想焓，kJ/kg。

（四）机组运行最佳背压计算模型

机组运行最佳背压是通过机组微增出力试验和机组循环水泵耗功试验优化得到的，具体计算如下：

1. 微增出力与机组背压的关系

通过机组微增出力试验，得出在不同负荷下，微增出力与机组背压的关系，计算式为

$$\Delta P_T = f_1(P, p_k)$$

式中　ΔP_T——机组微增出力，kW；

　　　P——机组负荷，kW；

　　　p_k——机组背压，kPa。

2. 凝汽器变工况特性

由试验可以得出当前循环水温度条件下，机组背压与循环水流量的关系，当循环水温度改变时，由凝汽器变工况特性予以修正，即

$$p_k = f_2(P, t, W)$$

式中　p_k——机组背压，kPa；

　　　P——机组负荷，kW；

t——循环水温度，℃；

W——循环水流量，m^3/s。

3. 循环水泵耗功

通过改变循环水泵的运行方式，得出循环水泵一机一泵、一机二泵和二机三泵运行时，循环水流量与循环水泵耗功的关系，即

$$P_p = f_3(W)$$

式中　P_p——循环水泵耗功，kW。

4. 最佳真空计算

最佳运行真空是以机组功率、循环水温度和循环水流量为变量的目标函数，在量值上为机组功率的增量与循环水泵耗功增量之差最大时的机组背压，即

$$F(P, t, W) = \Delta P_T - \Delta P_p$$

在数学意义上，当 $\dfrac{\partial F(P, t, W)}{\partial W} = 0$ 时的循环水流量，对应的机组背压即为最佳值，即

$$\frac{\partial f_1(P, P_k)}{\partial P_k} \times \frac{\partial P_k}{\partial W} = \frac{\partial \Delta P_p}{\partial W}$$

（五）辅机电耗及厂用电计算

1. 高压辅机电耗测量

测量电耗的辅机包括送风机、引风机、磨煤机、排粉机、灰浆泵、循环水泵、凝结水泵、公用变压器等。

$$P = \frac{n C_T P_T}{K_E t} \times 3600$$

式中　P——辅机电耗，kW；

　　　n——在 t 时间内电能表转盘的转数，r；

　　C_T——电流互感器变比；

　　P_T——电压互感器变比；

　　K_E——电能表常数，r/kW；

　　　t——测量时间，s。

2. 厂用电量测量

厂用电量 P_a 的计算式为

$$P_a = (W_1 + W_2) K_W C_T P_T \times 10^{-3}$$

式中　P_a——厂用电耗，包括该机组厂用负荷功率和分摊的公用负荷功率，还应考虑厂用变压器的损耗，kW；

W_1、W_2——两瓦特表读数，W；

　　K_W——功率表常数；

　　C_T——电流互感器变比；

　　P_T——电压互感器变比。

3. 厂用电率计算

厂用电率 r_a 的计算式为

$$r_a = \frac{P_e + P_u + P_q}{P_g} \times 100$$

式中　r_a——厂用电率，%；

　　　P_e——励磁功率，kW；

　　　P_u——高压厂用变压器功率，kW；

　　　P_q——高压公用变压器功率，kW；

　　　P_g——发电机有功功率，kW。

（六）发、供电煤耗的计算

完成一台机组（包括锅炉）运行方式和运行参数的优化调整，确定了机组最佳运行工况后，在每一最佳运行工况下，同时进行机、炉、厂用电的测量，最终求出各工况下的发电煤耗和供电煤耗，即

$$b = \frac{1000 HR_t}{29\,308 \eta_b \eta_p}$$

$$b_n = \frac{1000 HR_t}{29\,308 \eta_b \eta_P (1 - r_a)} = \frac{b}{1 - r_a}$$

式中　b——发电煤耗，g/kWh；

　　　b_n——供电煤耗，g/kWh；

　　　HR_t——汽轮机试验热耗率，kJ/kWh；

　　　η_b——锅炉试验效率，%；

　　　η_p——管道效率，即考虑管道压力损失和散热损失后效率，通常取99%；

　　　r_a——厂用电率，%；

29 308——标准煤低位发热量，kJ/kg（即7000kcal/kg）。

部分火电机组运行优化调整后整体经济性的提高见表4-4。

表4-4　火电机组运行优化调整实例及整体综合经济性（供电煤耗）相对提高值

应用机组 / 机组负荷	外高桥发电厂300MW	嵩屿发电厂300MW	沙角B发电厂350MW	岳阳发电厂360MW	徐州发电厂220MW	徐州发电厂135MW	珠江发电厂300MW	渭河发电厂300MW
350MW			约0.90%					
300MW	0.12%	0.31%		0.82%			1.20%	0.77%
270MW			约1.50%	3.00%			0.70%	
240MW	1.08%	1.11%		1.10%			0.40%	0.67%
220MW					0.87%			
210MW							0.32%	1.58%
180MW	2.06%	1.90%	约3.20%		0.87%		0.80%	1.24%
160MW								
150MW	2.96%	2.16%						
140MW					3.00%	0.49%		

应用机组 机组负荷	外高桥发电厂300MW	嵩屿发电厂300MW	沙角B发电厂350MW	岳阳发电厂360MW	徐州发电厂220MW	徐州发电厂135MW	珠江发电厂300MW	渭河发电厂300MW
120MW	>3%	>3%						
110MW					1.60%	1.21%		
90MW						2.75%		
65MW						>3%		
平均经济性提高	约1.5%	>1.0%	>1.0%	>1.0%	约1.30%	约1.30%	约1.0%	>1.0%

第五章

锅炉运行优化调整

第一节　锅炉运行优化调整的目的

锅炉的燃烧调整是指在对设备运行状态进行诊断分析的基础上，通过调整燃烧系统的各种运行参数，在满足外界电负荷需要的蒸汽量及合格的蒸汽品质的前提下，保证锅炉安全、经济和环保运行，具体可归纳为以下几个方面：

（1）通过燃烧优化调整，尽量减少各种热损失，提高锅炉热效率。

（2）保证锅炉正常稳定的汽压、汽温和蒸发量，减少过热器、再热器减温水流量等，以提高整个机组的热效率。

（3）通过燃烧调整提高锅炉运行的安全性，主要包括提高锅炉燃烧稳定性；防止火焰发生偏斜，减少炉膛出口烟温偏差；避免水冷壁附近产生较强的局部还原性气氛，防止水冷壁高温腐蚀；减少锅炉结渣、防止燃烧器烧损；避免水冷壁、过热器、再热器超温等。

（4）通过燃烧优化调整最大限度地减少污染物排放量。

（5）通过燃烧优化调整确定锅炉最佳运行方式，为锅炉运行操作提供指导。

此外，通过燃烧系统运行优化调整，还可以使运行人员更好地了解设备运行性能，掌握燃烧过程的内在规律，使试验和理论知识更紧密地联系起来，从而在技术革新、安全经济运行方面发挥出更大的作用。

燃烧系统优化调整这一课题的研究对象主要包括以下几个方面：

（1）燃料性能的选择（煤）。

（2）燃料准备过程（煤的磨制、煤粉输送、空气预热等）。

（3）燃料燃烧过程（燃烧的组织、煤与空气的混合、着火、燃烧和燃尽、炉内空气动力工况、浓度分布与温度分布等）。

（4）燃烧过程中的传热（炉膛内的换热、尾部受热面的换热、受热面的污染和清理等）。

（5）烟气的排放（排烟温度、烟气的综合治理等）。

第二节　锅炉运行优化调整的技术现状及任务

我国火力发电厂大多以煤作为主要燃料，近年来由于电煤供应比较紧张，锅炉燃煤变化较为频繁，直接影响到锅炉运行的经济性、安全性甚至环保性能，而且现有供煤及配煤系统存在诸多不完善之处，电站锅炉燃用煤质难以得到保障；同时，随着超临界、超超临界机组的陆续投运，对锅炉燃烧运行优化提出了更高的要求。因此，锅炉运行优化调整已成为提高经济性、安全性、环保性能和机组利用率的关键技术之一。而影响锅炉安全、经济、环保运行的因素错综复杂，涉及炉内燃烧过程的优化调整，炉内结渣、积灰、腐蚀、磨损等过程，以及烟气温度与偏差、汽温偏差，制粉系统及其他辅助系统的安全经济运行等，同时煤质的掺配技术及低污染运行技术也与此密切相关。这些因素往往相互关联且相互影响，既有统一的一面也有相互矛盾的一面，往往需要燃烧优化调整试验综合确定各控制参数，达到锅炉经济、安全、环保运行的相互协调。

目前，我国火力发电厂锅炉实际运行中，由于煤质多变，监控参数存在偏差，设备存在缺陷，长期变负荷运行，并且由于优化调整试验时间间隔较长等原因，锅炉燃烧普遍达不到最佳状态，因此迫切需要通过燃烧系统运行优化调整试验，提高锅炉运行的经济、安全及环保性能。

一方面，通过锅炉燃烧优化调整试验，可以寻求合理的一、二次风配比，一次风速，配煤配风方式，煤粉细度及过量空气系数等，确定锅炉燃烧系统的最佳运行参数，并提供不同负荷下过量空气系数、风煤比曲线等，用以指导锅炉优化运行。

另一方面，通过机组在线参数监控及调整，实现锅炉优化。通常运行人员监控风粉浓度、一次风速、烟气含氧量、飞灰含碳量在线检测、煤质成分在线检测等参数调节锅炉燃烧，实现锅炉安全、经济运行。但由于目前电厂安装的燃烧参数测量仪表运行的稳定性和可靠性普遍较差，测量不准确，同时检修维护及管理不到位，直接影响了锅炉燃烧优化产品的功能发挥。因此，必须通过燃烧优化调整试验，帮助运行人员了解各种燃烧优化产品（如飞灰测碳仪、风粉浓度在线监测、一次风速的在线监测、烟气含氧量的在线监测、煤质成分的在线监测等）的实际运行状态，为运行人员提供可靠的燃烧调整手段，实现锅炉经济、安全、环保运行。

对于新投产机组，在基建设计阶段为燃烧设备配备可靠的一、二次风速在线监测装置很有必要，这是一个很有效的监视、调整手段。对此，制造厂和设计单位往往重视不够，而锅炉运行中判别燃烧设备是否按照设计参数正常运行，需要对一、二次风速进行测量和调整，而仅有总风量的监测是不够的，否则会给锅炉的运行调整带来很大困难，影响锅炉的正常燃烧。另外，一次风速的调整和煤粉浓度分配也十分重要，实际运行中，应使它们的偏差在一定范围内。一次风速的均匀性对四角切圆燃烧十分重要，它防止切圆严重偏斜；一次风煤粉浓度的均匀性对前后墙燃烧锅炉十分重要，可以防止炉膛热负荷分配出现过大的不均。这些问题直接关系到过热器和再热器的吸热偏差。

鉴于上述原因，锅炉在煤种发生大的变化、燃烧设备改造后、锅炉大修后及新机组投产一般均需要对锅炉进行燃烧系统优化调整试验，以掌握锅炉在各个负荷下的运行特性，提高锅炉运行的安全、经济及环保性能。

第三节　通过锅炉运行优化调整提高锅炉运行经济性

一、锅炉的热平衡

锅炉的热平衡是指输入锅炉的热量与锅炉输出热量之间的平衡。输出热量包括用于生产具有一定热能的蒸汽的有效利用热量以及生产过程中的各项热量损失。

如果把输入的热量即燃料燃烧所放出的热量看成100%，则可以建立以百分数表示的热平衡方程式，即

$$100\% = (q_1 + q_2 + q_3 + q_4 + q_5 + q_6)\% \tag{5-1}$$

式中　q_1——锅炉有效利用热量占输入热量的百分数，%；

　　　q_2——排烟热量损失占输入热量的百分数，%；

　　　q_3——化学不完全燃烧热量损失占输入热量的百分数，%；

　　　q_4——固体未完全燃烧热量损失占输入热量的百分数，%；

　　　q_5——锅炉散热热量损失占输入热量的百分数，%；

　　　q_6——灰渣物理热量损失占输入热量的百分数，%。

研究锅炉的热平衡，可以找出引起热量损失的主要原因，提出降低各项热损失的技术措施，以便有效地提高锅炉的热效率。

二、锅炉热效率

锅炉热效率，按计算方法的不同，可分为正平衡效率和反平衡效率，即

$$\eta = \frac{Q_1}{Q_i} = q_1 \tag{5-2}$$

式中　η——锅炉热效率，%；

　　　Q_1——1kg 燃料的有效利用热量，kJ/kg；

　　　Q_i——1kg 燃料输入锅炉的热量，kJ/kg；

　　　q_1——锅炉有效利用热量占输入热量的百分数，%。

依据式（5-1）和式（5-2）又可获得

$$\eta = 100 - (q_2 + q_3 + q_4 + q_5 + q_6) = q_1 \tag{5-3}$$

从以上可知，锅炉的正平衡效率是指有效利用热量占输入热量的百分比，只要知道输入热量 Q_i 和有效利用热量 Q_1，便可求得锅炉热效率。该计算过程不能反映锅炉的各项热损失，因此无法从中分析引起各项热损失的原因和寻找降低热损失的有效方法。此外，输入热量和有效利用热量的计算常常存在较大的误差，因而火力发电厂常采用反平衡法计算锅炉热效率。采用反平衡法求锅炉效率时，必须先求得各项热损失，这样便利于对各项热损失进行分析。

从锅炉正平衡和反平衡方程式可知，锅炉的各项热量损失有排烟热损失、化学不完全燃烧热损失、固体不完全燃烧热损失、锅炉散热损失和灰渣物理热损失等。锅炉运行中如能减少这些热损失，就能提高锅炉的有效利用热量，也就能提高锅炉的热效率与运行经济性。

三、通过燃烧优化调整降低各项热损失的技术措施

（一）影响锅炉排烟热损失的主要因素

排烟热损失是锅炉各项热损失中最大的（约占5%～7%）。锅炉排烟温度偏高，会严重影响锅炉运行经济性（一般情况下，排烟温度每升高10℃，排烟热损失约增加0.5%～0.8%）；过高的排烟温度，对锅炉后电除尘及脱硫设备的安全运行也构成威胁。因此有必要根据设备的具体状况，全面分析造成锅炉排烟温度偏高的因素，制定出切实可行的技术措施，以达到降低排烟温度、减少排烟热损失、提高锅炉热效率的目的。降低排烟热损失包括两个方面，一是降低排烟温度，二是降低总烟气量。

影响锅炉排烟温度的运行方面的因素，主要包括受热面积灰、火焰中心位置、炉膛及制粉系统漏风、一次风率、磨煤机出口温度、空气预热器进口风温、磨煤机投停等。以下将通

过对排烟温度进行理论分析与总结现场经验的基础上，对各影响因素进行讨论。

1. 漏风对排烟温度的影响

（1）原因分析。漏风是指炉膛漏风、制粉系统漏风，漏风是导致排烟温度升高的主要原因之一。炉膛漏风主要指炉顶密封、看火孔、人孔门及炉底密封水槽处漏风。制粉系统漏风主要指磨煤机风门、挡板处及锁气器漏风等。漏风主要与运行管理、检修状况以及锅炉设备结构等因素有关。

炉膛出口过量空气系数 α 可表示为

$$\alpha = \Delta\alpha + \Delta\alpha_1 + \Delta\alpha_2 \tag{5-4}$$

式中　$\Delta\alpha$——送风系数；

　　$\Delta\alpha_1$——炉膛漏风系数；

　　$\Delta\alpha_2$——制粉系统漏风系数。

对于正压直吹式制粉系统，密封风相当于 $\Delta\alpha_2$。由式（5-4）可知，若 α 保持不变，当漏风系数 $\sum\Delta\alpha = （\Delta\alpha_1 + \Delta\alpha_2）$ 升高时，则送风系数 $\Delta\alpha$ 下降，即通过空气预热器参与换热的工质流量下降，空气流量及风速降低，从而导致空气预热器传热系数下降；同时，空气流量的减少又会使空气预热器出口风温上升，从而减少了空气预热器的传热温压（影响较前者小）。二者共同作用，空气预热器总的吸热量减小，因此排烟温度升高。此外，炉膛漏风或炉底漏风还会抬高火焰中心，提高炉膛出口烟温，相应空气预热器入口烟温也会增加，实际排烟温度升高的幅度比单纯空气流量减少造成排烟温度升高的幅度更大。

（2）应采取的技术措施。在锅炉大、小修及日常运行中，针对锅炉本体及制粉系统进行查漏和堵漏工作，检查各个连接法兰密封、膨胀节处密封及炉本体密封，检查锁气器是否严密特别应检查炉底水封槽、炉顶密封及磨煤机冷风门能否关严；或者采用密封比较好的门、孔结构等。在运行过程中，随时关闭各看火门孔，炉膛负压及钢球磨煤机入口负压尽量控制较低。经验表明，通过漏风综合治理，一般可降低排烟温度约 2~3℃。

2. 制粉系统掺冷风量对排烟温度的影响

（1）原因分析。目前，国产锅炉机组往往在设计时认为进入炉膛的风量中，除炉膛及制粉系统漏风外，其余风量均通过空气预热器。实际上制粉系统在运行时，为了协调锅炉燃烧需要的一次风速和磨煤机风量或者煤质发生变化时，往往要掺入部分冷风，以保持一定的磨煤机出口温度。制粉系统掺冷风对排烟温度的影响与漏风一样。同一负荷下，炉膛出口氧量不变时，运行总风量为一定值，制粉系统掺冷风必然导致空气预热器风量减少，空气预热器传热量降低，排烟温度升高（或者比设计值高）。

制粉系统掺冷风有如下几种表现形式：

1）磨煤机出口温度偏低。一方面，为保证磨煤机安全运行，通常对磨煤机出口的温度有所限制，DL/T 466—2004《电站磨煤机及制粉系统选型导则》规定的磨煤机出口温度见表 5-1；另一方面，锅炉设计时热风温度的选择主要取决于燃烧的需要，所选定的热风温度往往高于所要求的磨煤机入口的干燥温度，因此要求在磨煤机入口掺入一部分温度较低的冷风。因此，磨煤机出口温度控制得越低，则冷一次风占的比例就越大，即流过空气预热器的风量越小，从而造成排烟温度升高。因此磨煤机出口温度的选择在保证制粉系统安全运行的前提下可适当提高。一般而言，磨煤机出口温度每提高 10℃，排烟温度可降低约 3~6℃。

表 5 - 1 　　　　　　　　　　　　　　　**磨 出 口 温 度 允 许 值**

制粉系统类型	热空气干燥		烟气空气混合干燥	
风扇磨煤机直吹式（分离器后）	贫煤	150	约180	
	烟煤	130		
	褐煤、页岩	100		
钢球磨煤机储仓式（磨煤机后）	贫煤	130	褐煤	90
	烟煤、褐煤	70	烟煤	120
双进双出钢球磨直吹式（紧凑式为分离器后，分离式为磨煤机后）	烟煤	$70 \sim 75$		
	褐煤	70		
	$V_{daf} \leqslant 15\%$ 的煤	100		
中速磨煤机直吹式后（分离器后）	当 $V_{daf} < 40\%$ 时，$t_{M2} = [(82 - V_{daf}) \times 5/3 \pm 5]$ 当 $V_{daf} \geqslant 40\%$ 时，$t_{M2} < 70$			
RP、HP 中速磨煤机直吹式（分离器后）	高热值烟煤小于 82，低热质烟煤小于 77，次烟煤、褐煤小于 66			

注 燃用混煤的，可允许 t_{M2} 较低的相应煤种取值；无烟煤只受设备允许温度的限制。

2）一次风率偏高。磨煤机实际运行中，往往由于磨煤机入口风量测量不准确，或者为了给磨煤机运行安全、一次风管不堵管留足够的裕量，一次风速（一次风率）控制偏高。如某 RP923 型磨煤机出力为 35t/h 时的设计风量为 72t/h，实际运行中则达到 85t/h，风量相差 13t/h，在保持一定的磨煤机出口温度下，一次风量越大，则其中冷一次风量也增大，这样将会造成流经空气预热器的风量减小，从而导致排烟温度升高。

3）一次风温偏低。对于热风送粉中储式制粉系统，有时为防止烧损燃烧器喷嘴，往往人为通过掺入冷风量降低混合前一次风温，从而降低一次风粉混合物温度，导致排烟温度升高。

4）煤质变化。煤质变化特别是煤中灰分、水分变化时，会导致火焰中心发生变化引起空气预热器入口烟温升高或者一次风率增加，总风量不变时，进入空气预热器的风量减少，引起排烟温度升高。

（2）采取的技术措施

1）在炉膛不结焦及保证制粉系统安全的前提下，可适当提高一次风风粉混合物的温度，减少冷风的掺入量。磨煤机出口温度不宜过高，主要是为了防止挥发分爆燃，对于挥发分较高的烟煤，挥发分大量析出的温度在 200℃以上，况且目前许多电厂实际燃用煤质比设计煤种差。因此，磨煤机出口温度的提高具有一定的潜力。

2）设计合理的风煤比曲线。应定期测量一次风速，并校验一次风量测量系统，防止因测量误差导致磨煤机实际运行中一次风量偏大或一次风速偏高。但是一次风率也不宜控制得过低，一次风速过低易引起一次风管内积粉造成堵管或烧坏喷嘴。因此，要根据原始设计及设备的具体状况来确定磨煤机不同出力下的风煤比（直吹式）或者不同负荷下的一次风速、风压（中储式），并保证风管最低一次风风速一般不低于 18m/s。

某电厂排烟温度实际运行值超过了设计值 10℃以上，为了降低锅炉排烟温度，对锅炉进行了全面的燃烧调整试验，并进行了诊断分析，得出引起排烟温度偏高的原因：除空气预热器存在换热不足的问题外，实际运行方面也存在问题。调整试验结果表明：满负荷下锅炉运行习惯投送 5 台磨煤机，而另外一台备用磨煤机的冷风门开度经常在 30% 左右，同时磨煤机出口一次风管隔绝门全开，实测备用磨煤机对应冷风量约为 70～80t/h 左右。备用磨煤机在停运的情况下送入锅炉炉膛的风量实际上相当于锅炉的漏风，这样必然导致排烟温度的升高。试验结果见表 5－2，磨煤机出口隔绝门全开，入口冷风门开 30% 时，锅炉排烟温度（修正后）为 136.43℃；磨煤机出口隔绝门全关后，在同样负荷下排烟温度（修正后）为 133.72℃，比全开时排烟温度降低了 2.71℃。通过对比可以看出，备用磨煤机漏入的冷风量对排烟温度影响较大。

表 5－2　　　　　　　　　备用磨煤机出口隔绝门开关前后对排烟温度影响

序号	项　目	单位	磨煤机出口隔绝门开关试验	
			出口隔绝门开	出口隔绝门关
1	磨煤机通风量（B/C/D/E/F）	t/h	130/150 /129/129/134	130/149/126/130/133
2	BCDEF 磨平均一次风温	℃	68.58	66.51
3	环境/空气预热器入口风温	℃	22/27.8	20/26.5
4	空气预热器出口风温（一次/二次风）	℃	295.06/322.75	292.92/321.90
5	实测空气预热器入口烟温（A/B/均）	℃	355.1/361.0/358.0	357.3/358.5/357.9
6	实测排烟温度（A/B/均）	℃	138.2/138.8/138.5	133.8/136.0/134.9
7	实测排烟温度（修正后）	℃	136.43	133.72

同时，对该炉磨煤机出口温度也进行了调整，试验结果见表 5－3。将磨煤机出口温度提高 7℃，排烟温度下降了 2℃ 左右。磨煤机出口温度提高时，磨煤机入口冷风比例降低。提高磨煤机出口温度时，若增加一次风量，冷、热风量将同时增加，这时排烟温度变化不明显；若维持一次风量不变，则进入磨煤机的冷风比例必然减小，进入空气预热器换热的风量增加，排烟温度降低；若一次风量进一步降低，为维持干燥出力并达到磨煤机出口温度，冷风门将关得更小，排烟温度将进一步降低。

表 5－3　　　　　　　　　　磨煤机出口温度变化对排烟温度影响

序号	项　目	单位	磨煤机出口温度调整试验	
			T－1	T－2
1	磨煤机出力（B/C/D/E/F）	t/h	69.2/69.3/66.1/68.8/69.6	69.7/70.0/66.7/69.1/70.2
2	磨煤机通风量（B/C/D/E/F）	t/h	155/168/174/168/149	139/170/176/150/140
3	磨煤机进口风压（B/C/D/E/F）	℃	9.63/5.56/9.62/6.59/9.25	9.15/5.45/8.67/5.75/8.03
4	磨煤机入口风温（B/C/D/E/F）	℃	274/260/277/262/261	255/236/252/236/243
5	BCDEF 磨煤机平均一次风温	℃	78.24	71.34
6	环境/空气预热器入口风温	℃	21.5/28.57	21/27.62
7	空气预热器出口风温（一次/二次风）	℃	292.76/323.06	295.34/324.29
8	实测空气预热器入口烟温	℃	362.20	363.80
9	实测排烟温度	℃	136.85	138.75
10	实测排烟温度（修正后）	℃	132.92	134.94

3. 受热面积灰、堵灰引起排烟温度升高

（1）原因分析。受热面积灰是指锅炉受热面积灰、结渣及空气预热器传热元件积灰等。锅炉受热面积灰将使受热面传热系数降低，锅炉吸热量降低，烟气放热量减少，空气预热器入口烟温升高，从而导致排烟温度升高；空气预热器堵灰则使空气预热器传热面积减少，也将使烟气的放热量减少，引起排烟温度升高。

（2）应采取的技术措施。目前各个电厂普遍存在煤质变差，发热量下降、灰分增加等问题。运行中，在汽温能够维持的前提下，应加强锅炉吹灰，优化吹灰方式；同时检修人员应加强日常检修与维护，确保吹灰器的正常投入，保持各受热面的清洁，将空气预热器压差控制在合理范围内。

4. 磨煤机投停造成排烟温度升高

对于直吹式的系统，磨煤机的投停主要是影响在运燃烧器的位置，投上停下则排烟温度升高（若投上停下影响到减温水量增大，则省煤器流量减少也会引起排烟温度升高）；此外，多投运一台磨煤机，还会导致总的一次风率增加，增加一台磨的制粉系统冷风，引起排烟温度升高。对于中间储仓式热风送粉系统，磨煤机的投停主要影响到三次风的投切及制粉系统总的漏风率，多投运一套制粉系统，排烟温度一般会明显升高，细粉分离器的效率越低，制粉系统漏风率越大，其影响就越大。而对于中间储仓式乏气送粉系统，磨煤机投停，排烟温度可能升高，也有可能降低。

5. 空气预热器入口风温高引起排烟升高

在夏天，空气预热器入口风温高，空气预热器传热温差小，烟气的放热量就少，从而使排烟温度升高；同时，制粉系统需要的热风减少，冷风增加，流过空气预热器的一次风量减少，排烟温度升高。这属于环境因素，是难以克服的。若增加过多的受热面，降低空气预热器入口烟温，则冬季时，排烟温度会低于露点值。为防止空气预热器低温腐蚀，必须投入暖风器来提高排烟温度，造成辅汽损失增加。因此要根据环境温度变化的规律，综合考虑合理布置受热面及暖风器。

6. 受热面布置原因引起排烟温度升高

由于锅炉设计时，对炉膛沾污系数估算不准，使得受热面布置不合理，或者是由于结构不佳造成受热面吸热不足，导致空气预热器入口烟温偏高，从而使得排烟温度升高，这需要重新进行设计校核计算，必要时可采取增加省煤器管排，或将省煤器由光管式改为鳍片式，增加省煤器的吸热量，降低空气预热器入口烟温，从而降低排烟温度。

通过以上分析，影响排烟温度的诸因素中，与锅炉燃烧调整有关的主要有漏风、掺冷风量大小、受热面积灰、磨煤机投停等，因此在运行中要加强调整，最大限度地降低排烟热损失。

7. 通过燃烧调整确定最佳过量空气系数

炉内过量空气系数 α 过大或过小，都会对锅炉的热效率产生直接影响（即锅炉各项热损失总和发生变化）。一般来说，q_2 将随过量空气系数的增加而增大，而 q_4 却随 α 增大而降低，因此，最合理的过量空气系数应使 q_2、q_3、q_4 之和为最小，此时的 α 被称为最佳过量空气系数。锅炉运行中所谓的低氧燃烧，就是要保持最佳过量空气系数，降低送风机和引风机的电耗，并保持较高的锅炉效率。在调整过量空气系数时，还要考虑汽温特性，过低的过量空气系数可能会引起再热汽温偏低，因此对过量空气系数的控制应综合考虑。

最佳过量空气系数 α 试验应在稳定的负荷与煤种下进行，同时试验期间不进行吹灰。过量空气系数的调整试验值可在炉膛出口过量空气系数设计值附近选 $3 \sim 4$ 个值进行，试验时保持一次风量不变，仅通过调整送风机的开度改变过量空气系数值。在每组工况下按照反平衡获得不同工况下的锅炉效率，并在不同负荷下进行过量空气系数的调整，最终获得不同负荷下最佳过量空气系数曲线。在进行较大过量空气系数调整时，应注意主、再热蒸汽温度的影响；进行较小过量空气系数的调整时，同时还应注意燃烧的稳定性。如果锅炉燃烧不同煤种时，需针对不同煤种对过量空气系数进行调整。

某电厂总装机容量为 $4 \times 300MW$，锅炉选用哈尔滨锅炉厂生产的压临界压力、一次中间再热、自然循环汽包锅炉，采用四角切圆燃烧方式，制粉系统为正压直吹式，设计燃煤为陕西神府东胜煤。为了进一步提高锅炉效率，分别在不同负荷下，对过量空气系数进行了优化调整试验。通过试验，获得不同负荷下最佳氧量控制值，试验结果见表 5 - 4。虽然各个负荷点下，随着运行氧量的降低，锅炉效率呈现增加的趋势，但考虑到粉煤灰的综合利用，特兼顾飞灰含碳量化验结果及汽温特性，推荐不同负荷下最佳氧量控制曲线见图 5 - 1，根据该曲线可修正 DSC 氧量随负荷控制曲线，指导锅炉优化运行调整。

表 5 - 4　　　　　　　某锅炉不同负荷下氧量调整对锅炉效率的影响

序号	调整项目	CRT 设定（%）	排烟温度（℃）	C_{fh}（%）	q_2（%）	q_4（%）	η（%）
1		2.5	139.4	5.020	5.597	0.601	93.30
2	300MW 氧量调整	3.0	140.7	4.530	5.823	0.539	93.14
3		3.5	146.4	2.090	6.413	0.361	92.70
4		4.0	141.5	2.260	6.255	0.265	92.98
5		3.0	133.5	4.430	5.434	0.328	93.73
6	270MW 氧量调整	3.5	133.2	3.170	5.635	0.233	93.63
7		4.5	134.6	2.290	6.335	0.168	92.99
8		3.5	126.4	3.490	5.261	0.260	93.88
9	230MW 氧量调整	4.0	125.7	3.100	5.423	0.230	93.75
10		4.8	127.7	2.325	5.924	0.170	93.31
11		3.5	121.0	2.980	5.271	0.236	93.84
12		4.0	124.3	0.795	5.360	0.138	93.85
13	210MW 氧量调整	4.5	120.8	2.380	5.624	0.196	93.54
14		4.8	124.6	0.580	5.717	0.102	93.49
15		5.5	120.1	1.680	6.012	0.136	93.20
16		3.8	122.3	3.925	5.426	0.317	93.51
17		4.5	122.4	0.490	5.609	0.088	93.84
18	180MW 氧量调整	4.8	123.1	2.325	5.727	0.210	93.32
19		5.5	123.7	1.595	6.140	0.152	92.96
20		6.0	119.5	0.495	6.305	0.089	92.90

（二）影响固体未完全燃烧热损失的主要因素

固体未完全燃烧热损失是由飞灰和炉渣中的残碳所造成的热损失。锅炉运行中，由于部分固体燃料在炉内未燃尽就以飞灰形式随烟气排出炉外或随炉渣进入冷灰斗中，而造成固体未完全燃烧热损失。

固体未完全燃烧热损失是燃煤锅炉的主要损失之一，通常仅次于排烟热损失。影响这项热损失的主要因素是炉灰量和炉灰中残碳的含量。其中，炉灰量主要与燃

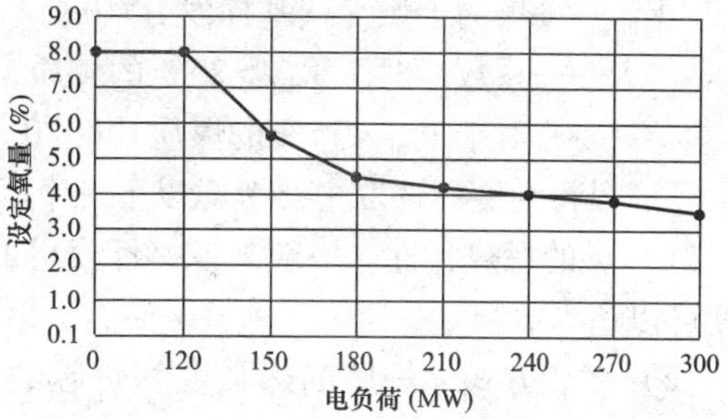

图 5 - 1 设定氧量与电负荷关系曲线

料中灰分含量有关，而炉灰中的残碳含量则与燃料性质、煤粉细度、燃烧方式、炉膛结构、过量空气系数、锅炉运行工况以及运行调整水平等因素有关。一般地，固态排渣煤粉炉的q_4约为 $0.5\% \sim 5\%$。显然，煤中灰分和水分越少、挥发分含最越多、煤粉越细，则q_4越小。炉膛结构不合理（容积小或高度不够）以及燃烧器的结构性能差或布置不恰当，都会影响煤粉在炉内停留的时间及风粉混合质量，从而使q_4增大。锅炉负荷过高将使煤粉来不及在炉内燃尽，而负荷过低则炉温降低，都会导致q_4增大。运行中，锅炉过量空气系数适当，炉膛温度较高时，q_4较小；当过量空气系数降低时，一般会导致固体未完全燃烧热损失增加。

总之，在炉膛结构、燃烧器形式固定后，从燃烧优化调整的角度减少固体未完全燃烧热损失，应根据煤种的变化及时做好锅炉的燃烧调整工作，保持最佳的过量空气系数和合适的煤粉细度。

1. 经济煤粉细度的调整

随着煤粉细度R_{90}的减小，煤粉变细、飞灰含碳量降低。考虑固体未完全燃烧热损失与厂用电（制粉单耗引起），对于煤粉细度存在一个经济煤粉细度。经济煤粉细度是指使锅炉的不完全燃烧损失与制粉系统电耗之和，即$q_4 + q_{zf}$为最小时的煤粉细度。煤粉细度调整试验一般在额定负荷的 $80\% \sim 100\%$ 下进行。试验前入炉煤种和锅炉运行参数稳定，试验调整期间锅炉不吹灰、不启停磨煤机，分别将各台磨煤机煤粉细度调整到各个预定的水平。在每个稳定工况下，测取q_4损失和制粉单耗所需的相关数据，并从中确定最经济的煤粉细度。为便于比较，制粉单耗q_{zf}（%）可按式（5-5）整理成与q_4损失相当的热量损失，即

$$q_{zf} = 2930 \frac{bP_{zf}}{BQ_r} \tag{5-5}$$

式中　b——电厂的标准煤耗，g/kWh；

B——入炉煤量，kg/h；

P_{zf}——制粉系统总电耗，kW。

煤粉细度试验初值可在常用煤粉细度附近各选 $2 \sim 3$ 个进行，也可通过经验公式或曲线选取。根据中华人民共和国电力行业标准《大容量煤粉锅炉炉膛选型导则》（DL/T 831—2002），煤粉细度可按下式选取：

$$R_{90} = K + 0.5nV_{daf}$$

式中　R_{90}——用 90μm 筛子筛分时，筛上剩余量占煤粉总量的百分比，%；

n——煤粉均匀性指数，可取 1；

V_{daf}——煤的干燥无灰基挥发分，%；

K——系数，对于 $V_{daf} > 25\%$ 的煤质，$K = 4$；对于 $V_{daf} = 15\% \sim 25\%$ 的煤质，$K = 2$；对于 $V_{daf} < 15\%$ 的煤质，$K = 0$。

经济煤粉细度的选取主要考虑以下三个因素：

（1）煤的燃烧特性。一般来说，挥发分高、灰分少、发热量高的煤燃烧性能好，煤粉细度可以适当放粗。

（2）燃烧方式、炉膛的热强度和炉膛的大小。旋风炉，炉膛的热强度高及炉膛较大、较高时，煤粉细度可以适当放粗。

（3）煤粉的均匀性系数。煤粉的均匀性较好时煤粉细度可以适当放粗。

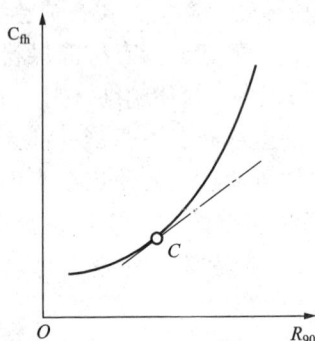

由于考虑到制粉单耗 q_{zf} 的试验比较复杂，如果是中间仓式制粉系统，运行中进行较为困难，较简单的方法是只测量飞灰可燃物含量 C_{fh} 与煤粉细度 R_{90} 的关系。典型的 C_{fh} 与 R_{90} 的关系如图 5-2 所示。在 R_{90} 较小时，随着 R_{90} 的增加，C_{fh} 变化比较平缓，但超过某一值后（图中 C 点），C_{fh} 迅速增大，可以将此转折点作为经济细度的估计值。国内一些燃用较高挥发分煤的大型锅炉，C_{fh} 有的很低（$0.7\% \sim 1.0\%$ 甚至更低），但制粉电耗较高，对于这些锅炉，不应继续追求更低的固体未完全燃烧热损失，而适当提高煤粉细度 R_{90} 则可能更加经济。

图 5-2　飞灰可燃物与煤粉细度的关系

磨煤机检修后，一般需进行煤粉细度试验，以获得煤粉细度与粗粉分离器挡板开度（或转速）之间的具体关系，为运行调整提供指导依据。煤种发生变化时可在此基础上适当进行调整。

2. 燃烧器运行方式及配风方式

燃烧器的运行方式指燃烧器各运行参数的调整（如一、二次风配比等）、燃烧器的负荷分配、磨投停组合等；配风方式指燃烧器各层辅助风的配比及相互配合。这些因素会直接或间接影响燃烧器区域温度、炉膛火焰中心位置、风粉的混合状况等，从而对飞灰可燃物含量产生一定的影响。

一般地，燃烧器投下停上或热功率下多上少，有利于延长煤粉在炉内的停留时间，降低飞灰可燃物含量；集中投运火嘴可使燃烧相对集中，燃烧器区域炉温升高，降低飞灰可燃物含量，尤其是低负荷或燃用低挥发分煤时更是如此。二次风配风采用倒宝塔方式，有利于低挥发分煤的稳定燃烧，同时兼有压住火球位置、阻止大颗粒煤一次上行、延长其停留时间等作用，从而降低飞灰含碳量。周界风量的大小会影响到煤粉气流的着火热及火焰刚性，对飞灰可燃物含量也会产生一定的影响。

对于实际运行锅炉，由于安装和设计存在差异或者煤质差别，各种因素的影响可能并不相同，因此合理的燃烧器运行方式及配风方式需要针对特定煤质经过燃烧调整试验确定。

某厂锅炉为苏联制造的 210MW 机组配套锅炉。该机组投产以来，锅炉飞灰可燃物含量偏高，基本处于 $8\% \sim 15\%$ 之间。根据煤场进煤资料，发现燃煤中掺混了一定数量的无烟煤

（大多为贫煤），而且无烟煤中含有我国最难燃尽的无烟煤——阳泉无烟煤。初步分析认为该锅炉飞灰可燃物含量高与煤粉细度偏高有关。由于无烟煤与贫煤的燃烧特性相差较大，在燃烧初期，大量的氧气都被贫煤燃烧消耗，使本来就难以燃烧的无烟煤更难燃烧，造成整体飞灰含碳量较高。因此，降低飞灰含碳量的关键是提高无烟煤的燃尽性能，这就需要进一步降低煤粉细度，提高煤粉均匀性，减少大颗粒含量。因此，主要针对煤粉细度进行了调整，将煤粉细度 R_{90} 从 11% 调整到 5%，同时对燃烧器风粉进行了调平，并将一次风速与过量空气系数进行了适当调整。调整后，飞灰及大渣含碳量均大幅度下降，由燃烧调整前的 8%～15% 下降到 4%～8%，锅炉效率由调整前的 85%～86% 上升至 88% 以上，锅炉效率提高了2 个百分点，初步估算可使供电煤耗下降 3～6g/kWh 以上，取得了良好的经济效益。

（三）影响化学不完全燃烧热损失的主要因素

化学不完全燃烧热损失是指排烟中残留的可燃气体，如 CO、H_2、CH_4 等未放出其燃烧热而造成的损失。在煤粉炉中，q_3 一般不超过 0.5%；燃油炉的 q_3 在 1%～3% 之间。影响化学不完全燃烧热损失的主要因素是燃料的挥发分含量、炉内过量空气系数、炉膛温度、炉膛结构以及炉内空气动力场状况等。

一般燃料中的挥发分高，炉内可燃气体的量就多，当炉内空气动力工况不良时，就会使 q_3 增加。炉膛容积过小、高度不够、烟气在炉内流程过短时，将使一部分可燃气体来不及燃尽就离开炉膛，从而使 q_3 增大。此外，CO 在低于 800～900℃ 的温度下很难燃烧，因此当炉膛温度过低时，即使其他条件良好，q_3 也会增加。

炉内过量空气系数的大小和燃烧过程的组织，将直接影响炉内可燃气体与氧气的混合，因而它们与化学不完全燃烧热损失密切相关。若过量空气系数过小，则可燃气体将由于得不到充足的氧气而无法燃烧；若过量空气系数过高，则又会使炉内温度降低，不利于燃烧反应的进行，所有这些都会造成 q_3 的增大。因此，根据燃料性质和燃烧方式，控制合理的过量空气系数，是运行调整减少 q_3 的主要措施。

（四）影响散热损失的主要因素

锅炉运行时，炉墙、金属结构以及锅炉机组范围的烟风管道、汽水管道和联箱等的外表温度高于周围环境温度，这样就会通过自然对流和辐射向周围散热。这部分散失的热量，就称为散热损失。散热损失的大小，主要决定于锅炉容量、锅炉外表面积、炉墙结构、管道保温以及周围的空气温度等。

显然，锅炉结构紧凑、外表面积小、保温完善时，q_5 较小；锅炉周围空气温度低时，q_5 较大。由于锅炉容量的增加幅度大于其外表面增加幅度，所以大容量锅炉的 q_5 较小。对于同一台锅炉来说，负荷低时 q_5 较大，这是因为炉膛面积并不随负荷的降低而减少，炉壁温度降低的幅度也比负荷降低的幅度要小。

（五）影响灰渣物理热损失因素

灰渣物理热损失指从锅炉排出的炉渣还具有相当高的温度而造成的热量损失，它的大小与燃料的灰分、炉渣占总灰量的份额、排渣方式以及炉渣温度等因素有关。简言之，q_6 的大小主要决定于排渣量和排渣温度。当燃料中的灰分高或炉渣占总灰量的比例大时，这项热损失就大。液态排渣炉，由于其排渣量和排渣温度均大于固态排渣炉，故此项热损失就要比固态排渣炉大。事实上，液态排渣炉的 q_6 必须考虑，对于固态排渣煤粉炉来说，当燃煤的折算灰分小于 10%，可以忽略灰渣物理热损失，只有当燃用高灰分煤时考虑计入 q_6。

第四节 通过锅炉运行优化调整提高锅炉运行安全性

一、提高锅炉低负荷燃烧稳定性

影响锅炉燃烧稳定性因素较多，目前由于电煤供应比较紧张，电厂来煤不稳定，更易引起燃烧不稳，严重时甚至会造成锅炉灭火。锅炉燃烧稳定性是限制机组最低负荷的关键因素。低负荷时由于炉膛火焰温度下降，煤粉着火困难，火焰稳定性差，如果处理不当，会引发炉膛爆炸等事故。一般可通过多种稳燃措施来改进燃烧稳定性，如采用新型的低负荷稳燃燃烧器（钝体燃烧器、船型燃烧器稳燃技术）、预燃室稳燃技术、大速差射流稳燃技术、反吹系统燃烧技术以及煤粉浓淡燃烧技术等。对于贫煤或无烟煤，还可适当增加卫燃带，以提高燃烧器区域火焰温度。除对设备进行改进外，通过对燃烧方式的调整也可提高锅炉燃烧稳定性，主要包括：合理组织一、二次风，降低一次风速，提高煤粉浓度，降低煤粉细度，改善各燃烧器风粉均匀性等。

某电厂设计燃用混贫煤，实际掺烧无烟煤，2005～2006年，该台炉曾出现过多次炉膛灭火和负压波动较大的情况，因锅炉运行稳定性差，锅炉燃烧助燃油量较大。锅炉灭火与负压波动较大是一个复杂的过程，影响的因素较多，从大的方面来看，通常不外乎有以下几种：锅炉入炉煤种影响，炉内燃烧稳定性，火检指示与燃烧状况的协调性方面，外部扰动等。通过对燃烧器布置方式和锅炉燃烧煤种状况的分析，为了提高该炉燃烧稳定性，减少炉膛负压波动及灭火，对各个运行参数进行了优化调整，主要对二次风配风方式进行了调整，并对一次风进行了调平，同时通过调整分析，提出了设备的整改措施。通过燃烧优化调整，在同样负荷下，锅炉炉膛火焰平均温度提高了55～81℃，调整后锅炉未发生灭火现象，燃烧不稳引起的投助燃油现象大大减少。

同样，某电厂运行中也出现多次灭火和负压波动较大问题。通过锅炉燃烧调整发现，实际一次风控制较高，达到了30～35m/s，而运行监控上一次风速仅为23～28m/s，表盘上风粉在线风速严重失真，导致一次风速控制偏大，煤粉着火推迟，降低了锅炉燃烧稳定性与抗干扰能力，运行中如果遇到负荷波动较大、给粉机下粉不均、入炉煤波动等因素，均有可能导致锅炉灭火或炉膛负压波动较大。通过对一次风的调整及风粉在线标定，影响锅炉运行安全的炉膛灭火与炉膛负压波动问题得到解决。

二、通过燃烧调整减少锅炉炉膛结渣

锅炉结渣对锅炉安全、经济运行及可靠性均有较大的影响。炉膛结渣使得水冷壁的传热热阻增加，水冷壁吸热不足，严重时导致锅炉出力下降；同时，由于炉内换热下降，炉膛出口烟温升高，导致主蒸汽温度和再热蒸汽温度升高，减温水量剧增，主蒸汽和再热蒸汽管壁温度超温，严重时导致锅炉降低负荷运行。燃烧器结渣时，炉内空气动力场受到影响，甚至导致垮焦引起炉膛灭火，严重时大的焦块甚至会阻塞灰斗，被迫停炉打焦。

影响锅炉结焦的因素较多，最主要的因素有：锅炉燃烧煤质、燃烧方式、炉膛出口温烟温、炉膛结构、炉膛热负荷、燃烧器区域热负荷、炉内空气动力场等。在锅炉燃烧煤质与炉膛结构确定后，通过燃烧调整方式可缓解炉膛结焦，具体措施如下：

（1）一次风速和风温的合理控制。降低一次风初温可提高煤粉气流的着火热、推迟着火过程，这对减轻燃烧器区域结渣是有利的。提高一次风风速可推迟着火点位置，对于切圆燃烧锅炉，也有利于燃烧切圆的形成和防止煤粉气流贴壁，防止燃烧器和炉膛的结渣。如果煤种的挥发分较高，稳燃一般不成问题，这时可适当增大一次风速，但过高的一次风速会产生煤粉颗粒冲墙而加剧结渣，或者因推迟着火引起炉膛出口温度升高，甚至导致过热器挂焦。因此一次风速应通过燃烧优化调整确定较佳的控制范围。

（2）控制合理的炉内过量空气系数。炉内过量空气系数增加，炉膛出口烟温及炉膛平均温度下降，可以减轻对流过热器和再热器积灰、结渣；同时炉内富氧燃烧，可有效抑制还原性气氛，防止熔点较高的 Fe_2O_3 还原为熔点较低的 FeO，大大降低灰熔点，因此增加过量空气系数有利于防止炉膛结渣。

（3）组织良好的炉内空气动力场。保证空气和燃料的良好混合是防止结焦的前提。燃料和空气充分混合，可有效避免在水冷壁附近形成还原性气氛，防止火焰偏斜或贴边。对于四角切圆燃烧锅炉，影响气流偏斜的主要因素有：① 一次风的射流刚度。当一次风刚性增强时，气流抗偏转的能力增强。② 燃烧器配风不均、锅炉降负荷运行或缺角运行时，炉内火焰中心会发生偏斜。

（4）控制合适的煤粉细度。煤粉颗粒粗时，燃尽时间延长，受惯性力作用影响容易分离出来与水冷壁冲撞，由于颗粒较大，到达水冷壁以前的冷却固化不太容易；此外，粗煤粉颗粒需要较长的燃尽时间，因而它们往往在贴壁处造成还原性气氛，使得灰熔点降低。因此，在燃用易结渣的煤种时，可适当降低煤粉细度。但煤粉细度不宜控制过细，煤粉过细可能会使得炉膛温度升高而加剧结焦。因此，应通过燃烧调整试验确定合理的煤粉细度。

（5）四角煤粉浓度应尽量均匀。一次风喷口煤粉量的分配不均必然会造成炉膛局部缺氧和热负荷不均匀，这样空气少、煤粉浓度较高的地方就会出现还原性气氛，使灰熔点降低，导致局部结渣。因此，在纯空气下应调整一次风速偏差在 ±5% 范围内，并尽量保证四角煤粉浓度相差不大。

（6）合理分配燃烧器的热负荷。对于易结渣煤种锅炉，燃烧器应尽量分散投运，由于燃烧不集中，传热分散，会使炉膛温度降低，有效缓解结渣。在高负荷时，如果有备用层燃烧器，停用燃烧器应在中层而不是两头。同时限制单只燃烧器的热功率也是防止热负荷过于集中的有效方法，这对于减轻燃烧器区域的结渣非常有利。

（7）燃料风的利用。对于直流燃烧器来说，燃料风对提高煤粉气流刚性、防止贴墙和煤粉离析极为有利。因此，燃烧调整中可充分利用燃料风防止结渣，在高负荷时全开燃料风门，或提高风箱差压值，增加燃料风的比例。

（8）掺烧不同煤种。对于易结渣的煤种，采用煤种掺烧或分仓上煤是解决沾污结渣的有效方法。因此，在燃烧调整中要充分利用掺烧和分仓上煤缓解炉内结渣。

某电厂锅炉采用 ABB/CE 传统的平衡通风，四角切圆燃烧方式，设计燃用神木石圪台烟煤，并以大同煤作为校核煤种。制粉系统采用正压直吹系统，配 6 台 HP-943 型碗式中速磨煤机。燃烧器的特点为二次风射流向水冷壁方向偏转了 22°，在炉内形成一个一次风在内二次风在外的"风包煤"双切圆，以防止炉膛水冷壁结焦；一次风喷嘴采用了 ABB/CE 开发的宽调节比固定分叉式煤粉喷嘴（WR 型），具有水平隔板，在喷嘴出口形成浓相和稀相两股气流；二次风大风箱分上、中、下三组，每一组对应于两个煤粉喷嘴和相应的燃料风与辅助风喷嘴，中间的辅助风喷嘴内布置轻、重油枪。从燃烧器结构来看，这属于典型的 CE 结构。

尽管设计时考虑了锅炉结焦因素，但由于设计煤种为易结渣煤种，该炉投运初期锅炉冷灰斗结渣曾发生多次，主要的原因是由于再热器汽温高，不得不采取燃烧器摆角向下摆

30°，造成锅炉炉底热负荷过高；同时，由于采用低氧燃烧，还原性气氛增加而降低了灰熔点；另外，炉膛吹灰间隔时间较长，造成水冷壁污染严重而影响吸热，炉膛温度升高，水冷壁结焦严重。

通过全面分析及燃烧调整采取如下措施：

（1）调整辅助风和燃料风的比例关系，适当增加燃料风的比例。

（2）提高总风量，将省煤器出口氧量场进行标定，并在额定负荷下将实际运行氧量由3.3%提高到3.8%左右。

（3）对一次风量进行了重新标定，并对一次风进行调平，保证四角一次风速偏差控制在±5%范围内，并保证一次风速在25m/s左右。

（4）限制单台磨出力不超过48t/h，规定600MW负荷时为5台磨运行，500MW时为4台磨运行，350MW时为3台磨运行。

（5）针对主要来煤为神木煤和大同煤，并配有部分神华煤、准格尔煤、兖州煤等，建议进行分仓上煤，此项措施对防止结焦作用较大。

（6）加强锅炉吹灰，对损坏的吹灰器进行了及时检修，保证水冷壁、过热器及再热器表面基本干净。采取上述技术措施后，锅炉结焦情况大大缓解，提高了锅炉运行的安全性。

某电厂锅炉是武汉锅炉股份有限公司生产的WGZ1053/17.5-2型300MW亚临界参数自然循环汽包锅炉，设计燃用贫煤；采用中速磨正压直吹式制粉系统，配五台HP863型碗式磨煤机；采用水平浓淡直流燃烧器，四角布置，切圆燃烧，锅炉尾部为双烟道布置，利用烟气挡板调节再热汽温，喷水减温调节过热汽温，固态排渣，一次再热，平衡通风。机组投产后不久，锅炉水冷壁，尤其是卫燃带上出现了较为严重的结渣现象，在燃用较高发热量的煤种时渣块有熔融现象出现。炉内渣块落下时不仅会引起炉膛负压大幅波动，严重时导致炉膛灭火，而且大块的渣还会砸坏冷灰斗，严重影响了锅炉的安全经济运行。

针对该炉存在的问题，在卫燃带面积没有调整前，对各个相关参数进行了调整及探索摸底，找到各个因素对锅炉燃烧、结渣的影响特性规律后，进行了最佳参数组合调整。由于燃烧器区域敷设了较多的卫燃带，使得炉膛温度过高，导致卫燃带上形成较大渣块。因此，燃烧调整试验主要围绕着如何降低燃烧温度、降低火焰中心温度、改变火焰中心的位置使其偏离卫燃带，从而减少卫燃带上的结渣而展开。围绕这个目标，主要进行了以下一些调整工作：

（1）将所有磨煤机出口分离器挡板全关，以降低煤粉细度，将煤粉细度R_{90}由原先的16%左右降低到8%左右。煤粉细度降低后，煤粉气流着火得到了加强，其程度可以通过火检模拟量输出值的大小来衡量。在分离器挡板未调整前，全部20个煤粉火检的模拟量输出值平均为70.38，挡板调整后提高到75.38，火焰强度增加，有效防止了锅炉灭火。

（2）调整燃烧器摆角，将下两层一次风（对应A、B磨）及其上下二次风全部下倾10°，上两层一次风（对应E、D磨）及其上下二次风全部上仰15°，中间的一次风（C磨）及其上下二次风不动，仍保持水平。这样做的目的是拉开燃烧器区域的热负荷，降低火焰中心温度；同时抬高火焰中心的位置，以避开卫燃带。

（3）提高锅炉运行氧量，将省煤器出口实际运行氧量由4%左右提高到5%左右，以降低火焰温度。

（4）二次风配风方式采用"正宝塔"方式，而燃烧器负荷分配采用"倒宝塔"方式。这样配风、配粉方式的目的是降低燃烧温度，抬高火焰中心的位置。

（5）降低一次风速。试验发现表盘显示的一次风量比实际偏小很多，实际的一次风速很高，喷口风速达到了30m/s。试验中将一次风喷口风速降低到了设计值附近（26m/s）。

通过对相关参数的不断调整后，取得了明显效果，缓解了锅炉结焦。燃烧器区域平均温度、燃烧区最高温度及炉膛平均温度均有较大幅度降低。

调整前后主要参数对比结果见表5-5，调整前后结渣状况见图5-3。通过燃烧调整，炉膛火焰有了较大幅度的降低，火焰中心平均可视温度降低了125℃，炉膛内可视最高温度降低了90℃，燃烧器区域平均可视温度降低了105℃，炉膛整体平均可视温度降低了37℃，锅炉排烟温度降低了10℃左右。锅炉燃烧温度的大幅度降低必将对缓解结渣产生积极的影响。从燃烧调整前后结渣图片也可以得出，卫燃带上的结渣情况得到了明显减轻。

表5-5　　　　　　　　　　　　锅炉燃烧调整最佳参数组合

试验内容		燃烧调整前	燃烧调整后
排烟温度左（℃）		150.01	140.21
排烟温度右（℃）		139.75	130.47
空气预热器左入口氧量（%）		4.11	5.24
空气预热器右入口氧量（%）		4.48	5.45
炉膛燃烧温度（℃）	15.6m	1273	1186
	22m	1415	1285
	25m	1470	1390
	28m	1394	1393
	31.6m	1360	1363
	34.3m	1300	1310
	38.4m	1229	1256
燃烧器区域平均温度（℃）		1443	1338
火焰中心平均温度（℃）		1555	1430
最高温度（℃）		1560	1470
炉膛平均温度（℃）		1349	1312

三、通过燃烧调整减轻水冷壁的高温腐蚀

水冷壁高温腐蚀通常发生在燃烧器中心线标高位置附近，结渣、不结渣的锅炉均有可能发生。统计表明，燃用贫煤的锅炉较易发生，一般均发生在向火侧。凡是腐蚀严重的锅炉水冷壁，在相应腐蚀区域的烟气成分中发现了还原性气氛（CO 含量高）和含量较高的 H_2S 气体。资料表明，高温腐蚀速度与烟气中的 H_2S 浓度几乎成正比例。因此，由于锅炉煤种变化（含硫量增大）、燃烧条件改变，或将燃烧器改为低氧燃烧器时，需要对水冷壁管做出安全评估，并采取相应措施，图5-4为某电厂水冷壁腐蚀管。

发生水冷壁高温腐蚀，主要因为不完全燃烧时形成 CO 的还原性气氛，并有未经过燃烧的煤粒子飞向水冷壁表面而造成的。未经过完全燃烧的煤粒子释放出挥发分和氯化物，对金属产生硫化作用加速腐蚀。持续燃烧不良或脉动火焰冲击炉墙时，易形成高温和燃料过剩的腐蚀环境，在此环境中有利于产生钠和磷的焦硫酸盐，其熔点只有427℃，加速了对金属的腐蚀；靠近侧墙或后墙运动功率较小的燃烧器，往往燃烧不均，造成局部缺氧，这时靠近水

燃烧调整前

燃烧调整后

燃烧调整前

燃烧调整后

图 5-3　燃烧调整前后结渣图片

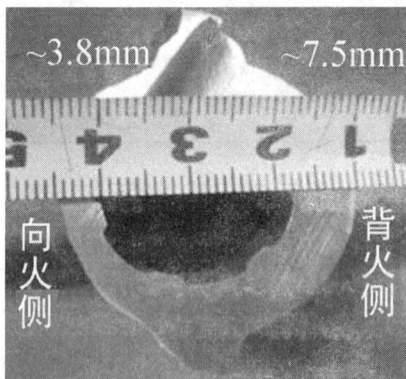

图 5-4　某电厂水冷壁腐蚀管

冷壁一带的 CO 含量可高达 10%。燃料中如果含有氯化物也是使管壁损耗的一个重要原因。煤中含氯量增加，其对低合金钢的腐蚀率也随之增加，如果含氯量达到 0.6%，将造成高的腐蚀率。

当发现有腐蚀迹象时，应尽快采取措施，以减轻对管壁的损害，如燃烧异常、个别燃烧器烧损、火焰过长、CO 含量高和灰中残碳高等均为出现问题的先兆。可通过炉墙上的看火孔观察到燃烧的异常情况，如果有一个或更多的燃烧器喷出的火焰冲到炉墙，炉管附近出现有颗粒在燃烧，说明有碳粒子冲击炉墙，这时必须对靠近水冷壁管区域测量一氧化碳含量和灰中含碳量。空气预热器烟气中一氧化碳体积分数达到 100×10^{-6} 时、灰中残碳达到 3%，是腐蚀性燃烧工况的标志。

如果锅炉水冷壁发生高温腐蚀，应从入炉煤变化进行查证，分析入炉煤含硫量的变化，加强配煤管理；同时，对发生水冷壁区域的燃烧器进行全面检查和检修，对易腐蚀减薄部位的水冷壁进行热喷涂工艺；也可采用侧边风技术，改善水冷壁表面气氛。除进行煤种和设备改进外，锅炉燃烧调整方面的改善措施主要有：

（1）保持不致太小的炉膛过量空气系数，避免水冷壁附近出现局部还原性气氛。该项调整要与降低 NO_x 综合考虑。

（2）尽可能使煤粉颗粒的激烈燃烧在喷嘴出口附近或炉膛中心进行。因此，对于直流燃烧器应开大燃料风挡板，增加一次风射流刚度，使一次风粉被高速的周界风包围起来，避免一次风偏斜；对于前后墙布置的旋流燃烧器，两侧燃烧器适当调节内、外二次风的旋流强度及风量，保证合适的扩展角，防止冲刷两侧墙，保证煤粉快速稳定燃烧。

（3）合理分配燃烧器负荷，以控制燃烧器区域的热流密度和单只燃烧器功率，降低炉膛内局部火焰最高温度。

（4）在磨煤机出力能够满足锅炉负荷要求的条件下，可适当降低煤粉细度，这有利于煤粉充分燃烧，减轻火焰冲墙和壁面附近的燃烧强度。试验资料表明，当煤粉细度 R_{90} = 8.5% ～ 13.5% 时的水冷壁高温腐蚀速度比煤粉细度 R_{90} = 6% ～ 8% 时大好几倍。

（5）合理调整一次风风速。对于直流燃烧器，适当增加一次风风速有利于防止气流偏转；但对于旋流燃烧器，若一次风速过大，会导致燃烧推迟，并在中间激烈燃烧，导致气流在两侧墙处产生较大的回流，使煤粉火焰刷墙，形成了高温腐蚀条件。如果受一次风率的限制难以降低一次风速，则可经改造增加一次风风口的截面面积以降低一次风速。

某电厂 2 号锅炉为哈尔滨锅炉厂制造，与 10 万 kW 汽轮发电机组配套。由于锅炉水冷壁腐蚀较为严重，直接影响了机组安全和经济运行。为了减轻和缓解水冷壁的高温腐蚀，特进行了燃烧优化调整试验，主要包括冷态空气动力场试验、过量空气系数调整试验、配粉方式调整试验、投磨方式调整试验、一二次风配比调整试验、煤粉细度调整试验等。

通过燃烧优化调整试验，水冷壁附近 CO 含量有所下降，特别是前墙、后墙、左墙 CO 有明显下降，平均 CO 由 6.87% 下降到 4.61%，水冷壁高温腐蚀得到缓解。调整前后试验结果对比见表 5-6（调整测点布置见图 5-5）。

表 5-6　　　　　　　　　　　　　锅炉燃烧调整前后 CO 对比

项 目			单位	调整前	调整后
水冷壁壁面气氛测试结果	前墙	1	%	7.225	0.987
		2		7.238	2.203
		3		7.248	5.363
	后墙	1	%	7.362	0.853
		2		7.372	7.738
		3		7.383	1.136
		4		7.399	7.742
		5		7.406	5.619
	左侧墙	1	%	7.120	0.756
		2		7.137	0.774
		3		7.165	7.707
		4		7.719	7.709
		5		1.087	2.529
	右侧墙	1	%	7.272	1.025
		2		7.284	5.481
		3		7.294	7.724
		4		7.306	7.726
		5		4.713	3.727
		6		7.330	7.729
		7		7.343	7.731
一氧化碳平均值			%	6.87	4.61

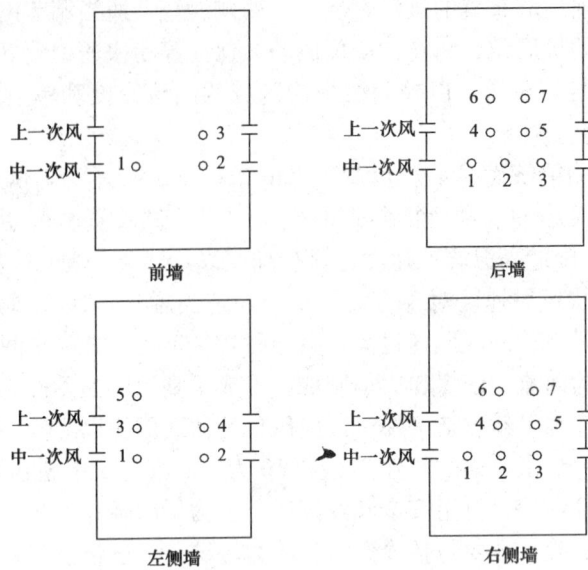

图 5 - 5　水冷壁壁面一氧化碳测量测点布置图

注：所画各墙示意图均为主视，○表示壁面气氛测点。

　　某厂锅炉为北京巴威公司生产的亚临界自然循环锅炉，锅炉型号为 B&W - 1025/18. 44 - M，设计煤种为蒲白、澄合贫煤，采用墙式旋流燃烧器燃烧方式。由于供应的原因，投产后锅炉燃用的实际煤种和设计煤种的特性差异较大，特别是煤的含硫量，设计煤种不足 1%，实际煤种则高达 2.8%，燃烧器区域两侧墙的中部水冷壁管壁大多数管壁因高温腐蚀而减薄，水冷壁壁厚由原来的 6.5mm 减薄到 3.0 ~ 4.5mm，并由此导致水冷壁爆管，严重地影响了机组的安全运行。

　　为了分析水冷壁减薄的原因，缓解水冷壁高温腐蚀，对该炉进行了相关的燃烧调整试验工作，对各工况壁面气氛进行了测量（主要测量 O_2 和 CO 浓度），以期解决以下问题：

　　（1）通过壁面气氛测量确认水冷壁管壁减薄的原因。

　　（2）通过燃烧调整及对应工况壁面气氛测量，分析各运行因素对壁面气氛的影响，确定有利于改善壁面气氛的最佳运行工况。

　　（3）通过燃烧调整及对应工况壁面气氛测量，结合燃烧器结构及布置情况，研究贴壁风的布置方案，提出缓解或解决高温腐蚀的技术措施。

　　未调整前，两侧墙上下贴壁风箱之间还原性气氛较浓，部分区域 O_2 含量为 0%，CO 含量高达 7.0%，有明显的 H_2S 的臭鸡蛋味。这一现象在煤质差的情况下更加恶劣，通过研究分析后采取如下技术措施：

　　（1）外二次风旋流风门全关是造成壁面还原性气氛的重要运行因素之一。通过外二次风旋流风门调整，可有效改善壁面气氛，外旋流风门开度控制在 50%，还原性气氛面积缩小。

　　（2）煤粉粗是引起壁面气氛恶化的重要因素之一。调整试验结果证明，煤粉细度变粗，还原性气氛恶劣范围扩大。

　　（3）贴壁风对壁面气氛分布调节作用有限，在恶劣工况下更是难以发挥作用，仅依靠贴壁风来缓解还原性气氛是远远不够的。但由于贴壁风对壁面气氛有一定的积极作用，因此运行中保持贴壁风全开。

（4）氧量不足，壁面气氛明显恶化，由于引风机出力原因，影响锅炉送风量，导致过量空气系数偏小。

（5）采用均等配风方式可改善水冷壁壁面气氛。

通过上述燃烧调整，有效地抑制了壁面还原性气氛的产生，缓解了水冷壁高温腐蚀。经过现场测试及燃烧调整，得到了该炉各可调参数对锅炉壁面气氛的影响，通过综合调整手段，改善了锅炉壁面气氛，提高了机组的安全运行能力，并初步找出了导致水冷壁减薄和爆管的原因，为进一步的设备改造，解决高温腐蚀问题提供了科学依据。但在运行煤质极差，实际运行工况严重偏离正常工况的情况下，运行调整幅度有限，不能有效控制壁面气氛和抑制高温腐蚀速度，因此建议在两侧墙上下贴壁风箱之间水冷壁管壁减薄区域进行防腐热喷涂及改善入炉煤质，可进一步防止和抑制高温腐蚀。

四、通过燃烧调整减轻受热面超温爆管

1. 受热面超温爆管及产生原因

在电厂运行过程中，水冷壁、过热器、再热器和省煤器"四管"爆漏事故在全厂事故及非计划停运中占有很大的比重，是影响机组安全稳定运行的主要原因之一，尤其过热器、再热器的超温爆管问题是我国电站锅炉存在的带有普遍性的问题。大容量锅炉尤为突出，并且随锅炉容量增大，超温爆管事故呈增多趋势，严重影响锅炉运行的安全性，同时对机组运行经济性影响也较大。造成受热面爆管既有设计方面的原因，又有制造、安装、运行及检修等方面的原因。某些电厂为了避免发生过热器、再热器超温爆管，不得不降低汽温5～10℃运行，而主蒸汽温度和再热蒸汽温度每降低10℃，机组的供电煤耗约增加0.7～1.1g/kWh。管壁过热现象，在四角切圆燃烧、前后墙对冲燃烧锅炉都不同程度地存在，但以四角切圆燃烧的大型锅炉最为普遍。这主要是由于烟温总体水平高于设计值或局部烟温偏高。烟温偏高与煤的结渣特性和燃尽特性有关，而局部烟温偏高主要由于烟气偏流引起的，沿炉膛宽度和高度产生流量偏差、烟温偏差从而引起吸热不均，蒸汽引入和引出过热器方式会不妥产生流量不均（过热器的流量不均主要取决于管屏的结构和进、出联箱的蒸汽引导方式），二者在危险管上相叠加，最终使金属超温而导致爆管。同时，升负荷速率偏高也是过热器、再热器超温爆管的原因之一。因此，合理控制 AGC 升、降负荷速率能够有效防止过热器、再热器管壁超温。

2. 防止过热器、再热器爆管采取的措施

（1）燃烧器反切。将三次风或部分一次风、二次风与主体射流反切，是削弱炉膛出口气流残余旋转，降低烟温偏差的有效手段。目前，国内四角切圆燃烧器上层一般均布置了1层或2层 OFA 反切风，但由于反切的数量、反切的角度不同，实际获得的效果存在较大的差异。在机组投运后根据实际运行情况可增加反切角度，提高反切动量，减少水平烟道烟温偏差。

（2）材料升级。将容易爆管部位的受热面材料升级，用 T91、TB304 等更高档的耐热合金钢取代或部分取代原合金钢材料。

（3）汽温与壁温的监督。为了监测过热器和再热器的工作可靠性，控制管壁温度，分析过热器和再热器出口汽温产生偏差的原因，往往需要在这些受热面的合适位置安装壁温测点。同时运行中必须监测左、右主蒸汽温度（再热蒸汽温度）整体不超温，按照调整好的

出口温度报警值进行监督。

（4）燃烧调整。通过燃烧调整分析锅炉变负荷、磨煤机启停过程及其他变工况时的壁温变化，记录对应关系，然后通过调节各层燃烧器之间的一、二次风速及风量分配、投粉量分配、风箱差压、煤粉细度、过量空气系数、燃烧器摆角等参数，确定对壁温影响较大的控制参数，有目的地将炉内管子壁温降低到极限温度以下。

某电厂采用西班牙 FOSTER WHEELER 能源公司设计制造的 FWESA – 1189.2/17.14 型锅炉，锅炉设计燃用混煤，采用直吹式制粉系统，每台锅炉配备有四台 MBF – 23 型中速磨煤机，燃烧器采用低 NO_x 双调风旋流燃烧器。该锅炉在运行过程中存在着严重的对流受热面管壁超温问题，在磨启动过程中这一问题尤为严重。为保证锅炉的安全运行，只能以降低蒸汽温度为代价，有时蒸汽温度甚至低到 520℃ 以下。通过对对流受热面烟道烟气温度分布、燃烧器各参数调整对壁温的影响，以及燃烧器套筒风点火位等实际问题的研究，提出了解决问题的技术方案和具体措施，成功地解决了该炉日常运行以及磨启动过程中的对流受热面管壁超温问题。

第五节　通过锅炉运行优化调整降低污染物排放

原煤经锅炉燃烧后，会产生大量的粉尘、硫化物、氮氧化物等，直接影响到大气环境。随着环保要求的日益严格，降低火力发电厂污染物排放的任务也更加艰巨。本节主要讨论通过燃烧调整手段以降低 NO_x 排放。

1. NO_x 产生的机理

煤燃烧过程中产生的氮氧化物是一氧化氮（NO）和二氧化氮（NO_2），统称为 NO_x。NO 占有 90% 以上，NO_2 占 5% ～ 10%，此外还有 1% 左右的 N_2O。NO_x 产生机理一般分为如下三种：

（1）热力型氮氧化物。热力型 NO_x 是煤燃烧过程中，空气中 N_2 与反应物如 O 根和 OH 根以及分子 O_2 反应而成的。氮在高温下氧化产生，其中的生成过程是一个不分支连锁反应。其生成机理可用捷里多维奇（Zeldovich）反应式表示。随着反应温度 T 的升高，其反应速率按指数规律增加。当 $T < 1500℃$ 时，NO 的生成量很少；而当 $T > 1500℃$ 时，T 每增加 100℃，反应速率增大 6 ～ 7 倍。此外，NO_x 生成量与炉膛内的停留时间和氧浓度平方根成正比关系。

（2）瞬时反应型（快速型）氮氧化物。快速型 NO_x 是 1971 年 Fenimore 通过实验发现的。在碳氢化合物燃料燃烧在燃料过浓时，在反应区附近会快速生成 NO_x。由于燃料挥发物中碳氢化合物高温分解生成的 CH 自由基可以和空气中氮气反应生成 HCN 和 N，再进一步与氧气作用以极快的速度生成，其形成时间只需要 60ms，所生成的量与炉膛压力 0.5 次方成正比，与温度的关系不大。

（3）燃料型氮氧化物。燃料型 NO_x 是由燃料中氮化合物在燃烧中氧化而成。由于燃料中氮的热分解温度低于煤粉燃烧温度，在 600 ～ 800℃ 时就会生成燃料型，它在煤粉燃烧 NO_x 产物中占 60% ～ 80%。

在生成燃料型 NO_x 过程中，首先是含有氮的有机化合物热裂解产生 N、CN、HCN 和等中间产物基团，然后再氧化成 NO_x。由于煤的燃烧过程由挥发分燃烧和焦炭燃烧两个阶段组成，故燃料型的形成也由气相氮的氧化（挥发分）和焦炭中剩余氮的氧化（焦炭）两部分组成。

2. 煤的燃烧方式对排放的影响

由探讨 NO_x 生成规律可以知道，NO_x 的生成及破坏与以下因素有关：

（1）煤种特性，如煤的含氮量、挥发分含量、燃料比 FC/V 以及 V－H/V－N 等。

（2）燃烧温度。

（3）炉膛内反应区烟气的气氛，即烟气内氧气、氮气、NO 和 CHi 的含量。

（4）燃料及燃烧产物在火焰高温区和炉膛内的停留时间。

3. 低 NO_x 排放主要技术措施

通过了解 NO_x 生成和破坏规律，可归纳低 NO_x 排放可采取的主要技术措施如下：

（1）改变燃烧条件。包括低过量空气燃烧法、空气分级燃烧法、燃料分级燃烧法、烟气再循环法。

（2）炉膛喷射脱硝。包括喷氨及尿素、喷入水蒸气、喷入二次燃料等。

（3）烟气脱硝。包括干法脱硝和湿法脱硝。

4. 低 NO_x 燃烧技术

凡通过改变燃烧条件来控制燃烧关键参数，以抑制 NO_x 生成或破坏已生成的 NO_x，从而达到减少 NO_x 排放的技术都称为低 NO_x 燃烧技术。低 NO_x 燃烧技术主要可归纳为以下几类：

（1）低过量空气燃烧。使燃烧过程在尽可能接近理论空气量的条件下进行，减小氧浓度，降低 NO_x 排放。但如果氧浓度小于 2.5%～3% 时，可能会使 CO 浓度急剧剧增，造成飞灰含碳量增加，锅炉热效率降低。此外，低氧浓度会使炉膛内的某些地区成为还原性气氛，从而降低灰熔点引起炉壁结渣与腐蚀。因此，最佳过量空气系数要通过燃烧调整手段综合确定。

（2）空气分级燃烧。将燃料的燃烧过程分阶段完成。第一阶段供入的空气量占总空气量的 70%～75%；第二阶段将完全燃烧所需的其余空气通过布置在主燃烧器上方 OFA（Over Fire Air，燃尽风）喷口喷入炉膛。为了既能减少排放，又能保证锅炉燃烧的经济、可靠性，必须正确组织空气分级燃烧过程。大型电站锅炉一般均采用了空气分级燃烧技术，通过燃烧调整，一方面可综合确定合适的燃尽风风量，另一方面可通过调整主燃烧器区的配风方式，使锅炉经济、环保燃烧。

（3）燃料分级燃烧。已生成的 NO 在遇到烃根和未完全燃烧产物 CO、H_2、C 和 C_nH_m 时，会发生 NO 的还原反应。利用这一原理，可将 80%～85% 燃料送入一级燃烧区，在 $\alpha>1$ 条件下燃烧，送入一级区的燃料称为一级燃料；其余 15%～20% 则在主燃烧器上部送入二级燃烧区，在 $\alpha<1$ 条件下形成还原性气氛，使 NO 还原，二级燃烧区又称再燃区。对于采用燃料分级燃烧技术的锅炉，可通过燃烧调整手段确定合适的再燃燃料比例，实现锅炉经济、环保燃烧。

（4）烟气再循环法。烟气再循环法是指在锅炉的空气预热器前抽取一部分低温烟气直接送入炉内，或与一次风或二次风混合后送入炉内，这样不但可降低燃烧温度，而且也降低了氧气浓度，从而降低 NO_x 的排放浓度。对于采用烟气再循环技术的锅炉，可通过燃烧调整手段确定合适的烟气再循环率，实现锅炉经济、环保燃烧。

5. 通过燃烧调整降低 NO_x 排放

燃烧煤种确定后，在锅炉现有设备的基础上，可通过燃烧调整手段，最大限度地降低

NO$_x$ 排放，但其调整幅度有限。如果调整后 NO$_x$ 排放依然达不到要求，需考虑对现有设备进行改造。针对 NO$_x$ 排放，对于四角切圆燃烧方式的锅炉，可调整的主要参数有运行氧量、燃尽风量、一次风率、周界风率、配风方式、燃烧器摆角等；对于采用前后墙对冲旋流燃烧器燃烧方式的锅炉，可调整的主要参数有运行氧量、燃尽风量、一次风量、内外二次风量等。

某厂锅炉采用上海锅炉厂设计、制造的 1025t/h 亚临界中间再热控制循环燃煤锅炉，四角切圆燃烧，实际燃烧煤种主要以神混煤为主，同时还有部分优混煤、石炭煤。由于 NO$_x$ 排放超标，严重影响了锅炉环保运行，因此主要针对 NO$_x$ 排放并兼顾锅炉运行经济性及安全性进行了燃烧调整试验，通过现场试验及理论分析，采取如下主要技术措施，控制 NO$_x$ 排放：

（1）适当降低运行氧量，将实际运行氧量由 4.8% 降至 3.6% 左右。

（2）燃尽风基本全开，实际燃尽风挡板开度维持在 80% ～ 100%。

（3）采用微倒塔配风方式，加强分级配风力度。

（4）采用微正塔配粉方式。

（5）燃烧器适当上摆，减小煤粉在炉内的停留时间。

（6）采用合适的一次风率，将实际运行一次风速适当降低。但不可过低，过低的一次风速反而会增加燃烧初期火焰温度，增加 NO$_x$ 排放。

（7）采用合适的周界风挡板开度、风箱炉膛差压等。

通过对以上运行方式进行综合调整，额定负荷下 NO$_x$ 排放由调整前的 760mg/m³（折算到 6% 氧量，标态）降至 460 mg/m³（折算到 6% 氧量，标态），且锅炉效率（修正后）保持在 93.3% 左右。

第六节　锅炉运行优化调整试验

一、燃烧调整试验内容

四角切圆与前后墙对冲燃烧方式燃烧调整试验共同的内容主要包括过量空气系数（总风量）的调整试验、煤粉细度的调整试验、燃烧器投运方式的调整试验、过热度的调整试验、一次风煤比的调整试验、燃尽风的调整、二次风配风方式的调整试验、锅炉的经济运行方式试验等。对于四角切圆燃烧锅炉，燃烧调整还包括风箱差压的控制和调整、燃料风的调节和控制等。而前后墙燃烧方式调整则还包括对中心风的调整，内二风门开度调整，内、外二次风旋流叶片的调整等。

判断燃烧调整试验获得参数是否合理的依据是锅炉经济性、燃烧的稳定性得到提高，炉膛出口烟温、炉内温度分布、汽温特性、水动力的稳定性得到改善。以上各个方面如果发生冲突时，应考虑要解决的主要问题，并同时适当兼顾其他方面，力求锅炉经济、安全、环保运行。

通过上述试验，四角切圆燃烧锅炉可获得下列优化运行曲线；

（1）一次风控制曲线（风煤比曲线）。

（2）一次风母管压力控制曲线。

（3）总风量控制曲线。

（4）氧量校正曲线。

（5）燃烧器摆角特性。

（6）风箱差压控制曲线。

（7）燃料风控制曲线。

（8）燃尽风控制曲线。

（9）汽温控制曲线。

前后墙燃烧方式可获得下列曲线：

（1）一次风控制曲线（风煤比曲线）。

（2）一次风母管压力控制曲线。

（3）总风量控制曲线。

（4）氧量校正曲线。

（5）燃尽风控制曲线。

（6）汽温控制曲线。

同时，依据试验结果提出中心风开度、内二次风门开度、内二次风旋流叶片开度、外二次风旋流叶片开度。

二、制粉系统试验

制粉系统试验也是锅炉机组燃烧优化调整试验内容之一。不合理的制粉系统运行方式，不仅会使制粉系统电耗增加，而且会影响锅炉燃烧和尾部受热面的传热。通过对制粉系统的各种调整，可以了解制粉系统的运行特性，确定各可调参数的最佳值，一方面，这可作为实际运行调节及确定制粉系统运行方式的指导依据；另一方面，可分析各可调参数对磨煤机工作性能的影响，通过试验对制粉系统存在的缺陷和问题进行诊断分析。以下将简述制粉系统涉及锅炉燃烧方面的试验内容。

1. 中储式制粉系统试验

（1）对钢球装载量、通风量等参数进行调整，寻求适应实际燃用煤种的最佳钢球装载量、通风量，以提高磨煤机出力，降低制粉单耗。

（2）对粗粉分离器、细粉分离器进行试验研究，确定分离器的分离特性，必要时对粗粉分离器、细粉分离器实施改造，以提高磨煤机出力，降低制粉单耗。

（3）综合分析评价试验结果，提出钢球磨煤机制粉设备最佳运行操作卡片（程序），使磨煤机在最经济工况下运行。

2. 直吹式制粉系统

（1）通过冷、热态风量标定试验，确定磨煤机入口风量测量装置的流量系数，确定表盘风量偏差，并进行修改，以提高通风量的测量精度，保证磨煤机通风量自动控制的准确性和可靠性。如因系统结构造成风量测量误差过大，可对测风系统进行设计改进。

（2）中速磨煤机直吹式制粉系统，可通过出力调整、煤粉细度调整（粗粉分离器挡板调整）、通风量调整及磨辊加载压力调整等，分析中速磨煤机煤粉粗或细、石子煤量大小等的主要影响因素，寻求解决问题的途径，必要时提出改进方案。

（3）双进双出钢球磨煤机直吹式制粉系统，一般磨制低挥发分煤或低可磨度煤，要求能磨制出较细的煤粉，因而需重点进行钢球装载量及钢球配比优化试验、分离器特性试验等，最大限度发挥磨煤机的研磨能力。

（4）测量煤粉管道风量分配、粉量分配并利用现有手段进行调整，使燃烧器间风量、煤量保持平衡，为燃烧优化创造条件。若风粉分配不均是由设备自身结构造成的，可采用双可调煤粉分配技术对分配器进行改造。

（5）综合分析评价试验结果，提出制粉设备最佳运行操作参数（曲线），使磨煤机在经济煤粉细度和合理的风煤比下运行。

第 六 章

燃煤安全高效洁净掺烧

第一节 概 述

动力煤掺烧是根据锅炉燃烧对煤质的要求，将若干不同种类、不同性质的煤按照一定比例掺配后送入炉膛燃烧。其基本原理是利用不同煤种的成分，按照要求，进行掺配混合，使最终配出的煤在性能指标上达到或接近锅炉的设计煤种要求，以使锅炉效率高、出力足、环保性好。与仅按设计煤煤质参数（热值、挥发分等）完成的动力配煤不同，动力煤掺烧更多的是考虑混煤的基本特性（热值等）和燃烧特性（着火、燃尽、结渣等）是否与锅炉设备特性相匹配，涉及煤化学、煤质检测、煤岩学、燃烧学等多个学科。

我国的混煤使用情况与国外不同，燃烧混煤包括主动掺烧和被动掺烧，这主要是由于我国锅炉，尤其是电站锅炉供煤不稳定而引起的。

我国煤炭资源丰富，动力用煤包括了从烟煤、劣质烟煤、贫煤、褐煤到无烟煤等多个煤种，这些煤常在火电厂中应用，各种煤之间的特性差异明显；即使同一种煤，随产地、矿点、地质条件及开采、运输、储存等的不同，其煤质特性也有差别。再加上实际用煤时，有些电厂还掺烧各类洗中煤和煤矸石等劣质燃料，这无疑增大了实际用煤的变化幅度，进一步偏离了设计煤种。

众所周知，锅炉是根据给定的煤种设计制造的。设计煤种不同，锅炉的炉型、结构、燃烧器及燃烧系统的形式将不同，同时还影响燃料输送系统、锅炉辅机和附属设备的选型。当实际燃用煤种与设计煤种差别明显时，会给锅炉出力和效率设备的安全经济运行带来各种各样的问题。例如：① 锅炉出力下降，机组不能满发；② 锅炉效率降低，发电煤耗增加；③ 煤质劣化，制粉设备、锅炉受热面磨损和腐蚀、检修费用增加；挥发分减少，助燃油量增加；④ 锅炉炉膛结渣，造成受热面超温、炉膛灭火、渣块砸坏冷灰斗等；⑤ 燃料费用和发电成本增加；⑥ 完善改造工作量大，费用高。

解决上述偏离设计煤种带来危害的一个有效途径就是采用合理的燃煤掺烧技术。如果混煤种彼此的燃烧与结渣性能相近，则混掺措施并不重要，甚至可以随到随烧。但常出现的情况是混煤种的性能差异很大，大多数电厂没有设计完善的混煤措施，投产运行后也常不够重视煤场混煤的组织管理工作，或是缺乏手段、无能为力，因而在掺烧中出现影响锅炉安全经济运行的问题，增加助燃油量，烧损燃烧器，炉内结渣，限制出力，燃烧效率及运行经济性也会降低。

掺烧技术主要包括掺烧系统和掺烧方法的研究、混煤着火燃烧性能和采用掺烧方法减轻结渣的研究，另还有采用掺烧方法降低 NO_x 及 SO_x 排放量及混煤燃烧设备和燃烧技术的研究等。

第二节 混煤的燃烧特性及变化规律

一、着火温度

由于混煤是两种煤的物理掺配，所以有一种观点认为其燃烧特性也是两种或者多种煤煤质特性的加权平均。但实际情况并非如此，虽然混煤的成分和发热量与原煤的加权平均相符，但是燃用混煤的炉内过程，如着火温度、燃尽性和结渣特性等，则与原煤的加权平均结果有较大的差距。

着火温度方面，由于混煤种的易燃煤总是会在较低温度下着火，并对难燃煤的点燃有推动作用，所以混煤的着火温度一般是低于两煤种按比例加权平均的数据，即混煤的着火性能偏向易燃煤方向。表 6－1 为一种无烟煤和一种烟煤的基本煤质参数，图 6－1 则为这两种煤掺烧后的着火温度 IT（TPRI 煤粉气流着火温度测值）的变化趋势。

表 6－1　　　　　　　　　无烟煤与烟煤的基本煤质参数

项　目	符　号	单　位	无烟煤	烟煤
全水分	M_t	%	8.2	10.1
空气干燥基水分	M_{ad}	%	1.13	0.95
收到基灰分	A_{ar}	%	27.86	34.09
干燥无灰基挥发分	V_{daf}	%	9.31	26.64
收到基低位发热量	$Q_{net,ar}$	MJ/kg	21.42	19.07

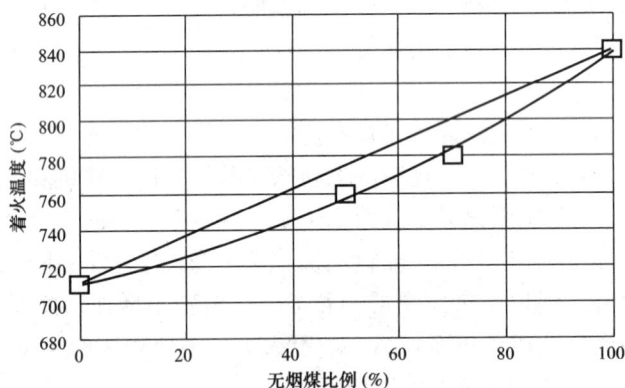

图 6－1　烟煤中掺烧无烟煤着火温度的变化趋势

二、燃尽性能

在燃尽性能方面，由于混煤中的易燃煤"抢风"，使难燃煤在较低氧分压下燃烧，燃烧条件恶化，出现不易燃尽的现象，从而导致混煤燃尽性能急剧下降。

图 6－2 为前述两种煤掺烧，在 TPRI 一维火焰炉上得出的燃尽率（B）与掺烧比例的变化关系。可见，混煤在某一比例下的燃尽率低于两煤种按比例的加权平均值，即混煤的燃烧

效果一般有偏向于难燃煤种的倾向。

三、结渣性能

混煤的结渣性能除与燃烧性能有一定关系外，还主要取决于煤种各自的灰特性。通常还可能出现混煤的灰熔点 ST 低于所有单一煤种的现象（图6-3为神华与大同、兖州煤掺烧灰熔点的变化），从而导致混煤结渣性能更加倾向严重（图6-4为神华与大同、兖州煤掺烧 TPRI 一维火焰炉结渣指数 S_c 的变化）。

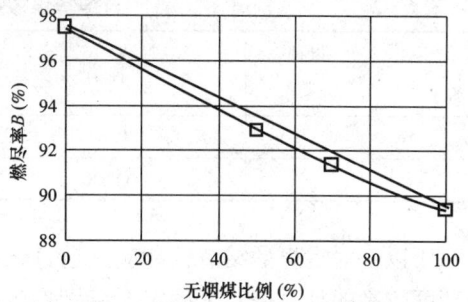

图6-2 烟煤中掺烧无烟煤燃尽率的变化趋势

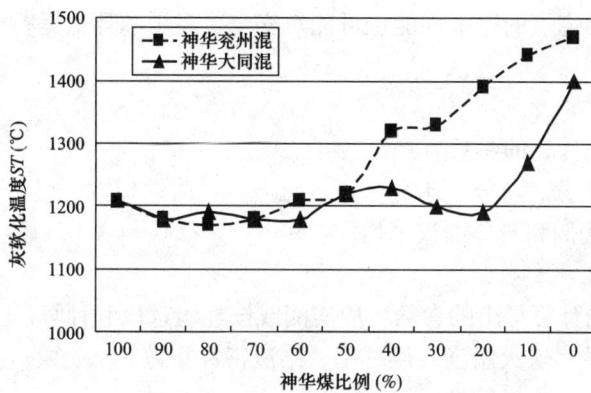

图6-3 神华与大同、兖州煤掺烧 ST 的变化趋势

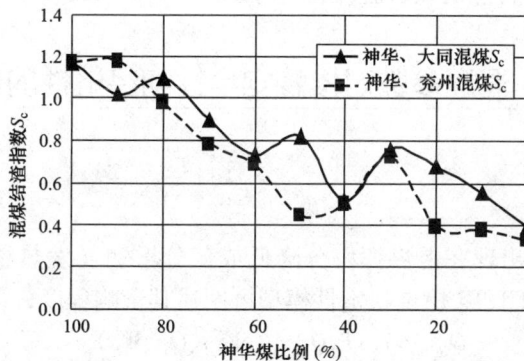

图6-4 神华与大同、兖州煤掺烧结渣指数 S_c 的变化趋势

这也是神华煤与大同、兖州煤在某些锅炉上掺烧出现结渣加剧现象的原因。而进一步的原因则是神华煤为高 CaO 的煤种，除与本身煤灰中 Fe_2O_3 形成共熔体外，在与高铁煤掺烧时还有多余的 CaO 与掺烧煤中的 Fe_2O_3 形成共熔体，从而在一定比例下出现结渣加剧的现象。

神华煤与煤灰中 Fe_2O_3 含量大于7%、Fe_2O_3/CaO 大于3的煤（大同、兖州煤，灰成分数据见表6-2）掺烧时，应注意神华煤比例在20%～30%时出现结渣趋势加剧现象，反映出的现象与 ST、S_c 的变化趋势保持一致。

表 6-2　　　　　　　　　　　　　与神华煤掺烧煤种的煤灰成分指标

项目 \ 煤种	神华	大同煤	兖州煤
Fe_2O_3/CaO	0.62	7.21	3.94
Fe_2O_3	11.20	14.27	7.32

所以，对混煤的结渣性能应该通过试验台试验结果来反映，或采用以此为基础得出的一些精度较高的计算公式来确定，特别是当单一煤种有一定结渣趋势时，掺烧后的结渣性能评价尤为重要。

四、其他

除上述特性外，掺烧煤的以下性能也可能对安全、经济和环保运行产生重大影响，应全面评估：

1. 线性变化的煤质参数

可以通过加权平均计算的参数有：

（1）发热量、挥发分、灰分、水分、氮、硫分、可磨性指数，可按比例加权平均。

（2）灰成分，按比例和灰分加权平均。

2. 非线性变化的煤质参数

不能通过加权平均计算得出的参数，应实测或按经验选取和计算。

（1）灰的融熔特性、着火温度、燃尽率、结渣特性指数。

（2）原煤磨损指数、自燃特性。

（3）飞灰比电阻。

（4）煤粉爆炸特性、沾污特性、煤的腐蚀特性。

（5）污染物 NO_x 生成特性、煤自脱硫特性等。

第三节　混煤参数对掺烧安全性和经济性的影响

一、安全性

1. 燃烧稳定性

燃烧稳定性问题较多出现在混煤挥发分降低或灰分增加（发热量降低）时。西安热工研究院（TPRI）总结出的 TPRI 燃烧稳定性模型可阐述其影响程度，即

$$D_{min} = f(IT、Q_{net,ad}、V_{daf}、Q_L、W_S) \qquad (6-1)$$

式中　D_{min}——锅炉不投油最低稳燃负荷，%；

　　　IT——煤粉气流着火温度，℃；

　　$Q_{net,ad}$——煤空气干燥基低位发热量，MJ/kg；

　　　Q_L——与炉膛热负荷参数有关的参数；

　　　W_S——与炉膛卫燃带面积有关的参数。

在已定的锅炉中，采用式（6-1）可得出煤质指标 $Q_{net,ad}$、IT、V_{daf} 对燃烧稳定性指标的影响程度，见图 6-5～图 6-7。其中，发热量指标是综合反映灰分、水分、煤种的煤质参数。

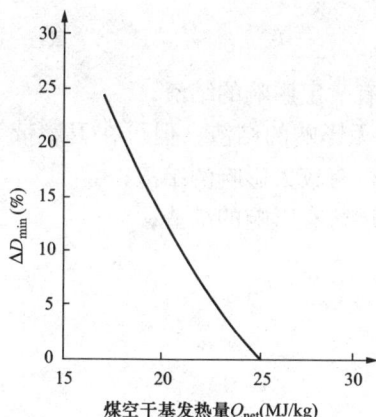

图 6-5　煤发热量对燃烧稳定性的影响
注：以 $Q_{net}=25MJ/kg$ 为基准。

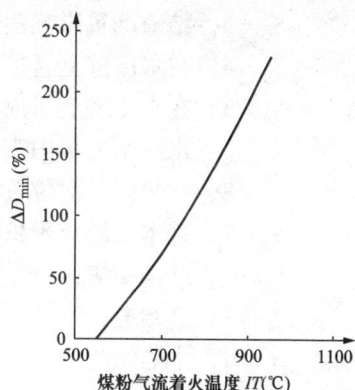

图 6-6　着火温度对燃烧稳定性的影响
注：以 $IT=550℃$ 为基准。

图中是以最低稳燃负荷相对变化的百分数 ΔD_{min} 来反映煤质对燃烧稳定性的影响程度。本文所涉及的运行参数及变化指标均按下述方法定义，即

$$\Delta Y=(Y_s-Y_j)/Y_j\times100\% \qquad (6-2)$$

式中　ΔY——运行参数（稳定性 D_{min}、燃尽性 q_4、结渣性 S_u）相对变化的百分数（ΔD_{min}、Δq_4、ΔS_u），%；

$\quad\quad Y_s$——实际煤质（V_{daf}、Q_{net}、IT、B、S_c 等）条件下的运行参数；

$\quad\quad Y_j$——基准煤质（图中所示基准数据）条件下的运行参数。

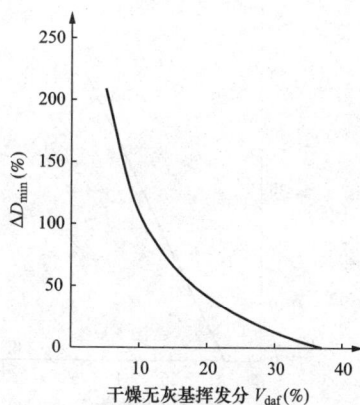

图 6-7　挥发分对燃烧稳定性的影响
注：以 $V_{daf}=37\%$ 为基准。

根据定义和图示，采用下述步骤即可预测煤质变化引起的运行参数改变：

已知目前状态的煤质及对应的运行参数 Y_m，由图可求出相对基准状态的 ΔY_1；根据变化后的煤质，由图查出相对基准状态的 ΔY_2；煤质变化后的运行参数 Y_y 即可计算得出，计算式为

$$Y_y=Y_m(100+\Delta Y_2)/(100+\Delta Y_1) \qquad (6-3)$$

可见，煤热值增加，火焰稳定性加强。无烟煤区（$V_{daf}<10\%$）燃烧稳定性对挥发分等煤质指标的变化较为敏感，例如 V_{daf} 在 10% 时的 D_{min} 达 70%，而 V_{daf} 下降至 7%~8% 时，按式（6-3）可推算出 D_{min} 将上升至 85% 左右，已难保证正常的负荷调整，所以对难燃煤种允许变化的挥发分数值提出了较严的要求。

图 6-5~图 6-7 可用作为电厂了解煤质变化对燃烧稳定性影响的参考。

2. 结渣性

采用 TPRI 结渣性能模型分析煤质对锅炉结渣的影响为

$$S_u=f(ST、Q_{net,ad}、S_c、Q_L、W_s) \qquad (6-4)$$

式中　S_u——实际锅炉结渣指数，分 1~5 级；

$\quad\quad ST$——煤灰软化温度，℃；

S_c——一维火焰炉得出的结渣指数，分 $1\sim 4$ 级。

$S_u=5$，结渣严重影响锅炉运行；

$S_u=4$，在水冷壁上直接形成对锅炉运行有一定影响的结渣；

$S_u=3$，在水冷壁上形成对锅炉运行基本无影响的结渣，但可在卫燃带等未敷水冷壁的炉内表面形成对锅炉运行有较大影响的结渣；

$S_u=2$，在炉内任何位置都不形成对锅炉运行有影响的结渣；

$S_u=1$，基本无结渣现象；

$S_c=4$，严重结渣；

$S_c=3$，高结渣；

$S_c=2$，中等结渣；

$S_c=1$，不结渣。

采用式（6-2）的方法，结合式（6-4），即可得出煤质参数变化影响锅炉结渣的程度，见图6-8～图6-10：

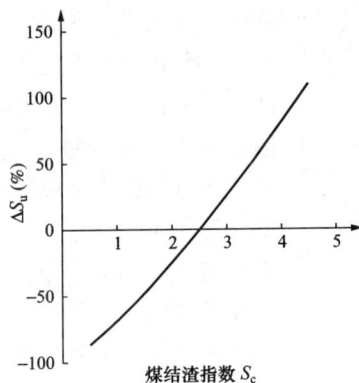

图6-8 煤发热量对锅炉结渣的影响

注：以 $Q_{net}=17MJ/kg$ 为基准。

图6-9 煤结渣指数 S_c 对锅炉结渣的影响

注：以 $S_c=2.5$ 为基准。

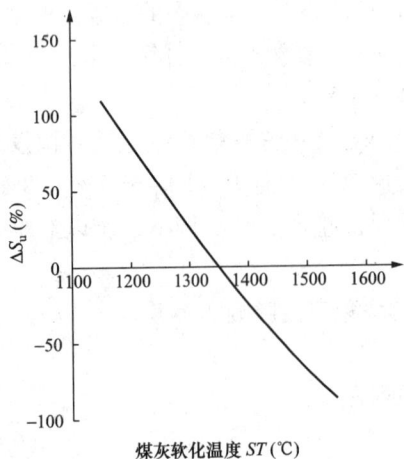

图6-10 煤灰熔融特性对锅炉结渣的影响

注：以 $ST=1350℃$ 为基准。

（1）煤的发热量增加，炉内结渣倾向加重，这与发热量增加可强化燃烧稳定性、提高燃烧经济性的趋势相反。

（2）煤灰熔融特性（如 ST、S_c）反映结渣的主要指标，是煤质改变后必须取得的数据，以便得出正确预测。对燃用 ST 为1350℃的煤出现 $S_u=2.5$ 等级结渣的锅炉，由图6-10可以推断燃用 ST 为1250℃的煤时即会出现高偏严重的结渣倾向。因此，国内一般规定的 ST 允许降低的变化范围不得大于8%的相对值是合理的。

（3）图6-8～图6-10可用作电厂了解煤质变化对锅炉结渣倾向影响时的参考。

二、经济性

这里只论述混煤参数变化对固体未完全燃烧热损失的影响。采用 TPRI 燃尽性能模型分析煤质变化对燃烧经济性的影响为

$$q_4 = f(B、Q_{net}、V_{daf}、Q_L、W_s) \qquad (6-5)$$

式中　q_4——对应实际锅炉固体未完全燃烧热损失,%;

　　　B——一维火焰炉燃尽率,为燃烧掉的可燃质占初始可燃质的百分数,%。

采用式(6-2)的方法,结合式(6-5),即可得出煤质参数变化影响燃烧效率(1-q_4)的趋势,见图6-11～图6-13。可见煤热值增加,燃烧经济性提高,且所列出的各煤质参数对锅炉燃烧经济性均有较大影响。

图6-11～图6-13可用作电厂了解煤质变化对燃烧经济性影响时的参考。

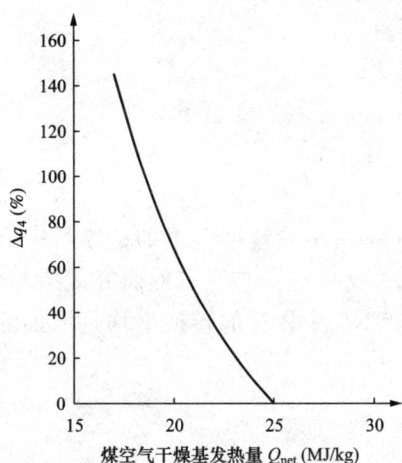

图6-11　煤发热量对燃烧经济性的影响
注:以 $Q_{net} = 25MJ/kg$ 为基准。

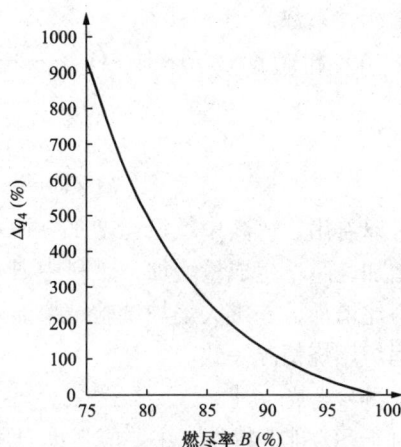

图6-12　煤燃尽率对燃烧经济性的影响
注:以 $B = 99\%$ 为基准。

三、污染物生成量

1. NO_x 生成

在一维火焰炉上共进行了 86 个煤的试验。采用多元回归对主要参数进行分析,并采用 t 值检验,舍弃 t 值小于 1 的因素,最终得出 NO_x 生成量与基本煤质参数的回归结果见表 6-3。

表 6-3　考虑主要因素时 NO_x 生成量的结果

因　素	与 NO_x 生成量的关系	t 值
O/N	+	5.15
N_{ZS}	+	1.68
FC/V	+	2.39

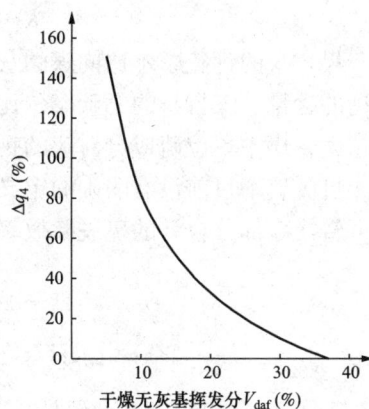

图6-13　挥发分对燃烧经济性的影响
注:以 $V_{daf} = 37\%$ 为基准。

关系式为

$$NO_x 生成量 = 820(O/N)^{0.534}(N_{ZS})^{0.314}(FC/V)^{0.305} \qquad (6-6)$$

复相关系数 $R = 0.57$。

对转换率而言，其回归结果见表 6 - 4。

表 6 - 4   考虑主要因素时 N 转换率的结果

因　　素	与 N 转化率的关系	t 值
O/N	+	4.94
N_{ZS}	-	-3.77
FC/V	+	2.32

关系式为

$$N \text{ 转化率 } CR = 1.395(O/N)^{0.512}(N_{ZS})^{-0.706}(FC/V)^{0.296} \tag{6-7}$$

复相关系数 $R = 0.78$。

式（6 - 6）和式（6 - 7）中　　O/N——燃料中的氧氮比；

$\qquad\qquad\qquad\quad N_{ZS}$——折算至 1MJ 热量下燃料的氮含量，即

$$N_{ZS} = 4.182N/Q_{net}, \% \ ;$$

$\qquad\qquad\qquad FC/V$——燃料比。

可以看出，燃料中氧氮比增加，NO_x 生成量和燃料中 N 的转换率增加；燃料中折算氮含量增加，NO_x 生成量增加，燃料中 N 的转换率降低，这一规律与已有的研究成果相吻合。而燃料比增加，一维火焰炉试验结果显示 NO_x 生成量和燃料中 N 的转换率均是增加的，与实际锅炉燃烧情况一致。

2. SO_2 生成

对于 SO_2 排放特性，主要应考虑自脱硫特性。

从煤的灰成分看，煤灰中含有一定的 CaO 和其他矿物成分（如 MgO、Na_2O、K_2O 等），它们能固定煤燃烧生成的 SO_2 或对脱硫有促进作用。其中，对自脱硫起主要作用的应是煤中的 CaO 成分。定义煤自身的钙硫摩尔比 $K_{s,self}$ 为

$$K_{s,self} = 0.005\,71A_{ar}[CaO]/S_{t,ar}$$

煤自身的钙硫摩尔比同煤的灰分、CaO 含量和硫含量有关。上式中 ［CaO］ 为煤灰中氧化钙的含量。煤自身的钙硫摩尔比表示了煤中所含钙硫成分的相对大小。煤自身的钙硫摩尔比越大，煤中单位硫成分对应的钙成分含量越高。

自脱硫率目前没有明确的定义，一些资料中将煤灰中金属碱性氧化物的脱硫效果和煤中不可转换硫部分合计的硫脱除效率称为自脱硫效率 η_S，计算式为

$$\eta_S = \frac{c'_{SO_2} - c_{SO_2}}{c'_{SO_2}} \times 100\%$$

式中　c_{SO_2}——实测烟气中 SO_2 含量，mg/m^3；

$\qquad c'_{SO_2}$——以收到基全硫计算得到的 SO_2 理论排放浓度，mg/m^3。

图 6 - 14 是煤自脱硫率与发热量、钙硫比的关系。由图可见，随着钙硫摩尔比增加，煤自脱硫率增加；而煤的自脱硫率则随着发热量的增加而降低。这主要是煤发热量增加，局部燃烧温度提高，从而影响煤的自脱硫率。

采用多元回归对数据进行处理，结果见表 6 - 5。

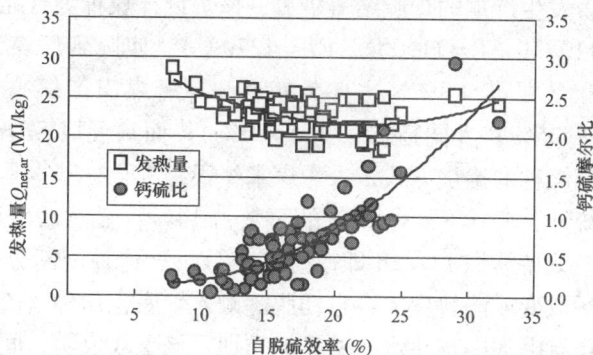

图 6 - 14　煤自脱硫率与发热量及钙硫比的关系

表 6 - 5　　　　　　　　　　　　　　　煤质参数与自脱硫率的关系

因　　素	与 η_S 的关系	t 值
$K_{s,self}$	+	20.75
$Q_{net,ar}$	−	− 10.72

回归公式为

$$\eta_S = 33.31 - 0.925(Q_{net,ar}) + 7.62(K_{s,self}) \tag{6-8}$$

复相关系数 $R = 0.93$。

采用理论燃烧温度指标代替发热量指标，回归结果见表 6 - 6。

表 6 - 6　　　　　　　　　　　　　　　燃烧温度与自脱硫的关系

因　　素	与 η_S 的关系	t 值
t_{max}	−	− 8.58
$K_{s,self}$	+	19.02

$$\eta_S = 121.3 - 0.0540(t_{max}) + 7.91(K_{s,self}) \tag{6-9}$$

式中　t_{max}——在过剩空气系数为 1.25、空气温度为 20℃时的理论燃烧温度，℃。

复相关系数 $R = 0.91$。

四、其他

除上述煤质变化对锅炉运行的影响外，还应注意并核算如下几方面的问题：

（1）锅炉出力。

（2）过、再热器超温爆管温度。

（3）制粉系统出力与安全性。

（4）排渣与除灰能力。

第四节　掺烧方式的比较

掺烧方式的选取与电厂配煤条件有很大关系，同时合理的掺烧方式必须考虑煤的各种性能，否则将带来严重后果。

国内某电厂锅炉曾发生严重的炉膛结渣事故，该炉设计煤种为晋北烟煤，属严重结渣倾向（灰熔融性 $DT=1110℃$，$ST=1190℃$，$FT=1270℃$）。实际到厂煤为大同混煤（88%）、大同精末煤（4%）和乌混煤（8%，主要为东胜—神府煤田产煤）；前两者 $ST \geqslant 1460℃$（大同混煤 $A_{ad} \approx 20\% \sim 25\%$；大同精末煤 $A_{ad} < 10\%$），而乌混煤 $ST=1250℃$，$A_{ad}=5\% \sim 10\%$。采用间断性更换煤种的掺烧方式，入炉煤未经很好混合，基本是分开入炉的。距事故前 4 个月期间入炉煤统计，$A_{ad}=8\% \sim 14\%$ 的天数占 14%，显然后者以低灰熔点易结渣的乌混煤为主，它们一般只持续烧 $1 \sim 2d$ 即改烧高灰分煤。这种间断分烧方式容易造成大团块挂渣，当炉膛温度场改变或渣块变大会自动脱落砸入炉底，这种落渣声响和振动标志着非正常运行状态，很多厂有砸坏冷灰斗水冷壁管的教训。该事故表明，间断分烧方式对这几种煤的掺烧是不合适的。另外，在乌混煤比例较低时与大同煤掺烧，在煤种切换时结渣加重，也是导致炉内结渣区域扩大、渣量增加的原因。

一、掺烧方式

目前，电站锅炉混煤燃烧一般采用如下三种掺烧方式：

1. 间断掺烧（或周期性掺烧）

一般用在电厂供煤比较困难或煤场较小、不便存放的情况下。如果单烧一种煤一段时间已造成比较重的结渣，然后改烧一两天其他煤种，或者与其他煤的混煤，待结渣缓解后再切换回单烧煤。一般根据炉内结渣情况控制上煤。

采用这种掺烧方式的电厂一般对来煤随到随烧。前述电厂结渣事故表明，这种方式不适合诸如神华煤与高 Fe_2O_3（原则为大于 8%）煤掺烧的情况。另外，这种掺烧方式应注意两方面的问题：其一，避免长期高负荷燃烧结渣煤；其二，注意煤种切换过程，防止由于换煤过程中燃烧温度场和煤灰化学成分的变化引起塌焦或结渣加重等现象。

2. 炉前预混掺烧

可在煤场堆煤时预混或通过不同皮带向同一煤斗输煤时预混，还可能在煤码头预混。该配煤方式对煤场较小的一般电厂来说不易实现。另外，对从不同皮带向同一煤斗输煤的方式，则混煤比例不易控制精确（应在输煤皮带分别设置计量装置）；但对于如具有铁路运输和海运能力的神华集团来说，将需掺配的两种煤（如神华侏罗纪煤和石炭纪煤）集中到铁路中转地或煤码头，可以在这里按供应电厂锅炉的抗渣能力水平预先掺配成适当比例后装船，这样供应到电厂的混煤可以被电厂锅炉直接燃用，减少了中间若干环节，提高了神华煤的使用比例和效率。

预混的主要方式有：

（1）在煤矿或煤炭中转过程中混合。目前神华侏罗纪煤与神华石炭煤即以该方案掺烧，其掺配地点在秦皇岛和黄骅港煤码头，沿海较多电厂均燃用该类煤。在配煤比例适合的情况下，可有效缓解结渣问题。具体方式是按不同的燃煤配比调整取料机速度，将各混合煤种倒换至同一皮带上，通过多次皮带转运进行混合，其混合效果较好，但要求有较大的煤场实现煤种分堆。

（2）在入炉煤上煤过程中掺配。基本方法同第一种方式，主要在煤种差异较大、中储式系统或无法实现炉内混合及煤矿预混时采用。如华能南京电厂（贫＋无烟煤）、丹东电厂（烟＋无烟煤）以及德国的威廉港电厂（Wilhelmshaven）。

（3）电厂煤场储存过程中的混煤措施。混煤方法较多，需强化煤场管理，方式不当时可导致燃煤混合不匀，严重影响机组的安全、经济运行。如某厂在采用堆煤方法进行混合以燃用两种煤质差异较大的煤（表6-7）时，因水分对制粉系统干燥出力的要求不同，出现磨煤机出口温度的频繁波动，并常出现制粉系统的自燃问题。同时，炉内燃烧、结渣问题也频频出现，给机组运行带来了较大麻烦。

表6-7　　　　　　　　　　　　某厂两种掺烧煤种煤质数据

项　　目	符　　号	单　　位	煤种1	煤种2
全水分	M_t	%	15.0	2.1
收到基灰分	A_{ar}	%	8.26	8.20
挥发分	V_{daf}	%	31.24	33.91
收到基低位发热量	$Q_{net,ar}$	MJ/kg	22.52	29.60
灰软化温度	ST	℃	1180	1300

3. 分磨入炉掺烧

采用不同制粉系统，不同燃烧器分别燃用不同煤种，使煤种在炉内燃烧过程中混合（可随时根据负荷等调节比例）。该种混合方式对炉内混合强烈的四角燃烧方式较为有效，对前后墙燃烧方式则作用有限。

由于这种方式可确保所有掺烧煤种进入炉内参与燃烧，避免了入炉煤质的较大波动，因此用于燃烧、结渣特性相差较大的、直吹式制粉系统的电厂是适合的。国内，目前主要采用如下两种燃煤入炉掺烧方式：

（1）上层燃烧器燃烧其他煤，下部燃烧器燃烧易结渣煤（如神华煤）。上海地区电厂多采用该类方案，其基本思想是：下部燃烧温度偏低，有利于防止结渣。由于下部煤种总是要经过高温区，所以该方案对部分电厂并不理想。下层燃烧器距冷灰斗折点较小的锅炉禁用该方案。

（2）上部燃烧器燃用易结渣煤（如神华煤），下部燃用其他煤种。应用电厂不多，但效果较好。如南通电厂、利港电厂（试烧时）。

直吹式制粉系统一般是每台磨煤机向一层燃烧器供煤粉，分磨掺烧主要在直吹式系统上应用。一般固定某一台或几台磨加待混煤种，其他磨加正常用煤；对四角燃烧方式锅炉，两煤种为分层混合，各角相互引燃、各层相互补充；墙式燃烧方式每个燃烧器为一个独立燃烧单元，各燃烧器缺乏相互支撑，混合效果不如四角燃烧方式好。分磨掺烧输煤运行简单，便于运行人员掌握和控制，混煤比例易于调节准确。目前绝大多数大容量电站锅炉均采用分层掺烧方式。这种方式掺烧比例较易控制，省电省力。但炉内是否均匀混合将直接影响掺烧效果。所以，该方法对旋流燃烧器燃用难着火的煤种是不适合的。炉膛尺寸较大的北仑电厂3号、4号炉采用分磨掺烧方式，适应的神华煤比例仅为20%；同样炉膛尺寸较大的绥中电厂1号、2号炉采用预混方式，适应的神华煤比例可达80%以上；扬州二厂燃用神华煤与石炭纪煤的混煤（黄骅港口配煤），可安全、低结渣的燃用神华煤占80%的混煤。

二、掺烧方式比较

三种掺烧方式各有利弊，也各有相应的实现条件。利用好三种掺烧手段，则可以为电厂带来最大的经济效益。表6-8是几种掺烧方式性能的比较。

表 6 - 8 几种神华煤掺烧方式的比较

特点＼掺烧方式	间断掺烧	预混掺烧	分磨掺烧
优点	在电厂供煤比较困难或煤场较小、不便存放的情况下采用较为方便	对结渣防治较为有效。在掺烧高水分褐煤时，采用该方法对防止制粉系统爆炸有效；并能充分利用各磨煤机的干燥能力，提高掺烧量	不需专用混煤设备，易实现，掺烧比例控制灵活。煤种性能差异较大时，燃烧稳定性易掌握
缺点	煤种切换周期长，可能出现高负荷时燃烧结渣煤，在煤种切换过程出现大量落渣问题。不适合煤种特性差异较大时的煤种掺烧	对混煤设备和混煤控制要求较高，一般电厂实施困难	一般只能用于直吹式制粉系统。炉内混合存在不均匀的可能。不适用于旋流燃烧器燃难着火煤种。煤种差异较大时对煤场管理要求较高
尽量避免的掺烧煤种	注意控制煤源。结渣方面应注意掺烧后煤质的特性，如神华煤不能与高 Fe_2O_3（原则为大于8%）煤掺烧	掺烧煤热值等参数相差较大时，应注意混合均匀性	挥发分低，难着火煤种
应用较为成功的锅炉	大多数电厂受条件所限，不得不采用该方式，不出现问题的较少。相对较为成功的有珠江电厂，神华煤比例可达60%	内地及沿海主要大容量机组等	沿海地区电厂
应用效果不明显或造成严重后果的锅炉	BL 电厂 1 号炉		BL 电厂 3～5 号炉
建议	该方法的危险性较大，尽量少采用。鉴于国内较多电厂煤场较小，建议采用设施齐备的港口进行配煤	对结渣防治较为有效，应尽量采用	选择合适掺烧位置，前后墙对冲旋流燃烧方式尽量采用易着火煤种。四角切圆燃烧方式应注意炉内混合问题。在操作过程中还应注意煤种在同一磨上的切换结渣加重以及制粉系统防爆问题。 一般电厂可采用

第五节 安全高效洁净的掺烧措施和手段

一、控制掺烧煤质在适合的范围

根据电站锅炉的一些特点，原电力工业部于 1993 年下发了《加强大型燃煤锅炉燃烧管理的若干规定》（电安生〔1993〕540 号），对电厂燃煤允许的煤质参数变化范围作出了明确规定，其参数以锅炉设计煤为基准，见表 6 - 9。

表6-9 电厂燃煤允许变化范围 ％

煤种	V_{daf}偏差	A_{ar}偏差	M_{ar}偏差	$Q_{net,ar}$偏差	ST偏差
无烟煤	-1	±4	±3	±10	-8
贫煤	-2	±5	±3		
低挥发分烟煤	±5	±5	±4		
高挥发分烟煤	±5	+5~-10	±4		
褐煤	—	±5	±5	±7	

注　挥发分、灰分、水分为与设计值的绝对偏差；发热量、ST为与设计值的相对偏差。

该规定是在当时某些电厂因煤种变化原因出现重大事故后作出的，主要为保证机组的安全经济运行，范围偏于严格，目前大多数电厂难以满足其要求。但数据来自于具体事故的总结，在目前煤炭形势紧张的情况下，仍是锅炉安全运行的参考。

表6-9也是保证锅炉额定出力及出口蒸汽参数允许的燃煤特性变化范围（SD 268—1988《燃煤电站锅炉技术条件》）。目前大型机组燃烧调节手段增多，其实际范围已比允许值有较大幅度的提高。

二、最大限度地保证混煤的均匀性

保证混煤的均匀混合是燃煤掺烧最重要的环节，主要是对在煤场利用场地进行混合的情况（其他采用煤流进行预混的效果要好一些）。德国大多数电厂不存在配煤问题，但认为即使同一煤矿煤质也有所变化，采用进口煤也有波动，故德国电厂对煤的均匀性很重视，大多在煤场内通过机械混匀。卸料机械采用皮带布料机，将煤在煤场内按预定的方式堆放。其堆放方式根据煤场情况，一般采用如下三种方式：

1. 分堆组合堆放

按图6-15所示分小堆堆放，并在堆料过程中在某一小堆中分层堆放不同煤种。这种方式适合取料范围较小的斗轮取料机。

2. 对称分层堆放

如图6-16所示，煤沿煤场中心线分层堆放，并采用横跨煤堆的桥型耙式取料机取煤。采用煤耙将表面的煤翻滚到煤堆底部，再由下面的链条刮板机刮到输煤皮带上，达到混煤目的。

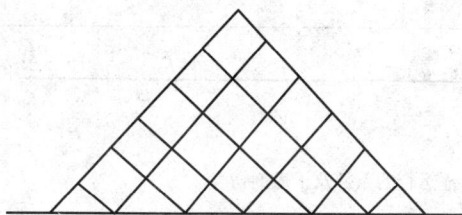

图6-15　分堆组合堆放方式

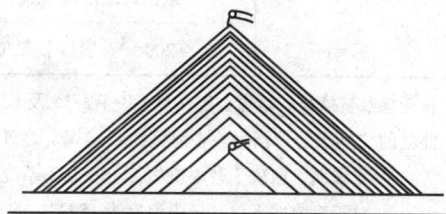

图6-16　对称分层堆放

3. 不对称分层堆放

该种方式适合刮板式取料机取样，并有较好的混煤效果，如图6-17所示。

煤场混煤措施较多，应根据煤场情况灵活使用，保证配煤的均匀性。

三、保证锅炉安全高效的运行措施

（一）一次风温选取

1. 一次风温选取

两种燃烧性能差异较大的煤种掺烧，就涉及燃烧稳定性或喷口安全性问题。如在烟煤锅炉中掺烧贫煤、无烟煤时需要考虑的是燃烧稳定性；而掺烧褐煤则主要考虑制粉系统和燃烧器喷口以及炉内结渣等安全问题。而一次风温选取是掺烧首先要确定的一个主要参数。

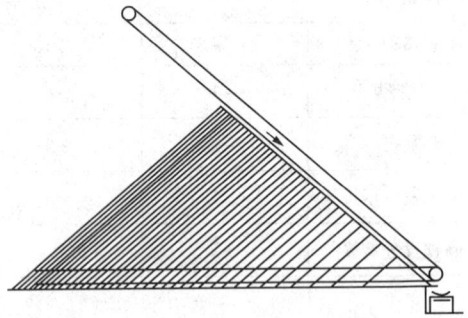

图 6-17　不对称分层堆放及斜面刮板机取料

对一次风温的选择，原则上按表 6-10，用挥发分指标来选取，运行时应低 3～5℃。如烟煤掺烧褐煤，混煤一次风温按挥发分应取 75℃，实际运行取值应在 70～72℃。一次风温最低值不应低于 55℃。如果设备不能达到取值范围，则应尽量接近。采用分磨燃烧时，则一次风温应按煤种分磨进行控制。在中间储仓热风送粉系统中掺烧高热值烟煤，一次风温应保证低于 180℃。

表 6-10　　　　　　　　　　　燃烧混煤时锅炉一次风温度的取值范围

项目 ＼ 煤类	无烟煤	贫煤①	烟煤②	褐煤
V_{daf}（%）	<10	10～20	>20	>37
磨煤机及制粉系统	球磨、储仓式或直吹式	球磨、中速磨、储仓或直吹式	中速磨、球磨、直吹式	中速磨、风扇磨、直吹式
磨煤机出口温度 t_{m2}（℃）	≥130*	130～100**	90～60***	60（中速磨）
				100（风扇磨）****
一次风粉混合物温度 t_{PA}（℃）	直吹式或储仓式，乏气送粉			直吹式
	≥130*	130～100**		同 t_{m2}
	储仓式或半直吹式，热风送粉			
	260～200*****	230～190*****		

① 含瘦煤及贫瘦煤，诸煤类定义见 GB/T 3715 及 GB 5751。

② 此处的"烟煤"所指为除去前栏的"贫煤"之外的诸烟煤类。

　* 无限制，取决于磨煤机械部分和制粉系统其他元件可靠运行的条件及干燥剂初温。

　** 对于直吹式系统，极限温度为 150℃。

　*** 钢球磨用烟气空气混合干燥剂时，$t_{m2}=120$℃。

　**** 风扇磨用烟气空气混合干燥剂时，$t_{m2}=180$℃。

　***** 一次风初始温度不应低于 330℃；无烟煤如采用 450～470℃，则 t_{PA} 可接近 300℃。

一次风温选取还应考虑如下问题：

（1）制粉系统爆炸。通常出现在掺烧易燃煤种时。一般按照前述原则选取一次风温就可以有效防治制粉系统爆炸，但对（双进双出）钢球磨系统，还应该控制掺烧比例，并强化启停磨的吹扫工作。

（2）风粉管堵粉。应核算磨煤机出口风粉混合物水露点温度，保证一次风温大于露点温度3℃（直吹式）和5℃（中储式）。

2. 一次风温与锅炉经济性

在煤质稳定的情况下，满足稳定性和安全性的同时，应选用较高一次风温，以降低排烟温度（通常一次风温每增加10℃，排烟温度降低3℃左右）、提高锅炉效率。

在下列情况下，一次风温的变化将使排烟温度降低：

（1）掺烧高水分煤（如褐煤）时，尽管一次风温降低，排烟温度也是降低的。

（2）掺烧难燃煤种，需提高一次风温，排烟温度降低。

（二）磨煤机入口风温选取

在锅炉设计的一次热风温度范围内选取（一般为300～330℃）均可，但在磨煤机运行状态不佳，石子煤量过大时，掺烧易燃煤种，特别是褐煤，应该控制磨煤机入口风温，防止石子煤在磨内燃烧。对掺烧扎莱诺尔褐煤的情况，该值控制在270℃以内；启停磨煤机时，该值则控制在200℃以下。

（三）煤粉浓度选取

煤粉浓度的选取对锅炉燃烧有较大的影响，应慎重选取。通常掺烧难燃煤种，应适当提高煤粉浓度；掺烧易燃煤种，应适当降低煤粉浓度。如掺烧印尼褐煤和扎莱诺尔褐煤时，使磨煤机内煤粉浓度维持较低的水平（≤0.5 kg/m³），相应风煤比在2.0kg/kg以上。

（四）分磨掺烧方式的掺烧位置对锅炉运行的影响

分磨方式掺烧位置的选择对锅炉运行有较大影响，其影响范围和程度视锅炉不同而有所不同，应通过试验确定。通常为保证燃烧稳定性，最下层燃烧器应燃用煤质稳定的易燃煤种；而为防治结渣，分磨掺烧必须保证煤种在炉内的均匀混合，方可达到结渣防治的预期目标。

某电厂掺烧神华煤的比例在较低的范围内（20%左右）就出现了较严重的结渣，与旋流燃烧方式有较大关系。旋流燃烧器炉内烟气混合性能较差，分磨掺烧方式对炉内结渣防治作用不显著，特别是在燃烧器燃烧稳定能力较强的时候，燃烧器附近的结渣加重。

对国华台山电厂5号炉进行了多组测试（六层燃烧器由上至下分别对应A/B/C/D/E/F磨）：

（1）D磨石炭煤，分别停运E、A磨，工况为T01、T02。

（2）停运C磨，分别在A、E磨磨制石炭煤，工况为T03、T04。

试验情况和结果见表6－11。

表6－11　　　　　　　　　变石炭煤加入方式试验结果

参 数 名 称	单 位	工　　况			
		T01	T02	T03	T04
		D磨石炭煤，停E磨	D磨石炭煤，停A磨	A磨石炭煤，停C磨	E磨石炭煤，停C磨
机组负荷	MW	600.1	602.2	599.3	600.2

参 数 名 称		单 位	工 况			
			T01	T02	T03	T04
			D磨石炭煤，停E磨	D磨石炭煤，停A磨	A磨石炭煤，停C磨	E磨石炭煤，停C磨
过热蒸汽	温度	℃	539.6	541.0	538.7	539.2
	压力	MPa	16.82	16.79	16.68	16.60
	一级减温水量	t/h	0.00	19.93	3.99	3.12
	二级减温水量	t/h	28.72	43.37	26.13	3.93
再热蒸汽	温度	℃	537.7	539.6	536.0	529.2
	压力	MPa	3.23	3.24	3.22	3.22
	减温水量	t/h	10.38	14.70	6.78	3.24
燃烧器摆角		(°)	3	11	10	9
OFA摆角		(°)	5	9	−3	−4
投运燃烧器		层	ABCD F	BCDEF	AB DEF	AB DEF
磨煤机出口风温		℃	～65	～65	～65	～65
前墙分隔屏区	最高温度	℃	1128	1139	1163	1093
	平均温度	℃	1096	1085	1110	1038
炉膛	最高温度	℃	1451	1434	1401	1363
	平均温度	℃	1178	1131	1163	1118
排烟温度		℃	114.5	117.8	117.1	117.0
排烟温度（修正）		℃	122.15	123.71	124.08	123.51
省煤器出口烟温		℃	339.9	339.6	339.6	337.6
省煤器入口氧量		%	3.84	3.79	3.63	3.83
省煤器出口氧量		%	3.99	4.14	3.87	4.19
排烟氧量		%	4.71	4.62	4.81	4.95
飞灰可燃物		%	1.52	0.98	1.32	0.93
锅炉效率		%	94.32	94.23	94.21	94.21
省煤器后NO_x含量		mg/m³	546.1	510.8	435.3	473.3

由表6-11可见：

（1）D磨磨制石炭煤时，停用高位磨（A磨）时，燃烧器上摆幅度较大（+11°），其过热汽减温水量较大（为降低过热汽减温水，燃烧器摆角尚有一定的下摆裕度），见图

6－18。但锅炉效率变化不大；NO_x 生成量略有降低（停 A 磨时，燃烧器上部的 AA、AB 二次风起到燃尽风作用，总的燃尽风量增加）。总得看来，D 磨投用石炭煤，备用高、低位磨时，锅炉运行参数均较为正常。

（2）停用 C 磨时，燃烧器上部喷口（A 层）燃用石炭煤相对下部喷口（E 层）燃用石炭煤，在减轻锅炉结渣趋势方面效果略差：

1）A 磨投用石炭煤炉膛温度及屏区温度明显高于 E 磨投用石炭煤方案，其中屏区最高温度高出 70℃、炉膛最高温度高出 38℃。由于 A 层喷口位于燃烧器上部，下部神华煤在燃烧器区不能与低结渣的石炭煤混合，从而造成燃烧器区结渣加重，温度升高。同时在燃烧器上部区域，石炭煤燃烧特性相对较差、火焰较长，使得屏区烟温明显增加；

2）A 磨投用石炭煤锅炉效率较 E 磨投用石炭煤方案低出 0.09 个百分点，与石炭煤的燃烧特性较差、排烟温度相对较高有一定关系；

3）A 磨投用石炭煤省煤器出口烟温较 E 磨投用石炭煤方案十分接近；

4）A 磨投用石炭煤较 E 磨投用石炭煤方案 NO_x 生成量有所降低。

（3）综合而言，为保证石炭煤的掺烧效果，可尽量在下部燃烧器喷口掺入石炭煤，兼顾燃烧稳定性等方面的问题，D、E 磨磨制石炭煤是较为合理的方案。

四种工况下，对过热器、再热器减温水和炉膛火焰温度的影响见图 6－18～图 6－20。

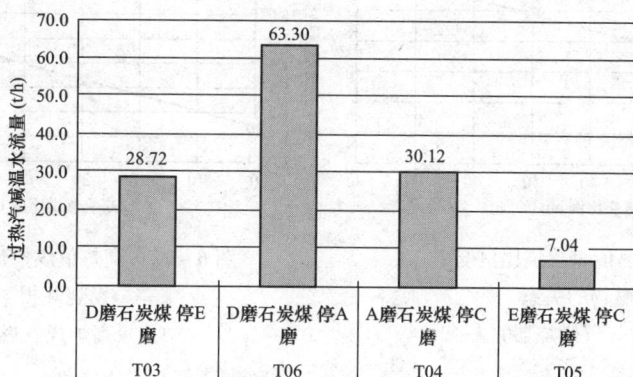

图 6－18　石炭煤入炉位置对过热汽减温水的影响

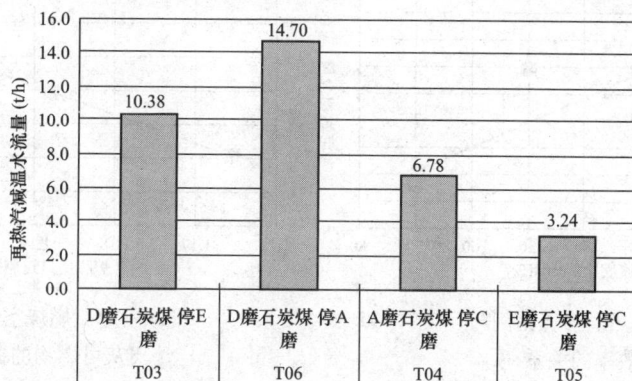

图 6－19　石炭煤入炉位置对再热汽减温水的影响

（五）掺烧中的经济性问题

众所周知，掺烧难燃煤种锅炉运行经济性将会出现下降，但部分锅炉在掺烧高热值烟煤也会出现飞灰可燃物下降等现象。如新疆某130t/h锅炉，在掺烧准东煤后飞灰可燃物由3%上升至8%以上。酒钢电厂130t/h炉掺烧高热值马克煤（表6-7中煤种2），也出现了类似情况（如图6-21～图6-23所示）。这主要是煤粉在炉内停留时间短所致，此时应采用降低煤粉细度的方法来降低飞灰可燃物，不应采用进一步缩短停留时间的方法，如提高燃烧空气量等，如图6-24和图6-25所示。

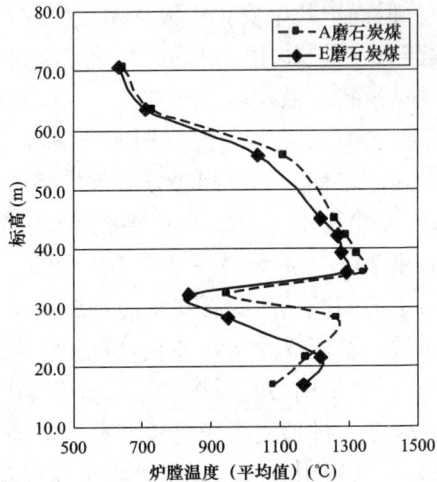

图6-20　石炭煤入炉位置对炉膛火焰温度的影响

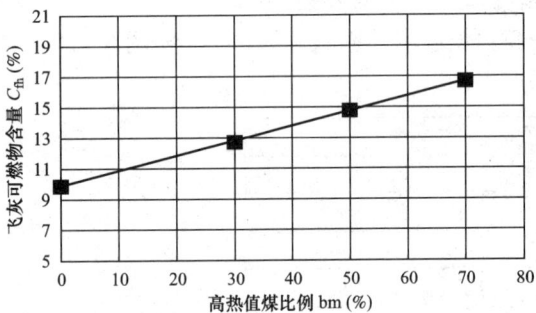

图6-21　高热值煤掺烧比例与
飞灰可燃物的关系
（4只高炉煤气燃烧器）

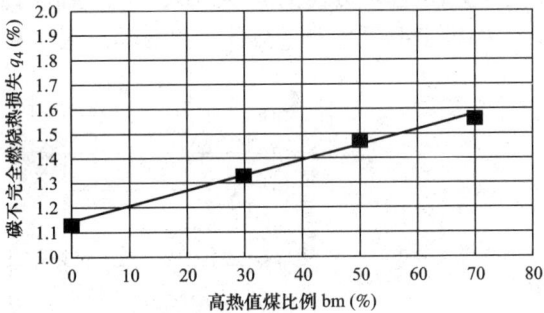

图6-22　高热值煤掺烧比例与固体
未完全燃烧热损失的关系
（4只高炉煤气燃烧器）

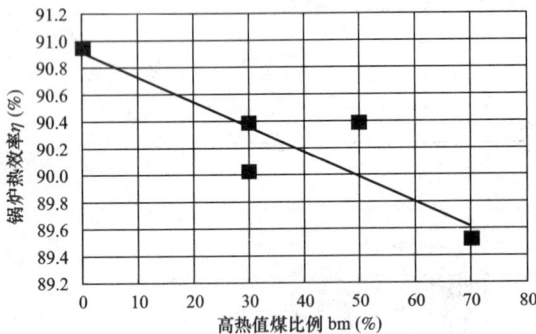

图6-23　高热值掺烧比例与
锅炉热效率的关系
（4只高炉煤气燃烧器）

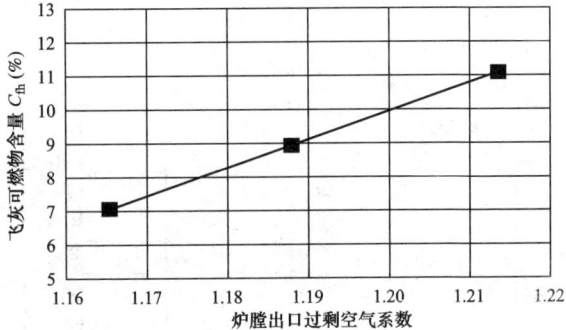

图6-24　燃烧空气量与
飞灰可燃物的关系
（50%高热值煤时）

上述问题主要出现在 400t/h 以下小锅炉上；对大容量锅炉，掺烧好煤经济性会得到增加。

珠江电厂 300MW 发电机组配置哈尔滨锅炉厂生产的 HG – 1021/18.2 – YM3 型锅炉，设计燃用东胜烟煤，属神华煤之一。曾在珠江电厂 3 号炉上进行了神华侏罗纪：石炭煤（9∶1）配煤的适应性研究。共试验了近 10d 时间，在试烧过程中进行了主要参数测试及调整，得出如下结论：

（1）神华配煤在锅炉中燃烧稳定。

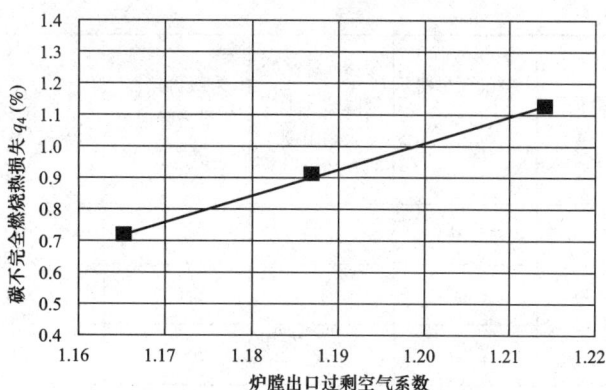

图 6 – 25　燃烧空气量与固体未完全燃烧热损失的关系（50% 高热值煤时）

（2）神华配煤飞灰含碳量较低，低于 1%，并受氧量变化的影响较小，可保证低氧燃烧下的经济性。而燃用大同煤时，氧量由 5.95% 降至 4.10%，飞灰可燃物从 4.50% 增至 5.13%，低氧燃烧将使机组经济性受到影响。这就是神华煤可在一般煤粉细度（R_{90} 在 20% 左右）实现高效、低 NO_x 燃烧的原因。而国内其他煤种要达到该目标，必须以降低经济效益（或固体未完全燃烧损失增加，或降低煤粉细度、制粉电耗增加）为代价。

（3）排烟温度降低，燃用神华煤时其值为 135℃，排烟热损失为 5.5% 左右，较大同煤低 0.7 个百分点。

（4）燃用神华配煤锅炉效率高达 94% 左右，较大同煤高 1.5 个百分点左右，可降低煤耗 5g/kWh 左右。所以，燃用神华配煤可取得较好的经济效益。

（5）燃用神华煤配煤，磨煤机石子煤排量明显减少。

（6）通过一次风压试验结果表明，提高一次风压，可使炉膛出口烟温下降 30℃ 左右，对防止结渣有较大好处。

试验结果见表 6 – 12。

表 6 – 12　珠江电厂 300MW 锅炉神华煤掺烧石炭煤（9∶1）经济性测试结果

机组负荷（MW）	空气预热器入口氧量（%）	43.8m 标高处炉膛断面平均火焰温度（℃）	末级再热器最高壁温（℃）	飞灰可燃物 C_{fh}（%）	排烟损失 q_2（%）	固体未完全燃烧热损失 q_4（%）	锅炉效率 η（%）
300	2.96	1151	556.9	0.87	5.32	0.08	94.13
	3.76	1147	556.1	0.76	5.54	0.07	93.93
	3.93	1124	559.0	0.64	5.61	0.06	93.86
240	4.32	1109	550.0	1.01	5.19	0.12	94.26
	4.85	1129	557.0	0.83	5.65	0.11	93.80
	5.88	1098	554.1	0.70	5.67	0.10	93.80

机组负荷 (MW)	空气预热器入口氧量 (%)	43.8m 标高处炉膛断面平均火焰温度 (℃)	末级再热器最高壁温 (℃)	飞灰可燃物 C_{fh} (%)	排烟损失 q_2 (%)	固体未完全燃烧热损失 q_4 (%)	锅炉效率 η (%)
	5.23	1039	549.0	0.54	4.90	0.08	94.64
180	6.06	550.2		0.41	5.31	0.07	94.25
	6.97	552.6		0.30	5.70	0.06	93.87

（六）掺烧中的汽温问题

在如下条件下，汽温将会出现上升趋势：

（1）掺烧难燃煤种。

（2）掺烧低热值煤，特别是高水分低热值煤，因烟气量增加，汽温出现上升趋势。对流传热量较大的锅炉，影响较大。

（3）掺烧易结渣煤。

上述情况反之亦然。如某电厂 400t/h 锅炉燃煤发热量由 11.30MJ/kg 提高至 13.81MJ/kg，主蒸汽温度由 540℃则大幅度下降至 510℃，影响趋势明显。

（七）最佳煤粉细度以及对 q_4 的影响

通过锅炉燃用不同挥发分混煤的固体未完全燃烧热损失 q_4 与 R_{90} 的数据整理，提出了新的推荐公式，即

$$R_{90} = 0.007 V_{daf}^2 + 0.253\ 7 V_{daf} + 2.811\ 1$$

q_4 因 R_{90} 变化的修正值与 V_{daf} 有关，由 300MW 及以上容量的大型锅炉及 100～200MW 容量锅炉试验积累归纳得出

$$\Delta q_4 = 0.000\ 2 V_{daf}^2 - 0.020\ 2 V_{daf} + 0.494\ 4$$

式中　Δq_4——R_{90} 每变化一个百分点，q_4 对应变化的数字，%。

将实际煤粉 R_{90} 值与推荐最佳细度值的差值乘以 Δq_4，所得结果即是对实际 q_4 的修正值。

四、保证锅炉环保性的运行措施

掺烧低硫煤可以降低 SO_2 排放量，而降低 NO_x 排放量最主要的运行手段是采用低氧燃烧。这对不易结渣煤种容易实现，但对结渣煤种则较为困难，最好的办法是采用掺烧降低煤种结渣性，从而实现低氧燃烧，并同时取得一定的经济性。

GHBJRD 公司 HG－410/9.8－YM15 型锅炉，原设计煤种为大同烟煤，现燃用神华煤。由于实际燃用煤种的结渣性比设计煤种严重，GHBJRD 公司进行了大量的锅炉设备改造、燃烧优化调整以及燃煤掺烧措施，极大地提高了机组锅炉运行的结渣适应能力。

目前，该厂在生产中使用较低的运行氧量值（2.5% 左右），NO_x 排放量低于 250mg/m³，满足了严格的环保法规要求。运行效果见表 6－13。

表 6-13　　　　　　　　GHBJRD 公司低氧量运行效果比较

项　目	单　位	2007 年试验数据[①]	
排烟含氧量	%	3.90	2.64
排烟一氧化碳含量	ml/m³	90	180
排烟温度	℃	144.8	158.7
排烟热损失	%	6.92	5.66
气体未完全燃烧热损失	%	0.04	0.07
固体未完全燃烧热损失	%	1.03	0.96
散热损失	%	0.59	0.59
灰渣物理热损失	%	0.09	0.09
锅炉热效率	%	91.33	92.63
氮氧化物	mg/m³	427	231

① 华北电力科学研究院试验结果。

　　由于排烟氧量较低，锅炉的排烟热损失与设计值相比降低了约 0.5%。而且，由于神华煤优异的燃烧特性，低氧量运行对固体与化学未完全燃烧热损失并无明显影响。由表 6-14 中 2006 年运行数据可见，机组锅炉长期低氧运行，锅炉效率均高于设计值，经济效益与环保效益均较显著。

表 6-14　　　　　GHBJRD 公司低氧量运行性能（2006 年全年统计数据）

项　目	设计值	1 号	2 号	3 号	4 号
容量（MW）	—	100	100	100	100
送风温度（℃）	20	25.67	24.67	24.75	25.25
排烟温度（℃）	135	146.33	144.7	140.5	139.5
排烟氧量（%）	4.46	2.87	2.87	2.08	2.83
飞灰可燃物（%）	7.0	2.17	2.52	2.01	1.89
化学未完全燃烧热损失（%）	0.5	0.0	0.0	0.0	0.0
锅炉效率（%）	91.88	92.96	92.32	92.50	92.52
NOₓ 含量（mg/m³）	—	<250			

第六节 掺烧或更换煤种决策方法

一、设备性能评价

掺烧工作一个最重要的环节是确定设备对煤种的适应范围，在此基础上方能提出安全、经济、洁净的掺烧比例和方法。

下面汇总锅炉各设备对运行性能的影响，各影响因素以表格形式给出相对变化，其中作为对比基准的项，表格中相应值取 1.0，其他各项对比结果为变好的，计为"+"，变差的计为"−"。

实际计算中，取用各影响系数的乘积作为相应因素对锅炉运行性能的影响系数。炉膛热负荷和关键尺寸参数已回归成相应公式插入到各运行特性的计算模型中。

1. 燃烧稳定性

（1）燃烧方式的影响见表 6 – 15。

表 6 – 15　　　　　　　　　燃 烧 方 式 的 影 响

燃烧方式	角　式	墙　式	双拱 W 火焰
燃烧稳定性 D_{min}（%）	1.0	1.0	+

（2）制粉系统形式的影响见表 6 – 16。

表 6 – 16　　　　　　　　　制 粉 系 统 的 影 响

制粉系统	直吹式	中储式热风（温风）送粉	中储式乏气送粉
燃烧稳定性	1.0	+	+

（3）燃烧器类型的影响见表 6 – 17 ~ 表 6 – 19。

1）角式直流燃烧器的影响见表 6 – 17。

表 6 – 17　　　　　　　　　角式直流燃烧器的影响

燃烧器类型	燃烧稳定性 D_{min}（%）	燃烧器类型	燃烧稳定性 D_{min}（%）
WR	+	水平浓淡	+
EI	1.0	多功能船体	+
PM	+	十字中心风	1.0
直流无周界风	−	其他	1.0

2）墙式旋流燃烧器的影响见表 6 – 18。

表 6 – 18　　　　　　　　　墙式旋流燃烧器的影响

燃烧器类型	燃烧稳定性	燃烧器类型	燃烧稳定性
DRB	1.0	XCL – DRB	1.0
EI – DRB	1.0	PAX – DRB	+

续表

燃烧器类型	燃烧稳定性	燃烧器类型	燃烧稳定性
FW 低 NOx	1.0	德巴旋流	1.0
IHI – FW	1.0	LNASB	1.0
一次风涡壳旋流	+	HT – NR3	1.0
带烟气再循环	1.0	其他	1.0

3）双拱 W 火焰炉燃烧器的影响见表 6 – 19。

表 6 – 19　　　　　　　　　　双拱 W 火焰燃烧器的影响

燃烧器类型	燃烧稳定性	燃烧器类型	燃烧稳定性
双旋风筒	–	DRB	1.0
直流缝隙式	–	PAX – DRB	1.0
旋风筒缝隙式	1.0	其他	1.0

（4）直流燃烧器布置的影响见表 6 –20 和表 6 –21。

1）燃烧器水平布置的影响见表 6 –20。

表 6 – 20　　　　　　　　　　燃烧器水平布置的影响

布置方式	燃烧稳定性	布置方式	燃烧稳定性
典型切向	1.0	启消旋风	+
CFS – I	+	八角双火球	1.0
CFS – II	–	其他	1.0

2）燃烧器垂直布置的影响见表 6 – 21。

表 6 – 21　　　　　　　　　　燃烧器垂直布置的影响

布置方式	燃烧稳定性	布置方式	燃烧稳定性
CCOFA	1.0	一次风相对集中	+
SOFA	+	其他	1.0
一、二次风间隔	1.0		

2. 燃烧经济性（燃尽特性）

（1）燃烧方式的影响见表 6 –22。

表 6 – 22　　　　　　　　　　燃 烧 方 式 的 影 响

燃烧方式	角　式	墙　式	双拱 W 火焰
燃尽性能 q_4（%）	+	1.0	+

（2）锅炉布置方式的影响见表 6 –23。

表 6 - 23 锅炉布置方式的影响

布置方式	π 形	T 形	塔　式
燃尽性能	1.0	1.0	+

（3）制粉系统形式的影响见表 6 - 24。

表 6 - 24 制 粉 系 统 的 影 响

制粉系统	直吹式	中储式热风（温风）送粉	中储式乏气送粉
燃尽性能	1.0	−	+

（4）磨煤机类型的影响见表 6 - 25。

表 6 - 25 磨 煤 机 类 型 的 影 响

磨煤机类型	中速磨	钢球磨	双进双出钢球磨	风扇磨
燃尽性能	1.0	+	+	−

（5）角式燃烧器垂直布置的影响见表 6 - 26。

表 6 - 26 角 式 燃 烧 器 的 影 响

布置方式	燃尽性能	布置方式	燃尽性能
CCOFA	1.0	一次风相对集中	1.0
SOFA	—	其他	1.0
一、二次风间隔	1.0		

3. 防结渣性能

（1）燃烧方式的影响见表 6 - 27。

表 6 - 27 燃 烧 方 式 的 影 响

燃烧方式	角　式	墙　式	双拱 W 火焰
炉膛结渣	−	1.0	+
屏区结渣	1.0	1.0	+

（2）锅炉布置方式的影响见表 6 - 28。

表 6 - 28 锅炉布置方式的影响

布置方式	Π 形	T 形	塔　式
炉膛结渣	1.0	1.0	1.0
屏区结渣	1.0	1.0	+

（3）制粉系统形式的影响见表 6 - 29。

表 6 - 29 制粉系统形式的影响

制粉系统	直吹式	中储式热风（温风）送粉	中储式乏气送粉
炉膛结渣	1.0		1.0

（4）燃烧器类型的影响见表 6 - 30 ～表 6 - 32。

1）直流燃烧器的影响见表 6 - 30。

表 6 - 30 直流燃烧器的影响

燃烧器类型	炉膛结渣	燃烧器类型	炉膛结渣
WR	1.0	水平浓淡	+
EI	1.0	多功能船体	−
PM	1.0	十字中心风	1.0
直流无周界风	−	其他	1.0

2）旋流燃烧器的影响见表 6 - 31。

表 6 - 31 旋流燃烧器的影响

燃烧器类型	炉膛结渣	燃烧器类型	炉膛结渣
DRB	+	一次风涡壳旋流	1.0
EI - DRB	+	带烟气再循环	−
XCL - DRB	1.0	德巴旋流	−
PAX - DRB	1.0	LNASB	1.0
FW 低 NO_x	−	HT - NR3	1.0
IHI - FW	−	其他	1.0

3）W 火焰炉燃烧器的影响见表 6 - 32。

表 6 - 32 W 火焰炉燃烧器的影响

燃烧器类型	炉膛结渣	燃烧器类型	炉膛结渣
双旋风筒	−	DRB	−
直流缝隙式	1.0	PAX - DRB	−
旋风筒缝隙式	1.0	其他	1.0

（5）燃烧器水平布置的影响。

1）角式燃烧器水平布置的影响见表 6 - 33。

表 6 - 33 角式燃烧器水平布置的影响

布置方式	炉膛结渣	布置方式	炉膛结渣
典型切向	1.0	启消旋风	+
CFS - I	1.0	八角双火球	+
CFS - II	+	其他	1.0

2）墙式燃烧锅炉外侧燃烧器与侧墙距离大于（或等于）3.5m，侧墙结渣不严重；外侧燃烧器与侧墙距离小于 3.5m，侧墙有结渣趋势。

3）双拱 W 火焰锅炉外侧燃烧器与侧墙距离大于（或等于）3.5m，侧墙结渣不严重；外侧燃烧器与侧墙距离小于 3.5m，侧墙有结渣趋势。

（6）水冷壁特点的影响见表 6-34。

表 6-34　　　　　　　　　　　　水冷壁特点的影响

水冷壁特点	垂直管	螺旋管带	屏区看火孔	冷灰斗上部看火孔	冷灰斗下部看火孔
炉膛结渣	1.0	–	1.0	有 +/无 –	有 +/无 –
屏式过热器及出口	1.0	1.0	有 +/无 –	1.0	1.0

（7）吹灰器数量与布置的影响见表 6-35 和表 6-36。

吹灰器完备程度检验的影响见表 6-35。

表 6-35　　　　　　　　　　　　吹灰器的影响

燃烧方式	机组容量	炉膛吹灰器	长吹（不包括空气预热器）	屏区吹灰器[1]
角式	300MW	80	40	6
	600MW	90	80	8
	1000MW	100	80	8
墙式	300～350MW	48	60	6
	600MW	68	64	8
	1000MW	80	80	8
双拱 W 火焰炉	300～360MW	30	40	4
	600MW	40	60	6

[1] 屏区吹灰器不包括折焰角正上方位于炉膛出口的一列。

将锅炉吹灰器数量与表中所列数量相比较，若达到 85% 以上则为完备，60%～85% 的为不足，低于 60% 的则为严重不足，对防结渣影响趋势如表 6-36 所示。

表 6-36　　　　　　　　　　　　吹灰器数量与结渣的关系

	完备	不足	严重不足	备注
炉膛结渣	+	1.0	–	炉膛吹灰器
屏区结渣	+	1.0	–	屏区吹灰器

4. NO_x 生成与排放

（1）燃烧方式对 NO_x 排放的影响见表 6-37。

表 6-37　　　　　　　　　　　　燃烧方式的影响

燃烧方式	角式	墙式	双拱 W 火焰
NO_x 排放	1.0	–	–

（2）燃烧器类型的影响见表 6 - 38。

表 6 - 38　　　　　　　　　　　　　燃 烧 器 类 型 的 影 响

直流燃烧器		NO_x 排放	直流燃烧器		NO_x 排放
直流燃烧器	WR	1.0	旋流燃烧器	IHI - FW	+
	EI	1.0		一次风涡壳旋流	-
	PM	+		带烟气再循环	-
	直流无周界风	1.0		德巴旋流	-
	水平浓淡	+		LNASB	+
	多功能船体	-		HT - NR3	+
	十字中心风	1.0		其他	1.0
	其他	1.0	双拱W火焰燃烧器	双旋风筒	1.0
旋流燃烧器	DRB	1.0		直流缝隙式	-
	EI - DRB	+		旋风筒缝隙式	1.0
	XCL - DRB	+		DRB	1.0
	PAX - DRB	1.0		PAX - DRB	1.0
	FW 低 NO_x	-		其他	1.0

（3）燃烧器布置的影响见表 6 - 39 和表 6 - 40。

1）角式燃烧器垂直布置的影响见表 6 - 39。

表 6 - 39　　　　　　　　　　　　　　角 式 燃 烧 器 的 影 响

布置方式	NO_x 排放	布置方式	NO_x 排放
CCOFA	1.0	一次风相对集中	1.0
SOFA	+	其他	1.0
一、二次风间隔	1.0		

2）墙式燃烧器垂直布置的影响见表 6 - 40。

表 6 - 40　　　　　　　　　　　　　　墙 式 燃 烧 器 的 影 响

布置方式	边界风	OAP	其他
NO_x 排放	1.0	+	1.0

综合所有因素，计算得出锅炉设备对燃烧稳定性的影响系数 K_D、对燃烧经济性的影响系数 K_L、对炉膛及屏区结渣的影响系数 K_{Sf} 和 K_{SS}，燃烧系统对 NO_x 生成量的影响系数 K_N。

采用数理统计，得出一般设备条件下运行效果，锅炉不投油最低稳燃负荷 D_{min}，未燃尽碳热损失 L_{UBC}，在实际锅炉中屏区和炉膛区域的结渣指数 S_{BS}、S_{BF}。

则混煤燃烧运行效果预值 $S_{混煤}$ 的计算式为

$$S_{混煤} = KS_{计算}$$

式中　K——具体设备修正系数；

$S_{计算}$——着火、燃尽、结渣效果指数。

二、掺烧决策软件

西安热工研究院根据上述成果，编制了混煤决策软件，其主要包括以下模块：

(1) 编制变更煤种后磨煤机出力预测模块。

(2) 编制变更煤种后制粉系统干燥出力预测模块。

(3) 编制变更煤种后着火、燃烧、燃尽特性预测模块（结合 TPRI 煤性—炉型耦合体系）。

(4) 编制变更煤种后炉膛及受热面沾污结渣特性预测模块。

(5) 编制变更煤种后锅炉传热过程及汽/水系统参数预测模块。

(6) 编制变更煤种后污染物（NO_x，SO_2）排放特性预测模块。

(7) 编制变更煤种后静电除尘器效率的预测模块。

(8) 编制变更煤种后排渣、排灰设备适应性预测模块。

(9) 编制变更煤种和混烧评价决策系统软件。

其中，第（1）和（2）项可合并为变更煤种后制粉系统出力预测模块。

软件应用流程如图 6-26 和图 6-27 所示。

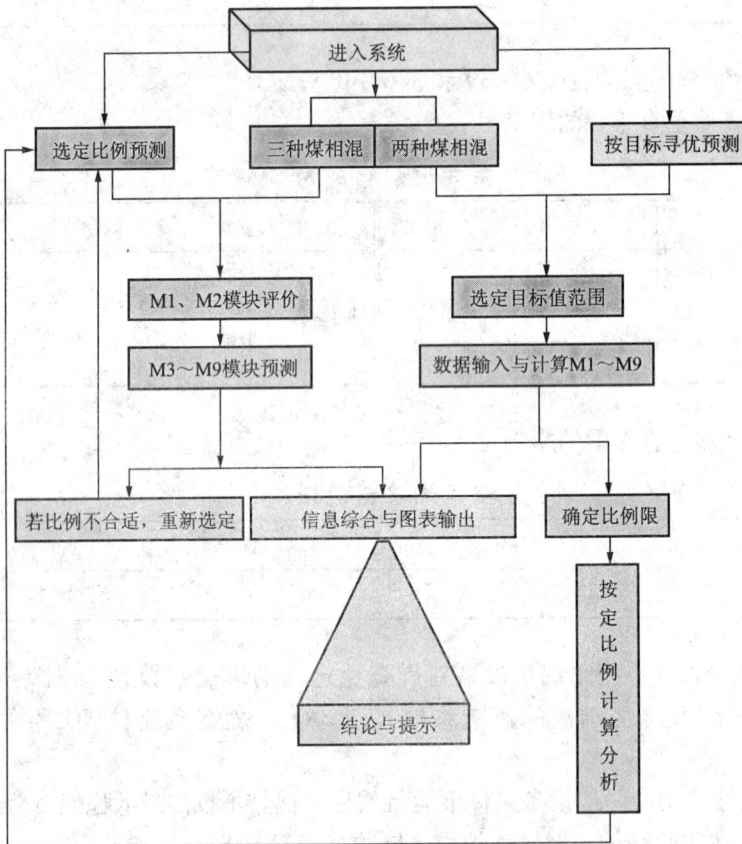

图 6-26　单机版软件系统流程

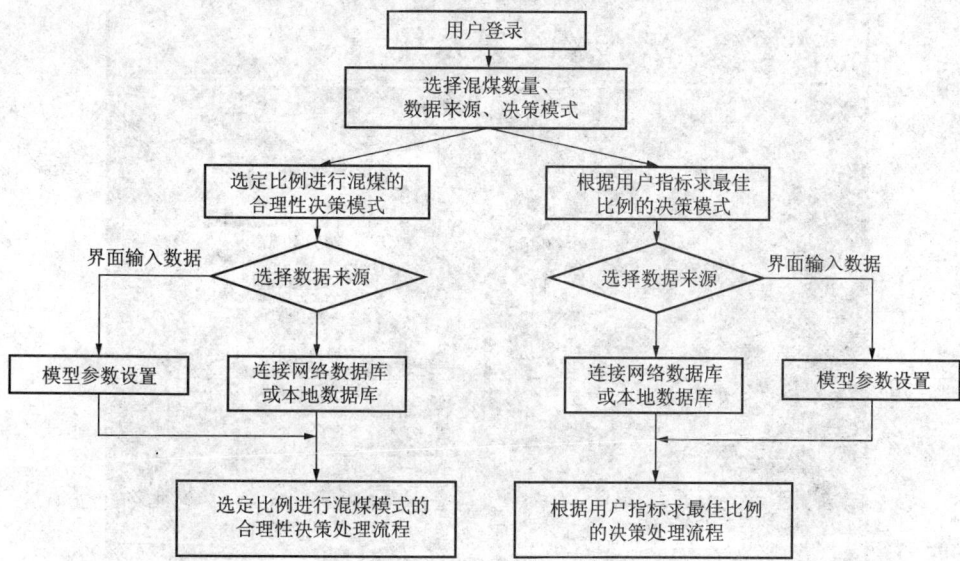

图 6-27 网络版软件系统流程

系统软件共分两大分支，选定比例三种煤相混和两种煤相混按目标值寻优。启动画面见图 6-28。

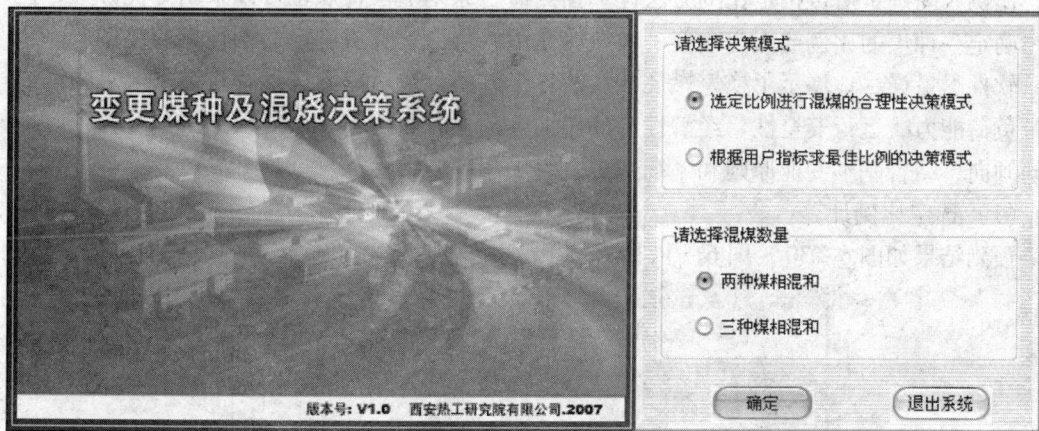

图 6-28 决策系统启动初始界面/决策模式配置界面

（1）按选定比例计算。

其实，选定比例计算可以不限三种煤相混，煤种的数量可以是任意的，但用户界面的布置上不宜加入很多煤种输入面板，所以确定用户最多可选三种煤：现用煤、掺烧煤 1、掺烧煤 2，通过三种煤确定混煤。对于煤种更换情况或掺烧煤少于三种的情况，可将其中的一种或两种的使用比例置零，如果用户待用煤种多于三种，则用户须事先将若干煤混成一个煤，直至总参配煤数小于或等于三个为止。经九个子模块的预测分析，如果结论不能满足用户需求，可重新选定比例计算。主界面如图 6-29 所示。

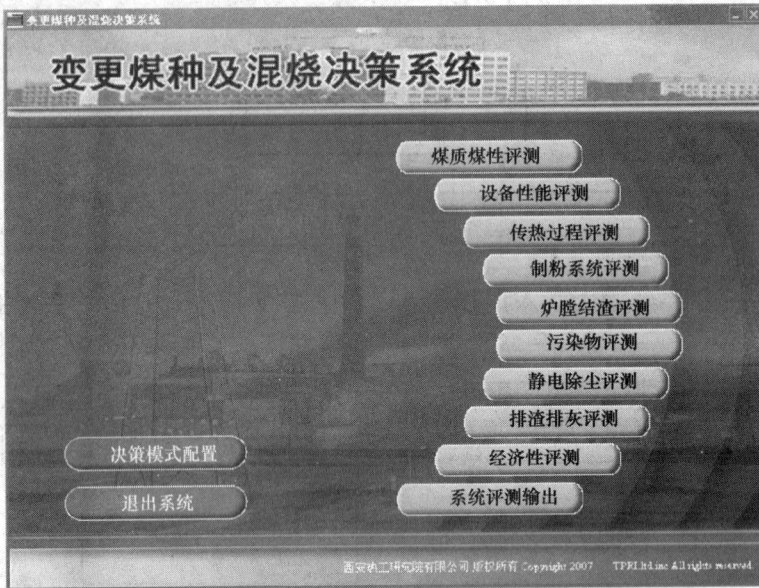

图 6 - 29　选定比例计算主界面

（2）按目标值寻优计算。

按目标值寻优计算原则上只对两种煤有效，可以通过计算确定符合目标值的混煤比例区间，比例区间确定后再按定比例方法计算预测值。原则上三种煤也可以采用寻优方案，但须用户确定一种煤的比例或人为改变一种煤的比例，再由计算机确定另两种煤的比例。

软件尽量详尽地展示了换煤燃烧涉及的各个方面，最后以图表形式将结果汇总为锅炉机组带负荷能力、运行安全性、经济性与环保性等几大方面资料，最终根据用户对各个方面的不同倾向，结合基本专业原则和系统知识，得出相应的结论。

（1）选定比例计算。

预测结果如图 6 - 30 ～图 6 - 34 所示。

图 6 - 30　更换煤与现用煤比较

混煤"煤—设备适应性分析"

内容		单位	更换煤与现用煤的比较（ECR工况）			更换煤的适应性评估（ECR工况）	
			设计参数	现用煤参数	更换煤参数	较现用煤变化的幅度 %	适应性
送风机	风量变化（与设计煤比）	m3/h	1897920	2333.19	.86C264	-2.5%	适应
引风机	烟量变化（与设计煤比）	m3/h	824400	1552098	.41C164	+71.1%	不适应
燃煤量	ECR工况，所需的燃煤量	t/h		225	205	-9.0%	
制粉系统	ECR工况，X+1方式制粉出力	t/h		284	278	-2.1%	
	ECR工况，X+1方式磨煤出力	t/h		284	278	-2.1%	适应
	ECR工况，X+1方式干燥出力	t/h		289	294	+1.7%	
	ECR工况，X方式制粉出力	t/h		34:	334	-2.1%	
	ECR工况，X方式磨煤出力	t/h		34:	334	-2.1%	适应
	ECR工况，X方式干燥出力	t/h		347	353	+1.7%	
灰渣系统	渣量	t/h		1.43	:.62	+13.3%	
	灰量	t/h		12.90	11.06	-14.3%	
	除渣设备出力	t/h	5	1.43	:.62	+13.9%	
	省煤器除灰出力	t/h	2	0.43	0.38	-11.6%	
	电除尘器出力	t/h		12.78	11.36	-11.1%	
烟尘和污染物	电除尘器效率	%		99.37	99.37	0%	
	除尘器出口烟煤气含尘量	mg/Nm3		35	34	-2.9%	
	脱硫系统附加除尘效率	%		0	C		

图 6-31　设备适应性分析 1

混煤"煤—设备适应性分析"

内容		单位	更换煤与现用煤的比较（ECR工况）			更换煤的适应性评估（ECR工况）	
			设计参数	现用煤参数	更换煤参数	较现用煤变化的幅度 %	适应性
灰渣系统	除渣设备出力	t/h	5	1.43	1.62	+13.3%	
	省煤器除灰出力	t/h	2	0.43	C.38	-11.6%	
	电除尘器出力	t/h		12.78	11.36	-11.1%	
烟尘和污染物排放	电除尘器效率	%		95.37	99.37	0%	
	除尘器出口烟煤气含尘量	mg/Nm3		35	34	-2.9%	
	脱硫系统附加除尘效率	%		0	0		
	环保烟尘排放浓度适应性（度＜50 mg/Nm3）	mg/Nm3		35	34	-2.9%	降低
	NOx排放	mg/Nm3		500	575	+15.0%	增加
	SO2排放量	mg/Nm3		732	838	+14.5%	增加
燃烧结渣	着火稳定性	%		33	32	-3.0%	变好
	燃烧效率	%		99.9	99.91	+C.01%	效率减小
	飞灰可燃物	%		0.99	0.001	-99.9%	增加
	炉膛结渣			2.49	3.56	+43.1%	高结渣
	大屏结渣			2.5:	3.12	+24.2%	高结渣
制粉系统磨损（磨辊寿命预测）		h		18568	19510	+5.0%	
燃煤成本		元/吨		45C	554	+23.1%	增加

图 6-32　设备适应性分析 2

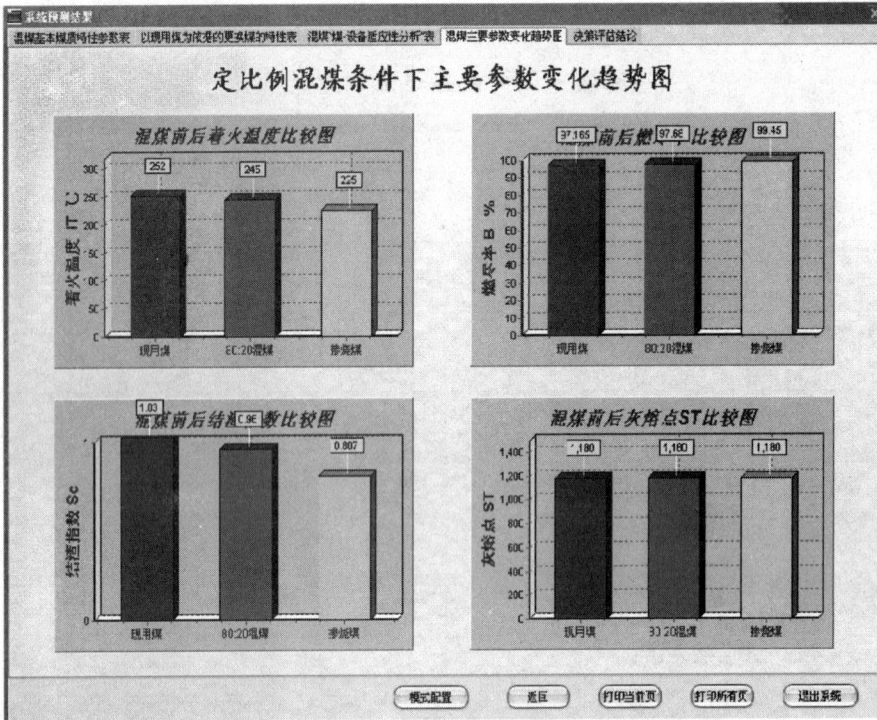

图 6-33　参数柱状图

图 6-34　决策支持信息

（2）按目标值寻优计算。预测结果如图 6－35～图 6－40 所示。

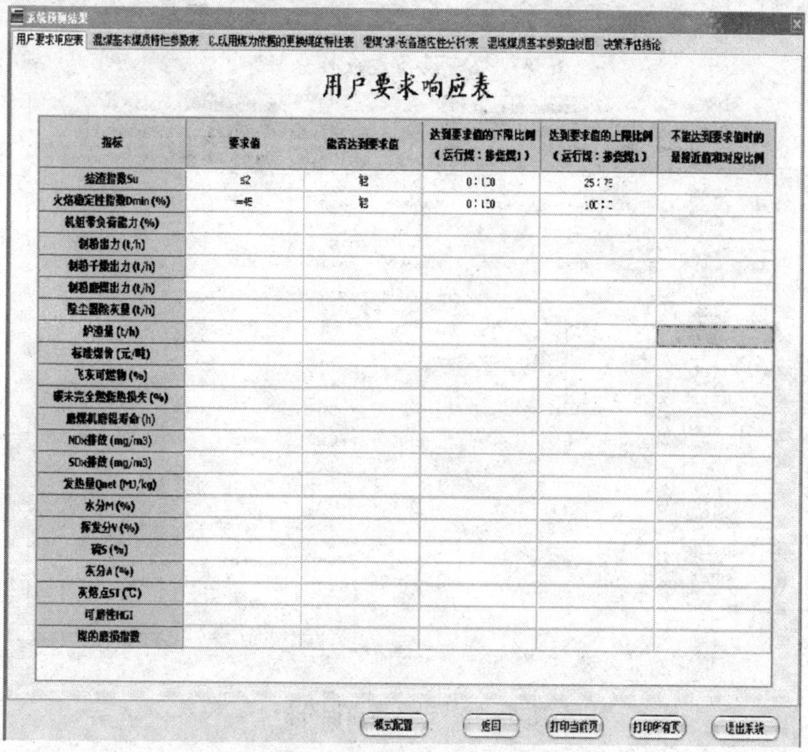

指标	要求值	能否达到要求值	达到要求值的下限比例（运行煤：掺烧煤1）	达到要求值的上限比例（运行煤：掺烧煤1）	不能达到要求值时的最接近值和对应比例
结渣指数Su	≤2	能	0∶100	25∶75	
火焰稳定性指数Dmin (%)	=45	能	0∶100	100∶0	
机组带负荷能力 (%)					
制粉出力 (t/h)					
制粉干燥出力 (t/h)					
制粉磨煤出力 (t/h)					
除尘器除灰量 (t/h)					
炉渣量 (t/h)					
标准煤价 (元/吨)					
飞灰可燃物 (%)					
碳未完全燃烧热损失 (%)					
磨煤机磨损寿命 (h)					
NOx排放 (mg/m3)					
SOx排放 (mg/m3)					
发热量Qnet (MJ/kg)					
水分M (%)					
挥发分V (%)					
硫S (%)					
灰分A (%)					
灰熔点ST (℃)					
可磨性HGI					
煤的磨损指数					

图 6－35 用户要求的响应

指标	现用煤参数	更换煤最佳点的参数	较现用煤性能优越的混煤比例区间 %		
			下限比例	上限比例	最佳点比例
结渣指数Su	2.52	1.31	25∶75	0∶100	0∶100
火焰稳定性指数Dmin (%)	40	25	100∶0	0∶100	0∶100
机组带负荷能力 (%)					
制粉出力 (t/h)					
制粉干燥出力 (t/h)					
制粉磨煤出力 (t/h)					
除尘器除灰量 (t/h)					
炉渣量 (t/h)					
标准煤价 (元/吨)					
飞灰可燃物 (%)					
碳未完全燃烧热损失 (%)					
磨煤机磨损寿命 (h)					
NOx排放 (mg/m3)					
SOx排放 (mg/m3)					
发热量Qnet (MJ/kg)					
水分M (%)					
挥发分V (%)					
硫S (%)					
灰分A (%)					
灰熔点ST (℃)					
可磨性HGI					
煤的磨损指数					

图 6－36 更换煤与现用煤比较

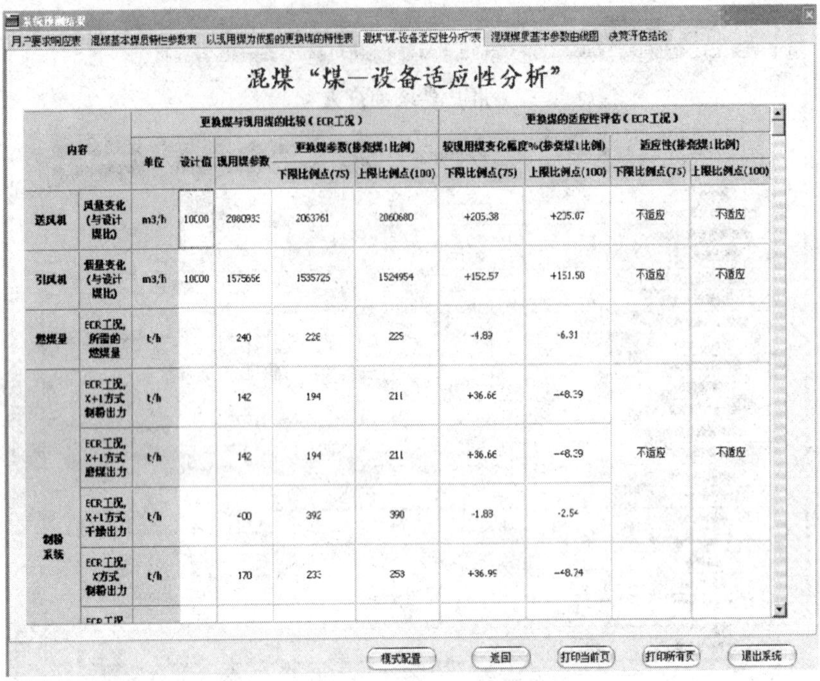

系统预测结果
用户要求响应表 混煤基本煤质特性参数表 以现用煤为依据的更换煤的特性表 混煤"煤-设备适应性分析"表 混煤煤质基本参数曲线图 决策评估结论
模式配置 返回 打印当前页 打印所有页 退出系统

混煤“煤—设备适应性分析”

内容		更换煤与现用煤的比较（ECR工况）					更换煤的适应性评估（ECR工况）			
		单位	设计值	现用煤参数	更换煤参数(掺烧煤1比例)		较现用煤变化幅度%(掺烧煤1比例)		适应性(掺烧煤1比例)	
					下限比例点(75)	上限比例点(100)	下限比例点(75)	上限比例点(100)	下限比例点(75)	上限比例点(100)
送风机	风量变化(与设计煤比)	m3/h	10C00	2080933	2063761	2060680	+205.38	+235.07	不适应	不适应
引风机	烟量变化(与设计煤比)	m3/h	10C00	1575656	1535725	1524954	+152.57	+151.50	不适应	不适应
燃煤量	ECR工况，所需的燃煤量	t/h		240	226	225	-4.89	-6.31		
制粉系统	ECR工况，X+1方式制粉出力	t/h		142	194	211	+36.66	-48.39	不适应	不适应
	ECR工况，X+1方式磨煤出力	t/h		142	194	211	+36.66	-48.39		
	ECR工况，X+1方式干燥出力	t/h		400	392	390	-1.83	-2.54		
	ECR工况，X方式制粉出力	t/h		170	233	253	+36.99	-48.74		
	ECR工况									

图 6－37　设备适应性分析 1

系统预测结果
用户要求响应表 混煤基本煤质特性参数表 以现用煤为依据的更换煤的特性表 混煤"煤-设备适应性分析"表 混煤煤质基本参数曲线图 决策评估结论
模式配置 返回 打印当前页 打印所有页 退出系统

混煤“煤—设备适应性分析”

内容		更换煤与现用煤的比较（ECR工况）					更换煤的适应性评估（ECR工况）			
		单位	设计值	现用煤参数	更换煤参数(掺烧煤1比例)		较现用煤变化幅度%(掺烧煤1比例)		适应性(掺烧煤1比例)	
					下限比例点(75)	上限比例点(100)	下限比例点(75)	上限比例点(100)	下限比例点(75)	上限比例点(100)
烟尘和污染物排放	除尘器出口湿烟气含尘量	mg/Nm3		119	182	171	+53.21	+43.99		
	脱硫系统附加除尘效率	%		0	0	0				
	实际烟尘排放浓度适应性(应<50)	mg/Nm3		118.99	182.32	171.35	+53.22	+44.00	增加	增加
	NOx排放	mg/Nm3		500	775	820	+29.22	+36.71	增加	增加
	SO2排放量	mg/Nm3		373	1777	206[illegible]	+133.53	+136.13	增加	增加
燃烧结渣	着火稳定性	%		40	30	30	-25.00	-25.00	变好	变好
	燃烧效率	%		100	100	100	+0.38	+0.39	效率增加	效率增加
	飞灰可燃物	%		1.46	0.05	0.04	-96.85	-97.24	减小	减小
	炉膛结渣			1.90	1.90	1.90	0	0	高结渣	不变
	大屏结渣			2.52	2.52	2.52	0	0	不变	严重结渣
制粉系统磨损(磨辊寿命预测)		h		1811	2376	13887	+58.60	+666.81	不适应	增加
燃煤成本		元/吨		310	825	813	+1.84	+0.32	增加	增加

图 6－38　设备适应性分析 2

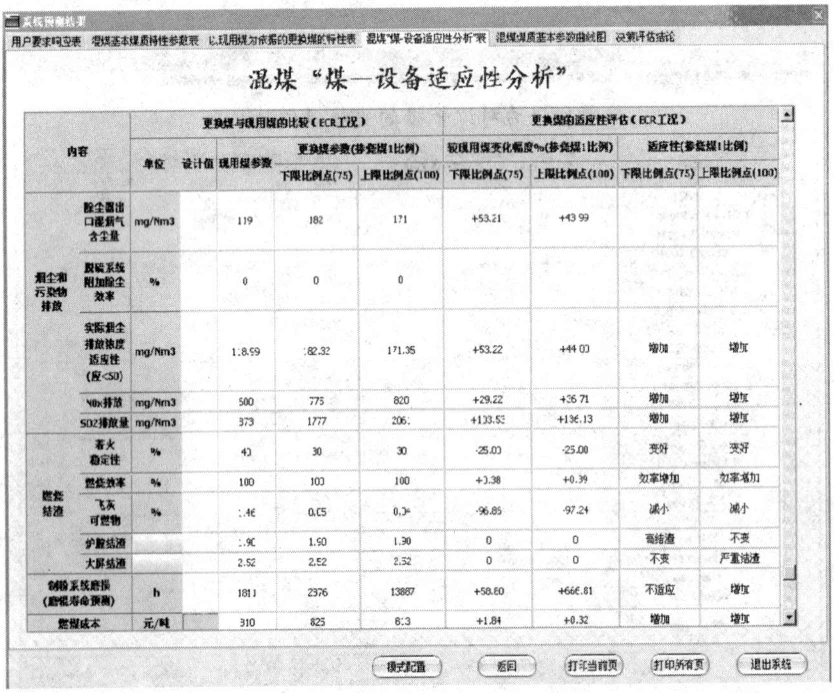

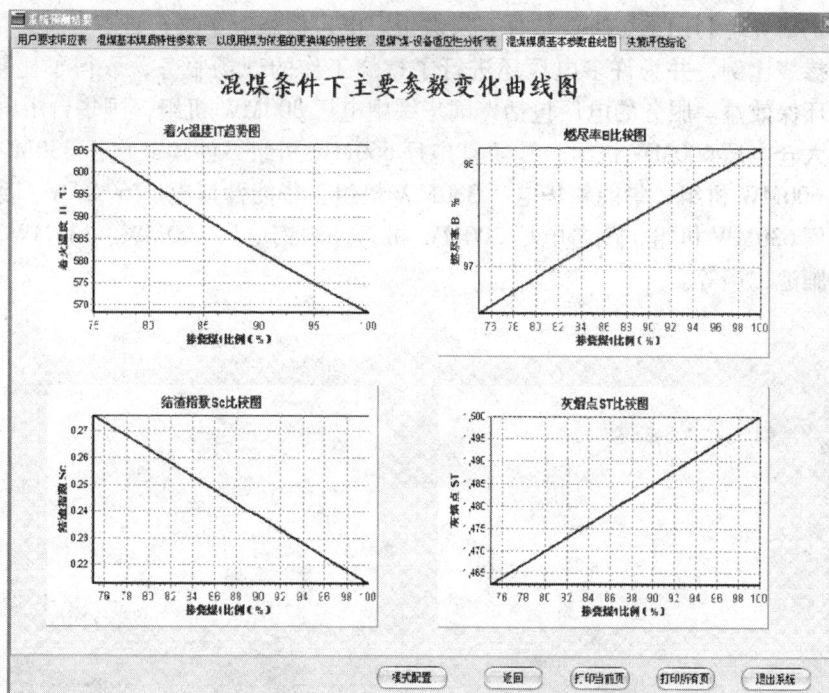

图 6-39　混煤变化趋势曲线

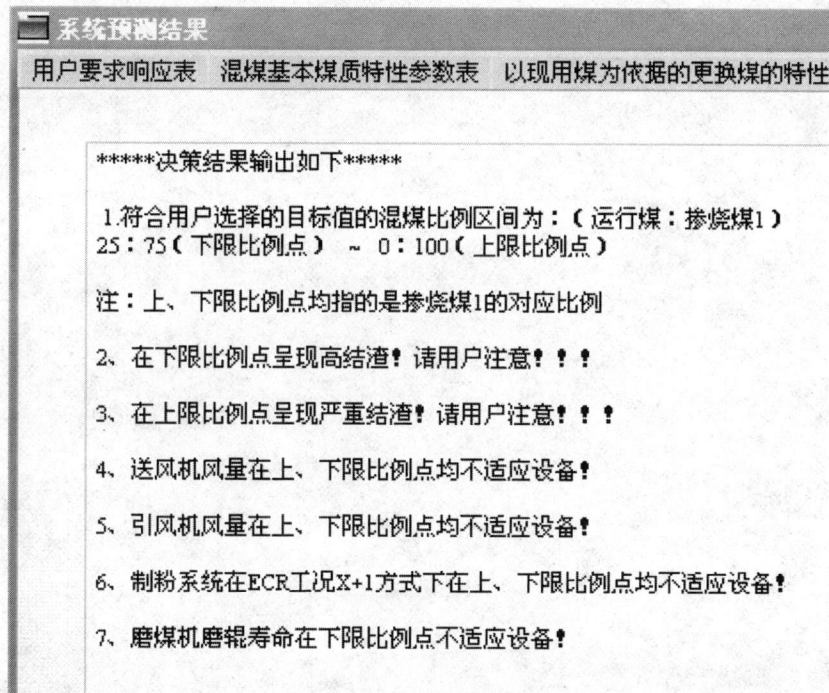

图 6-40　混煤决策支持信息

三、应用

西安热工研究院利用掺烧决策软件，对数十家电厂掺烧方案进行计算，提供了安全、经济和环保的掺烧比例，并为许多电厂还进行了掺烧工作的现场服务，取得了比较明显的社会、经济和环保效益。服务的电厂包括：国华绥中电厂800MW机组，国华台山电厂600MW机组，国华太仓电厂600MW机组，沙角C电厂660MW机组，沙角B电厂330MW机组，国电庄河电厂600MW机组，华能新华电厂330MW机组，华能营口电厂600MW机组，中电国际大别山电厂630MW机组，茂名电厂200MW机组，酒钢电厂300MW、135MW、50MW机组，新疆红雁池二厂等。

第七章

脱 硫 装 置 节 能 运 行

我国火力发电厂目前已安装投运烟气脱硫装置的机组容量已占到火电装机总容量的70%以上，其中采用石灰石—石膏湿法烟气脱硫技术工艺约占95%以上。烟气脱硫装置的现场实际运行情况表明，大多数脱硫装置都或多或少存在一些问题，其中厂用电率高和物耗量大是被普遍关注的问题。引起这些问题的原因是多方面的：一是设计方面存在先天不足，如设备没有留有足够的余量、工艺系统设计和布置不合理等；二是生产管理不到位，如运行监督不力、检修维护不及时、脱硫剂的品质波动等；三是运行方式不合理。对于设计方面的原因，只能通过技术改造消除缺陷，但受到投入资金和检修停运时间的限制，代价较大。对于生产管理方面的原因，可以通过加强生产管理加以改善。对于运行方面的原因，则可以通过制定运行优化策略、改进运行方式以取得显著的节能降耗效果。

本章针对采用石灰石—石膏湿法脱硫工艺的烟气脱硫装置，主要阐述如何通过运行优化以达到节能降耗的目的，采用其他脱硫工艺的可参考实施。

第一节 脱硫装置运行优化的策略

一、脱硫装置的运行依据

脱硫装置运行有两个特点：一是运行成本是随运行工况（脱硫效率）变化而变化的；二是经济效益和环保效益在一定程度上是相互制约的。如增加浆液循环泵投运的台数或增加石灰石浆液的供给可以提高脱硫率，从而达到更好的环保效果，但脱硫系统的电耗和脱硫剂的消耗就会明显增加，反之亦然。

对于已投运的脱硫装置应达到的性能指标（脱硫效率和排放浓度），现阶段各地区有较大差异。一般参考的规定和原则有：（1）火电厂污染物排放标准。如2003年我国发布了修订的《火电厂大气污染物排放标准》，该标准规定了火电厂锅炉SO_2的最高允许排放浓度。其中，对于第2和第3时段电厂，分别执行$1200mg/m^3$和$400mg/m^3$的SO_2最高允许排放质量浓度。有些地区还规定了更严格的排放标准。今后国家将制订更加严格的排放标准。（2）地方政府要求的脱硫效率和投运率。（3）地方政府核定的SO_2排放总量。总之，具体到一个地区的一个电厂的某一台机组，对其脱硫效率和排放浓度的要求可能是不同的。

二、脱硫装置运行优化的策略

脱硫装置的运行成本费用主要包括电费、脱硫剂费用、水费、蒸汽费和其他管理费用，其中，电费、脱硫剂费用、水费、蒸汽费与运行工况紧密相关。此外，脱硫装置的运行方式

还会影响 SO_2 的排污缴费和脱硫副产物的销售收入。将受脱硫运行方式影响的这些因素累加起来，称为相对生产成本，即

$$C = C_1 + C_2 + C_3 + C_4 + C_5 - C_6$$

式中　C——相对生产成本，元/h；

　　　C_1——系统电费，元/h；

　　　C_2——脱硫剂费用，元/h；

　　　C_3——用水费用，元/h；

　　　C_4——用蒸汽费用，元/h；

　　　C_5——SO_2 排污缴费，元/h；

　　　C_6——脱硫副产物的销售收入，元/h。

其中，电费、脱硫剂费用、SO_2 排污缴费的权重较大。

脱硫运行优化的策略就是在满足当地环保要求的前提下，使得脱硫相对生产成本（C）最低。在此原则下，针对脱硫负荷、燃料硫分变化的不同工况，实行最优的运行方式。

第二节　脱硫装置运行优化的内容

一、吸收系统的运行优化

脱硫装置吸收系统运行优化的内容有浆液循环泵的运行优化，pH 值的运行优化，氧化风量的运行优化，吸收塔液位的运行优化，石灰石粒径的运行优化等。下面举例说明。

某电厂一台 300MW 机组配套的烟气脱硫装置，设置四台浆液循环泵，从低到高分别为 A、B、C、D。入口 SO_2 浓度的正常变化范围为 $1500 \sim 4500mg/m^3$，习惯运行方式为 B、C、D 浆液循环泵运行。对脱硫效率没有要求，只需满足 $400mg/m^3$ 出口排放浓度要求，排污费按实际排放量缴纳。脱硫剂为外购石灰石粉，石膏外卖有一定的收益。无蒸汽消耗。

1. 浆液循环泵的优化运行

负荷为 300MW、入口 SO_2 浓度为 $4000mg/m^3$ 时，浆液循环泵不同组合运行情况见表 7-1 和图 7-1。

表 7-1　　　　　　　　浆液循环泵不同组合运行情况的相对运行成本

工况	投运浆液循环泵	脱硫效率（%）	出口 SO_2 浓度（mg/m^3）	电耗量（kW）	石灰石消耗量（t/h）	石灰石成本（元/h）	电成本（元/h）	水成本（元/h）	排污缴费（元/h）	石膏收益（元/h）	总的相对成本（元/h）
1	ABCD	95.6	176	4502	8.13	2032	1711	168	133	140	3904
2	BCD	93.6	256	4081	7.96	1989	1551	168	194	137	3765
3	ACD	93.0	280	4032	7.91	1976	1532	168	212	136	3752
4	ABD	92.4	304	3983	7.85	1964	1514	168	230	135	3740
5	ABC	91.8	328	3929	7.80	1951	1493	168	248	134	3726
6	CD	88.8	448	3612	7.55	1887	1373	168	339	130	3637
7	BD	88.1	476	3558	7.49	1872	1352	168	360	129	3624

续表

工况	投运浆液循环泵	脱硫效率（%）	出口SO$_2$浓度（mg/m^3）	电耗量（kW）	石灰石消耗量（t/h）	石灰石成本（元/h）	电成本（元/h）	水成本（元/h）	排污缴费（元/h）	石膏收益（元/h）	总的相对成本（元/h）
8	BC	87.4	504	3508	7.43	1857	1333	168	382	128	3612
9	AD	86.7	532	3511	7.37	1842	1334	168	403	127	3621
10	AC	86.1	556	3459	7.32	1830	1314	168	421	126	3607
11	AB	85.4	584	3408	7.26	1815	1295	168	442	125	3595

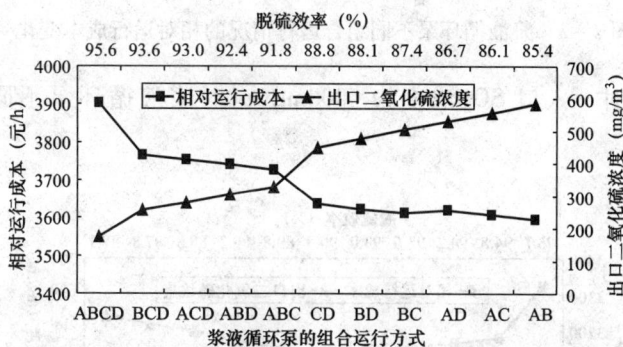

图7-1　浆液循环泵不同组合运行情况的相对运行成本变化

由表7-1和图7-1可以看出，此工况时，在满足出口排放浓度前提下，相对生产成本最低的浆液循环泵组合方式为ABC，这种组合方式是最经济的。

负荷为300MW、入口SO$_2$浓度为3000mg/m^{3}时浆液循环泵不同组合运行情况见图7-2。

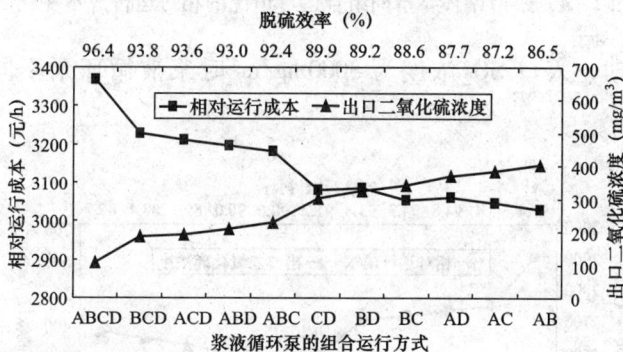

图7-2　浆液循环泵不同组合运行情况的相对运行成本变化

由图7-2可以看出，此工况时，在满足出口排放浓度前提下，相对生产成本最低的浆液循环泵组合方式为CD，这种组合方式是最经济的。

负荷为300MW、入口SO$_2$浓度为2000mg/m^{3}时浆液循环泵不同组合运行情况见图7-3。

由图7-3可以看出，此工况时，在满足出口排放浓度前提下，相对生产成本最低的浆液循环泵组合方式为AB，这种组合方式是最经济的。

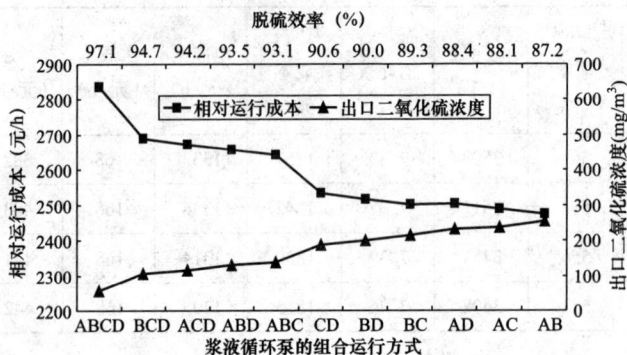

图 7-3　浆液循环泵不同组合运行情况的相对运行成本变化

负荷为 240MW 时、入口 SO_2 浓度为 4000mg/m^3 时浆液循环泵不同组合运行情况见图 7-4。

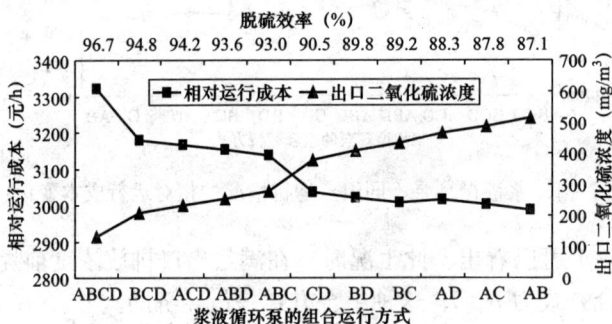

图 7-4　浆液循环泵不同组合运行情况的相对运行成本变化

负荷为 240MW 时、入口 SO_2 浓度为 3000mg/m^3 时浆液循环泵不同组合运行情况见图 7-5。

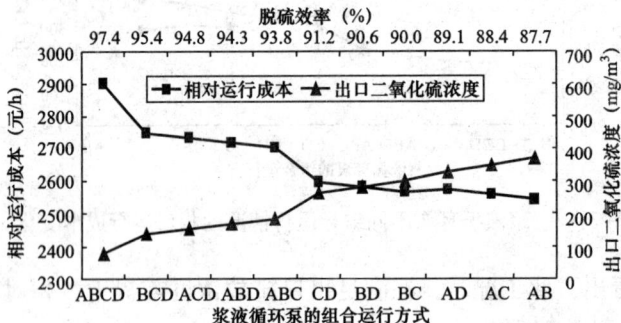

图 7-5　浆液循环泵不同组合运行情况的相对运行成本变化

负荷为 240MW 时、入口 SO_2 浓度为 2000mg/m^3 时浆液循环泵不同组合运行情况见图 7-6。

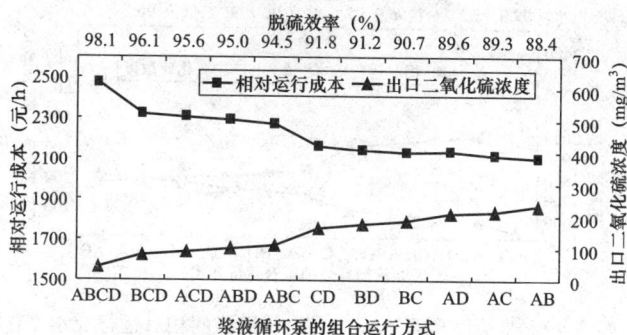

图7-6 浆液循环泵不同组合运行情况的相对运行成本变化

负荷为180MW时、入口SO_2浓度为4000mg/m^3时浆液循环泵不同组合运行情况见图7-7。

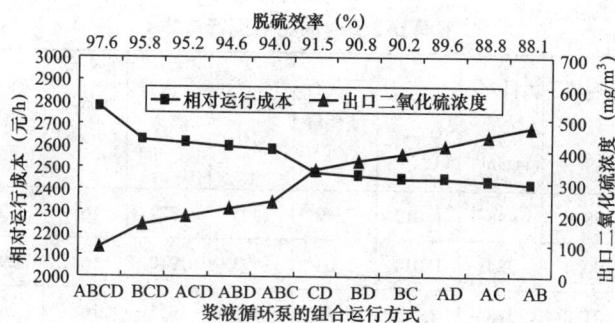

图7-7 浆液循环泵不同组合运行情况的相对运行成本变化

负荷为180MW时、入口SO_2浓度为3000mg/m^3时浆液循环泵不同组合运行情况见图7-8。

图7-8 浆液循环泵不同组合运行情况的相对运行成本变化

负荷为180MW时、入口SO_2浓度为2000mg/m^3时浆液循环泵不同组合运行情况见图7-9。

脱硫效率（%）

99.0 97.2 96.7 95.9 95.4 93.0 92.2 91.7 90.9 90.2 89.6

图7-9　浆液循环泵不同组合运行情况的相对运行成本变化

由图7-4～图7-9也可以看出各种不同工况时，在满足出口排放浓度前提下，使相对生产成本最低的各自浆液循环泵最经济的组合方式。

2. pH值的优化运行

负荷为300MW时、入口SO_2浓度为4000mg/m^3时pH值的优化见表7-2和图7-10。

表7-2　　　　　　　　　　　　　不同pH值时的相对运行成本

工况	投运循环泵	pH值	脱硫效率（%）	出口SO_2浓度（mg/m^3）	钙硫摩尔比	石灰石消耗量（t/h）	电成本（元/h）	石灰石成本（元/h）	水成本（元/h）	排污缴费（元/h）	石膏收益（元/h）	总的相对成本（元/h）
1	ABC	5	88.8	448	1.012	7.49	1493	1872	168	339	129	3744
2	ABC	5.2	90.4	384	1.014	7.64	1493	1910	168	291	131	3730
3	ABC	5.4	91.8	328	1.02	7.80	1493	1951	168	248	134	3726
4	ABC	5.6	92.6	296	1.033	7.97	1493	1993	168	224	137	3741
5	ABC	5.8	93.4	264	1.055	8.21	1493	2053	168	200	141	3773

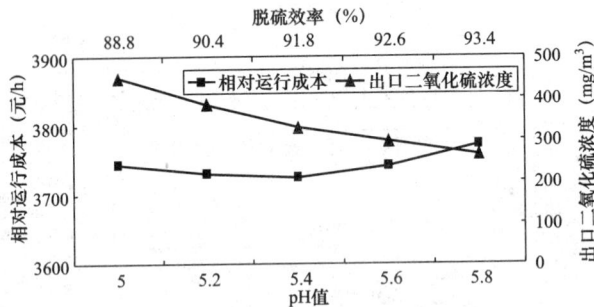

脱硫效率（%）

88.8　　90.4　　91.8　　92.6　　93.4

图7-10　不同pH值时的相对运行成本变化

从表7-2可以看出，吸收塔浆液的pH值越高，脱硫率就越高，但也相应增大了钙硫摩尔比，石灰石耗量增加，石灰石的成本也增加了。但同时，排污缴费却减少了，外卖石膏的收益也有所增加，所以，总的相对成本有一个最低点。从表7-2可以看出，工况3是最佳工况，即pH值在5.4时，既可以达到较高的脱硫率，又可以实现较低的钙硫摩尔比。而当 pH 值在 5.6～5.8 范围内，脱硫率尽管可以进一步增加，但并不明显，钙硫摩尔比却有一定的增加；当 pH 值在 5.0～5.2 范围内，钙硫摩尔比尽管可以进一步减少，但脱硫率却有一定的下降。工况 3 的相对成本较其他几个工况均低，是最佳工况。

180MW 负荷，入口 SO_2 浓度为 $2000mg/m^3$ 时 pH 值的优化见图 7-11。

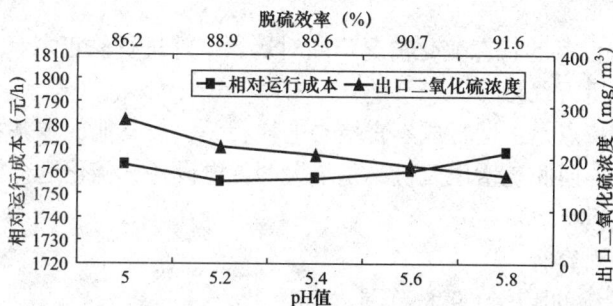

图 7-11　不同 pH 值时的相对运行成本变化

从图 7-11 可以看出，工况 2 的相对成本较其他几个工况均低，是最佳工况。

3. 吸收系统的最佳运行卡片

用同样的方法再进行完整的 pH 值运行优化、氧化风量的运行优化、吸收塔液位的运行优化甚至是石灰石粒径的运行优化等，就可以得到如表 7-3 所示的吸收系统最佳运行卡片。

表 7-3　　　　　　　　　　　　　吸收系统最佳运行卡片

运行设定值			入口 SO_2 浓度（mg/m^3）			
			>4500	4000	3000	2000
机组负荷	300MW	浆液循环泵	ABCD	ABC/ABD	AC/AD	AB/AC
		pH 值	5.4	5.4	5.4	5.2
		氧化风机	2 台	2 台	2 台	1 台
		吸收塔液位	高	高	中	中
	240MW	浆液循环泵	BCD/ACD	CD/ABC	AB/AC	AB/AC
		pH 值	5.4	5.4	5.3	5.2
		氧化风机	2 台	2 台	2 台	1 台
		吸收塔液位	高	中	中	低
	180MW	浆液循环泵	CD/ABC	BC/BD	AD/BC	AC/AD
		pH 值	5.4	5.3	5.2	5.2
		氧化风机	2 台	2 台	1 台	1 台
		吸收塔液位	中	中	低	低

注　考虑到在实际运行过程中，检修、电动机启动频率等因素的影响，每个工况均推荐了两种浆液循环泵的运行组合方式。

表 7-3 所示的吸收系统最优运行卡片，给出了在不同负荷、不同入口 SO_2 浓度时，最佳的浆液循环泵组合方式、最佳的 pH 设定值、氧化风机的投运台数、吸收塔液位等基本的运行设定，一目了然，便于运行人员操作。

制定吸收系统最优运行卡片时需要注意的是：

（1）要合理选择机组负荷和入口 SO_2 浓度的范围，既要涵盖脱硫装置的运行工况，也要简洁易读。

（2）要合理进行试验工况选择。各种工况下和各种因素的组合方式是非常多的，要分清主辅、合理取舍，尽量减少试验工况，浆液循环泵组合方式和 pH 优化是重点。先搭出框架，再在实践中补充完善。

（3）应根据脱硫设备的状态变化情况不断对运行卡片进行修正。

二、烟气系统的运行优化

烟气系统运行的特点是：运行成本直接与电耗相关，与其他成本基本无关；电耗占脱硫系统总电耗的比例大，而脱硫增压风机又是最大的耗电设备；优化运行核心就是降低烟气系统的阻力和优化风机运行。

烟气系统优化的内容有：

（1）维持烟气系统的阻力在正常范围。

（2）增压风机与引风机串联运行优化。

1. 维持烟气系统的阻力在正常范围

维持烟气系统的阻力在正常范围的关键是降低和缓解 GGH 和除雾器结垢和堵塞引起的阻力增加。

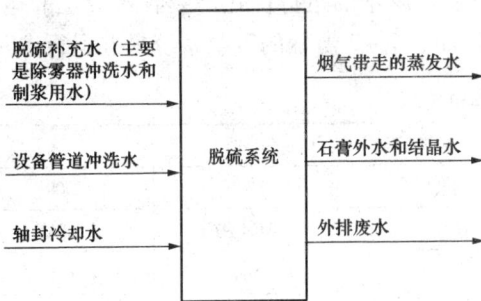

图 7-12 脱硫装置水平衡示意

GGH 结垢堵塞是普遍现象。运行中的优化包括 GGH 吹扫周期、高压冲洗水投入频率等。

除雾器堵塞结垢原因很多，但主要原因是水平衡被破坏，除雾器得不到有效冲洗。图 7-12 是脱硫装置水平衡示意图。

脱硫装置主要通过除雾器冲洗水来实现系统补水的，同时除雾器冲洗水还担任着冲洗除雾器的重要工作，必须保证有足够的冲洗水量。如系统水平衡被破坏，大量补水通过其他途径进入系统，就会影响到除雾器的冲洗，长此以往将会造成除雾器结垢堵塞甚至引起坍塌。因此，系统水平衡的调节是系统稳定运行的一个重要方面。水平衡运行调节的主要内容有：

（1）控制各类泵的轴封水水量（对开式系统）。

（2）最大限度地利用石膏过滤水进行石灰石浆液制备。

（3）防止和减少系统外水如雨水、清洁用水进入系统。

（4）由于湿法脱硫系统的冲洗阀、补水阀数量多，易出现阀门关闭不严和内漏的故障。在运行中要对这些阀门状况加强监控。

（5）尽量不要开旁路运行。

2. 脱硫风机与引风机串联运行优化

脱硫风机（增压风机）与引风机为串联运行方式，两风机共同克服锅炉烟气系统与脱硫烟气的阻力。要避免出现一个风机在高效区运行、而另一个风机在低效区运行的情况。应通过试验，在机组和脱硫系统安全运行的前提下，找出不同负荷时两风机最节能的联合运行方式（增压风机和引风机电流之和为最小）。

某电厂一台 220MW 机组配套石灰石—石膏法脱硫装置，在 100% 负荷工况下，将脱硫系统入口负压的设定值由 −0.25kPa 逐步上调至 0kPa，锅炉引风机投自动。虽然引风机电流略有上升，但增压风机电流下降明显，增压风机和两个引风机电流之和是逐步减小的，如表 7 −4 和图 7 −13 所示。

表 7 −4　　　　　　　　　　　增压风机和引风机的电流变化

原烟气挡板处压力（kPa）	增压风机电流（A）	增压风机动叶开度（%）	A 引风机电流（A）	B 引风机电流（A）	A 引风机变频器赫兹比（%）	B 引风机变频器赫兹比（%）	增压风机与引风机电流之和（A）
−0.25	279.2	82.7	122	117	91	91	518.2
−0.20	272.4	80	124	116	92	92	512.4
−0.15	269	79.7	122	116	93	93	507
−0.10	262.5	77.6	123	117	93	93	502.5
−0.05	258	78.1	125	116	94	94	499
0.00	254	75.8	125	118	93	93	497

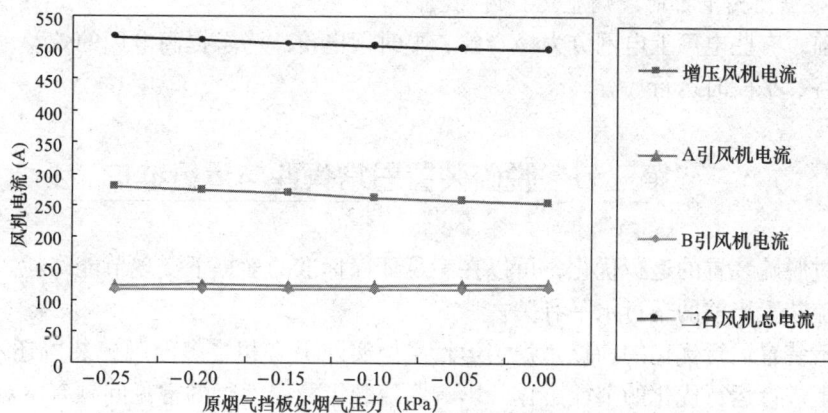

图 7 −13　脱硫增压风机和引风机的运行优化

脱硫装置入口压力从 −0.25kPa 调至 0kPa，增压风机与两台引风机的电流之和从 518.2A 降低到 497A，电流降低共计 21.2A；可见，在 100% 负荷工况下，将脱硫装置入口压力设定在 −0.05～0kPa，是风机运行最经济的工况。

同理，在负荷发生变化或脱硫系统阻力发生变化时，也可以找到使两风机最节能的联合运行方式，最终归纳出两风机的最佳运行卡片，用于指导运行操作。

三、公用系统（制浆、脱水、废水）的运行优化

公用系统运行的特点是电耗占脱硫系统电耗的比例较低，但仍有潜力可挖，大部分脱硫装置都存在出力不足的问题。

公用系统优化的内容有：

（1）增加设备出力，减少公用系统的运行时间。

（2）根据上网电价时段调整运行时间。

1. 增加设备出力，减少公用系统的运行时间

应在满足工艺要求的条件下尽可能提高石灰石磨机、真空皮带脱水机等的出力。为提高湿磨机的出力，可采取的措施有：

（1）调整球磨机内钢球装载量。

（2）调整石灰石旋流器压力。

（3）调整石灰石旋流子投入个数。

（4）调整石灰石旋流子底流沉沙嘴尺寸。

（5）调整石灰石浆液密度。

为提高真空皮带机的出力，可采取的措施有：

（1）调整脱水系统的供浆量。

（2）调整石膏旋流子投入个数。

（3）调整石膏旋流子底流沉沙嘴尺寸。

（4）调整石膏旋流器压力。

（5）调整真空脱水系统启停对应的石膏浆液密度。

某厂石膏浆液密度由 $1080 \sim 1090 kg/m^3$ 改为 $1075 \sim 1095 kg/m^3$ 后，真空脱水系统的运行时间由每天启停 3 次、每次运行 4h，减少为每天启停 2 次、每次运行 5h。

2. 根据上网电价时段调整运行时间

目前，有些电厂上电网分为峰、谷、平时段电价，为了提高电厂的效益，应使公用系统尽量在谷、平段时运行。

第三节 脱硫装置日常管理与运行维护

通过脱硫装置的运行优化，可以在满足环保标准的前提下实现节能降耗。节能降耗的潜力与脱硫装置当前的运行水平有关。

脱硫装置运行优化的前提是稳定运行；但实际上有相当多的脱硫装置还不能稳定运行，就谈不上进行运行优化的节能工作。影响脱硫装置稳定运行的常见问题有：对高硫煤的适应性差、吸收塔起泡溢流、腐蚀、磨损、结垢、堵塞、石膏品质差、废水处理系统不能正常运行等。这些问题也是可以通过运行优化加以缓解和改善的。

但有些问题是不可避免的，就像一辆轿车，会遇到各种路况条件，但轿车的寿命长短却与维护保养水平紧密相关。同样，脱硫装置的运行水平与日常管理和运行维护水平紧密相关，应引起管理者的足够重视。

建议日常管理与运行采取以下措施：

（1）制定行之有效的烟气脱硫装置生产及技术管理制度。

（2）运行中加强监视并及时调整，及时根据脱硫工况变化调整运行参数和运行方式。

（3）重视日常培训工作，定期开展运行日报和参数分析。

（4）建立设备健康及维修档案。加强脱硫缺陷管理，每月对统计的设备缺陷进行分析，找规律、定措施，并统计消缺率、缺陷复现率和缺陷复现时间间隔。

（5）加强脱硫专业人员之间的交流，共享经验。

（6）针对各厂实际情况，可对脱硫设备从可靠性、安全、环保、费用及效率等方面进

行综合评估后，采用不同的检修策略。如对增压风机、浆液循环泵等设备，主要采用计划检修策略；对湿磨机和废水系统等设备，主要采用状态检修并结合计划检修策略；对氧化风机、石灰石浆液泵、石膏浆液泵、各类搅拌器等设备，主要采用状态检修策略；对一些费用很小且不重要的设备，可采用故障检修策略。

（7）建立和加强脱硫化学监督和分析制度。脱硫运行中的化学监督是非常重要的，应引起脱硫管理人员的高度重视。通过化学监测分析，能了解和优化脱硫装置性能，鉴别和查找运行过程出现的问题。

（8）加强石灰石或石灰石粉来料的质量监督。吸收剂的特性指标对脱硫效率、石灰石的耗用量、石膏副产品的质量以及对设备的磨损等具有较大的影响。另外，控制石灰石来料中由于开采混入的树根、草木等其他外来杂质，可以有效地控制脱硫制浆系统或浆液输送系统的堵塞，减少维护工作量，提高脱硫系统设备运行的可靠性。

（9）加强锅炉和除尘器的运行管理，力争进入脱硫系统的烟气参数在设计范围内。

第八章

电除尘器节能

第一节 电除尘器节能潜力

一、基本供电状况

电除尘器是利用高压电场对荷电烟尘的吸附作用,将粉尘从含尘气体中分离并收集下来的除尘器。其收尘主要过程为:含尘气体进入电除尘器后,在高压电场作用下使悬浮于含尘气体中的烟尘受到气体电离作用而荷电,荷电烟尘在电场力的作用下向极性相反的电极运动,并吸附在电极上,最后通过振打或冲刷从极板、极线上脱落,同时在重力的作用下落入灰斗中排出。由此可知,电除尘器的有效供电对其除尘效率起非常重要的作用。这里电能消耗是必要的和必需的。

以燃煤电厂600MW机组为例,一般配2台双室四电场(或更多电场)电除尘器。按四电场计算,其典型设计配备电器负荷为:

(1)高压电源。数量为16台,输出参数为72kV/2.0A,单台功率206kVA,高压部分总负荷为3296kVA。

(2)低压电器。约为480kVA。

(3)总负荷为3776kVA。

从实例中可看出,电除尘器的电能消耗主要是高压电源,低压设备电耗所占份额较小,且低压电器能耗也是保证设备正常运行所必需的,节能空间很小。因此,以下主要讨论高压电源的节能问题。

二、影响高压电源运行电耗和除尘效率的主要因素

1. 燃煤、烟气及烟尘特性

燃煤的含硫量、灰分、飞灰可燃物,烟气流速、烟气温度、烟尘浓度,烟尘成分、粒度、比电阻等均对高压电源的运行电耗和除尘效率有直接影响。当其条件对烟尘荷电、除尘有利时,一般电除尘器运行参数好、电耗高,除尘效率也高;但有些特性烟尘使电场内发生反电晕,尽管电除尘器电耗大,但却未能有效用到收尘上,反而使除尘效率下降,这是电除尘器节能要特别关注的一点。

2. 锅炉负荷

对锅炉尾部配备的电除尘器,当锅炉运行负荷变低时,因为烟气量、烟气温度、烟尘量均变低,有利于电除尘器荷电、除尘,使得高压电源运行参数趋好、电耗增大,除尘效率提高。因此,通常锅炉运行负荷越低,除尘效率越高,能耗也越高。而在实际运行控制中,低

负荷时可以不必片面地增大电耗去追求过高的效率，完全可以通过合理、有效的供电，控制排放浓度，大大降低电耗。因此，这一方面的节能是电除尘器节能的一个非常重要的环节。

3. 供电控制方式

电除尘器供电控制方式主要指其高压、低压电源供电的控制方式。其中，高压供电控制方式主要有：火花自动跟踪、少火花、恒定火花、最高平均电压、间歇供电等；低压供电控制方式主要有：振打周期、降压振打和电加热等。而在每个除尘器的实际运行中那一种方式更适合，需要经过对整个除尘系统（本体设备、电器设备）进行完善处理并针对运行条件（燃煤、烟气、烟尘特性和锅炉负荷等）进行优化调整试验，才能科学、准确确定。

三、节能潜力

电除尘器节能主要是指保证烟尘达标排放并对其他设备（如脱硫系统）不产生明显影响的前提下，通过调整高低电源的供电控制方式来实现节能的。据国内外资料介绍，在一定条件下，电除尘器节能效果可达50%左右。西安热工院进行的节能优化试验表明，在一定条件下，高压电源节能最高可达80%以上。即使按50%节能计算，600MW机组配备电除尘器可节能1000kWh，按机组全年运行300天计算，全年可节能约720万kWh。因此，电除尘器的节能潜力非常大。

第二节　高压电源的节能

一、高压电源简介

高压电源供电主回路见图8-1。由供电变压器传送过来的380V、50Hz交流电，经可控硅控制进入变压器初端，升压后经硅整流器整流送到电除尘器内。可控硅是供电的主要控制器件，它的开、断时间决定了高压电源送入电除尘器电能的大小，也即决定了供电功率的大小。一般依据运行条件而调整变化。节能措施是科学、合理地控制可控硅的关、断时间，达到既满足环保排放要求，又尽可能地节约电能。

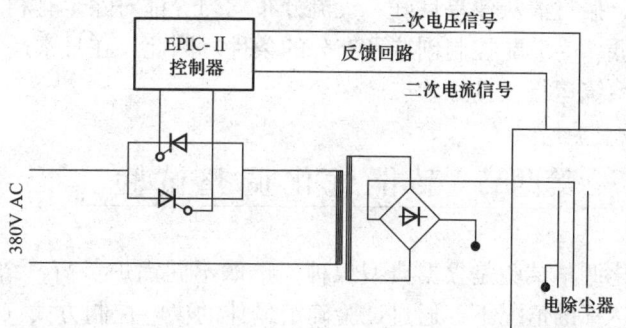

图8-1　高压电源主回路

二、高压电源节能的一般条件

（1）电除尘器设计裕度大，烟尘排放浓度低于环保要求值。

（2）锅炉运行负荷处于低负荷下运行。

（3）锅炉燃烧煤质改变使烟尘条件向有利于除尘的方向转变。如处理烟气量、烟气温度、煤的含硫量、灰分、灰成分、比电阻、粒度等的改变。

（4）除尘器电场内出现严重的反电晕现象，电除尘器在节电的运行方式下可以同时提高除尘效率。

（5）高压电源配有多种运行供电控制方式，且参数可调。

三、高压电源节能措施

（1）停电场（或停供电区）运行。

（2）降低运行参数。

（3）采用间歇供电。

（4）利用上位机节能控制系统，调整运行方式和参数。

（5）通过优化调整试验和完善控制程序，使其控制系统能依据燃煤和机组负荷变化自动切换控制方式。

四、采用新型电源

随着科学技术的进步，电除尘器的高压电源也得到了不断发展。近几年开发应用的高频开关电源和三相高压电源已相继在国内应用。该类电源优良的供电特性对提高除尘效率非常有利，这也就为节能控制提供了调整空间；同时，因它们的功率因素比单相可控硅电源高，内耗小，也将直接产生节能效果。

第三节 其他节能问题

一、低压电器设备节能

低压电器节能主要在灰斗电加热上，若将灰斗电加热改为蒸汽加热，则节能效果比较明显。以 600MW 发电机组为例，灰斗电加热功率约为 250kW，而电厂蒸汽的能耗是较低的。同时，对振打周期的合理调整控制，不仅可以提高除尘效率，也可以节能。

二、本体设备对节能的影响

本体设备好坏直接影响除尘效率和烟尘排放浓度。特别是除尘器内极板、极线状态良好，无损坏、无变形；振打清灰效果良好，气流分布均匀等都对除尘有利。这可充分保证除尘效率好、排放浓度低，为节能控制创造了充分的条件。因此，在日常运行维护中，要及时消除设备缺陷，保证系统运行在良好状态。

第四节 节能优化调整试验

电除尘器运行优化调整试验是根据典型煤种，选取不同锅炉负荷，结合锅炉吹灰情况，在保证烟尘排放浓度达标的情况下，通过试验确定最佳的供电控制方式（除尘器电耗最小）及相应的控制参数（如供电方式、电流极限值、间歇供电的间歇比、振打周期等）。

一、实例一

某电厂锅炉原配两台卧式双室三电场电除尘器。后经技术改造成双室五电场，有效断面积为 249m²，同极距为 405mm，设计电场烟气流速为 1.02m/s；高压电源为 GGAJO2 - 1.8A/72kV - WF - HW，共 10 台，配有高、低压中央集中控制上位机系统。

1. 确定节能优化试验项目

分别在机组 350、280、184MW 等发电负荷下，选取不同的供电方式和相关参数，最终归类出既达标排放又节能效果好的运行方式。试验中，工况 1 为火花跟踪控制方式；其他工况为不同间歇比的间歇供电或间歇供电与火花跟踪控制方式的结合，具体方式依实际条件设定。这里功耗指高压功耗，为现场高压柜的电压、电流指示值乘积。

2. 节能调整试验结果

(1) 350MW 发电负荷下，不同工况时的除尘效率、烟尘排放浓度和功耗对比见表 8-1 和图 8-2。

表 8-1 　　　　　　　　　　　350MW 发电负荷优化试验结果

优化工况 ＼ 内容	除尘效率 （%）	出口排放浓度 （mg/m³）	功耗 （kW）
工况 1	99.63	42.4	370.5
工况 2	99.58	48.4	37.4
工况 3	99.50	59.0	34.6

从表 8-1 和图 8-2 可得出三种优化结论：

1) 除尘效率。以工况 1 为基准，工况 2 降低 0.05%、工况 3 降低 0.13%。最高和最低效率相差 0.13%。

2) 烟尘排放浓度。以工况 1 为基准，工况 2 增加 14.15%、工况 3 增加 39.15%。

3) 功耗。以工况 1 为基准，工况 2 节能 89.9%、工况 3 节能 90.7%。

4) 在保证烟尘排放浓度低于 50mg/m³（标，干）前提下，建议采用工况 2 的运行方式；该方式比常规火花跟踪控制方式节能 89.9%。

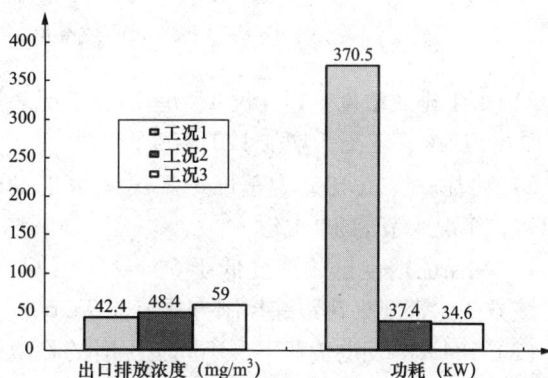

图 8-2 350MW 发电负荷不同工况特性对比

(2) 280MW 发电负荷下，不同工况时的除尘效率、排放浓度和功耗对比见表 8-2 和图 8-3。

表 8-2 　　　　　　　　　　　280MW 发电负荷优化试验结果

优化工况 ＼ 内容	除尘效率 （%）	出口排放浓度 （mg/m³）	功耗 （kW）
工况 1	99.72	33.7	409.0
工况 2	99.66	39.1	38.4
工况 3	99.60	43.3	26.2
工况 4	99.47	56.0	27.9
工况 5	99.34	74.0	22.7

从表 8-2 和图 8-3 中得出以下优化结论：

1) 除尘效率。以工况 1 为基准，工况 2 降低 0.06%，工况 3 降低 0.12%，工况 4 降低 0.25%，工况 5 降低 0.38%。最高和最低效率相差 0.38%。

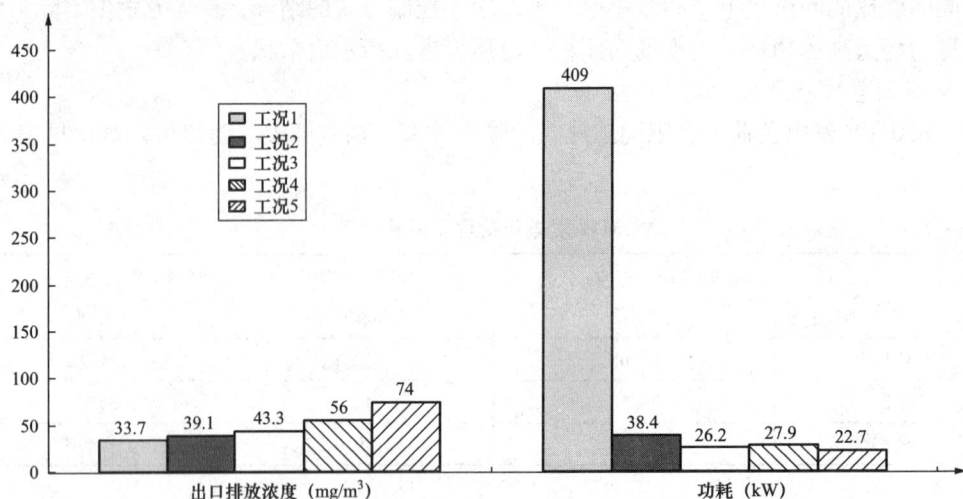

图 8-3 280MW 发电负荷不同工况特性对比

2）烟尘排放浓度。以工况 1 为基准，工况 2 增加 16.02%，工况 3 增加 28.49%，工况 4 增加 66.17%，工况 5 增加 120.47%。

3）功耗。以工况 1 为基准，工况 2 节能 90.6%，工况 3 节能 93.6%，工况 4 节能 93.2%，工况 5 节能 94.4%。

4）在保证烟尘排放浓度低于 $50mg/m^3$（标，干）前提下，建议采用工况 3 的运行方式。该方式比常规火花跟踪控制方式节能 93.6%。

（3）184MW 发电负荷下，不同工况时的除尘效率、排放浓度和功耗对比见表 8-3 和图 8-4。

表 8-3　　　　　　　　184MW 发电负荷优化试验结果

内容 优化工况	除尘效率 （%）	出口排放浓度 （mg/m³）	功耗 （kW）
工况 1	99.85	18.3	424.9
工况 2	99.78	23.4	33.6
工况 3	99.67	35.3	27.7
工况 4	99.47	64.4	24.7

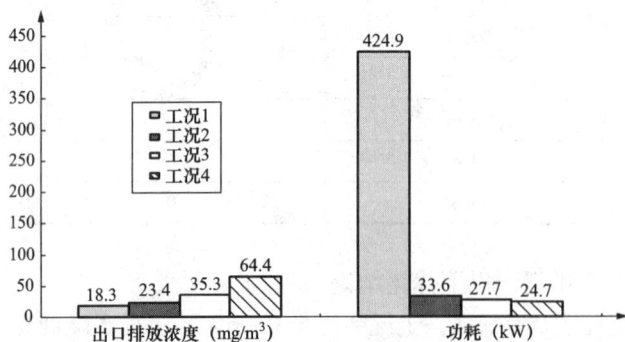

图 8-4　184MW 发电负荷下不同工况特性对比

从表 8-3 和图 8-4 中得出以下优化结论：

1）除尘效率。以工况 1 为基准，工况 2 降低 0.07%，工况 3 降低 0.18%，工况 4 降低 0.38%。最高和最低效率相差 0.38%。

2）烟尘排放浓度。以工况 1 为基准，工况 2 增加 27.87%，工况 3 增加 92.89%，工况 4 增加 251.9%。

3）功耗。以工况 1 为基准，工况 2 节能 92.1%，工况 3 节能 93.5%，工况 4 节能 99.4%。

4）在保证烟尘排放浓度小于 50mg/m³（标，干）前提下，建议采用工况 3 的工况运行；该方式比常规火花跟踪控制方式节能 93.5%。

（4）电耗与机组负荷的关系。

机组在不同负荷下，采用普通火花跟踪工况，电耗如图 8-5 所示。这说明锅炉负荷越低，电除尘器电耗越大。因此，锅炉低负荷运行节能问题显得十分重要。

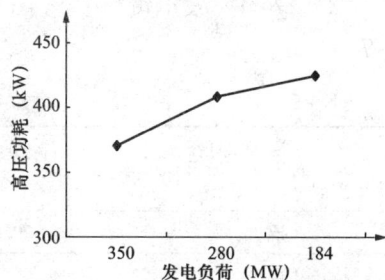

图 8-5 普通火花跟踪工况电耗与机组运行负荷关系

（5）节能效果。按最低节能效果计算，每台炉可节能 660kW，以每年运行 300 天计算，年可节能 475 万 kWh。节能效果非常明显。

二、实例二

该机组容量 350MW，锅炉蒸发量 1188t/h，尾部配两台卧式双室三电场电除尘器，有效断面积为 240m²，设计电场烟气流速为 1.02m/s，高压电源为 GGAJO2-1.0A/72kV-HW 型，配有高低压中央集中控制上位机系统。

1. 确定节能优化试验项目

基本方法与实例一相同。

2. 节能调整试验结果

（1）345MW 发电负荷下，不同工况时的除尘效率、排放浓度和功耗对比见表 8-4 和图 8-6。

表 8-4   345MW 发电负荷优化试验结果

内容 优化工况	除尘效率（%）	出口排放浓度（mg/m³）	功耗（kW）
工况 1	99.41	69.3	336.3
工况 2	99.32	81.3	287
工况 3	99.15	101	92.3

从表 8-4 和图 8-6 中可以得出以下优化结论：

1）除尘效率。以工况 1 为基准，工况 2 降低 0.09%，工况 3 降低 0.26%。最高和最低效率相差 0.26%。

2）烟尘排放浓度。烟尘排放浓度均高于 50mg/m³（标，干）。以工况 1 为基准，工况 2 增加 17.32%；工况 3 增加 45.74%。

3）功耗。以工况 1 为基准，工况 2 节

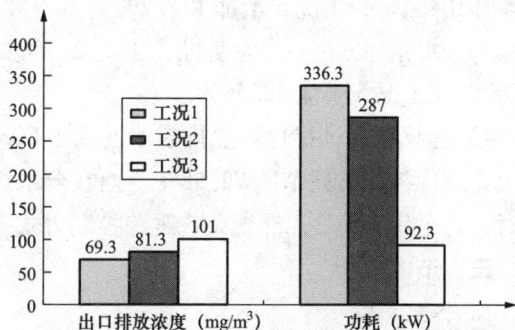

图 8-6 345MW 发电负荷不同工况特性对比

能 14.16%；工况 3 节能 72.60%。

4）建议。为了保证最低的烟尘排放浓度，采用工况 1 的工况运行，即普通火花跟踪方式，节能效果不明显；当要求烟尘排放浓度控制在 100 mg/m³（标，干）时 [第一时段，环保要求小于等于 200mg/m³（标，干）]，可采用工况 3，比常规火花跟踪控制方式节能 72.60%。

（2）174MW 发电负荷下，不同工况时的除尘效率、排放浓度和功耗对比见表 8-5 和图 8-7。

表 8-5　　　　　　　　　　174MW 发电负荷优化试验结果

内容　　优化工况	除尘效率（%）	出口排放浓度（mg/m³）	功耗（kW）
工况 1	99.66	38.6	333
工况 2	99.41	68.6	27.8
工况 3	99.62	44.3	91.3
工况 4	99.31	78.9	64.3
工况 5	99.08	107	158

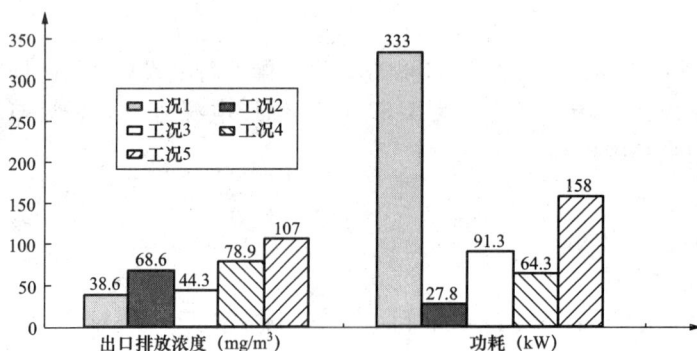

图 8-7　174MW 发电负荷不同工况特性对比

从表 8-5 和图 8-7 中可得出以下优化结论：

1）除尘效率。以工况 1 为基准，工况 2 降低 0.25%，工况 3 降低 0.04%，工况 4 降低 0.35%，工况 5 降低 0.58%。最高和最低效率相差 0.58%。

2）烟尘排放浓度。以工况 1 为基准，工况 2 增加 77.72%，工况 3 增加 14.77%，工况 4 增加 104.4%，工况 5 增加 177.2%。

3）功耗。以工况 1 为基准，工况 2 节能 91.65%，工况 3 节能 72.58%，工况 4 节能 80.69%，工况 5 节能 52.55%。

4）建议在保证出口烟尘排放浓度低于 50mg/m³（标，干）下，采用工况 3 运行，比常规火花跟踪控制方式节能 72.58%。而在要求烟尘排放浓度控制在 100 mg/m³（标，干）以下时，可采用工况 2，常规火花跟踪控制方式节能 91.65%。

三、节能分析

1. 节能效果

采用不同间歇供电的间歇比并与火花跟踪等组合，高压电源的电耗比火花跟踪工况大大下降，节能效果非常明显。特别是在低负荷条件下，在满足环保排放浓度要求时，高压电源最高可节能90%以上。

2. 目前常用控制方式（火花跟踪）特征

不论何种负荷，火花跟踪工况除尘效率最高，排放浓度最小，这也是我们通常采用该控制方式运行的原因之一。但是，从试验结果可明显看出，其功耗远远高于其他运行方式。因此应在环保和节能综合比较下，选取科学、合理的运行方式，即在满足烟尘排放浓度要求时，又尽可能地节能。

3. 电除尘器设计大小（电场多少）对节能的影响

由于目前电除尘器运行方式一般为火花跟踪，因此当除尘器设计较大、电场较多时，其电耗是较大的。但是通过优化调整试验表明，在相同的排放浓度控制目标下，双室五电场电除尘器比双室三电场更节能，这一结果完全打破了电除尘器越大、电场越多其耗电越大的传统观点。因此，在新机组选型和除尘器改造项目中，应尽量增加电场数和增大比集尘面积（结合考虑投资和运行成本）。一方面，这样能保证除尘效率，降低排放浓度；另一方面，可更好的节能，降低运行成本。

第五节 节能优化完善及改造

一、节能优化试验与上位机控制软件完善改造

1. 电除尘器上位机控制系统现状

目前，上位机控制系统主要是将高压和低压控制柜的有关检测、控制信号连接起来，可在计算机上显示相关参数，并对除尘器的运行参数进行设定。在近几年配备的系统中，接有烟尘连续监测仪（浊度仪）作为系统反馈信号，通过对烟尘排放的监控调整其运行参数，形成电除尘器运行的闭环控制。但是在实际应用中，由于各种原因使得关键的反馈信号（烟尘连续监测仪）不能正确指示，使得这一功能无法正常投运；上位机只能设置参数、记录数据，无法发挥闭环控制功能。

2. 上位机节能控制系统完善改造

为使上位机能够发挥作用，可根据实际情况，在优化试验的基础上对电除尘器上位机控制程序进行完善改造。引入机组负荷及燃煤为控制对象的控制方法，使其在烟尘连续监测仪信号正常时可以依它为闭环控制对象进行控制；而在信号不准确时电除尘器可采用机组负荷和燃煤为控制对象进行节能控制；同时依据电除尘器有效供电理念，不断优化节能控制模式和软件；保证了电除尘器的排放指标和节能效果。

在实际应用中，首次对机组锅炉吹灰运行时的高浓度排放（有时比平时正常运行排放浓度高2～3倍）进行控制，最大幅度地降低机组的瞬时高浓度排放，也保证了后面脱硫系统的正常运行。

3. 应用实例

基于上位机控制的系统目前已在国内大型机组上应用。如国内某1000MW超超临界机组，配备两台卧式三室四电场电除尘器，除尘器电控设备由国内主要电控厂家提供，配备24台高压电源，采用上位机控制系统。机组投运后除尘效率达到要求，排放浓度低于

$50\mathrm{mg/m^3}$（标，干），但除尘器电耗较高，一般在 3000kWh 以上。针对这一状况，采用优化运行和上位机控制软件升级是最经济的节电措施。在锅炉燃烧两种常用煤种，进行机组不同负荷运行工况下的电除尘器运行优化调整试验，为电除尘器节电运行提供科学的运行方式和参数，并在试验的基础上对上位机控制功能进行完善改造，使其能依据机组运行负荷和吹灰信号自动调整运行方式和参数，并能手动切换煤种变化的运行方式。通过运行优化及控制程序完善，控制烟尘排放浓度低于 $50\mathrm{mg/m^3}$（标，干），除尘器运行电耗一般在 1200kWh 以下，电厂统计，每台锅炉每月节电 85 万 kWh，节电效果显著。国内某 300MW 发电机组原电除尘器电耗占厂用电率达 0.4% 以上，通过改造，目前可控制在 0.15% 以下。

二、除尘器电源改造与节能优化

1. 电除尘器电源改造状况及适用范围

（1）电除尘器高压控制器改造。

该部分改造主要针对过去采用的控制器中存在的问题进行改造。其主要问题有：控制器元件老化、设备故障率高；控制器采集信号、分析控制速度慢，对有些工况烟气不能有效供电；缺乏完善的上位机控制系统将高压电源、低压电源及反馈控制信号有机的结合在一起。这一部分的改造，主要提高和完善电源的控制功能，在有些情况下相对原除尘器供电电源除尘效率有提高，并可通过优化运行方式进行节能。而在有些情况下（特别是原高压电源本身供电基本正常时的改造）则对提高除尘效率不明显。

（2）电除尘器新型电源综合改造。

针对目前许多电除尘器因为排放标准的提高或燃煤等因素变化，致使烟尘条件变差，导致其排放超标的情况，应对其烟气、烟尘及除尘器状况进行综合分析研究。若超标不多（一般不超过 20%），且除尘器运行基本正常，这时若采用除尘器整体改造费用会很大，而采用新型电源对其进行科学、有效、经济的改造，可提高除尘效率，达到烟尘排放标准的目的。这里的新型电源是指采用对电除尘器更能提供有效供电的电源，主要有三相电源、高频电源、中频电源、恒流源等；在改造中配备高、低压降压振打等。在改造中不一定前、后全部改换，应根据情况分析，有针对地选用（一般在前级电场采用）。新型电源可以提供更高的运行二次电压和合适的二次电流，增强了烟尘的荷电和收集，使除尘效率得到提高。同时，由于除尘效率的提高、荷电的增强，使得后级电场可以更好地采用间歇供电，达到节能的效果。而新型电源因为功率因素的提高，相对原电源也具有节能效果。因此，在一定范围内，通过新型电源的综合改造，可以到达节能减排的目的。

2. 应用实例

国内某 600MW 机组配备两台卧式双室四电场电除尘器，除尘器电控设备由国内主要电控厂家提供，配备 16 台高压电源以及上位机控制系统。机组于 2003 年投产，在 2006 年、2007 年除尘器性能测试时，除尘效率达不到设计值，烟尘排放浓度大于 $300\mathrm{mg/m^3}$（标，干）[有时达 $500\mathrm{mg/m^3}$（标，干）以上]。此外，除尘器电耗较高，一般在 1200～1800kWh。根据业主除尘效率达 99.2% 以上、排放浓度 $\leqslant 200\mathrm{mg/m^3}$（标，干）、节约电耗 400kWh 以上的要求，采用如下改造方案：

（1）高压电源改造。将一电场高压电源更换为供电能力较好的三相电源，以提高供电效果，提高除尘效率。

（2）上位机改造。完善上位机控制功能，主要改造内容有：降压振打控制、运行负荷变化控制、锅炉吹灰运行控制、烟尘浓度反馈控制、节能控制等。

（3）低压控制柜改造。改造低压控制柜，使其能与高压控制柜和上位机结合且具备降压振打控制功能。

（4）电除尘器运行优化调整。电除尘器电控改造完成后，对电除尘器进行运行优化调整试验。在两种燃煤条件下进行优化试验，以寻求常用煤种下电除尘器最佳的运行方式，通过优化试验调整运行方式。

经过电控改造并结合运行优化调整，除尘效率达到 99.50%，烟尘排放浓度控制在 $150mg/m^3$（标，干）以内，除尘器电耗降低 400kWh 以上。改造费用仅相当于除尘器整体改造的 20%。

第六节　电除尘器节能中存在的问题

一、节能控制原则

目前节能控制原则不明确；有些甚至只强调节能如何，连烟尘排放都不考虑，这对除尘器来讲就是本末倒置，也完全不符合节能减排的要求。一般地，电除尘器的节能工作应遵守以下基本原则：

1. 烟尘排放浓度控制原则

电除尘器所有的节能运行方式均必须保证烟尘排放浓度控制在国家有关标准（GB 13223）的烟尘排放浓度范围内。

2. 对其他设备影响原则

电除尘器所有的节能运行方式不能对电厂其他设备造成明显影响。如脱硫设备的正常运行、GGH 的堵灰、石膏品质的影响、风机的磨损等。

3. 效益综合评价原则

应对电除尘器节能改造和运行效果进行综合评价。要考虑除尘器的改造投资和收益比较，同时还应考虑对其他设备的影响评估。如是否影响脱硫系统的运行费用以及石膏的售价等。

二、节能效果测试方法

现在进行的许多电除尘器节能效果评判中，对电耗（功率）的测试计算方法存在较大差异：

1. 功率表直接测量

这一方法将功率表直接接入除尘器供电的高、低压电器或除尘器供电变压器上测试，数据准确。问题是在功率表的接入时往往须电厂停相应设备，较难实现；此时可用钳形功率表进行。另外，在部分电厂的除尘变压器上直接有功率测试显示，则可直接采用。

2. 电能表测量

采用电厂 6000V 除尘变压器上的电能表计量测试。即以一定的时间内的耗电量除以时间得到相应的功率。还可以结合电厂统计要求，采用一定时间内的电耗除以相应时间内的发电量，即为除尘器的厂用电率。

3. 高压柜上指示仪表计算

直接采用高压柜上的一次电压、一次电流（或二次电压、二次电流）的乘积计算功率。

这里关键问题是一次电压、一次电流（或二次电压、二次电流）的乘积不能准确反映电功率，功率因数、变压器效率、功率转化效率等因数均无法准确给出；而且在供电电源采用间歇供电时，其波形已经发生了很大的畸变，电压、电流的测试因各厂家采集处理的不同而存在较大差异。因此，该方法误差较大，需慎用。

4. 除尘变压器上电流指示计算

利用除尘变压器上的三相电流测试数据来计算功率，但因为功率因数等数据的不确定性，必将影响测试结果的准确性。

三、节能效果评判对象

目前，在介绍宣传的节能效果时，有时概念不清，将高压电源的节能效果说成是整个除尘器的节能效果。建议统一认识，采用如下几种方法：

1. 除尘器节电效率

$$\eta_W = \frac{P_1 - P_2}{P_1} \times 100\%$$

式中　η_W——除尘器节电效率，%；

P_1、P_2——电除尘器节能前、后的电功率，kW。

2. 除尘器高压电源节电效率

$$\eta_{Wg} = \frac{P_{1g} - P_{2g}}{P_{1g}} \times 100\%$$

式中　η_{Wg}——除尘器高压电源节电效率，%；

P_{1g}、P_{2g}——电除尘器高压电源节能前、后的电功率，kW。

四、节能控制模型和方式有待提高完善

现在许多节能控制仅仅对各个电场的电场内电气特性进行分析而各自独立进行控制，很少考虑电除尘器的整个系统运行状况、各电场的运行影响以及烟尘特性等。因此，容易片面强调各自的控制器特性而追求电控改造，没有抓住其节能的真正核心内容。

在节能控制中许多控制参数和功能还不完善，如不能针对燃煤和负荷的改变而自动切换到科学、合理、有效的运行方式上，不能针对机组吹灰产生的入口高浓度状况进行有效控制。

未建立电除尘器的有效供电理念，在节能控制中不能从保证为整个电除尘器各电场提供相应的有效供电上进行电源配置和运行方式、运行参数的选取，因此不能达到最佳的运行模式。

五、反电晕控制观念有待完善

一般认为，发生反电晕的主要原因是：极板上烟尘层的电荷未能及时释放而局部形成电场，当电压增加到一定程度后，烟尘层的电场发生局部放电或击穿。其伏安特行曲线一般呈现图8-8所示的特征，这样不仅使无用的电耗增大，且对除尘不利。因此，在运行和控制中，应及时调整供电方式和参数（如降低二次电流或采用间歇供

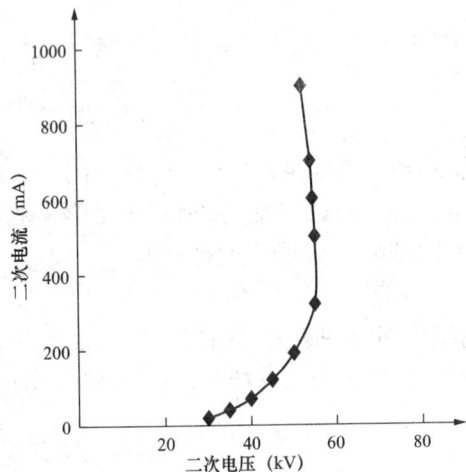

图8-8　伏安特性曲线

电，使其工作在伏安特性拐点之下），使电场内部不发生反电晕，达到既节能又增效的效果。

但是最新的研究发现，电除尘器的供电特性不是简单电路的控制特性，除尘器内电场也不是简单的等效阻容电路，而是复杂变化的电场。其反电晕的发生和电场有效供电是交替在一起的。而电场内部状况，如电场极配、烟尘特性、烟气特性以及供电电源等的不同，各自增加速度和击穿电压又各有不同，因此，在克服反电晕降低运行时，势必降低了电场内有效供电，因而大大降低了除尘效率，增加了烟尘排放浓度。因此，片面强调克服反电晕节能控制有时是非常有害的。

六、个别厂家夸大控制器的功效

就目前而然，电除尘器所配备的电控设备都能实现节能运行方式，关键是要根据各个除尘器实际运行情况去探寻科学的运行方式。而有些厂家借助节能概念推销产品，片面夸大控制器的作用。其实，晶闸管控制的单相高压电源，仅仅更换控制器并没有实质性的突破，其节能模式也只是采用间歇供电（或根据电场的运行参数分析控制、降低运行参数），即自动调节运行方式主要是根据各个电场的电气运行参数来分析其运行状态和反电晕等，其控制调节运行的方式仍是以间歇供电为主。这一控制方式也仅在部分电厂适用。在部分电厂电除尘器测试中发现，其自动判断出现失误，除尘效率下降较快，达不到设计值；烟尘排放浓度增加很大（有时增加50%以上，甚至增加1倍多），大大超标。这种改造使电厂投资较大，却往往起不到既环保排放达标又节能的效果。因此，在进行电控改造中一定要慎重。早期的控制器存在控制功能不全，检测及反馈控制慢，控制器元件老化、故障率高等问题时，改造控制器是有效的。而对于刚投运的电源设备，再更换控制器，对提效、节能作用不大。

第七节　热工院节能技术特色及推广

一、电除尘器节能技术特色

1. 供电理念创新

在电源及控制研究中首次提出"电除尘器有效供电"的概念，为电除尘器的供电技术和节能技术研究指明了方向。

2. 节能控制模式的创新

在节能控制方法上，首创采用依据电除尘器运行工况和各电场的供电变化及要求综合排布供电方式，从而克服了顺序排布供电方式的弊端，使除尘效率和节能达到最佳。

3. 控制功能的完善

在电除尘器控制系统上，首次引入机组负荷和燃煤为控制对象的控制方法，使其不仅能以烟尘连续监测仪为闭环控制对象进行控制，而且保证了当烟尘连续监测仪信号不准或漂移较大而无法进行控制时，电除尘器仍可采用机组负荷为控制对象进行节能控制。

同时首创对机组锅炉吹灰运行时的高浓度排放进行控制，最大幅度降低了机组瞬时高浓度的排放；也保证了脱硫系统的稳定运行。

4. 节能改造费用低

我院所进行的节能减排工作主要为节能优化调整试验，结合上位机完善改造和新型电源的综合改造。改造针对性强、改造费用低。

5. 节能与电除尘器达标改造有效结合

对运行效果较差的电除尘器进行综合分析，作出科学的评估；提出经济、有效的改造方案，将改造和节能综合起来考虑。

二、电除尘器节能技术推广

1. 提高认识、加强管理

目前，节能工作开展得还不够普及。这里有技术方面的问题，更重要的是认识上的问题。更多的是追求提高运行参数，片面认为多送电才能提高除尘效率，减少排放浓度，或认为电除尘器节能潜力不大等。因此，做好节能推广工作，首先要提高认识，加强管理，使节能工作制度化。

2. 人员培训

对运行和管理人员进行培训，提高素质，使他们熟练掌握除尘器工作原理、运行维护和节能基本知识，并能在调试专家的指导下，对不同的工况进行调整，以保证除尘器长期高效、节能运行。

3. 节能优化调整

积极开展节能优化调整。根据锅炉燃烧煤种科学、合理地适时调整电除尘器运行方式和参数。达到高效、节能的目的。

4. 完善节能控制系统

完善的节能控制系统由下列几部分组成：控制功能齐全的高压电源控制器、上位机和节能控制软件、烟尘连续监测、远程通信等。

应根据各厂实际情况，确定上位机控制软件的基本控制模式和参数，完善控制软件。对烟尘连续监测仪进行现场标定，切实做好运行维护工作，以保证控制系统反馈信号的准确性。

当烟尘连续监测仪信号准确性差导致控制偏差时，采用随机组运行工况变化而进行控制的方法是一个非常有效的节能控制手段。目前，已在多个电厂采用随机组负荷变化和煤种变化的控制方法，并考虑机组吹灰的控制模式，在实际控制中比较实用和稳定。

第 九 章

风 机 节 能

第一节 我国电站风机的技术水平及节电潜力

电站风机通常指电站锅炉的送风机、引风机和一次风机（或排粉机），现在还要加上脱硫系统的增压风机和氧化风机，对 CFB（循环流化床）锅炉还要加上高压流化风机。通常，这些风机的发电厂用电率均在 2% 以上。因此，设法降低电站风机耗电率，对电厂的经济运行有着十分重要的现实意义。

一、我国电站风机的技术水平

我国电站风机的总体技术水平已进入国际先进行列，但为满足我国火力发电的实际需求，在制造工艺、质量管理、选型设计和运行水平等方面还需进一步提高。

1. 我国电站风机的制造水平

（1）电站轴流式风机。我国大型电站风机主要生产厂家有沈阳鼓风机厂、上海鼓风机厂、成都电力机械厂、豪顿华公司和武汉鼓风机厂等，均引进了国外先进的轴流风机技术，经过多年来对引进技术的消化吸收和自主开发，目前我国生产的电站轴流式风机，无论是动叶调节还是静叶调节，已能满足我国火电机组（包括最大容量的 1000MW 机组）发展的需要，且已出口到国外（包括发达的西方国家），这说明我国电站轴流风机的制造水平已进入了世界先进行列，但遗憾的是，这些轴流式风机均是用引进技术生产的。

（2）电站离心式风机。我国早从 20 世纪 60 年代起，就开发出了具有世界先进水平的 4 - 72、4 - 73 型电站离心式风机，随后又开发出了一大批适用于我国火力发电技术发展各时期需要的电站离心式风机，如 4 - 60、5 - 53、5 - 36、5 - 29、9 - 26 等。近年来，一些民营风机公司与国内大专院校和科研机构合作开发的离心式电站风机，特别是 CFB 锅炉风机也已进入国际先进行列。目前，包括相关引进国外技术的厂家，我国已能生产出具有国际先进水平的电站离心式风机，能够满足我国常规火力发电技术发展的需要。

2. 我国电站风机的运行水平

总体来说，我国电站风机的运行水平是比较高的，但为满足我国电厂实际需要，还需进一步提高。

我国电站风机运行稳定性还不尽人意，主要表现在：

（1）轴流风机失速的几率高，尤其是一次风机。

（2）由风机运行引起的风、烟管道异常振动屡见不鲜，特别是大型一次风机。

（3）风机调节不够灵活，由卡涩、失灵等引起的实际调节位置与指示值偏差大，影响并联操作和稳定运行。

（4）电动机和风机轴承振动问题还比较突出。

（5）调节叶片脱落、转子裂纹失效还时有发生。

此外，运行噪声高，基本上达不到≤85dB 的要求。

二、我国电站风机节电潜力估计

总体来说，我国电站风机平均耗电率较高，且参差不齐，与风机本身技术水平不相称，节电潜力较大。

1. 我国电站风机耗电情况

近两年，作者参加了一些电厂的节能降耗诊断工作，发现我国各电厂电站风机耗电差异较大。即使同类型机组、同样的配置，也存在较大差异，这说明我国电站风机还有较大节能空间。

目前，我国大型电站锅炉三大风机在机组满负荷的耗电率大致为：

（1）1000MW 机组。在 1.45% 左右。

（2）600MW 级机组。为 1.5%，但高的达 2.0% 以上，个别电厂竟达到 3% 以上。

（3）300MW 级机组。在 1.6% 左右，三大风机均为动调轴流的，最低的可达 1.2% 左右，但 2% 以上的电厂也很多。

（4）300MW 级 CFB 锅炉的风机耗电率。某电厂 168h 试运时为 3.83%，另一电厂两台机组 168h 试运期间分别为 3.64% 和 3.99%。

（5）脱硫增压风机耗电率。无 GGH（气—气热交换器）的 0.4% 左右，带 GGH 的一般在 0.5% 以上。

2. 我国电站风机耗电率高的原因

我国电站风机耗电率高的原因是多方面的。结合多年对我国电站风机的试验研究、产品设计开发、运行风机改造和故障诊断的实践经历，总结出的我国电站风机运行经济性差的主要原因有：

（1）风机选型参数不合理，裕量过大。

（2）风机选型不当。

（3）风机可靠性较差。

（4）机组负荷率低。

（5）运行操作不合理。

3. 我国电站风机节电潜力估计

某电厂（主辅机均为 20 世纪 90 年代引进设备）2007 年全年平均发电厂用电率仅为 3.16%（风机耗电约为 1.1%）。比较我国电站风机总体耗电水平。作者认为，经过努力将我国电站风机（包括脱硫系统用风机）的平均耗电率降到 2% 以下是有可能的。

第二节 电站风机节能途径

一、选择与锅炉风（烟）系统相匹配的风机

目前，我国大型电站风机（无论是国产还是引进）几乎均是高效风机，但其在电厂运行的经济性（或耗电率）却有很大差别。究其原因，最主要最关键的是所选风机的特性是否与其工作的管网系统阻力特性相匹配。因此，选择好与锅炉风（烟）系统匹配的风机是首要的节能途径。

二、采用先进的调节方式

由于电站风机在选型时均留有裕量，机组发电负荷也不可能不变，参与调峰的机组负荷率还较低。因此，电站风机总是在部分负荷下运行，这就要求对风机进行调节。显然，调节方式的好坏直接关系到电站风机运行的经济性。

三、改造低效运行的风机

尽管在我国大型电厂中使用的电站风机几乎全是高效风机，但由于种种原因，运行效率较低的风机还不少。对这些风机进行改造，提高其运行效率，仍是我国电站风机节能的一个重要途径。

四、改造不合理的风机进、出口管道布置

风机进、出口管道布置不合理，不仅会增加风（烟）系统阻力和风机耗电，而且会直接影响风机的性能。特别是风机进口管道布置不合理，会破坏风机进口气流的均匀性，使风机出力和效率显著降低。

如某电厂在1980年安装的一台300MW机组的动叶调节轴流送风机，就因进口管道布置十分不合理，造成风机进口气流不均，使得风机实际产生的压力仅为设计值的40%，实际风量相差30%，不能满足机组带负荷的需要。后在风机进口弯头的3个侧面各开面积为$3m^2$的孔（总面积为$9m^2$，开孔位置见图9-1），风机出力得到显著提高，已能满足机组带300MW负荷要求，风机效率也提高了20%。

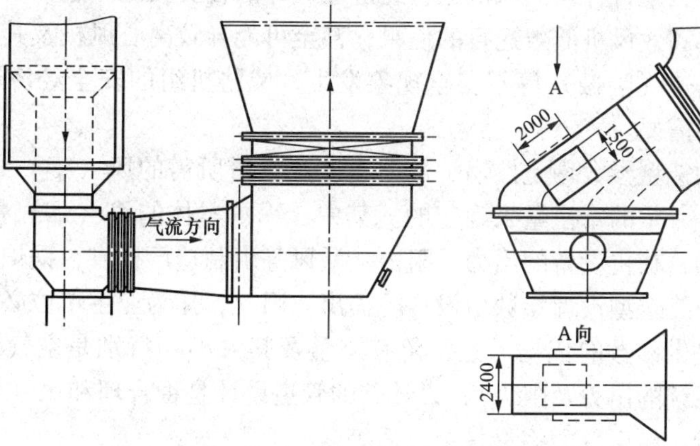

图9-1 不合理的轴流风机入口管道布置及改造

风机进、出口管道布置不合理还可能因气流涡流和压力脉动直接影响风机结构的可靠性。如1990年，某电厂送风机叶轮多次失效和飞车事故，就是因进、出口管道布置造成风机内气流压力脉动达3724Pa，且脉动频率为叶轮前盘自振频率的1/2和1/10，使前盘动应力达26.6MPa，造成前盘从应力集中或材料有缺陷处产生疲劳开裂并发展，最终导致失效和飞车（前盘裂纹的断口分析和实测数据表明，该型风机前盘是在200MPa左右的平均应力和$11.2 \sim 26.6MPa$交变应力的联合作用下，材质因疲劳而产生裂纹的），造成机组停运或降出力运行（后通过加厚叶轮前、后盘的材料厚度，改变叶轮自振频率，避开了气流脉动频率，前盘动应力降至6.8MPa后，风机才达到长期安全运行的要求）。因此，对不合理进、出口管道布置进行改造，也是电站风机节能的又一重要途径。

五、提高电站风机运行的安全可靠性

电站风机的可靠性直接关系到发电机组的安全经济性。如果风机的可靠性不高，即故障率高，则会造成发电机组非计划停运或非计划降低出力运行，直接损失发电量和降低机组运行经济性。如 2004 年我国 200MW 以上机组引风机平均每台年等效非计划停运小时为 2.97，直接少发电量达 4.77 亿 kWh 以上。因此，提高风机可靠性，降低其非计划停运率，无疑是电站风机节能的另一重要节能途径。

六、对风烟系统进行优化调整

对风烟系统进行优化调整，特别是锅炉启停和低负荷下的优化调整，可以减少节流损失，提高风机实际运行效率，这也是电站风机节能不可忽视的途径。

第三节 电站风机节能技术 🖋

一、合理选择与锅炉风（烟）系统相匹配的风机

要选好电站风机，一是要合理确定风机选型设计参数，二是要合理选择风机的类型和型号大小。

1. 合理确定风机选型设计参数

风机选型设计参数是否合理是风机运行经济性好坏的首要关键。选大了则会使风机运行不到高效区内，造成高效风机低效运行的后果，甚至可能导致离心风机及其进出口管道的剧烈振动和轴流风机失速（喘振）等不安全现象发生，威胁机组的安全经济运行；选小了又不能满足机组满发的需要。

我国电站风机的选型参数均是按锅炉最大连续蒸发量所需的风（烟）量和风（烟）系统计算阻力，再加上一定的富裕量来确定的。其中，锅炉本体的风（烟）量和风（烟）系统阻力由锅炉厂提供，辅机设备的出力、阻力、漏风等由制造厂提供，锅炉岛内的风、烟管道由设计院设计，最终选型设计参数由设计院提出。因此，作为业主单位必须深入了解锅炉和辅助设备制造厂提供参数的依据，是否留有裕量及其大小（特别是空气预热器一、二次风的漏风率，制粉系统的出力及阻力）；设计院的管道设计是否合理和风（烟）量及阻力计算时是否已留有裕量；最后总的裕量是否合适等。

要合理确定风机选型设计参数，必须提供正确完整的原始数据并合理选择风量和风压裕量。

（1）风机选型必需的原始数据。

1）当地气象条件，包括：① 大气压力；② 干、湿空气温度；③ 空气相对湿度；④ 湿空气标准密度。

2）锅炉热力计算和空气动力计算结果（包括各典型工况）。

3）锅炉各典型工况下风机参数。锅炉各典型工况包括：① 选型工况（TB）；② BMCR 工况；③ 发电机组满发（经济运行）工况；④ 50% BMCR 附近工况；⑤ 不投油最低稳燃工况；⑥ 锅炉点火启动工况。

各典型工况下的风机参数包括：① 风（烟）量；② 风（烟）系统总阻力（即风机压力，以往称全压）；③ 风机入口侧系统总阻力（即风机入口全压）；④ 介质温度；⑤ 介质标准密度（介质为空气时为当地湿空气标准密度，介质为烟气时为风机入口湿烟气标准密度）。

这里要特别强调的是，提供风机的选型参数时不能只有一个设计工况点参数，必须有上

述工况参数才能更合理地选用到满意的电站风机。如果只有 TB 和 BMCR 两工况点的参数就选择风机，往往造成选出的风机不能满足低负荷工况的需要；甚至造成轴流风机失速（喘振）或离心风机工作在气流高脉动区，给风机安全稳定运行带来隐患。

4）机组在不同负荷下的年运行小时数。

（2）合理选取风量和风压裕量。

风机选型设计参数（TB 工况参数）是在锅炉最大连续出力（BMCR）工况所需风（烟）量及系统总阻力的基础上再加一定富裕量确定的。

1）基本风（烟）量。

一次风机、二次风机和引风机的基本风量按 DL 5000—2000《火力发电厂设计技术规程》确定。

2）风量风压裕量。

对一次风机，风机风量裕量宜选取 20%～25%，另加温度裕量，可按"夏季通风室外计算温度"来确定；风机压力裕量宜为 20%（CFB 锅炉一次风机可扩大到 25%）。

对送风机，当采用三分仓或管箱式空气预热器时，送风机风量裕量宜为 5%～10%，另加温度裕量，可按"夏季通风室外计算温度"来确定；风机压力裕量宜为 10%～20%。

对引风机，烟气量裕量宜选取 10%，另加 15℃ 的温度裕量；风机压力裕量宜为 20%。

对于新开发出的首台机组（如第一台 1000MW 机组，第一台 600MW CFB 机组），由于设备制造厂及设计院均无实践经验，提供的原始数据误差可能大些，为稳妥起见，允许风机裕量适当增大，待第一批投产后根据实际运行情况及时进行调整。

（3）选型设计参数的确定。

1）风量。按上述选取的裕量计算出每台锅炉的总风量，除以每台锅炉选配的台数并作适当圆整，确定每台风机的风量。

2）压力。按上述选取的裕量计算并适当圆整确定风机压力（即风机所在管网系统的总阻力）。但在规范书中（向制造厂提供的参数）应分别提供风机进口侧和出口侧的总阻力，或提供进口侧的总阻力（而不是静压力）和风机压力。

3）风机入口介质温度。风机入口介质温度由当地气象条件和锅炉热力计算及管道散热等计算出。

4）风机入口介质密度。风机入口介质密度按当地气象条件和介质（湿空气、湿烟气）的标准密度及风机入口介质温度和静压力计算。这由选型设计工程师进行，业主（电厂或设计院）只提气象条件及介质温度和标准密度。因为风机入口静压与风机入口动压（即风机入口面积）有关，而风机未选出型号前不能确定该动压大小。

5）风机转速。风机转速通常由风机选型设计工程师选定。一般情况下，一次风机宜选取 4 级电动机（1485r/min），送风机宜选用 4 级或 6 级电动机（1485r/min 或 980r/min），引风机的转速宜选用 6 级以下电动机（即最高 980r/min）。

2. 合理选择风机的类型和型号大小

（1）可用作电站风机的型式与结构。

1）电站风机型式。电站风机的型式主要有离心式和轴流式两大类。此外，有的 CFB 锅炉的高压流化风机和烟气脱硫系统的氧化风机选用罗茨鼓风机，罗茨鼓风机属容积式风机中的回转式风机。离心式和轴流式风机又可分为以下型式：

离心式 —— 前向式、后向式、径向式
—— 单吸悬臂式、单吸双支撑、双吸双支撑
—— 机翼形叶片、圆弧形单板叶片、直板叶片

轴流式 —— 动叶调节轴流式：单级动调、双级动调
—— 静叶调节轴流式 —— 子午加速（混流）式（有KSE、无KSE）
—— 普通轴流式：单级、双级

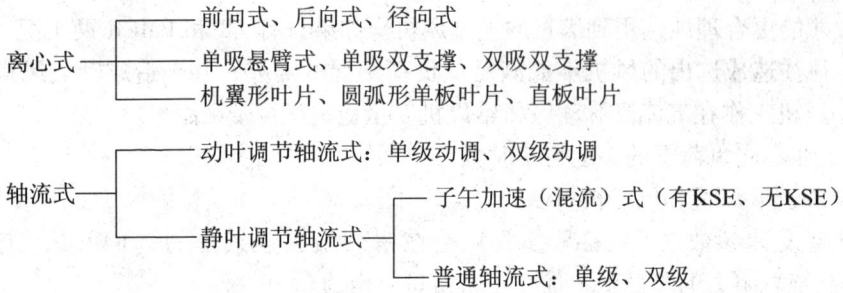

2）电站风机的典型结构

电站离心式风机的典型结构如图9－2所示，有单吸悬臂式、单吸双支撑和双吸双支撑三种结构。电站轴流式风机的典型结构如图9－3所示，有单、双级动叶调节，单、双级静叶调节和子午加速轴流式等结构。

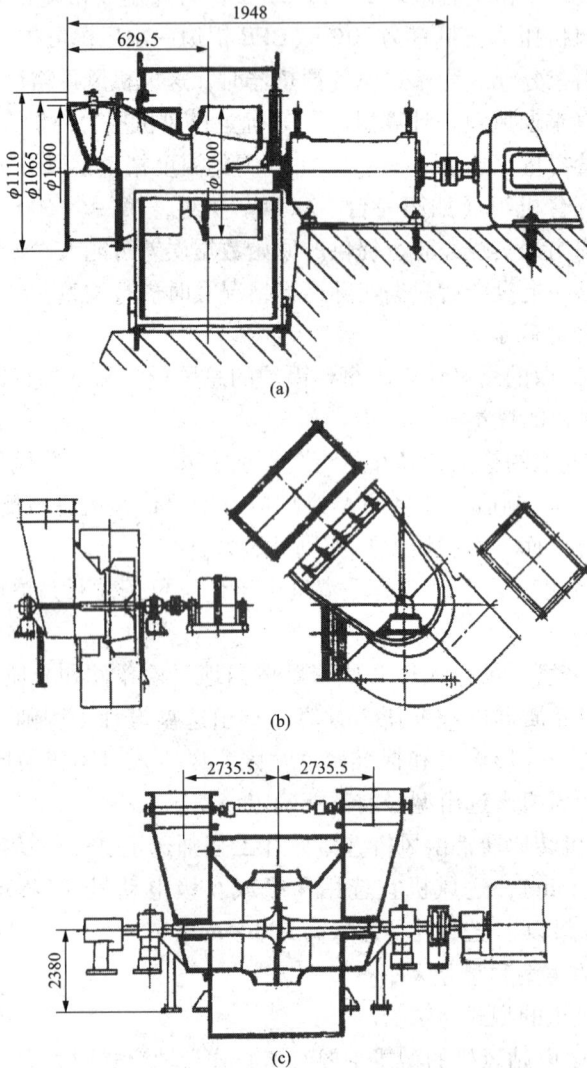

(a)

(b)

(c)

图9－2 离心式风机结构示意

（a）单吸悬臂支撑；（b）单吸双支撑；（c）双吸双支撑

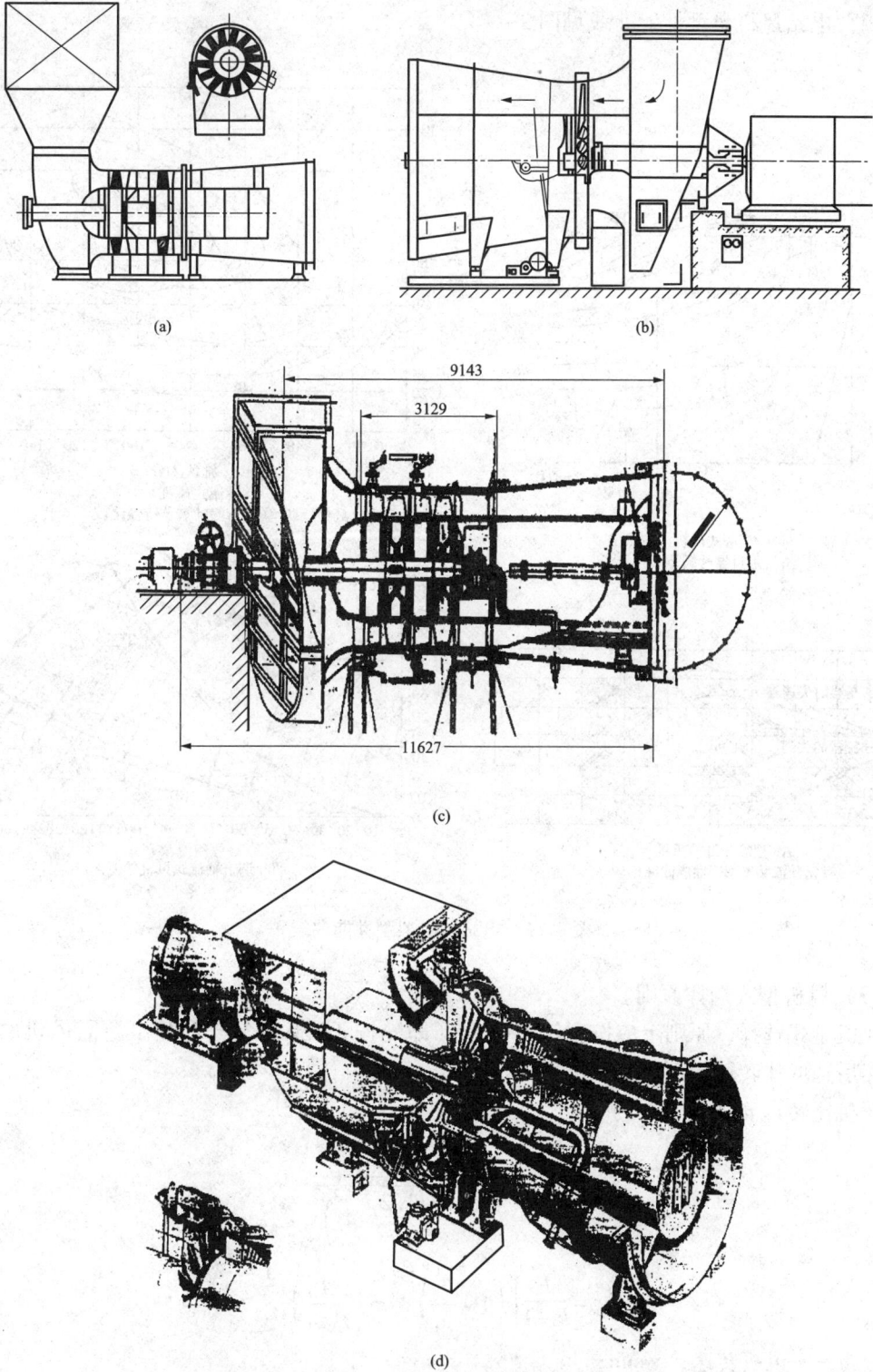

图 9 - 3　轴流式风机结构示意

（a）双级动叶调节；（b）单级动叶调节；（c）普通双级静叶调节；（d）AN 型子午加速静叶调节

（2）电站风机典型性能曲线见图9-4。

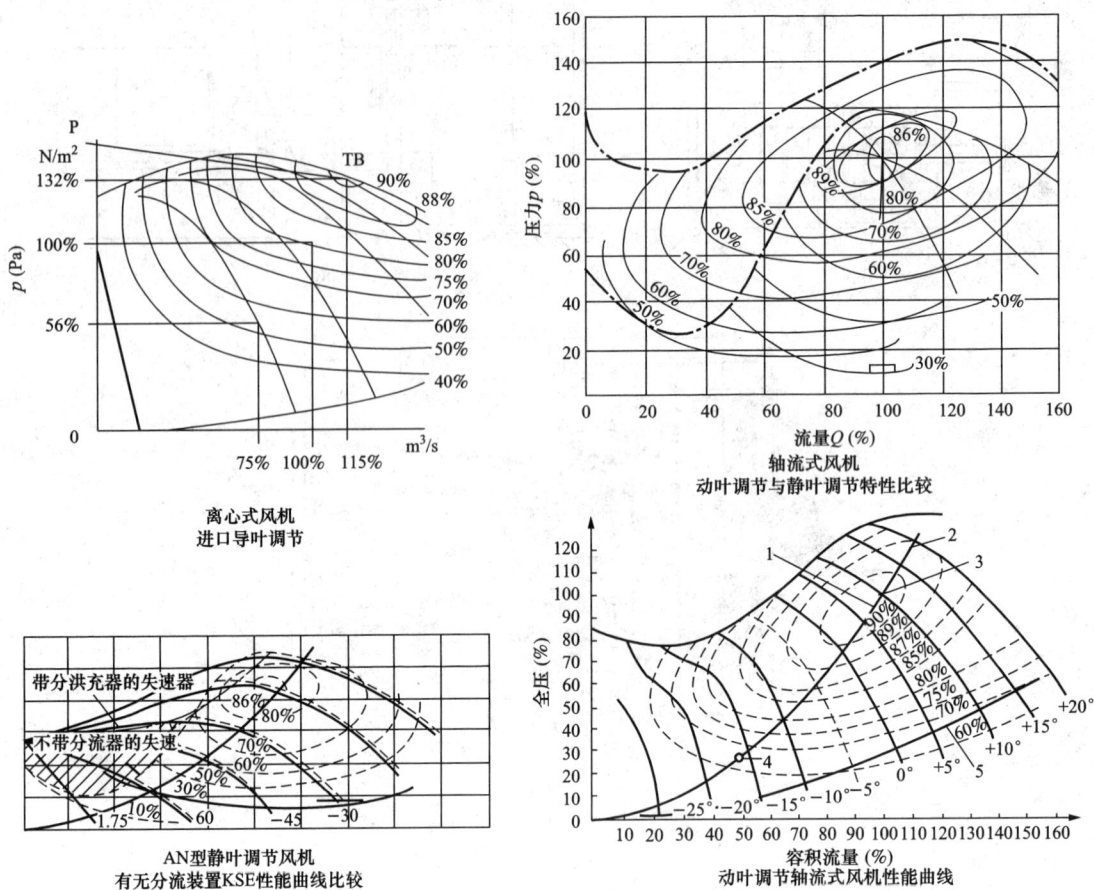

图9-4 电站风机典型性能曲线

（3）风机型式选择原则。

风机型式选择，原则上应按比转速确定（即先按 TB 工况参数计算出所需风机的比转速，然后选取比转速最接近的风机型式）。

风机比转速 n_s 的定义式为

$$n_s = 5.54n \frac{\sqrt{q_V}}{\sqrt[4]{\left(\dfrac{1.2}{\rho_1}k_p p_F\right)^3}}$$

$$k_p = \frac{k}{k-1}\left[\left(1+\frac{p_F}{p_1}\right)^{\frac{k}{k-1}}-1\right]\left(\frac{p_F}{p_1}\right)^{-1}$$

式中 n——风机转速，r/min；

     q_V——风机入口体积流量，m^3/s；

     p_F——风机压力，Pa；

     ρ_1——风机入口气体密度，kg/m^3；

k_p——气体压缩修正系数；

p_1——风机入口绝对压力；

k——气体绝热指数（对于空气，$k = 1.4$）。

若风机进口气体是密度为 1.2kg/m^3 的标准进气状态时，比转速的公式为

$$n_s = 5.54n\,\frac{\sqrt{q_V}}{\sqrt[4]{(k_p p_F)^3}}$$

上述比转速的定义是指单级、单吸入时的比转速。

对双吸离心式风机，比转速公式为

$$n_s = 5.54n\,\frac{\sqrt{q_V/2}}{\sqrt[4]{\left(\dfrac{1.2}{\rho_1}k_p p_F\right)^3}}$$

对双级轴流和双级离心式风机，比转速公式为

$$n_s = 5.54n\,\frac{\sqrt{q_V}}{\sqrt[4]{\left(\dfrac{0.6}{\rho_1}k_p p_F\right)^3}}$$

不同类型的大型电站风机比转速的范围大致如下：

1）离心风机：$n_s = 18 \sim 80$。

2）静调子午加速轴流式风机：$n_s = 80 \sim 120$。

3）静调标准轴流和动调轴流式风机：$n_s = 100 \sim 200$。

循环流化床的高压流化风机的比转速一般在 10 以下，已属鼓风机范畴。宜选用多级离心式风机，或高速单级离心式风机。对于小容量循环流化床锅炉，可采用罗茨鼓风机。

比转速介于离心式和轴流式、子午加速和标准轴流式之间的，则根据现场安装条件、机组负荷率及选用调节方式综合比较确定。

（4）选择风机型号大小。

为选择到合适的风机型式和型号，首先，要有风机所在系统的阻力特性，即发电机组在各种负荷工况和可能的异常工况（如上节所列情况）下运行时的流量和阻力。其次，要了解机组的负荷特性（即负荷率）。

选型时，首先按 TB 工况参数选取风机型式和型号大小，然后将系统阻力特性（换算到所要选择的风机特性曲线相同的状态）画到所选的风机性能特性曲线图上（参见图 9-5），观察所要选的风机是否满足安全稳定运行的需要，即阻力线要完全落在风机稳定区域内且失速裕度足够。

在满足安全运行需要后，再按机组不同负荷下的参数查出风机效率，并与据各负荷下的运转时间计算出的耗电量进行比较，选择年耗电量最小的风机型号。但在确定风机型式（离心、动调轴流、静调轴流）时，还要考虑风机设备费、年维护费、基础费、占地大小及运行可靠性等，进行技术经济比较后再最终确定。

按 TB 工况参数选取风机型式和型号大小的方法如下：

1）根据 TB 工况参数计算风机比转速 n_s。

2）由 n_s 值查相应风机的无因次特性曲线，得出风机的流量系数 φ、压力系数 ψ 和风机效率 η；

对于离心式风机，直接从无因次特性曲线查出，见图 9-6。

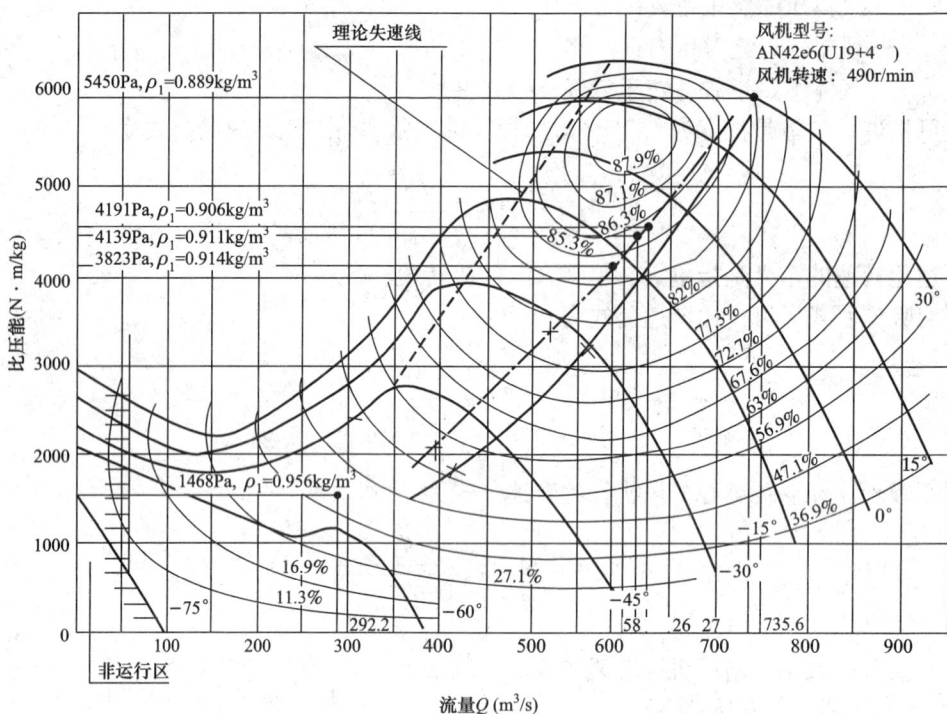

图 9 – 5　某电厂风机选型结果和实际运行工况点

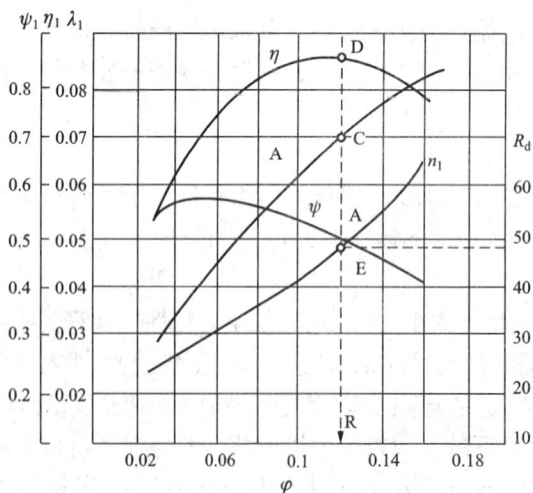

图 9 – 6　离心风机无因次特性曲线

对于轴流式风机，在设计 n_s 值下查得不同流量系数 φ 值对应的压力系数 ψ 值，然后，在轴流式风机无因次特性曲线图上绘制出该比转速的 ψ – φ 曲线（参见图 9 –7）；

$$\psi = \left(\frac{82}{n_s}\right)^{4/3}\varphi^{2/3}$$

此曲线应通过所选轴流式风机无因次特性曲线的最高效率区，否则所选型式不合理，应更换风机型式。风机设计工作点在这条曲线上选取，选取原则是在满足 TB 工况前提下，风机经常运行工况的效率最高；还必须满足 DL/T 468—2004《电站风机选型和使用导则》7.1.2 条关于失速裕度的规定，以免风机在投运后，因实际风量可能的减小或管网阻力可能的增加（偏离设计值）而落入失速区域内运行。同时还要考虑到当 φ 和 ψ 值大时叶轮直径和周速将减小的情况。

失速裕度可用设计工作点到该开度下（动叶调节风机为动叶角度，静叶调节风机为调节导叶角度）失速工况点或最大压力点的安全系数 K 来表示，K 按下式求出：

$$K = \frac{\varphi_k}{\varphi}\left(\frac{\phi}{\phi_k}\right)^2$$

式中　ϕ、φ——分别为工作点的流量系数
和压力系数;

　　　ϕ_k、φ_k——分别为失速工况点的流量
系数和压力系数。

对于电站风机,建议选取 $K > 1.35$(经实践,DL/T 468 标准中规定的 $K > 1.3$ 偏小)。

3)计算风机直径 D_2 并沿整,D_2 的计算式为

$$D_2 = \sqrt[3]{\frac{24.32q_v}{n\phi}}$$

$$D_2 = \frac{19.1}{n}\sqrt{\frac{k_p p_F}{\rho_1 \varphi}}$$

不同计算公式的计算结果应相等或很接

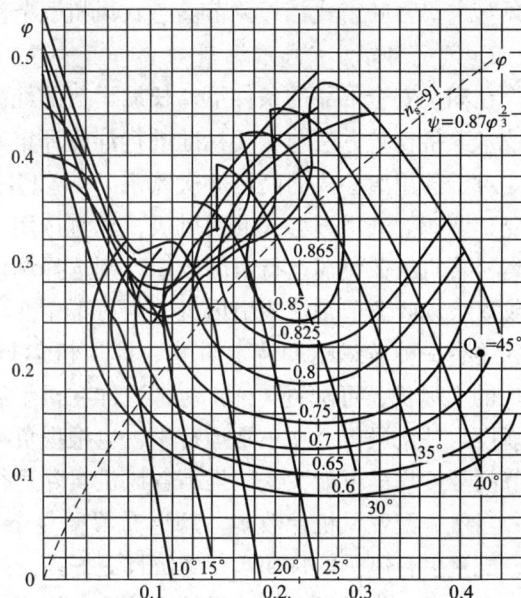

图 9-7　轴流风机无因次特性曲线

近,否则就是计算错误或查曲线错误,或者无因次曲线本身有误。应查明原因予以排除。

3. 计算风机轴功率和效率

风机直径及相应风量、风压确定后,风机轴功率和效率可计算求得。其中,效率值应与空气动力学图中查得的效率值相等,如果相差较大,说明有误,应查明原因予以排除。轴功率和效率计算式分别为

$$P = \frac{\rho_1 A u^3}{1000}\lambda$$

$$\eta = \frac{k_p q_v p_t}{1000P}$$

4. 确定风机各部分几何尺寸

风机直径确定后,风机各部分几何尺寸 L 由风机空气动力学图中的数值 l 计算得出,即

$$L = l\frac{D_2}{100}$$

式中　L——风机各部分尺寸,m;

　　　l——所选风机空气动力学图中对应部分的尺寸数值。

5. 系统效应对风机直径的修正

若风机进、出口条件不能满足设计要求,则会带来系统效应损失。此时,应按 DL/T 468 查出系统效应损失,并将其加入风机设计压头进行选型计算,从而获得新的风机直径,并向增大方向沿整。

二、合理选用先进的调节方式

1. 现有电站风机调节方式初步比较

风机最好的调节方式为无级变转速调节,其次是动调轴流和双速(电机)静叶调节轴流式风机(若低速运行,可满足机组 ECR 工况需要),以下依次是双速离心式风机(低速运行可满足机组 ECR 工况需要)、单速静叶调节轴流式风机、入口导叶调节离心风机、采用

进风箱进口百叶窗式挡板调节离心式风机、节流门调节的排粉风机调节方式最差。

2. 风机调节方式选取原则

在满足安全可靠的条件下，长期运行的经济性最好，这是风机调节方式的选取原则。可用技术经济比较方法与相关标准进行计算评定。

对于选用离心式的高压一次风机（如 CFB 锅炉的一、二次风机），若裕量较大，建议采用变频调速。选用离心式的引风机，也宜选用变频调速。但考虑到其功率较大、变频器价格较高，若机组低负荷运行时间较短，则选择调速型液力耦合器调速更现实些。如选用静叶调节或双级动叶调节轴流式引风机，则可不用变速调节。

还有一种被忽略的调节方式，即风机运行台数调节。如大型锅炉（300MW 及以上容量）的引风机，可配置 3～4 台，这样在机组启动时可采用单台风机运行，随着负荷的升高逐渐投入其余风机。在正常运行中，也根据负荷需要停运相应风机台数。使每台运行的风机调节门开度均尽可能大，以提高各风机实际运行效率，节约厂用电。

当然，配置风机台数多，烟道布置要复杂些，初投资可能大些，但对负荷率不高的机组，配置多台风机的长期运行经济性更好。

在已投运的风机上加装变转速装置，更要注意风机与管网系统是否匹配的问题。如果风机与管网系统匹配不好，即系统阻力特性线未通过风机的高效区，机组满负荷运行或风机全速运行调节机构（如有）全开时，风机运行效率就不高。即使采用变速调节，风机运行效率也还是低的。对此，必须首先对风机进行改造，然后再选配变速调节设备。

确定是否需采用变速调节的方法是：首先通过试验确定系统的阻力线，然后将现有风机的性能曲线转换为转速调节的性能曲线，并将系统的阻力特性线绘在其中，若此阻力线在最高效率区，则可认为在改变转速调节的同时不必进行风机改造，否则需进行风机改造。但是否改用变转速调节，还需根据机组负荷率情况进行仔细的经济比较，避免节电不省钱的状况发生。

另外，在已投运的风机上加装变转速装置，要注意防止在某些转速下运行时，发生风机的某构件、风烟道共振和轴系扭振的情况。

三、改造低效运行风机技术

20 世纪 90 年代前，电站风机改造主要是推广高效风机。西安热工研究院在总结国内电厂风机改造的经验教训之后，提出了风机改造的新思路，即注重发挥改造的整体效益，而不是片面追求风机本身的最高效率。将改造低效运行风机、提高运行效率和提高风机本身运行可靠性结合起来；将降低风机运行电耗同尽量节省改造费用结合起来；在进行风机本身改造的同时，充分考虑管路系统特性及运行方式等，使节能改造效果更显著。风机改造的步骤和主要方法是：

（1）改前试验。通过改前风机运行性能试验，得出系统阻力特性；评价风机与管网系统的匹配情况和风机进、出口管道布置的合理性；确定合理的风机设计参数；确认在风机改造的同时，有无必要改造系统中的其他设备和管道等。

（2）确定风机改造范围。根据改前试验结果，首先看有否通过改变电动机极对数（即电动机转速）而不进行风机改造的可能（换算后的风机性能和电动机功率能否满足要求），因为电动机变转速改造的成本一般比风机改造低些；进行风机选型设计时，要尽可能利用原风机设备部件（如电动机、基础、传动组等），机壳尽量少改或不改，减少改造工作量和成本。

（3）进行结构设计。采用先进的有限元法对叶轮整体应力进行计算，合理选用材料及其厚度；对引风机及排粉机应采取有效的防磨措施；对大型离心式风机优先采用双吸双支撑结构风机，并采用棘形（锯齿形）中盘，以减轻叶轮重量、减轻磨损、降低启动力矩和电动机容量的启动备用量；对采用入口轴向叶片调节的大型离心风机，在其后的集流器中加装中心涡消旋器，以避免调节门在 30% ～ 50% 开度时，风机及进、出口管道剧烈振动，最终达到提高风机运行稳定性和可靠性的目的。

（4）选择合适的调节方式。经技术经济分析，选择调节效率和可靠性高的调节装置。

（5）改造不合理的进、出口管道布置。在改造风机的同时，改造不合理的风机进、出口管道布置，或在不合理的弯道处加装导流叶片，以改善风机工作条件、降低系统阻力，从而达到节电的目的。

（6）严把制造安装质量。

（7）重视风机启动调试，特别要注意，需并联运行的风机在各种可能并列工况下的并车情况，防止抢风现象发生，并制定风机合理的运行操作方式。

四、改造不合理的管道布置

风机进、出口管道布置不合理，不仅直接影响风机的性能，还影响风机结构的可靠性。改造风机进、出口管道布置应遵循的主要原则如下：

（1）风机进口管道布置应尽量保证气流均匀地进入叶轮和充满叶轮进口截面。风机进口管道以平直管段为最佳，一般要求进口直管段长度不小于 2.5 倍管路当量直径；其横截面积不大于风机进口面积的 112.5%，也不小于风机进口面积的 92.5%；且变径管的斜度控制在：收敛管 ≤15°，扩散管 ≤7°。图 9-8 ～图 9-14 示出了推荐和避免采用的进口管道布置。

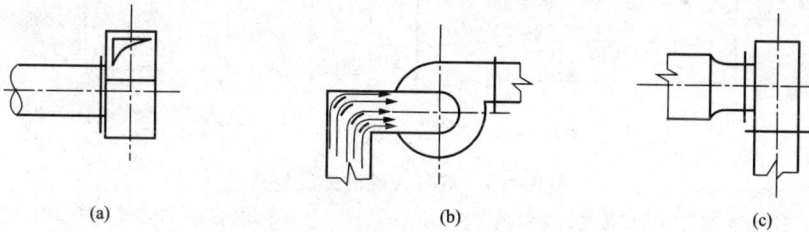

图 9-8　推荐使用的通风机进口风管
（a）进口敞开或等直径管进口；（b）均匀布置导流叶片，进口无旋涡；（c）风管进口损失小

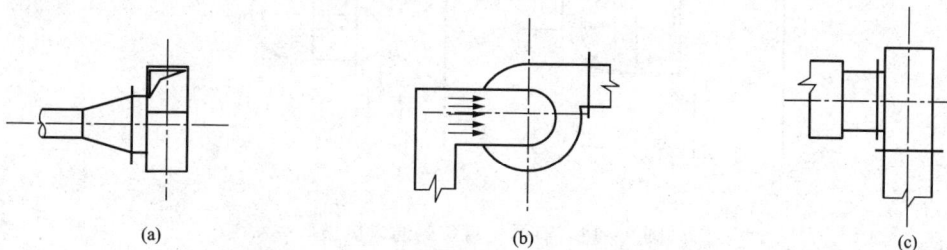

图 9-9　避免使用的通风机进口风管
（a）受阻的变径管；（b）无导流叶片，当气流与叶轮旋转一致时降低风量和风压，
当旋转相反时，增加所需功率；（c）进口损失大

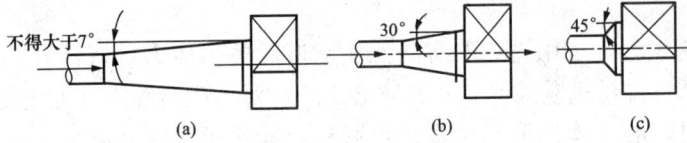

图 9-10　通风机进口和小风筒的连接

（a）最好的连接；（b）进口流量稍有限制的连接；（c）尽可能避免的变形连接

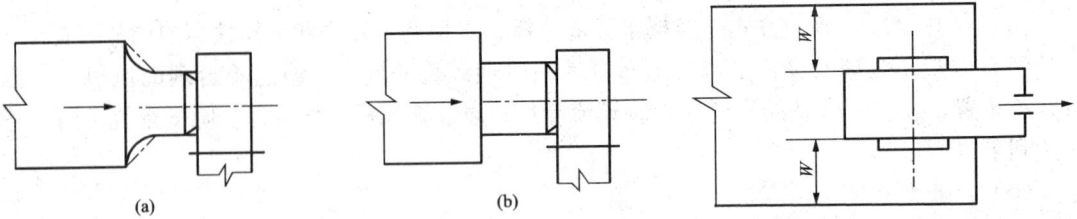

图 9-11　通风机进口和较大空气室的连接

（a）进口损失较少；（b）进口损失较大

图 9-12　双吸入风机两侧应有的距离

注：$W \geqslant$ 叶轮直径。

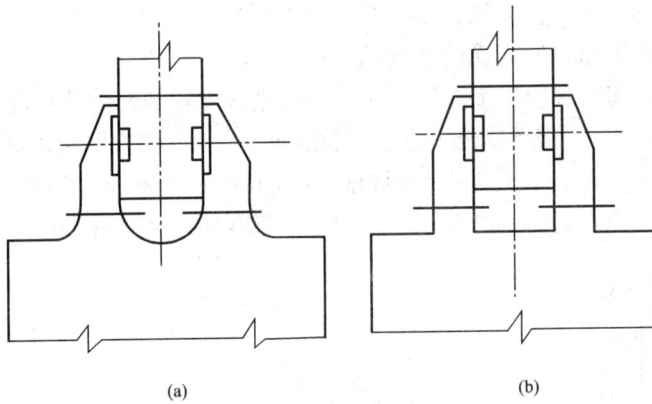

图 9-13　双吸入风机进口装置

（a）气流分布均匀的进口装置，进口损失较小；（b）气流分布不均匀的进口装置，进口损失较大

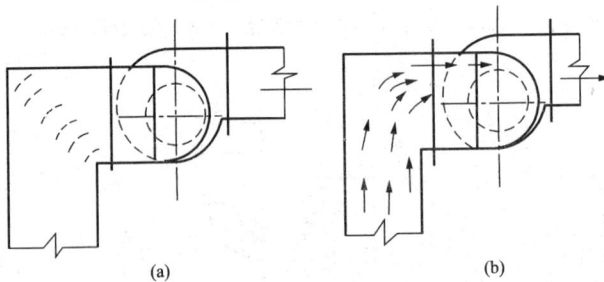

图 9-14　有两个弯头的通风机进口

（a）进口弯头内有导叶，使气流分布均匀，流量与动力消耗正常；

（b）进口气流方向集中，因而产生旋涡，以致降低流量，同时多消耗动力

（2）风机出口管道应尽量留有 3～5 倍管径长度的直管段。当安装位置受到限制、风机

出口没有足够的直管段就要转弯时，应采用如图 9 - 15 所示的顺向弯头，而不可采用如图 9 - 16 所示的逆向弯头。图 9 - 15 和图 9 - 16 分别示出了推荐使用和避免使用的风机出口管道布置方式。

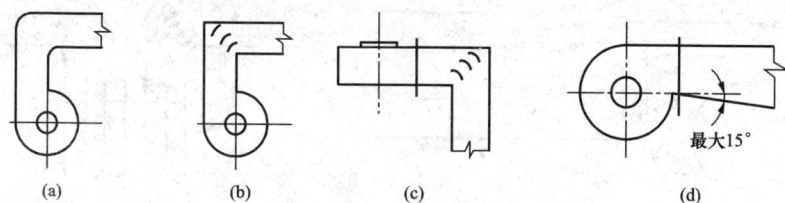

图 9 - 15　推荐使用的风机出口连接方式

（a）顺向弯头无导流叶片（较好）；（b）顺向弯头有导流叶片（好）；
（c）转向弯头有导流叶片（较好）；（d）渐扩管（好）

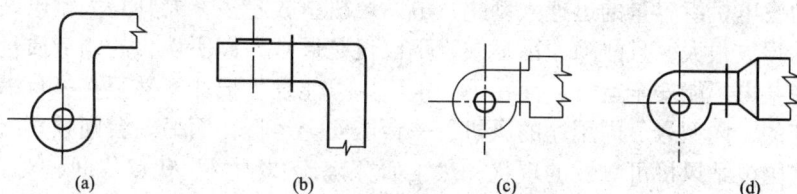

图 9 - 16　避免使用的风机出口连接方式

（a）逆向弯头（不好）；（b）转向弯头无导流叶片（不好）；
（c）突然扩大（不好）；（d）突然扩大（不好）

（3）由于离心风机出口气流是有方向的，一般采用如图 9 - 17 所示的单侧变径管。变径管的长度按变径角度决定，一般不大于 15°。

（4）风机出口布置调节风门时，其位置应距离风机出口至少一个叶轮直径以上，且应注意风门的安装方向。图 9 - 18 和图 9 - 19 分别示出了推荐和避免采用的风机出口布置调节门方法。

（5）在任何情况下，风机出口与任何分流和支管之间应有一段直管段。否则将会存在不均匀气流，压力损失和气流分布可能与设计大相径庭。图 9 - 20 给出了支管离风机太近时的气流分布情况。

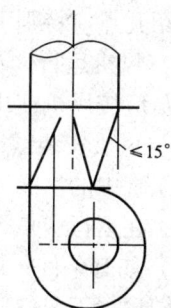

图 9 - 17　离心通风机出口变径管形式

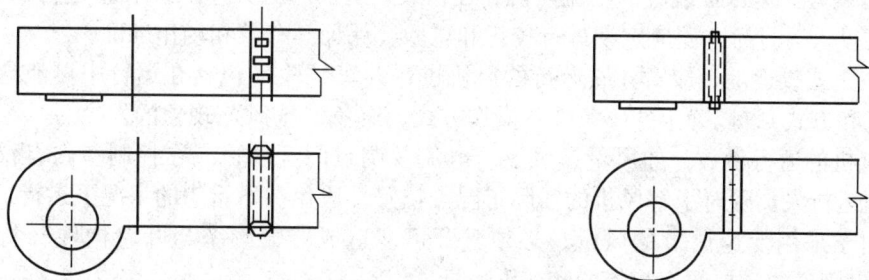

图 9 - 18　推荐采用的风机出口调节风门安装方法

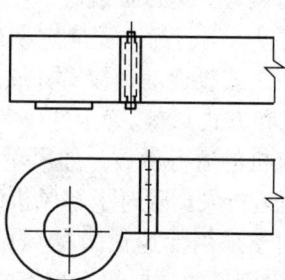

图 9 - 19　避免使用的风机出口调节风门安装方法

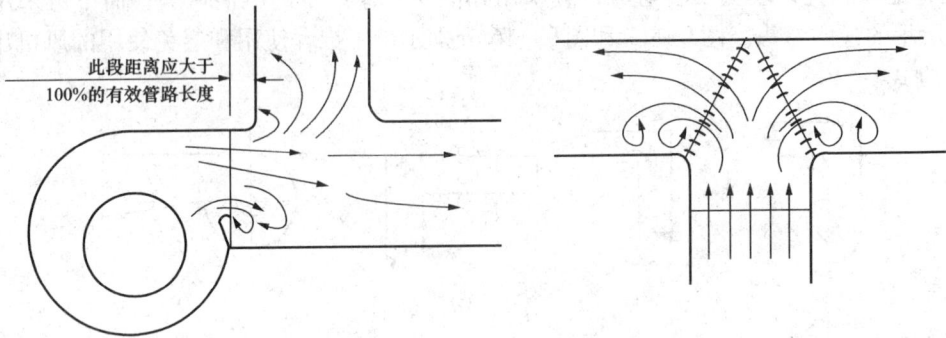

图 9-20　支管离风机太近时的气流分布情况

五、提高电站风机运行的安全可靠性

随着火力发电机组容量的迅速大型化，电站风机事故趋多，尤其是大型电站风机故障较频繁，造成的损失很大，且故障原因复杂，不仅仅是通常人们所认为的制造质量问题。如相同的风机，在某电厂能安全运行，而在另一电厂则可能发生损坏，甚至在一台锅炉上的两台同一厂家生产的、同型号、同用途的风机，一台能安全运行，而另一台则频繁出事故。

为弄清我国电站风机可靠性的现状，热工研究院于 20 世纪 90 年代间，对我国 69 个装有 200MW 及以上容量机组的电厂的 160 台锅炉送、引风机所发生的各种故障进行了实地调查研究，并结合了多年来从事电站风机应用研究、大量风机设计和改造工程、故障诊断的实践经验，分析得出：为提高我国大型电站风机运行的可靠性，必须从风机的设计、制造、选用、安装、运行维护以及进、出口管道布置诸多环节采取措施才能奏效。下面仅从使用维护方面介绍几点应特别引起重视的问题。

（1）风机运行人员应全面了解所使用风机的各种特性，严格按照风机运行规程操作；检修人员应按风机使用说明书及检修规程进行维修保养。

（2）风机安装试运转正常后，应进行风机性能和实际系统阻力特性试验，以确定风机在实际系统中的性能和各实际运行工况点在风机实际性能曲线中的位置，判断该风机是否选择恰当、在运行中是否有危险，以及在运行中如何避开可能有危险的运行工况。

（3）如有条件，最好在上述试验的同时测量风机气流的脉动情况（包括脉动幅值、频率及其随运行工况的变化），并设法避免风机在高脉动区及危险频率下长期运行。

（4）轴流式风机应避免所有可能的运行工况点落入失速区（不稳定工况区），离心式风机应避免调节门开度在 30% 以下长期运行。

（5）对装有失速保护装置的轴流风机，在正式投运前应对失速保护装置进行试验校正。在风机正式投入运行后，还应定期进行校正和试验，保证其有效和动作准确。

（6）在正式投运前，应对并联运行的风机进行并车试验（包括在运行中可能遇到的各种并车工况和方式），以确定并车条件和操作方式，避免"抢风"现象的发生。

（7）风机的运行参数，如风量、风压、电流及调节门开度，应在控制室内有仪表正确显示，以便运行人员随时了解风机的实际工况点位置，避免在不希望的工况下运行。

（8）对于采用变速调节的风机，必须避开可能造成传输频率与叶轮构件（特别是叶片）、进出口管道的自振频率相等的转速下运行。

（9）对轴流式风机特别是双级动叶或静叶调节的轴流式风机，因为其在调节叶片位置不变时，压力特性曲线很陡，稳定运行（不失速）的流量变化范围很小。而风机失速不仅与压力裕量有关，也与风量的裕量有关。因此在运行中要及时缓慢地随着负荷的变化进行调节，避免对系统流量进行瞬时大的改变而不操作风机调节器。如配备双级动叶调节轴流一次风机的直吹式制粉系统，在启停磨和跳磨时应尽量保持磨煤机入口一次风母管压力不变。当磨煤机故障跳磨时，若立即关断磨煤机出口快关门而不减小一次风机动叶角度，则因流量瞬时下降太大，可能导致一台一次风机失速。

图9-21为某电厂一次风机性能曲线及实际运行区域，从图中可见，虽然风机出力过大，但正常运行时，其失速裕度足够，经计算，失速安全系数在2以上（标准要求大于等于1.3），可是在运行中曾发生多次失速，主要是在启停磨和跳磨时发生失速。

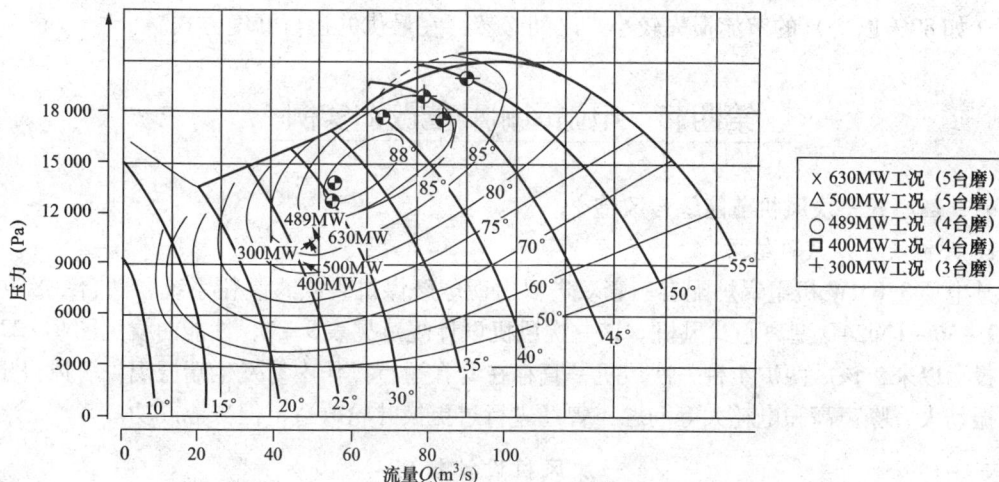

图9-21 某电厂一次风机性能曲线及实际运行区域

注：$n=1490\text{r/min}$，$\rho=1.2\text{kg/m}^3$。

从图9-21可见，风机动叶开度为33.2%时，其失速流量为32.24m³/s。当锅炉制粉系统在4台磨运行时，一次风机的总风量约为84 m³/s，两台一次风机的平均流量约为42m³/s，风机的运行流量与失速流量的偏差仅有9.76m³/s。当停一台磨时，一次风机的风量相当于减小了1/4总风量，即每台一次风机的平均流量减小10.5 m³/s，此时每台一次风机的平均流量为31.51m³/s，小于风机的失速流量32.24m³/s，必将导致一台风机失速。

如正常运行时一次风机不失速，只是遇跳磨时一次风机才失速，则建议按如下三种操作方式：一是在自动系统中做一联动，当磨煤机故障跳磨时，在自动关闭磨煤机出口关断门的同时，将一次风机入口调节门关小一定值，如5%（应试验确定此值），然后再据运行需要精心调整；二是在跳磨后先不联动关磨出口门，而是先关小热风门、开大冷风门，同时关小一次风机入口调节门，保持一次风母管压力不变，最后再关断磨出口门；三是跳磨后延时数秒关断磨出口门，先关一次风机入口调节门。

（10）定期对调节系统进行检查（包括行程范围、灵活性、准确性、各调节叶片动作一致性及其实际开度与指示仪表的一致性等）。

六、对风烟系统进行优化调整以节约风机电耗

通过对风烟系统包括系统中的设备和风机进行优化调整，以降低风机厂用电率，以往有所忽视。实际上，通过精心调整，其长期运行的节电量也很可观。现提出以下几方面供参考：

（1）在满足锅炉正常运行条件下，尽可能开大系统中各种风门的开度，减小风门的节流损失。其中，值得一试的是送风系统中的各二次风门开度和一次风系统中冷热风门的开度。

（2）启停炉及低负荷时采用单风机运行。但需经试验确定单风机耗电率比双风机耗电率低。

（3）运行人员要密切关注风烟系统阻力变化情况，及时对阻力增加较多的设备（主要是空气预热器、暖风器、脱硫系统的烟气加热器（GGH）、除雾器等易积灰堵塞的设备）进行吹灰或清洗，以减小系统阻力。

（4）采用变速调节的风机，应在变速调节和风机入口调节门间进行优化配合试验，找出最省电的优化调整操作方式。

因为变速装置均有自身的损失，且此损失随着调节深度而增加，而入口调节门在开度较大时（如80%以上）的节流损失较小，之间必然存在最优的运行开度方式。

第四节　电站风机节能改造实例

一、离心式一次风机节能综合改造

1. 改前状况及试验结果

某电厂350MW机组锅炉配有三套双进双出钢球磨煤机直吹式制粉系统，两台一次风机为G9-36-1No24D型离心式风机。该一次风机设计规范见表9-1，性能曲线见图9-22。

投运以来，该厂两炉4台一次风机一直存在着在运行操作中易发生喘振现象、风机出口管道振动大、噪声高和电耗大等问题，曾经进行过更换叶轮改造，但未能成功。

表9-1　　　　　　　　　　　　　一次风机设计规范

名称	项　目	单　位	TB点	MCR
一次风机	型号		G9-36-1No24D	
	数量	台	2	
	风机直径	mm	2400	
	风机转速	r/min	990	
	进口流量	m³/h	287 892	179 640
	风机静压升	Pa	14 386	11 066
	进口温度	℃	40	20
	进口密度	kg/m³	1.121	1.197
	风机效率	%	82	65
	风机轴功率	kW	1439	880
	制造厂		沈阳鼓风机厂	
电动机	型号		YFKK630-6	
	容量	kW	1600	
	电压	V	6000	
	电流	A	182.5	
	转数	r/min	994	
	数量	台	2	
	制造厂		兰州电机集团有限公司	

2. 改前试验结果

西安热工院对两台一次风机进行了热态运行试验，试验结果见图9－22。

从图9－22可见，风机实际运行在小开度、小流量、低效率区域，与实际的一次风系统极不匹配，这是由于风机选型参数富裕量过大和风机选型不当造成的，有必要对风机进行改造。

测得的风机出口管道最大振动部位在紧接冷风联络管后，2号风机大于1号风机。其振动速度在18～32mm/s之间，振动较大。其振动主频率在41～50Hz之间，约为风机转速频率（16.5Hz）的2.5倍。

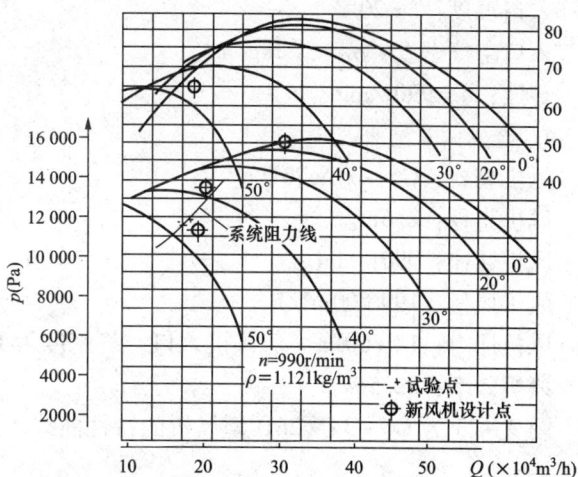

图9－22　G9－36－1No24D型一次风机性能曲线

测得的风机平均噪声是随风机（即机组）负荷增加而增大的，符合风机产生噪声的规律。当机组负荷从180MW增加到350MW时，1号风机的噪声从96.3dB（A）增加到98.6dB（A），2号风机的噪声从96.2dB（A）增加到98.0dB（A）。

3. 风机选型参数的确定

（1）风量计算。

从试验结果可得出，当锅炉负荷为1089t/h时，主、再蒸汽及给水参数基本达到设计值，锅炉运行烟气平均含氧量为3.75%（$\alpha_t = 1.217$）的情况下，两台风机从大气吸入的总风量为97.33m³/s（350 388 m³/h），其对应的大气平均温度为23℃，空气平均密度为1.16kg/m³。据此，仅需对锅炉负荷（额定负荷为1156t/h）进行如下修正

$$1156/1089 \times 97.33 = 103.318 \text{m}^3/\text{s}$$

则每台一次风机入口滞止容积流量为51.659 m³/s（＝185 972 m³/h）。

（2）压头计算。

据试验所得，当两台一次风机入口平均风量为48.665 m³/s时，两台风机的平均压力为12 169Pa（此时风机入口平均密度为1.16kg/m³）；当两台一次风机入口平均风量为46.34 m³/s时，两台风机的平均全压为11 709Pa。其风压随风量的0.787 1次方关系变化。则在所选一次风机风量为51.659m³/h时，风机全压应为

$$(51.659/48.665)^{0.787\,1} \times 12\,169 = 12\,755 \text{Pa}$$

（3）一次风机的选型参数确定。

为保证以上风机设计参数并给运行操作多留些裕量，可以再取5%风量裕量和10%的风压裕量，即风量 $q_v = 51.659 \times 1.05 = 54.24$ m³/s，风压 $p_F = 12\,755 \times 1.1 = 14\,030$Pa

换算至标准风机入口状态，即入口温度 $t = 20$℃，入口空气密度 $\rho_1 = 1.2$ kg/m³时，风机压力 $p_F = 1.2/1.16 \times 14\,030 = 14\,514$Pa

沿整后，最终确定风机选型设计参数为：

风量：$q_v = 54.0$ m³/s。

风压：$p_F = 14\,500$Pa。

入口温度：$t = 20℃$。

入口空气密度：$\rho_1 = 1.2 kg/m^3$。

转速：$n = 990 r/min$。

4. 选型计算结果

风机型式：G6 - 34№26D。

风机直径：2.6m。

风机转速：990r/min。

风机风量：199 000m³/h。

风机压力：14 600Pa（当风机入口空气密度为 1.2kg/m³时）。

风机效率：82.5%。

图 9 - 23 为 G6 - 34№26D 型风机的特性曲线。

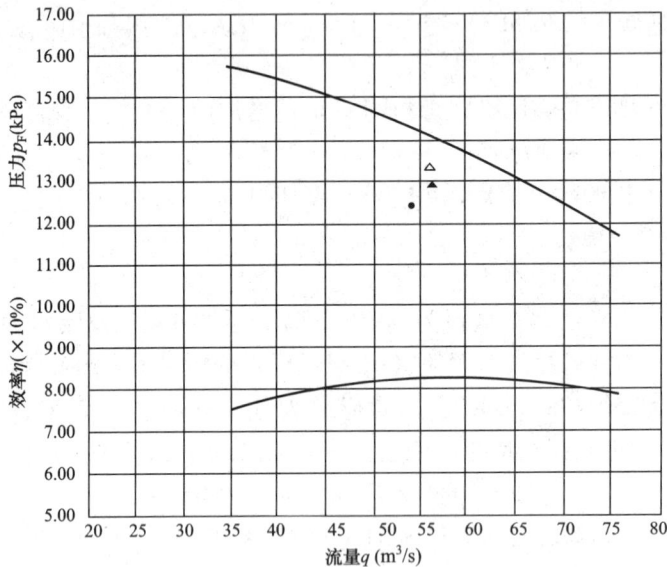

图 9 - 23　风机特性曲线

注：转速 $n = 990 r/min$，介质密度 $\rho = 1.2 kg/m^3$。

5. 风机综合改造方案

（1）采用 G6 - 34№26D 型风机代替现 G9 - 36 - 1№24D 型风机。

从选型计算结果看，采用 G6 - 34№26D 型高效板形后向风机代替原一次风机，可满足锅炉在各种运行工况下的需要。其直径虽从 2.4m 增加到了 2.6m，但 6 - 34 型风机叶轮宽度比 9 - 36 型风机叶轮窄，经计算，新叶轮重量反比以前轻，其轴功率不超过 1050kW，现配电动机额定功率为 1600kW，电机裕量大，风机启动和运行足够安全。因此，风机的传动组不需进行改动，电动机不需更换。且蜗壳径向尺寸比原蜗壳略小，风机中心不变，故风机和电动机基础不变。但由于风机的比转速低（这是由所需风机参数决定的），风机机壳的宽度比原风机窄 180mm。

风机改造需更换的部件为叶轮（包括轮毂）、机壳、集流器三件。另外，需在进口调节门后加一 180mm 长的管段，风机出口也需换一段过渡管，以弥补机壳的变窄及出口中心与出口管道中心的不一致。

（2）降低风机出口管道振动的措施。

据试验结果分析知，现一次风机出口管道振动较大，其振动主频率在 41～50Hz 之间，约为风机转速频率 16.5Hz 的 2.5 倍。这是较典型的风机入口中心涡引起的风机内气流压力脉动激振的结果。

据国内、外相关资料及实践经验均得出：此中心涡流可用加装如图 9－24 所示的反涡流装置来消除。因此，在风机改造设计的同时，设计了适合现有调节门及 G6－34No26D 型风机的反涡流装置，以降低新风机内气流脉动的水平，从而降低风机出口管道的振动。

（3）降低风机噪声的措施。

针对现场条件，建议采取了如下措施以降低风机噪声：

1）采用后弯叶片风机取代原前弯叶片风机，降低风机产生的噪声水平。

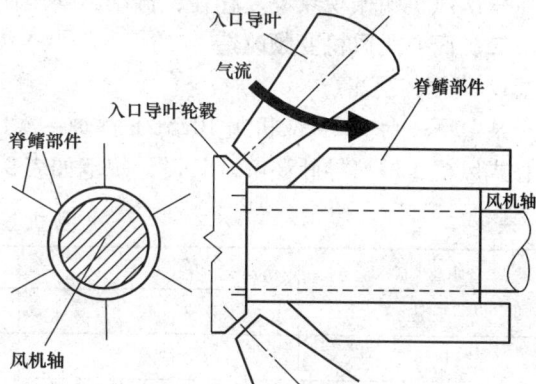

图 9－24　反涡流装置示意

2）采用双层机壳，并在两层机壳中间充填吸声材料，以降低由机壳传出的噪声。

3）在风机进、出口管道外敷设吸声材料，以降低管道传出的噪声。

4）由于邻近送风机的噪声高达 103dB（A），建议对送风机采取降噪措施，进一步改善环境噪声水平。

6. 改造效果

两台一次风机改造后，热态运行性能试验结果见表 9－2。

表 9－2　　　　　　　　一次风机改造前、后热态试验主要结果比较

序号	项　目	单　位	改造前		改造后	
			1 号	2 号	1 号	2 号
1	机组负荷	MW	350		349	
2	锅炉蒸发量	kg/s	302.5		299.0	
3	表盘挡板开度	%	44	42	100	100
4	风机电流	A	115.0	109.2	102.3	98.3
5	实测风机流量	m³/s	50.5	46.9	56.3	55.4
6	实测风机压力	Pa	12 250.4	12 088.5	13 384.9	13 507.9
7	介质密度	m³/kg	1.157 1	1.163 0	1.249 6	1.239 1
8	风机功耗	kW	960.0	957.8	856.3	847.2
9	风机效率	%	66.62	61.42	85.80	85.82
10	效率平均提高值	%	22.42			
11	节能量（改后条件下）	kW	353.63			
12			换算到设计条件下（$\rho = 1.2 \text{ m}^3/\text{kg}$）			
13	风机压力	Pa	12 589.2		13 130.7	
14	风机流量	m³/s	97.33		111.7	

当机组满负荷运行时，在改后一次风系统阻力和风量均有所增加的情况下（这与燃用煤质及运行条件有关），风机电流反而下降了 11 ～ 13A，两台风机实际耗功下降了 214.3kW。风机运行效率由原来的 64% 提高到 85%，提高了 21%。由于改后试验工况的风量和风压均大于改前试验工况，因此实际节电量更大。

一次风机喘振现象不复存在，振动、噪声比改前有显著的降低，改造取得成功。

二、离心式风机变频改造

1. 问题的提出

某电厂一台 300MW 机组 1025t/h 锅炉一次风机为上海鼓风机厂制造的 1888 AB/1122 型离心式风机，进口导叶调节。其设计规范如表 9-3 所示，性能曲线见图 9-25。

表 9-3 　　　　　　　　　　　　　一次风机设计规范

项　目	单　位	内　容	
工况		BMCR	TB
风量	m³/s	47.1	63.0
进口温度	℃	24	25
全压	Pa	13 661	15 015
轴功率	kW	867	1086
转速	r/min	1480	
电动机	型号	YKK5601-4	
功率	kW	1250	
额定转速	r/min	1480	
额定电压	V	6000	
制造厂家		哈尔滨电机厂	

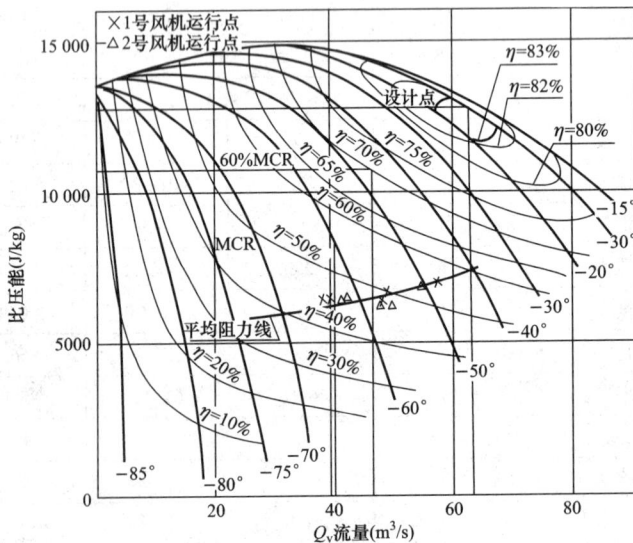

图 9-25　1888 AB/1122 型离心式风机性能曲线及试验所得的系统阻力特性曲线

机组投运以后发现该一次风机出力过大，风机入口调节门开度在65％以下运行，风机运行效率低、电耗高。为此，电厂提出将该一次风机改为变频调速的设想，并委托西安热工院进行论证。

2. 改前试验结果

为弄清一次风机实际运行状况，为变频改造论证提供依据，对该一次风机进行了热态运行性能试验。试验结果见表9－4和图9－25。

表9－4　　　　　　　　　　　　一次风机改前试验结果

项　　目	单　　位	工况 1		工况 2		工况 3	
机组负荷	MW	303		225		156	
风机编号		1 号	2 号	1 号	2 号	1 号	2 号
挡板开度	%	64	61	56	53	47	46
风机电流	A	97	100	89	91	83	81
风机流量	m³/s	55.3	58.2	48.7	49.7	43.2	39.9
风机压力	Pa	8339	8567	7453	7939	7772	7762
风机空气功率	kW	448.8	484.8	354.6	384.4	327.7	302.0
电机输入功率	kW	879.6	904.5	794.2	812.1	738.3	702.0
风机设备总效率	%	51.0	53.0	44.6	47.3	44.4	43.0
电机效率	%	94	94	94	94	94	94
风机轴功率	kW	826.8	850.2	746.5	763.3	694.0	659.9
风机轴效率	%	54.3	57.0	47.5	50.4	47.2	45.8
6kV 开关功率因数		0.858	0.856	0.845	0.845	0.842	0.820
两台风机总耗功	kW	1784.1		1606.3		1440.3	

从表9－4和图9－25可见，风机运行在远离高效区域内，最高运行效率低于60％，节能空间很大，有必要对其进行节能改造。

3. 变频改造经济性论证

离心风机在入口调节门全开时的效率最高，因此采用变频调节时，应以调节门全开时的性能为基础，换算出变转速调节的风机性能曲线，如图9－26所示。图9－26中还示出了改前试验运行的工况点。

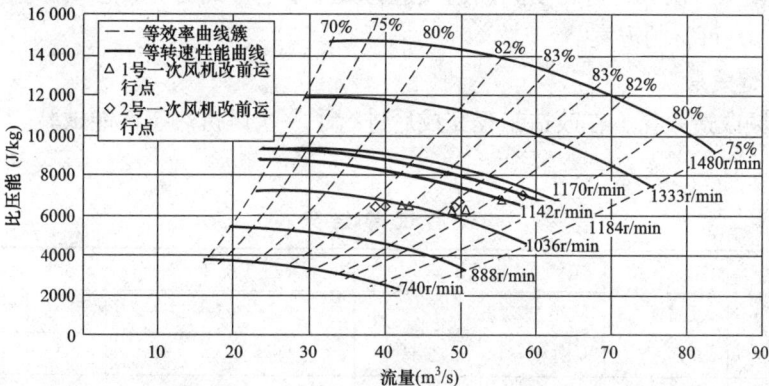

图9－26　1888AB/1122型离心式一次风机转速调节性能曲线及改前试验运行工况点位置

从图9-26可见，该型风机改为变频调速后，风机本身运行效率可提高20%以上，达到81%～83%。节电量较大，但变频器自身有损失，其节电量估算（因无变频器及电机效率曲线，故设其为固定值进行估算）见表9-5。

表9-5　　　　　　　　　　　　　变频调速改造节电量估算

项　目	单　位	工况1		工况2		工况3	
机组负荷	MW	303		225		156	
风机编号		1号	2号	1号	2号	1号	2号
挡板开度	%	100	100	100	100	100	100
风机流量	m³/s	55.3	58.2	48.7	49.7	43.2	39.9
风机压力	Pa	8339	8567	7453	7939	7772	7762
风机空气功率	kW	448.8	484.8	354.6	384.4	327.7	302.0
风机效率	%	81.5	81	82.5	83	83	82.4
变频器效率	%	95	95	95	95	95	95
电机效率	%	94	94	94	94	94	94
电机输入功率	kW	646.6	670.2	481.3	518.5	442.1	410.4
两台风机总耗功	kW	1316.8		999.8		852.5	
两台风机每小时节电量	kW	467.3		606.5		614.8	

按年运行7000h，三个负荷各占1/3计算，则一年的节电量为

$$7000/3 \times (467.3 + 606.5 + 614.8) = 3\,940\,066.7\ kWh$$

锅炉两风机改前试验最大工况运行点对应的转速分别为1142r/min和1170r/min，已到80%的调节深度，低负荷时运行转速不到70%，变速系统自身损失相对要大些。电机负荷率降低后，其效率也会降些。因此，实际节电量会偏小些，下面经济性论证按年节电量为3 800 000kWh进行计算。

设电价为0.30元/kWh，则全年节电费用为114万元。

变频器改造工程费用（包括变频器、开关柜、电缆、变频器空调室、自动切换的风机调节门快速执行器、安装费等）的单价按1250元/kWh计，则每台炉两台1250kW电机变频改造的总费用为312.5万元。

因此，对该厂一次风机进行变频调速改造，其年节电量约为380万kWh，改造费用不到3年即可回收，是可行的方案。

4. 变频改造效果

为评价变频改造效果，在改造工程完成后进行了一次风机热态性能试验。其试验结果见表9-6。

表9-6　　　　　　　　　　　　　改 后 试 验 结 果

项　目	单　位	工况1		工况2		工况3	
机组负荷（改后）	MW	302		225		151	
风机编号		1号	2号	1号	2号	1号	2号
风机频率	Hz	39	38	35	37	35	33

项 目	单 位	工况 1		工况 2		工况 3	
风机电流	A	61	69	44	62	46	42
风机流量	m³/s	53.5	60.4	43.6	54.8	42.4	41.5
风机压力	Pa	8771	9055	8041	8777	8155	7990
风机空气功率	kW	455.8	530.5	341.2	467.1	336.3	323.1
电机输入功率	kW	598.0	702.1	438.9	609.0	446.8	389.4
风机设备总效率	%	76.2	75.6	77.7	76.7	75.3	82.97
6kV 开关功率因数		0.928	0.963	0.944	0.930	0.919	0.878
两台风机总耗功	kW	1300.2		1047.9		836.2	

比较表 9-4 和表 9-6，可得到如表 9-7 所示的改造效果。

表 9-7　　　　　　　　　改 造 效 果

一次风机变频器改后节能量计算（按年运行 7000h，三个负荷各占 1/3）							
一次风机编号		1 号	2 号	1 号	2 号	1 号	2 号
风机设备总效率提高	%	25.2	22.0	33.1	29.4	30.9	39.97
电流下降值	A	36	31	45	29	37	39
功率因数提高		0.070	0.107	0.100	0.085	0.077	0.057
两台风机每小时节电量	kWh	483.9		558.4		604.1	
两台风机年节电量	kWh	3 841 514					

注 表中 6kV 开关功率因数是根据实测电动机功率、电流、电压和 $P = 1.732 UI\cos\varphi$ 计算而得到。

由表 9-7 可得，一次风机改造变频调速运行后，各个工况下的实测运行效率均得到了明显提高，风机设备总运行效率提高 22%～39%；6kV 开关的功率因数有所增加，减少了无功功率消耗；电动机电流下降非常明显，电流下降约为 31A～45A；两台一次风机变频调速运行后，实际年节电量为 3 841 514kWh，年节电率可达到 34%，节电效果非常显著；若按照 0.3 元/kWh 计算，两台一次风机每年可为电厂节省资金为 3 841 514×0.3 = 1 152 454 元。

两台风机改造实际花费 329 万元，不到 3 年可回收改造成本，与评估结论吻合（因变频和工频间的切换采用了自动控制系统，成本略高）。

5. 结论

二年多的无故障运行表明，该厂一次风机变频节能改造是成功的，取得了显著的节能和经济效果。

三、静叶调节轴流式风机改造

1. 问题的提出

某电厂一台 1004t/h 煤粉锅炉，配有两台静叶可调轴流式风机。其设计规范示见表 9-8，其性能曲线见图 9-27。

表 9－8   引 风 机 设 计 规 范

名　　称	单　　位	数　　值	
型　　号		AN30e6	
工况		BMCR 工况	TB 工况
风压	Pa	3895	4868
比压能	J/kg	4899	6347
风量	m³/h（m³/s）	1 004 400（279）	1 185 480（329.3）
静叶调整范围		−75°～＋30°	
介质温度	℃	120	120.6
介质密度	kg/m³	0.795	0.767
风机轴功率	kW	1278	1880
风机效率	%	86.8	87
电机型号		YFKK800－8	
电机功率	kW	2240	

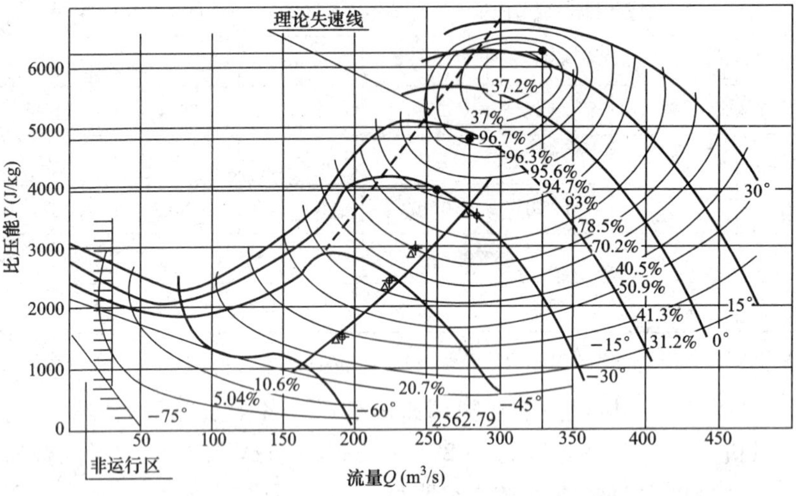

图 9－27　AN30e6（V19＋4°）型风机性能曲线及系统阻力特性

该引风机投运以后，一直存在电耗高的问题，为此，特委托西安热工院进行节能改造研究。

2. 改前试验结果

该型引风机热态运行性能试验的结果见图 9－27。

由图 9－27 可见，该型风机与锅炉烟气系统不匹配，风机出力富裕量过大。在机组满负荷（335MW）时，平均每台引风机风量为 274.4 m³/s，风压为 2619Pa。风机设计工况（TB）的风量和风压富裕量分别是 20% 和 86%。造成两台风机入口调节门开度在 45%（调节叶片角度在 −30°）以下运行。因而运行效率低、电耗高。

3. 改造方案及比较

热工院提出了两个改造方案进行比较。一是改变频调节；二是将电机转速由 740r/min

降至 596r/min，同时更换风机叶轮，将叶片数由 19 片降至 13 片，变成 AN30e6（V13＋4）型风机。

（1）变频改造。

AN30e6（V19＋4）型风机采用变频器进行转速调节后，其风机性能如图 9-28 所示。

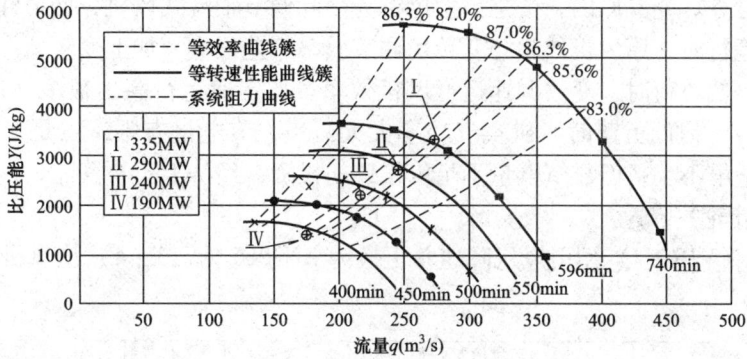

图 9-28　AN30e6（V19＋4）型风机变速调节性能曲线及系统阻力线

由图 9-28 可见，当采用变转速调节后，风机运行效率有很大提高，其节电量计算如表 9-9 所示。

表 9-9　　　　　　　　　　　　采用变频调速方案节电量计算

名　称	符号	单位	计算公式或来源	工况 1	工况 2	工况 3	工况 4
机组负荷	E	MW	控制室显示值	335	290	240	190
风机烟气量	q_v	m³/s	实际测量值	274.4	237.45	217，85	181.1
风机压力	p_F	Pa	实际测量值	2619	2115	1752	1122.1
风机比压能	Y	J/kg		3323.3	2704	2223.8	1377
风机空气功率	P_u	kW	$P_u = q_v p_F / 1000$	718.65	502.2	381.7	203.2
定速风机叶轮效率	η_R	%	查图 9-26	83.7	76.0	61.0	36.5
变速风机叶轮效率	η_{rb}	%	查图 9-27	86.4	86.5	86.75	86.5
定速风机轴效率	η_a	%	$\eta_a = 0.98\eta_R$	82.0	74.48	59.8	35.8
变速风机轴效率	η_{ab}	%	$\eta_{ab} = 0.98\eta_{Rb}$	84.67	84.77	85.02	84.77
变频器效率	η_b	%	变频器厂提供	95	95	95.0	95
电机效率	η_e	%	假设	94	94	94.0	94
定速电机输入功率	P_t	kW	$P_t = P_u / (\eta_a \eta_e)$	932.3	717.3	679.0	603.8
变速电机输入功率	P_{tb}	kW	$P_{tb} = P_u / (\eta_{ab} \eta_e \eta_b)$	950.46	663.4	502.5	268.4
年运行小时	t	h	电厂提供	2400	1200	2400	1200
定速运行年耗电量	N	MWh	$N = P_t t$	2237.5	860.8	1629.6	724.6
变速运行年耗电量	N_b	MWh	$N_B = P_{Tb} t$	2281.1	796.1	1206.0	322.0
定速年总耗电量	N_e	MWh	$N_e = \sum N$	5452.5			
变速年总耗电量	N_{eb}	MWh	$N_{eb} = \sum N_b$	4605.2			
年总节电量	N_J	kWh	$N_J = N_e - N_{eb}$	847 300			

注　表中风机空气功率忽略了压缩性修正，电机和变频器效率未考虑低负荷时的降低。

由表 9 – 9 可见，该风机改变频调速的节电率可达 15%，若按 0. 30 元/kWh 的电价计算，一年可节约 25.4 万元。而要加装 2240kW 的高压变频装置系统，却需 250 万元以上。即使不计投资利息，也需 10 年才能回收改造成本。因此，此方案不宜采用。

以上说明，该风机虽然出力过大，与系统特性不匹配。但采用变频调速后节电率还不够高，经济上不合算。究其原因，一是该型风机为静叶调节轴流式风机，调节性能较好，因此在机组满负荷运行时，原风机效率与变转速调节效率相差很小，加上变频器自身的损耗，反而多耗电；二是低负荷时，变频调速运行风机效率虽比定速运行高出很多（190MW 负荷高出 50 个百分点），但低负荷时风机空气功率大大减小，节电量有限；三是变频装置价格过于昂贵，节电量虽不小，但靠节电量不足以偿还初投资，经济上不合算。

（2）更换叶轮并降速。

将 AN30e6（V19 + 4）型引风机降速并更换为 AN30e6（V13 + 4）型风机叶轮后的性能曲线见图 9 – 29。

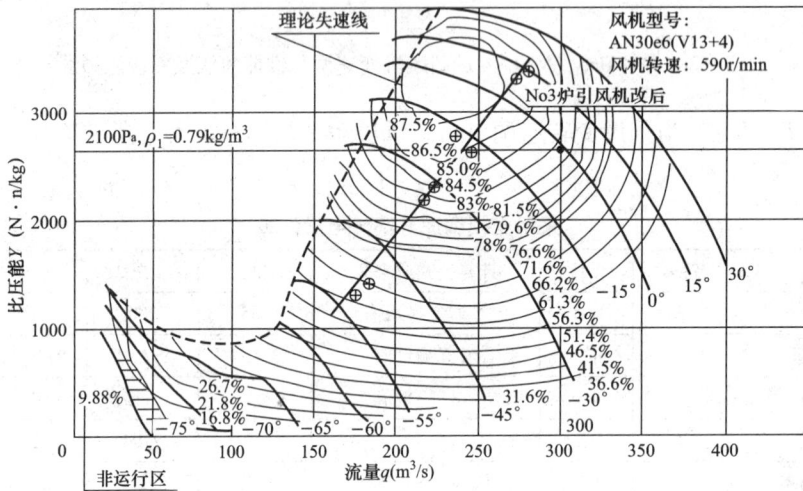

图 9 – 29　AN30e6（V13 + 4）型引风机 590r/min 的性能曲线及系统阻力线

由图 9 – 29 可见，该引风机在 590r/min 转速下运行时，完全可以满足引风机在 BMCR 工况下的需要，因此，决定将原 746r/min 的引风机电动机改造为具有 746r/min 和 596r/min 两种转速的双速电动机，并更换叶轮。当电动机在低速 596r/min 运行时，电动机功率为 1400kw，对应风机最大轴功率仍有 1.6 倍的安全系数，完全满足电动机功率的选型要求。并且由于电动机基础保持不变，减小了工作量。

更可喜的是，由图 9 – 29 可得，改造后的风机运行效率与变频改造的风机效率相当。但由于没有变频装置自身的损耗，其节电量比改变频多。详细计算见表 9 – 10。

表 9 – 10　　　　　　　　更换叶轮并降转速到 596r/min 运行时的节电量计算

名　称	符号	单位	计算公式或来源	工况 1	工况 2	工况 3	工况 4
机组负荷	E	MW	控制室显示值	335	290	240	190
风机烟气量	q_v	m^3/s	实际测量值	274.4	237.45	217.85	181.1
风机压力	p_F	Pa	实际测量值	2619	2115	1752	1122.1

续表

名　　称	符号	单位	计算公式或来源	工况 1	工况 2	工况 3	工况 4
风机空气功率	P_u	kW	$P_u = q_v p_F / 1000$	718.65	502.2	381.7	203.2
风机叶轮效率	η_R	%	查图	87	86.5	85	66.0
风机轴效率	η_a	%	$\eta_a = 0.98\eta_R$	85.26	84.77	83.3	64.68
电机效率	η_e	%	假设	94	94	94	94
电机输入功率	P_t	kW	$P_t = P_u / (\eta_a \eta_e)$	896.7	630.2	487.5	334.2
年运行小时	t	h	电厂提供	2400	1200	2400	1200
年耗电量	N	MWh	$N = P_t t$	2152.1	756.24	1169.9	401.0
年总耗电量	N_e	MWh	$N_e = \sum N$	4479.2			
改前年总耗电量	N_e	MWh	查表	5452.5			
年总节电量	N_J	kWh	$N_J = N_e - N_{eb}$	973 300			

改造后实测，335MW、290MW 和 240MW 三工况下的风机运行轴效率分别达到由 85.8%、83% 和 77.5%。（低负荷实测效率比曲线效率低些）；实测三工况下电动机输入功率分别为 885kW、637kW 和 532kW。与表 9 - 10 的计算值基本吻合。

一台风机的改造费用。电动机改双速 20 万元，更换新叶轮 22 万元，即一台风机的改造成本为 42 万元。改后一台风机年节电量为 973 300kWh，按 0.30 元/kWh 的电价计算，一年节约 29 万元，一年半即可回收成本。

改后风机运行稳定，噪声明显下降，达到了节能改造的预期目的。

第十章

火力发电厂节约燃油技术

第一节　火力发电厂节约燃油技术发展历程与现状

一、火力发电厂节约燃油技术发展历程

节油技术的发展与燃油供给状况和价格密切相关。我国曾有过将煤粉炉改为燃油锅炉、后又改回煤粉炉的短暂经历，但总体上，节约燃油一直是火力发电企业追求的目标。早期的电力工业，以小容量火力发电机组为主，当时有经验的现场技术人员曾采用灭火打炮方式启动，以减少启动油耗。

点火启动节油技术可追溯到 20 世纪 60 年代末期，当时的西北电力中心试验所就提出了如图 10 - 1 所示的锅炉微量柴油点火装置，所配油枪采用简单机械雾化、油枪出力为 18kg/h，因应用电厂燃用铜川贫煤而未获成功。这一技术后经不断改进完善，成了少油煤粉直接点火燃烧器。20 世纪 80 年代后期，技术成熟后开始推广应用，至今该技术仍是启动节油的主要技术手段，只是随着燃烧器结构的不断改进和完善，点火初期的燃尽度、火焰强度、节油率、正常运行时的稳燃能力等性能得到了提高。

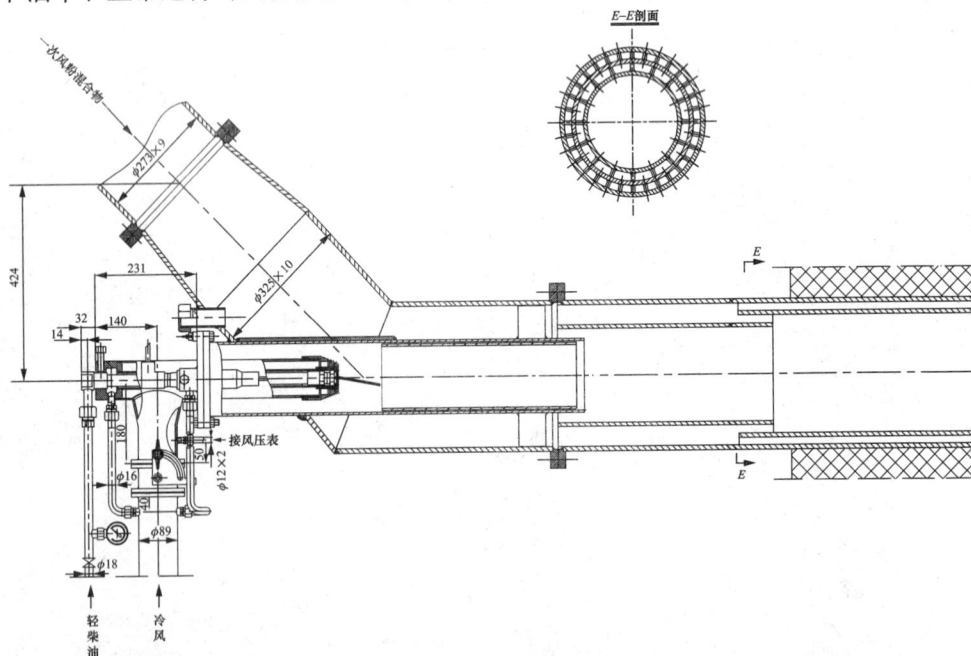

图 10 - 1　锅炉微量柴油点火装置

对于无油点火技术，我国也研究得较早。1982年，当时的安徽省电力工业局在淮南田家庵电厂进行的电弧点火启动技术已通过工业试验鉴定。2000年前后出现的等离子点火技术，是在引进苏联技术、设备基础上二次开发而成，目前国内已有大量的应用业绩。

从20世纪70年代中后期开始，在原马弗炉基础上开发出的各种预燃室开始在得到应用，预燃室结构种类较多，有的以启动节油为目的，有的以增强稳燃能力为主要目的，其应用在节油上取得了一定效果，但存在体积庞大、易结焦、调节困难、除焦工作劳动强度大等问题。

"六五"期间，出现了以增强稳燃能力为目的的各种钝体类燃烧器，如华中理工大学的钝体燃烧器（后发展为开缝钝体、稳燃腔燃烧器）、吉林中试所的犁形燃烧器、清华大学的船体多功能直流煤粉燃烧器等。西安热工院的反吹系统燃烧技术，将部分层二次风反切布置（有别于顶二反切削旋风），反切二次风与一次风在炉内恰当位置对撞，使煤粉颗粒在此聚集并延长了其在高温切圆上的滞留时间，研究者认为该技术能够增强稳燃能力、减小水平烟道的热偏差。

对于墙式单侧、对称或两侧墙布置的旋流燃烧器，我国也有一定的研究。哈尔滨工业大学提出的径向浓淡旋流煤粉燃烧器，实际应用业绩也较多。

W火焰燃烧方式作为燃用无烟煤的专用炉型引入我国，早期投产的机组，其实际使用效果不尽理想，表现在稳燃能力、锅炉效率均达不到设计值。最近几年投产的机组，其性能有了提高，但低负荷稳燃能力有待进一步检验。

1990年后，随着电力工业总装机容量不断增大，峰谷差调峰的矛盾日益突出。作为调峰的需要，上述稳燃技术均获得一定程度的应用，相应节约了大量的燃油。

总体来说，火力发电厂燃用油消耗主要集中在两个过程，一是机组冷态启动过程中的燃油。锅炉从冷炉点火到全部油枪撤出需要5～8h，其间要燃用大量轻柴油，如果启动过程中出现异常情况或者需要做大量试验（一般在机组大修后进行），那么锅炉启动时间会更长，燃用油量相应更大。二是锅炉助燃过程中的燃油。近年来，随着煤炭市场的日益严峻和电网调度的深度调峰要求，使得锅炉燃烧不稳定的时间越来越长，这就使得投入助燃油进行稳定燃烧的时间越来越长，燃油量也居高不下。从燃油消耗的过程分析，节约燃油的途径有两个方向：其一是缩短燃油投用时间的节约燃油技术；其二是采用替代燃料或者其他能量的节约燃油技术。

二、火力发电厂节约燃油技术现状

（一）缩短燃油投用时间的节约燃油技术

1. 机组冷态启动节油

大型机组冷态启动过程是一个复杂的、不稳定的传热、流动过程。由于冷态启动前锅炉、汽轮机各部件压力、温度接近环境压力、温度，锅炉升温、升压，汽轮机暖缸、暖机需要一定的时间，检修后的机组冷态启动过程中，发电机和汽轮机需要做多项试验，锅炉只能维持在低参数状态下运行，需要消耗大量燃油。因此，研究设备特点，合理安排机组冷态启动步骤，尽量缩短启动时间，可以节约大量燃油。

（1）采用滑参数启动，机组充分利用低压、低温蒸汽均匀加热汽轮机转子和汽缸，减少了热应力和启动损失，锅炉过、再热器的冷却条件亦得到改善。由于锅炉、汽轮发电机同时启动，缩短了整机启动时间，减少了燃油消耗。

（2）对于汽包锅炉来说，汽包上水时，在汽包壁温差允许的情况下，尽量提高除氧器给水温度，保证省煤器出口给水温度高于汽包壁温20～30℃，缩短汽包起压时间，利于机组启动过程中节油。

（3）冷态启动前，做好油枪的试投工作，有些电厂存在锅炉油枪冷态点火着火困难的问题，经常出现油枪点燃后燃烧不稳而灭火，不得不频繁点火，燃油消耗增加。做好油枪的试投工作，根据油枪投入时火焰形状及油烟颜色，找到二次风量、燃油压力、燃油温度的最佳匹配关系，保证冷态油枪点火能够顺畅、稳定，同时减少了燃油不完全燃烧损失。

（4）通过技术改进，缩短汽轮机侧暖机时间。例如提高轴封蒸汽压力，适当开启轴封疏水门以提高轴封蒸汽温度，适当提高凝汽器压力以减少外界冷空气吸入等，使汽轮机侧暖机时间缩短。

资料显示，某电厂 660MW 机组实施以上措施后，缩短了机组冷态启动的时间，冷态启动一次耗油量由原来的 220t 以上减少到 130～150t。

2. 机组温、热态启动节油

机组温、热态启动节油措施主要是提前投入煤粉燃烧。在冷态启动中，由于锅炉维持低负荷时间较长，相应炉内燃烧强度及炉膛火焰温度均较低，投粉过早、粉量过多很容易造成炉膛燃烧不充分，使火焰中心上移，锅炉升压快，主蒸汽温度、再热蒸汽温度难以控制；同时，未燃尽煤粉积聚在空气预热器波纹板上，在一定条件下会产生二次燃烧，烧损空气预热器。因此，冷态启动投粉一般选择在发电机并网、锅炉所产蒸汽已可经汽轮机泄放后进行，以利于汽压、汽温的控制。在机组温、热态启动中，根据汽温、汽压及汽轮机胀差情况，电站技术人员将启磨投粉时间提前到机组冲转前，投粉后即进行汽轮机冲转、发电机并网操作，既加快了机组代负荷速度，同时也节省了燃油。

3. 磨煤机启停过程节油

现在大容量机组多配备直吹式制粉系统，为了保证燃烧稳定、充分，磨煤机一般设置了必须满足一定火焰联锁条件的启动逻辑。即使在锅炉稳定运行中，如需要启动磨煤机，仍需投入磨煤机对应的燃烧器层或相邻层的部分或全部油枪，由油枪点燃煤粉燃烧器并为其助燃，直至煤粉燃烧器出力正常、燃烧稳定，才允许油枪退出运行。

在锅炉启动过程中，由于燃料量小、炉温低、燃烧不稳定，油枪对煤粉着火的支持是必需的，但锅炉稳定运行中，锅炉底层炉温已达 1000℃ 以上，磨煤机启动时，煤粉不需要油枪来点燃。通过试验研究，可寻求在锅炉正常运行中，没有油枪助燃的情况下，磨煤机启停不投油的逻辑条件，在充分考虑安全的基础上，通过对磨煤机启停必须投油助燃逻辑的修改，可以达到很好的节油效果。

4. 加强设备治理，缩短因燃烧不稳而投油的时间

由于锅炉设备问题导致的低负荷稳燃能力差、火焰监测系统可靠性差等现象，会直接引起锅炉稳燃用油量的增加。通过对燃烧器进行改造、卫燃带的敷设、火检安装角度的调整等技术手段，可以使锅炉的稳定燃烧性能提高，缩短因为燃烧稳定性问题而投油的时间，达到节约燃油的目的。

5. 加强燃煤管理，提高锅炉燃烧稳定性

近年来，电站燃煤市场日趋紧张，所以锅炉很难保证燃用设计煤种，这就使得锅炉燃烧稳定性受到一定影响，也增加了稳燃用油量。通过燃煤管理，以相应的混煤措施和掺烧试验，提高锅炉对燃用煤种的适应性，可达到降低稳燃投油的目的。

（二）用替代燃料或者其他能量的节约燃油技术

传统点火启动方式耗油量大的原因在于整体温升需耗费大量热量。节油燃烧技术则根据

煤粉气流的着火燃烧特点，以尽量小的点火能量将一部分煤粉气流引燃，部分已着火燃烧的煤粉气流再引燃其他部分煤粉气流，以煤粉燃烧为主，完成点火启动过程，真正需要的点火能量很小。因此，点火启动节油燃烧技术可归结为"小能量引燃法"。根据小能量的来源不同分类，小能量可以是少（微）量油、气或等离子（电弧），其本质都是用尽量小的点火能来引燃煤粉气流。在同等条件下，各类技术所取得的实际效果与本身采用的燃烧器结构相关。在缩短用油时间的基础上，采用替代燃料或者其他能量的节约燃油技术是近几十年来节油技术发展的方向。其中最有代表的技术是"以煤代油"的少油点火技术和采用电能的等离子点火技术。

第二节　国内现有的几种火力发电厂节约燃油技术

在锅炉点火及稳燃节油技术方面，目前国内市场上主要存在着以电能替代燃油的等离子点火节油技术、"以煤代油"的少油点火节油技术以及其他点火节油技术等，这些技术在锅炉启动过程中节油的同时，还兼顾着低负荷稳燃节油的作用。

一、等离子点火节油技术

（一）等离子点火节油技术基本原理

等离子点火装置是利用直流电流在空气介质一定气压下接触引弧，并在强磁场控制下获得稳定功率的直流空气等离子体。该等离子体在专门设计的燃烧器中心燃烧筒中形成温度高于 4000K 的、温度梯度极大的局部高温区。当煤粉颗粒与高温空气等离子流接触时，煤粉颗粒便被迅速破碎而燃烧，同时，等离子流与煤粉发生热化学反应，煤粉中的挥发分大量释放出来，加剧了煤粉的燃烧，从而点燃煤粉。在点火燃烧器中被点燃的煤粉形成燃烧火焰喷入炉膛，从而进一步点燃其余燃烧器中喷入炉膛内的煤粉，从而达到煤粉炉点火启动的目的。

（二）等离子点火节油技术系统基本构成

等离子点火节油技术是一个比较系统的工程，其中包括等离子发生器系统、燃烧器系统等，一般地，等离子点火节油技术系统基本构成如下：

（1）等离子发生器。产生高温等离子体流的装置。

（2）多级点火燃烧器。装在锅炉上使高温等离子体与煤粉接触并使煤粉燃烧的装置。

（3）供配电系统及专用电源系统。用于将三相交流电整流成直流电，为等离子发生器提供电源。

（4）压缩空气系统。提供等离子载体压缩空气的系统。

（5）冷却水系统。提供用于阴极、阳极冷却用水的系统。

（6）控制系统。以内部 PLC 及其通信接口、通信数据总线构成的系统，除了实现对整个系统的后台控制外，可以实现与 DCS 的前台控制。

（7）图像火焰检测系统。由 CCD 摄像头、冷却风机和画面分割器等组成，提供每个等离子燃烧器的燃烧实时图像。

（8）一次风速在线检测系统。由耐磨靠背管、微压差变送器等组成，用于一次风速的在线监控和调整。

（9）壁温测量系统。由于等离子燃烧器采用预燃方式，燃烧器的壁面要承受高温，为了防止燃烧器壁面超温，在燃烧器内筒安装了测量热电偶，在线监控壁温。

（10）冷炉制粉系统（针对直吹式制粉系统）。为解决直吹式制粉系统在冷态点火时的热风问题，利用邻炉的高压辅助蒸汽（或利用单独设置的小油枪燃烧产生的热烟气），对装于磨机入口处的暖风器中的冷空气进行加热，使进入磨煤机的热风温度达到启磨条件。

（三）等离子点火节油技术应用情况

截至 2008 年 12 月 31 日，国内已采用或签约将采用等离子点火设备的电站锅炉台数如表 10－1 所示。

表 10－1 采用等离子点火设备的电站锅炉

机组容量（MW）	类型	数 量		装机容量（万 kW）	
		台数	比例	数量	比例
1000	基建	21	4%	2107	10%
	改造	—	—	—	—
600	基建	196	40%	11 932	57%
	改造	5	1%	300	1%
300	基建	143	29%	4433	21%
	改造	21	4%	649	3%
200 及以下	基建	44	9%	646	3%
	改造	58	12%	848	4%
合计	基建	404	83%	19 118	91%
	改造	84	17%	1797	9%
总计		488		20 915	

注 根据国内招投标资料和其他信息分析得来。

二、少油点火节油技术

（一）少油点火技术基本原理

少油点火技术的基本原理是将油枪由原来的布置在二次风喷口内移至一次风喷口内，同时油火焰喷入位置移至燃烧器内部，先在分级燃烧室内点燃部分煤粉，然后利用油和煤粉燃烧产生的热量逐级点燃其他煤粉，实现煤粉的分级燃烧，燃烧能量逐级放大，达到点火并加速煤粉燃烧的目的，大大减少煤粉燃烧所需引燃能量，即所谓的能量逐级放大。内燃式燃烧器的典型结构如图 10－2 所示。

（二）少油点火技术系统基本构成

少油点火技术和等离子点火技术一样，也是一个比较系统的工程，其中主要包括油系统、煤粉燃烧系统、控制系统、辅助系统等。一般地，少油点火系统基本构成如下：

（1）小油量油枪。产生极细油雾的装置。

（2）多级点火燃烧器。装在锅炉上，使高温油火焰与煤粉接触并使煤粉燃烧的装置。

（3）压缩空气系统。提供雾化介质以及火检等部件的冷却。

（4）控制系统。以内部 PLC 及其通信接口、通信数据总线构成的系统，除了实现对整个系统的后台控制外，可以实现与 DCS 的前台控制。

（5）图像火焰检测系统。由 CCD 摄像头、冷却风机和画面分割器等组成，提供每个等离子燃烧器的燃烧实时图像。

（6）一次风速在线检测系统。由耐磨靠背管、微压差变送器等组成，用于一次风速的

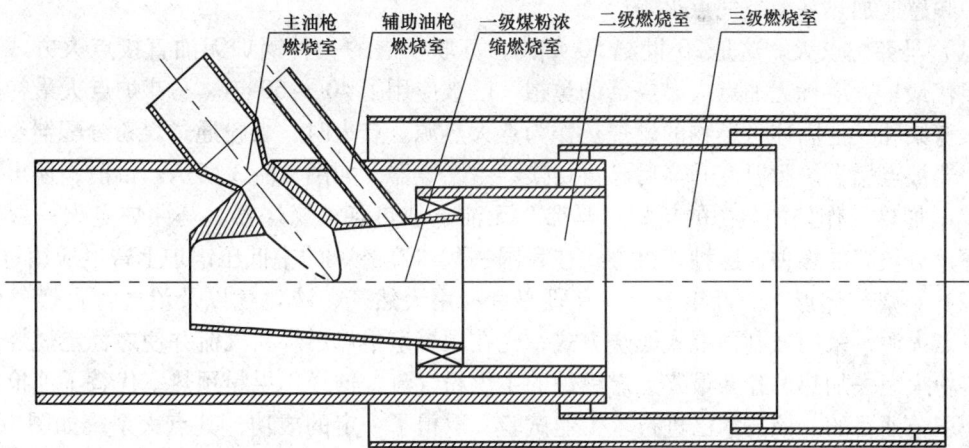

图 10-2 少油点火燃烧器结构示意

在线监控和调整。

（7）壁温测量系统。由于燃烧器采用预燃方式，燃烧器的壁面要承受高温，为了防止燃烧器壁面超温，在燃烧器内筒安装了测量热电偶，在线监控壁温。

（8）冷炉制粉系统（针对直吹式制粉系统）。为解决直吹式制粉系统在冷态点火时的热风问题，利用邻炉的高压辅助蒸汽（或利用单独设置的小油枪燃烧产生的热烟气），对装于磨机入口处的暖风器中的冷空气进行加热，使进入磨煤机的热风温度达到启磨条件。

（三）少油点火技术应用情况

截至 2008 年 12 月 31 日，国内已采用或签约将采用少油点火设备的电站锅炉台数如表 10-2 所示。

表 10-2 采用少油点火设备的电站锅炉

机组容量 （MW）	类　型	数　量		装机容量（万 kW）	
		台数	比例	数量	比例
1000	基建	12	2%	1200	7%
	改造	—	—	—	—
600	基建	55	10%	3500	20%
	改造	45	8%	2800	16%
300	基建	80	15%	2500	14%
	改造	135	25%	4250	25%
200	基建	30	6%	450	3%
	改造	175	33%	2600	15%
合计	基建	177	33%	7650	44%
	改造	355	67%	9650	56%
总计		532		17 300	

注 根据国内招投标资料和其他信息分析得来。

三、其他节油技术

其他节油技术包括马弗炉点火、可燃性气体点火、电阻加热点火、中频感应加热壁面点火、中频感应加热高温空气点火等。

（1）马弗炉点火。这是 20 世纪 50 年代，苏联发展的一种锅炉无油直接点火方式，其出现年代最早，堪称无油点火燃烧器的鼻祖，已被应用了 40～50 年。马弗炉点火最初采用块煤、劈柴和其他固体可燃物的燃烧热作为点火热源。点火时，煤粉通过煤粉分配器经过马弗燃烧器被点燃，炉膛温度升高后，再切换到主燃烧器，如图 10-3 所示。目前，还出现了采用"电加热"作外加热源的新型"马弗"无油电加热点火燃烧器。马弗炉点火一般仅适用于挥发分较高的煤种，这种点火方式在我国一些"高龄"的中低压锅炉上曾经应用过。

（2）可燃气体点火。近年来，也有研究者利用天然气、液化气以及沼气等可燃气体作为激发点火源，采用强制预混式燃烧方式，先在预燃室中点燃煤粉气流并使之稳定燃烧，再喷出煤粉火炬去加热炉膛并最终点燃锅炉的主煤粉气流，这样用煤粉预热室代替了油枪，从而达到了节油目的。该技术已进行了工业试验，取得了一定的成功，其点火系统如图 10-4 所示。这种点火方式在一些天然气资源丰富的地区有一定的应用价值。但由于天然气、液化气的成本较高，而沼气又需要复杂庞大的发生装置，目前应用并不广泛。

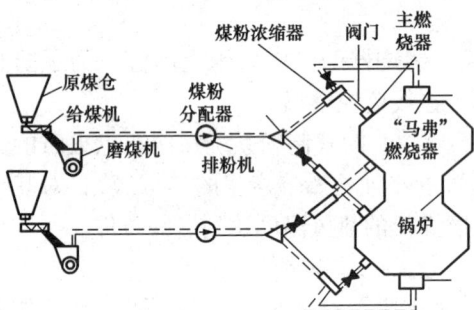

图 10-3　马弗炉点火系统示意

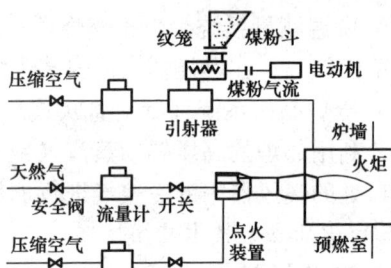

图 10-4　可燃气体点火示意

（3）电阻加热点火。图 10-5 是巴布考克日立株式会社开发的一种煤粉点火燃烧器，粉煤和空气混合流送入煤粉燃烧器，经旋流叶片产生浓淡分离，在点火室内表面形成浓度高而流速低的煤粉直接点火区域；煤粉与加热到 1000～1200℃ 的陶瓷点火器相撞，导致煤粉不断挥发而连续点火。图 10-6 是一种电阻型点火燃烧器，这种燃烧器的电阻加热元件位于煤粉分流器的内部，通过高浓度煤粉对高温度金属块（分流器）的冲刷，点燃煤粉气流。电热腔点火技术由浙江大学于 1993 年研制的，其实验装置如图 10-7 所示。电热腔点火是以电加热一段一次风管，通过附面层传热使煤粉气流在靠近高温度壁面处首先着火，然后火焰传播至整个截面。如果在电热腔之外再套一级一次风管，即可形成两级或多级点火。

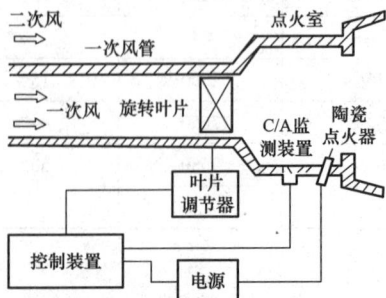

图 10-5　陶瓷点火燃烧器

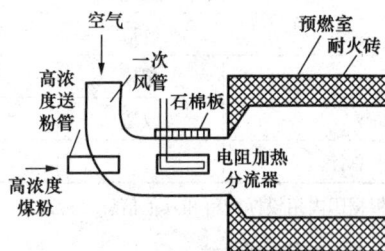

图 10-6　金属热阻点火燃烧器

尽管以上3种点火燃烧器的具体结构各异，但它们都是利用电阻丝产生的热量来作为点燃煤粉的激发热源的，在点燃挥发分较高的煤种时，都取得了一定的成功。但它们都存在两个明显的缺陷：一是电阻丝经过多次通电加热后容易断裂；二是这种点火方式都属于热固体壁面点火，容易产生结焦。

（4）感应加热无油点火技术。该技术首次将中频感应快速加热技术应用到煤粉的直接点火中。感应加热技术具有加热速度快、功率调节灵敏和可靠性高等优点，其系统结构示意如图10-8所示。该技术在实验室和电厂的工业试验中，取得了一定的成功，但也存在结焦和燃尽率偏低的问题，故目前还没有得到推广应用。

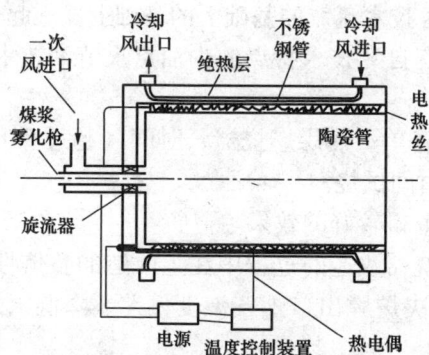

图10-7 煤粉/煤浆燃烧器

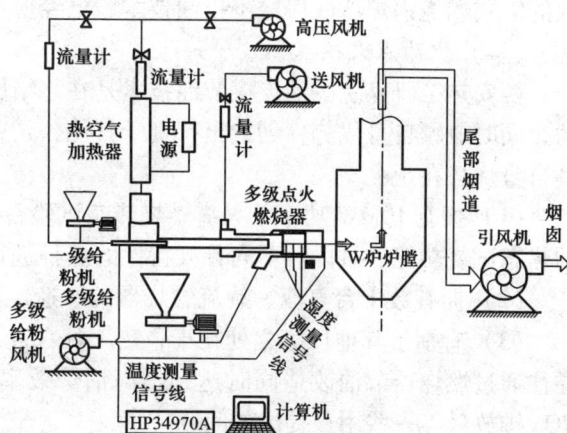

图10-8 高温空气多级点火燃烧器试验系统

高温空气点火的方式是近几年来有关直接点火研究的一个亮点。目前，北京科技大学、华北电力大学等单位都对其进行了研究，并且在少量燃用高挥发分煤种的电厂上取得了成功。其主要原理是利用中频电源对冷空气进行加热，产生700℃以上的高温空气点燃冷态煤粉。另外，该设备的主要优点还在于：

1）调节方便，使得其在冷态点火或热态稳燃过程中，根据煤粉燃烧状况灵活调节热风风温和风量，极大地提高了点火燃烧设备的安全性；

2）热风制粉，由于自带热风加热器，冷炉启动时，可采用旁路向制粉系统供风，直接进行热风制粉。但作为一种新型点火方式，它还处于工业推广应用阶段，其可靠性还有待实践进一步的检验。

第三节 西安热工院在煤粉锅炉点火和稳燃节油方面开展的工作

西安热工研究院是电力行业较早开展煤粉锅炉点火和稳燃节油研究的单位。在煤粉锅炉低负荷稳燃方面积累了大量试验经验和改造经验。对于煤粉锅炉点火和稳燃节油技术新的研究热点方向，正在积极地开展一些研究工作。如墙式燃烧锅炉启、停磨不投油技术研究，锅炉少油点火节油技术研究，锅炉纯氧点火节油技术等。

（一）墙式燃烧锅炉启、停磨不投油技术研究

如前所述，墙式燃烧由于控制逻辑限制，启动、停运磨煤机时一般都投运油枪，而根据

统计我国 500 ~ 600MW 机组配置墙式燃烧锅炉的有 10 余台，300 ~ 350MW 机组有 20 余台，200MW 机组有 10 余台。这些墙式燃烧锅炉（直吹式墙式锅炉）的每只燃烧器中都布置了点火油枪（出力 250kg/h 左右），并要求在日常磨煤机启、停过程中投入点火油枪，以保证该磨煤机对应燃烧器的及时着火与稳定燃烧。我国火电机组昼夜运行负荷变化较大，通常每台锅炉 24h 内就要启停 1 台/次磨煤机。直吹式墙式锅炉每台/次磨煤机启停过程中消耗的点火油约 0.5 ~ 1.0t，以平均耗油 0.5t 计算，每年消耗点火用油 180t，40 台锅炉一年消耗点火油 7000t 左右。以每吨点火油 3000 元人民币计算，每年仅磨煤机日常的启、停就消耗点火用油达 2000 多万元人民币。西安热工研究院通过理论分析与现场试验得出一套行之有效的墙式燃烧锅炉启、停磨不投油技术，已经应用于多台锅炉，产生了巨大的经济效益。

（二）少油点火技术

西安热工研究院少油点火节油技术是在总结国内各技术流派的基础上的基础上发展起来的，同时兼顾自身优势，创造出有别于其他公司的、有自身技术特点的少油点火节油技术。其自身优势在于：

（1）拥有 10MW 功率单火嘴燃烧热态试验台，具备单火嘴煤燃烧器长时间（超过 24h）的热态试烧功能，可以对不同着火特性的煤种进行长时间试烧。

（2）拥有数十台直流、旋流燃烧器的改造经验并取得较好的效果。

（3）有别于其他厂家之处在于，热工院在进行燃烧器改造的过程中注重改造的整体性，往往通过燃烧器节油改造同时达到提高锅炉效率、解决炉膛出口烟气温度偏差、降低锅炉 NO_x 排放量等一些用户提出的问题。

（4）拥有各专业强大的技术力量支持，能使改造后的微油点火系统与原设备很好配合使用。

（三）锅炉纯氧点火节油技术

1. 原理

通过高纯助燃剂的掺入，使得点火燃料的燃烧产生的温度较高，煤粉通过高温"火球"时迅速释放出挥发分，在高纯助燃剂的作用下，继续产生高温火焰，这样发生连锁反应，最终达到节约点火燃料的目的。

由于纯氧对煤粉颗粒的燃烧速率提升有很大的帮助，并使得燃烧功率持续放大，初期点火和助燃煤粉阶段的时间较短，对于高挥发分烟煤预计只需几分钟就能转入纯煤粉燃烧阶段，而对于贫煤的时间可能稍长，在炉内烟气温度稍有提高后进入，因此助燃燃料的消耗量很少。

针对不同的煤质、炉型和制粉系统，纯氧点火完全转入纯煤粉燃烧阶段的困难程度不同。对于高挥发分烟煤基本可以做到点炉开始就可以进入纯煤粉燃烧阶段，对于贫煤等难燃煤种为提高初始燃尽率和克服送粉系统扰动对燃烧的影响，可能需要在燃烧器中间布置一只功率很低的油枪作为"长明灯"存在以稳定燃烧。小油枪的耗油量很低，随着炉膛烟温提高，小油枪功率减小直至退出。

2. 系统构成

纯氧点火及稳燃技术构成包括点火枪、电点火器、推进系统、火检和保护系统和纯氧供应系统等构成。纯氧供应系统可采用制氧系统、也可以采用液氧供应。

3. 纯氧点火及稳燃技术创新点

纯氧点火及稳燃技术与前面提及的技术有很大的不同。（1）在燃烧的化学机理和过程上，纯氧点火及稳燃技术主要依靠持续不断提供纯氧后降低燃料着火点温度，迅速提高煤粉燃烧速率和燃烧规模实现的。

4. 纯氧点火及稳燃技术的价值

纯氧点火及稳燃技术具有以下优点：

（1）助燃油或外界能源消耗很小，运行费用低。目前，助燃油的价格高昂，而工业用氧气相对价格低廉，经过估算，300MW锅炉启动利用纯氧和点火技术的费用仅为常规油枪点火技术的1/10左右。

（2）点火和稳燃效果好、煤种适应性强。即便刚刚烧红的铁丝在纯氧中也能持续燃烧并化为粉尘，因此纯氧对于燃烧速率的提高无可置疑，这使得这种点火稳燃和助燃技术的效果十分好，特别有利于在燃烧难燃的无烟煤和掺烧煤矸石的锅炉点火和稳燃。

（3）锅炉启动中防止尾部受热面干烧超温的效果好。在锅炉启动过程前期，锅炉尾部受热面包括过热器和再热器处于干烧阶段，由于采用纯氧点火方式后，锅炉通风量减少，很大程度上使得流过尾部受热面的高温烟气量大大减少，非常有利于尾部受热面的超温保护。

（4）锅炉启动过程中尾部烟道二次燃烧的可能性大大减少。锅炉常规油枪点火启动中，在尾部烟道上会沾污大量的未燃尽助燃油和煤粉颗粒，当温度升高时可能发生二次燃烧而损坏设备。当采用纯氧点火燃烧方式后，由于助燃燃料使用得很少，以及未燃尽煤粉的量大大减少，二次燃烧的可能性很小。

（5）减少了启动过程中的污染物排放。锅炉常规油枪点火启动中，由于助燃油燃烧不尽，为防设备沾污等原因，电厂的电除尘不投入运行，锅炉排烟中夹杂大量的烟尘，对大气环境的破坏很大。采用纯氧点火技术后，由于没有助燃油持续投入，未燃尽煤粉颗粒的减少，电除尘可以一开始就投入运行，电厂排烟中的粉尘量大大减少，从而有效地保护了环境。

图10-9为纯氧点火试验情况。

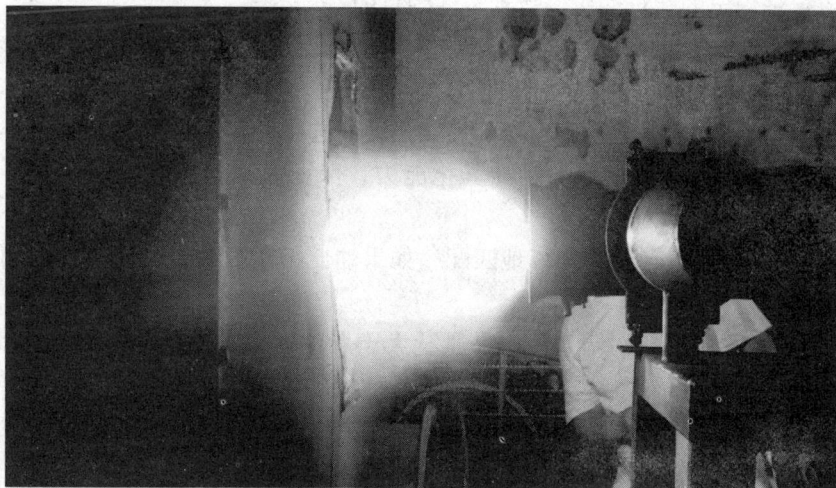

图10-9　神华煤纯氧点火试验

第四节 火力发电厂节约燃油技术发展趋势及难点

经过近 50 年的发展，火力发电厂节约燃油技术从最初的马弗炉劈柴点火发展到现在的等离子无油点火，其间经历许多波折，这让人们对于火力发电厂节约燃油技术的发展有了清晰的认识，对节约燃油技术的选择和应用上更趋理性，并不单纯地追求节油和理论上的成本降低，而是越来越重视点火燃烧器的可靠性和安全性。而目前，节油点火技术对锅炉安全运行的不利影响因素主要有：

（1）冷炉点火时煤粉燃尽率偏低的问题。大部分直接点火装置，在锅炉点火初期都存在煤粉燃尽率过低，容易造成尾部烟道积粉以及煤灰斗积粉自燃和爆炸事故。

（2）稳燃时产生的结焦与一次风管烧毁问题。尽管绝大多数点火方式都具有一定的稳燃效果，但大多数都做不到真正的无级调节，特别是当锅炉燃烧状况不够稳定时，大多数直接点火燃烧器的投运，容易使得一次风管温度急剧升高，增加了结焦和烧毁一次风管的可能性。

（3）冷炉启动时设备所受到的热应力问题。锅炉冷炉启动初期，由于煤粉着火需要一定的浓度和流量，所给的燃料量不如传统油枪易于调节和控制，容易使设备由于受到较大的热应力而损坏。

（4）点燃低挥发分煤种仍然较困难。在目前，对于各种直接点火方式来说，如何在冷炉状态下稳定安全地点燃低挥发分的煤种，仍然是一个难点。

针对以上不利因素，火力发电厂节油技术发展的趋势表现如下：

（1）改进现有燃油系统。油压波动是燃油燃烧不好的根本原因，特别是机组台数多和机组容量大的时候，在燃油使用量较大时，会使燃油管道中的油压波动较大，无论是机械雾化或空气雾化方式，都会使燃油雾化效果变差，使燃油不能充分燃烧。因此，需要从燃油油泵的选择、管道直径和阻力的选择计算、控制方式的选择和计算、系统回路的确定等多方面进行优化，以保证稳定的运行油压，达到节油的目的。

（2）提高油枪的燃烧效率。

提高油枪的燃烧效率有以下途径：

1）正确选择油枪的容量，不宜为增加燃烧强度而选择大容量的油枪。

2）选择好的油枪喷雾头，增加燃油雾化能力，保证燃油与空气接触良好，提高燃烧效率。

3）燃油压力与喷头设计压力很好地匹配，如果油压偏离喷头设计压力，则油枪雾化效果将大大降低。

4）注意启动过程中风量的调节，如果风量大于燃油所需的空气量，则会多带走热量，从而增加燃油的用量。

（3）改变燃油油枪的燃烧形式。通常油点火装置是直接将燃油喷到炉膛中，直接燃烧产生热量，待炉膛中温度满足煤粉燃烧条件后再投煤粉，因而用油量较多。因此，后来人们考虑采用强化燃烧的油燃烧器点火，也就是在同一燃烧腔体内实现油、煤混烧。油燃烧器发出高温火焰，将通过煤粉燃烧器的一次风温升至不同煤种的着火温度，直接由高温空气点燃煤粉，实现不同挥发分煤种的点火燃烧，从而大幅度降低点火和助燃过程中的油耗。

（4）寻找油替代品。

1）以可燃气体代替燃油，作为煤粉锅炉点火和稳燃热源。

2）以电能作为激发热源，包括电阻加热点火、中频感应加热壁面点火、等离子体点火、中频感应加热高温空气点火和激光加热等煤粉锅炉点火和稳燃方式。

（5）研究针对无烟煤的节约燃油技术。对于贫煤、无烟煤及高灰分、低热值劣质煤，需要点火能较大、火焰传播速度较慢，需要预燃空间也大。如果点火能量太小，且配置常规尺寸火嘴，会出现点火初期燃尽度差，或不能单独满足点火启动升温升压的要求，需用大油枪进行时间不等的助燃。所以，针对无烟煤节油技术的研究仍在进行中。

第十一章

汽轮机通流部分改造

第一节 概 述

随着全球及我国经济、能源和环保形势的发展，当前，燃煤发电厂特别是经济性较差的燃煤发电厂，将面临更为严格的节能降耗和减少排放的约束性指标压力，以及严峻的市场经营形势，突出表现在如下三个方面：

一、节能和减排已成为燃煤发电企业发展的两个约束性指标

国务院发布的《能源发展"十一五"规划纲要》中明确提出了"建设资源节约型、环境友好型社会；坚持开发节约并重、节约优先，按照减量化、再利用、资源化的原则，大力推进节能节水节地节材，加强资源综合利用，完善再生资源回收利用体系，全面推行清洁生产，形成低投入、低消耗、低排放和高效率的节约型增长方式"。这表明节能降耗和减少排放已成为对燃煤发电企业生产的两个约束性指标。

在节能方面，规划提出到 2010 年中国万元 GDP 能耗要降低 20%（即由 2005 年的 1.22t 标煤/万元 GDP 下降到 0.98t 标煤/万元 GDP 左右）；一次能源消费总量控制目标为 27 亿 t 标煤左右，年均增长 4%。在减排方面，规划提出到 2010 年要减少排放二氧化硫 840 万 t、二氧化碳 3.6 亿 t。电力工业是节能减排的重点领域之一。规划中对燃煤发电行业的要求是，到 2010 年，全国火力发电企业的平均供电煤耗降低 15g/kWh，即由 2005 年的全国火力发电企业平均供电煤耗 370g/kWh 下降到 355g/kWh，厂用电率下降至 4.5%。

二、燃煤发电企业的电量调度开始由铭牌调度向节能调度调整

2007 年 8 月，国务院转发了由国家发改委、环保总局、电监会、能源办制定的《节能发电调度办法》，对燃煤机组按照能耗水平由低到高排序，按照能耗水平进行电量调度，并安排首先在广东、贵州、四川、江苏和河南五省进行试点。在实际节能调度中，关于机组能耗水平的认定暂依照设备制造商提供的机组能耗为标准，逐步过渡到按照机组实测能耗数值排序。

随着电力供求矛盾的逐步缓减，新的电源点不断投运，高能耗燃煤发电企业的生产和发展将受到限制，其经营形势变得非常严峻，将面临激烈的竞争。企业只有对外不断争取市场份额，对内强化管理，对低效高耗的主辅机进行技术更新改造，最大限度地降低消耗，才能在激烈的市场竞争中生存和发展。

三、国内外煤炭价格持续上涨，燃煤发电企业经营压力陡增

2007 年下半年以来，国际煤炭价格不断飙升，2008 年国际煤炭的协议价格比 2007 年上涨一倍，标煤价格达到130美元/t。受国际煤炭价格上涨因素的影响，国内发电用煤价格也持续上涨，燃煤发电企业将面临更大的成本压力。

为适应新的形势，确保电厂技术领先、机组效率高、资源消耗少、经济效益好，进一步提高竞争力，应积极创造条件，采用先进、成熟的技术对经济性及安全性较差的落后设备进行技术改造，努力挖掘内部潜力，提高机组的可靠性和经济性，降低成本，并进一步适应电网深度调峰的要求，促进发电厂技术装备水平的提高，减轻对环境的污染。

由于电力行业的特点，发电厂技术改造项目的重点在于提高发电企业的安全性和经济性。以安全生产为基础，以经济效益为中心，以优质服务为宗旨的方针，努力挖掘内部潜力，加强技术进步和技术改造工作，在安全运行的前提下，做到经济运行，稳发、满发、多供、降损以及改善电能质量、减少环境污染，切实履行建设"资源节约型、环境友好型"社会责任，从而提高电力企业乃至全社会的综合效益。

技术改造是电力企业发展的永恒主题，今后在相当长的时期内，发电厂的技术改造仍是一项十分艰巨和复杂的任务。加快发电厂技术改造和技术进步的步伐，对促进电力工业的可持续发展有着重要的意义。

具有直接经济效益的发电厂技术改造项目可以分为三种类型：

（1）以增加收入为主的技术改造项目。

（2）以节约成本费用为主的技术改造项目。

（3）既增加收入又节约成本费用的技术改造项目。

根据发电厂各主辅设备的经济性和安全性状况，又可分为锅炉设备改造、锅炉辅助系统设备改造、汽轮机本体改造、热力系统优化改造、冷端优化及改造等。

第二节　汽轮机通流部分改造的必要性

汽轮机通流部分改造主要是指采用先进成熟的气动热力设计技术、结构强度设计技术及先进制造技术，对早期采用相对落后技术设计制造的在役汽轮机的通流部分进行改造，以提高汽轮机运行的经济性和可靠性、灵活性，并延长其服役寿命。

自20世纪90年代中期始，国内各汽轮机设计、制造企业及有关科研机构先后采用当时的先进汽轮机设计技术对国内在役的汽轮机进行改造，从国产125MW汽轮机开始，延伸到200MW汽轮机。目前，200MW及以下功率等级的汽轮机已有数百台实施改造，改造后的经济性和安全性均得到提高，取得了良好的改造效果。近几年内，早期投运或采用20世纪七八十年代技术设计制造的300MW功率等级的汽轮机，也已有数十台进行了通流部分改造，为后续的汽轮机通流部分改造积累了诸多经验。

一、国内不同功率等级机组的装机情况

近年来，随着600MW亚临界、600～1000MW等级超临界、超超临界机组的不断投运，300MW及其以上等级机组已成为主力机组。截至2007年底，300MW及其以上容量等级机组已占全国总装机容量的56.85%，其中，300MW容量等级机组占总装机容量的30.13%。

二、国产300MW等级汽轮机经济性现状

目前，在役的多数国产300MW等级汽轮机多采用引进的20世纪七八十年代国外技术，限于当时的技术水平（一元、二元流动设计）、设计手段和制造工艺，投产后经济性较差并存在诸多影响机组安全性的问题，尽管各制造商在 90 年代后期陆续推出改进或优化机型，但其经济性仍差强人意，多数机组缸效率及热耗率达不到设计值。主要表现在以下几个方面：

1. 供电煤耗水平

2007 年，平均供电煤耗为 337g/kWh，进口机组比国产机组低 10g/kWh 左右，早期投产机组供电煤耗为 340 ~ 360g/kWh，而目前国际上 300MW 等级机组的先进水平为 310 ~ 320g/kWh。

2. 热耗率水平

新投产机组额定工况热耗水平比设计值要低 2% 左右，早期投产机组额定工况热耗水平比设计值低 6% ~ 7%。

3. 缸效率

新投产机组高压缸效率为 83% ~ 84%，中压缸效率为 90% ~ 91%；早期投运机组高压缸效率为 78% ~ 80%，中压缸效率为 87% ~ 89%。

4. 安全可靠性

300MW 等级汽轮机，特别是 20 世纪 90 年代中期以前的国产 300MW 汽轮机，多数不同程度地存在喷嘴室变形，高压调节级及中压第一级固体颗粒冲蚀损坏，内缸体变形严重，低压末级、次末级断裂，损伤故障，水蚀严重及其他影响机组可靠性的安全隐患。汽轮机在投运若干年后，随着老化，其性能逐渐下降变差，在机组正常估算寿命期内，其故障率的大小往往呈现"浴盆曲线"式的变化，设备经多年运行后，在部件磨损阶段故障率会趋于增长。

总之，目前国内 300MW 功率等级机组仍占总装机容量的 30.13%，多数运行经济性较差，且部分机组已接近其设计寿命。由于节能降耗约束性指标的压力、节能调度对高煤耗机组发电量的限制以及煤价上涨使高煤耗机组成本压力的进一步增加，特别针对国产 300MW 等级汽轮机经济性差、通流部分效率低的状况，采用先进、成熟的技术对汽轮机进行改造，主要是对汽轮机通流部分进行改造，提高汽轮机通流效率，减少或消除汽轮机内漏以降低机组实际运行时的能耗，对提高机组的整体经济性能、实现节能减排目标及企业的可持续发展不仅是必要的，而且是极为迫切的；同时，通流部分改造应使机组具有更好的调峰能力以适应电网的要求。

随着大规模电力建设速度的逐渐放缓及环保压力、运行成本压力的增加和节能调度的实施，可以预见，未来几年内，将是 300MW 等级汽轮机通流部分改造的高潮。

第三节 汽轮机通流部分改造的目标和原则

对汽轮机实施通流部分改造前，应对影响汽轮机组经济性的因素进行分析，在准确把握机组经济性状况的基础上，选择科学、合理且经济的改造方案，并应遵循如下改造目标和原则。

一、通流部分改造的目标

（1）通过对汽轮机通流部分的改造，使机组的热耗、效率达到同类机组的先进水平，实现节能降耗。

（2）通过对汽轮机进行技术改造，消除目前机组存在的影响安全可靠运行的缺陷，提高机组的安全可靠性。

（3）通过对汽轮机通流部分的改造，使汽轮机具备良好的运行灵活性和调峰能力。

（4）通过对汽轮机通流部分的改造，并在锅炉主辅机、汽轮机辅机及系统、发电机及电气系统不进行大的改造的前提下，实现机组增容，提高机组的铭牌出力。

（5）满足用户某些特殊要求，如工业抽汽或供热抽汽等。

二、通流部分改造的原则

（1）优先考虑节能降耗和提高机组的安全可靠性。

（2）改造方案和技术措施需结合机组具体情况，为"定制式"改造方案设计。

（3）改造涉及范围对外围系统影响最小。

（4）机组外形尺寸基本不变，旋转方向不变。

（5）热力系统不变、抽汽参数保持基本不变。

（6）与发电机、轴承箱等接口不变。

第四节 汽轮机通流改造技术

随着计算机技术、有限元技术（FEM）及计算流体动力学（CFD）技术的发展，三维黏性数值模拟技术及三维有限元数值分析技术在透平机械气动及结构强度设计中得到了广泛的应用，目前，以准三维/全三维气动热力分析计算为核心的汽轮机通流部分设计方法已成熟。国内外已普遍采用成熟的三维气动设计理论进行汽轮机通流部分的设计：在总体上考虑动静干扰因素即非定常设计，提高叶片型线和叶片级的整体级效率，如采用可控涡流型以改进级的流动状况，减少叶顶漏汽和叶根吸汽。多部件、多物理场耦合设计技术：多级、多通道耦合，蒸汽、固体粒子两相流多物理场耦合。复杂通道设计技术：通流部件与蒸汽泄漏部件耦合、动静匹配多级联算、子午面流道光顺等。在汽轮机通流部分结构与强度设计方面，三维有限元（3D-FEM）数值分析技术已开始被广泛用于转子、动叶片、隔板、汽缸等的结构与强度设计，使得对于汽轮机通流部分部件的结构强度设计更为先进和精准，可以确保部件的高可靠性。

一、先进的叶轮机械热力学和流体力学技术

汽轮机内部的流动是一个三维的、可压缩的、有黏性的、亚音速或跨音速的、单相或多相的非定常流动过程。目前，以弯扭联合成型全三维叶片为代表的第三代通流设计已进入工业化实用阶段，在提高通流效率的同时提高出力。以弯扭联合成型全三维叶片为代表的气动设计技术主要包括：

（1）先进调节级设计。采用子午收缩通道技术，如图11-1所示，可有效降低叶栅的二次流损失，调节级效率可提高约1.7%。

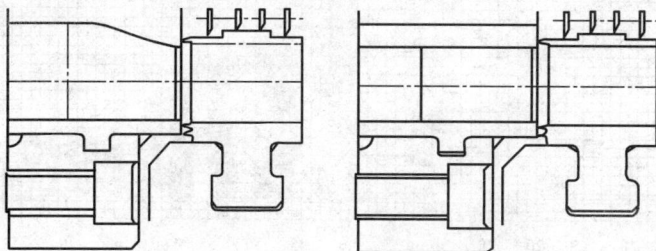

图11-1 子午收缩通道（左）与常规平直通道（右）对比

215

（2）高压缸采用分流叶栅。采用分流叶栅，取代加强筋结构叶栅，降低叶栅端部损失，级效率提高 2%～3%，如图 11-2 所示。

（3）弯扭联合三维叶片技术。弯扭联合三维叶片如图 11-3 所示，采用可控涡流型改进级的流动状况，汽流沿叶型表面速度分布合理，降低环型叶栅根部和顶部的二次流损失；相对节距和出汽边厚度能得到严格的控制；型面加工光洁度高，型面附面层中的摩擦损失和附面产生分离时涡流损失及叶片出汽边的尾迹损失较低；叶片的前缘半径较大，对称的楔形前部截面以及光滑的流道，当汽流入口角变化时仍能在较宽的运行参数变化时保持较高的级效率；优化反动度沿叶高的分布，减少了叶顶漏汽和叶根吸汽。

采用弯扭联合三维叶片，可使型线损失和二次流损失大大减少，级效率可提高 2%。

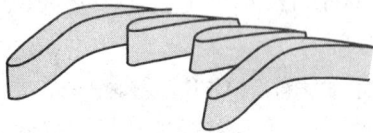

图 11-2　分流叶栅 3D 示意

图 11-3　弯扭联合三维叶片

（4）叶栅薄出汽边设计。叶栅出汽边厚度 0.3～0.6mm，级效率提高约 0.7%。

（5）先进汽封设计。利用先进汽封设计，可以减少高、中压各级的隔板、叶顶及轴封漏汽，使级效率提高 1.5%。

（6）三维流动分析设计技术。为提高通流效率，采用三维流动分析设计技术，总体设计上，包括考虑动静干扰因素的非定常设计，多部件、多物理场耦合设计技术，多级、多通道流动耦合设计，蒸汽、固体粒子两相流多物理场耦合等。

（7）复杂通道设计技术，包括通流部件与蒸汽泄漏部件流动耦合设计。通流部件与蒸汽泄漏部件流动耦合设计，主要包括优化各级的焓降分配，动静匹配多级联合设计，排汽扩散段的优化，子午面流道优化光顺等。子午面流道光顺设计如图 11-4 所示。

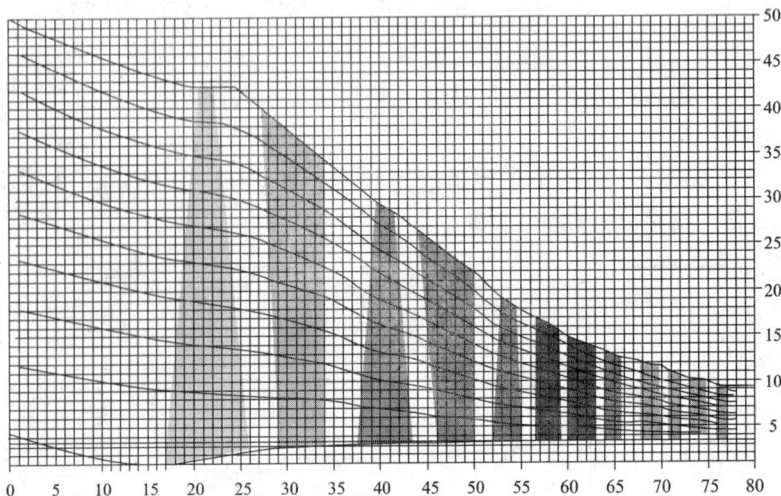

图 11-4　子午面流道光顺

（8）排汽扩散段的优化和进汽导流环的优化。

（9）防固体颗粒冲蚀技术。固体颗粒冲蚀（SPE）将造成调节级及中压第一级损伤，性能恶化，如图 11-5 所示。研究表明，仅高压缸中这一损失的影响即可达 32 ～42kJ/kWh。早期投产的机组，锅炉管道及蒸汽管道已运行多年，氧化皮剥落更为严重，因此，汽轮机通流部分改造中对调节级及中压第一级的固体颗粒冲蚀问题应予以格外关注。调节级及中压第一级防固体颗粒冲蚀技术主要包括先进气动设计和采用抗固体颗粒冲蚀涂层等。

图 11-5　调节级固体颗粒冲蚀损伤

一般地，上述技术的采用，可使多数 20 世纪 80 年代后期汽轮机的级效率，特别是高、中压通流部分的级效率提高 5 ～ 7 个百分点，更早期的机组级效率将提高更多。

根据各改造机组的通流部分的实际状况及改造范围，改造后机组的通流部分效率的改善会与上述指标有所不同。

二、结构强度设计技术

在汽轮机通流部分结构与强度设计方面，有限元分析技术、动强度设计及先进的结构也被广泛用于转子、动叶片、隔板、汽缸等的结构与强度设计。主要采用如下技术：

（1）高温部件热力耦合分析技术。对汽缸、转子、喷嘴、叶片、阀门等高温高压部件进行有限元热力耦合分析，保证安全可靠性，并进行优化设计。

（2）叶片动强度设计。采用大刚度叶片、整体围带、预扭安装连接成全周自锁结构，以避开运行时的共振响应，获得良好的振动特性，降低叶片的动应力，如图 11-6 所示。

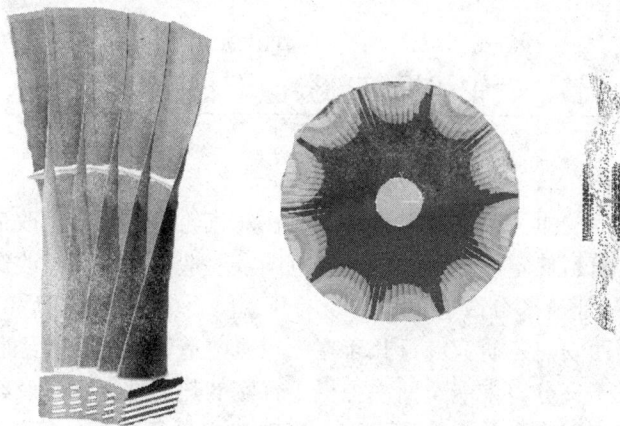

图 11-6　大刚度、自带冠 ILB 叶片及其振动模态

（3）径向汽封，增加动静轴向间隙。

（4）焊接隔板。提高隔板刚性，使得隔板和转子在各种运行工况下既能保持同心性，又可在径向自由膨胀，如图 11-7 所示。

图 11 - 7　焊接隔板结构

（5）防水蚀去湿措施。减轻末级、次末级叶片的水蚀。

（6）高窄法兰结构汽缸。减少机组启、停时的热应力。

（7）结构刚度有限元分析技术。对结构刚度及变形进行有限元分析，并进行优化设计，保证刚性，减少质量。

（8）汽轮机叶片动频率、动应力测试技术。准确获得叶轮叶片系统的动态频率并实现调频，确保运行时叶片的振动特性避开共振，测试系统如图 11 - 8 所示。

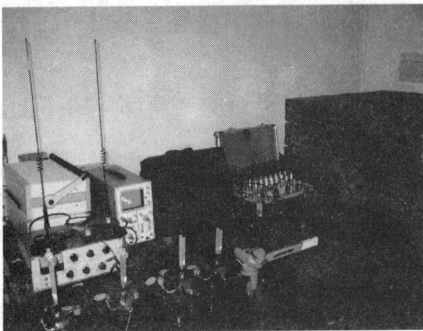

图 11 - 8　西安热工研究院的汽轮机叶片动频率、动应力测试仪器及发射接收系统

采用上述结构强度设计技术，使汽轮机通流部分改造在提高机组经济性的同时，提高了机组运行的安全可靠性和灵活性。

第五节　汽轮机通流部分改造程序

一、改造前应进行的工作

汽轮机通流改造属发电厂的重大改造项目，因此，在对汽轮机进行通流改造前，应进行充分的前期准备工作，不可盲目确定改造目标、改造范围及改造方案，以免改造失败。

国内 300MW 等级汽轮机通流部分改造工作已经展开，但不少机组改造后的效果并不十分理想，这并非偶然。根据西安热工研究院近几年在汽轮机改造领域的工作经验，主要原因有二：一是改造前期的工作不充分，未能全面掌握机组真实的热力性能水平及经济性差的症结所在；二是并未全面掌握机组真实热力性能水平，未对机组进行确切的经济性诊断研究，未能广泛调研和征询各汽轮机制造商的建议方案并科学决策，从而未能获得有针对性的科学合理的通流部分改造技术方案。

因此，建议对汽轮机通流部分进行改造前，对机组进行全面的经济性诊断，并在精确的机组经济性诊断的基础上，进行深入、充分的改造可行性研究，制定科学合理的改造原则、改造目标及改造范围。

1. 汽轮机通流部分改造前的相关试验工作

为提高汽轮机组的安全性与经济性，有必要全面详细地掌握汽轮机组的经济性现状，包括汽轮机通流部分的效率、热力系统、凝汽器、循环水系统、冷却塔等的热力性能，研究清楚是哪些条件和因素导致了汽轮机组经济性较差，以便为汽轮机的通流改造提供详细的技术数据基础，进而制定合理的改造目标、改造范围及改造方案。

上述工作必须通过对汽轮机组的能耗诊断试验的分析来完成。试验主要包括以下内容：

（1）汽轮机缸效率试验及热耗率试验。

（2）凝汽器热力性能试验。

（3）冷却塔热力性能试验。

（4）循环水系统效率试验。

（5）给水系统效率试验。

若试验中发现存在不足，应进行相应的完善改进。在汽轮机通流部分改造前，对机组状态特别是热力系统、给水系统（给水泵及给水泵汽轮机）、冷端系统（凝汽器、循环水泵、冷却塔）进行诊断与评价，提出优化改进措施，这是必要的，可使机组所能达到的经济效益充分发挥。

此外，若拟通过汽轮机通流部分改造增加机组出力，则应考虑锅炉、汽轮机、发电机及辅助系统最大出力的限制。需对锅炉及其辅机系统、发电机及电气系统进行最大出力试验，以确定汽轮机外围设备对机组增容的适应性，并且需要对凝汽器、冷却塔及回热系统进行校核，统筹考虑。

2. 汽轮机通流部分改造项目的可行性研究

在汽轮机通流部分改造项目的前期工作中，必须对改造商的通流部分改造技术手段及业绩、已实施改造机组的改造效果进行调研，并与对改造项目感兴趣的制造商充分交流，使其对拟改造的汽轮机的技术特点、运行经济性及安全性以及所存在的问题有充分的了解和认识，并在此基础上提出初步的改造技术方案。

为降低汽轮机通流部分改造项目的投资风险及技术风险，提高项目的投资效益，在汽轮机通流部分改造项目的前期工作中，还需进行改造项目的可行性研究工作。即在全面掌握机组真实热力性能水平及对机组进行确切的经济性诊断研究的基础上，根据前述试验及研究得到的相关技术数据，准确分析机组现存的安全可靠性问题，初步确定通流部分改造的目标、原则和改造范围，并对汽轮机通流部分改造项目实施的可能性、有效性、可能采取的技术方案及技术风险，进行具体、深入、细致的技术论证和经济评价，以求确定在技术上合理、经济上合算的最优方案，根据研究结果，对汽轮机通流部分改造项目提供建议和意见，为项目的技术和经济决策提供科学的技术依据。

汽轮机通流部分改造项目可行性研究是汽轮机通流部分改造前期工作的重要步骤。对汽轮机通流部分改造项目进行可行性研究主要内容包括：改造目的、改造原则、改造范围、改造技术及改造的安全性、经济性、指标、技术可行性、改造方案、实施可行性、技术经济预估等。

二、汽轮机通流改造项目的程序

在完成汽轮机通流改造项目可行性研究，通过评审且项目立项通过之后，改造的目标、原则和范围已明确，即可依序进行招标准备、项目招标、确定中标单位、与中标制造商商谈签订项目合同及技术协议。此后，即进入汽轮机通流改造项目的实质性操作阶段，即设计、加工制造阶段。

各改造部件加工制造完毕并在制造厂内完成有关出厂检验试验后，即可按照电厂改造计划运抵现场进行换装、调试及试运行，并按与制造商的技术协议进行改造效果的考核和评估。

汽轮机通流部分改造计划可根据机组大修计划制订。工期最长的阶段是制造厂商设计改造零部件和制造阶段，大修时现场换装工期也要充分重视，合理组织和安排。改造工期环环衔接，任何一环的延误都将导致整个改造工期计划的变更。除汽轮机外的其他设备和系统的改造、完善等工作，可安排在以上计划工期的时间内完成。

汽轮机通流部分改造后，应委托有资质的单位完成改造效果的考核试验和评估。

三、汽轮机通流部分改造应关注的问题

1. 现场测绘

早期投产的多数进口机组，投产时制造商未交付足够的图纸及相关技术资料，给机组通流部分的改造带来了一定的难度。因此，改造方案设计前对机组现场进行实际尺寸的测绘非常重要，测绘工作必须全面、细致，并特别注意改造接口衔接部分的尺寸测绘。现场测绘应结合机组的检修计划和通流部分改造计划提前安排完成。

2. 返流高压缸结构

20世纪70年代末80年代初，限于当时的电站设备材料水平及汽轮机设计水平，超临界汽轮机及部分大功率亚临界汽轮机采用了高压缸返流设计，即调节级及部分压力级与其他高压压力级蒸汽流向相反，以解决转子及汽缸的冷却问题并提高机组运行的灵活性。但此结构设计却带来了汽流的返流损失和绕流损失，导致高压缸通流效率降低。

根据目前的材料水平及汽轮机设计水平，汽轮机高压通流部分已不需要采用返流结构。若改为顺流后，避免了高压部分汽流的返流损失和绕流损失，高压缸还可布置更多的级数，以提高缸效率。以哈汽生产的引进优化改进型300MW亚临界汽轮机（73B型）和上汽生产的引进优化改进型300MW亚临界汽轮机（H156型）为例，虽同为返流结构，但73B型高压部分比H156型高压部分级数增加1级，在役的73B型机组高压缸效率普遍比H156型机组高压缸效率高出1.5%左右。

因此，从提高高压缸通流效率的角度，将汽轮机的高压返流结构改为顺流结构是必要的。

3. 关于转子及内缸的更换

一般地，如果机组现有转子、汽缸存在安全性隐患且不可修复，或者现有转子及汽缸对改造的经济性及安全性目标的实现存在诸多难以克服的限制，则建议进行更换。

目前的锻件技术已有了很大的改进，转子材料的高温特性、延展性及韧性均达到了最佳。

此外，在转子易引起高应力的几何结构处，如叶轮的叶根槽部分、圆角半径处、汽封及联轴器等运行应力可引起低周疲劳损伤并可最终导致转子损坏的某些区域，可采用先进分析技术设计，以降低运行应力。

更换转子及汽缸，除了提高可靠性以外，还可改善运行特性，可使机组快速启动，改善运行效率和可利用率。从安全可靠性和减少维护费用的角度看，更换转子和内缸也是合

算的。

4. 抽汽改造

结合汽轮机通流部分改造，一些电厂可能根据当地热用户的需求而需要进行抽汽改造。汽轮机抽汽改造可利用原回热抽汽口加大面积或利用汽缸开孔增加抽汽，供生产和生活用汽需要，实现热电联产；联通管开孔抽汽是一种特殊形式。

目前，采用较多和较容易实现的是非调整抽汽改造，要求抽汽量不大，且比较稳定，抽汽压力允许有一定的波动，抽汽量和抽汽参数可以通过调整进汽量而小范围调整，这种改造简单易行，费用也低，但供汽量小，热能利用率不够高。根据机组本身的具体情况，也可改造成可调整抽汽，完全变成抽汽机组，实现热电联产，以热定电，综合效益及社会效益明显。联通管打孔抽汽也易改为可调整抽汽，机组加装调节阀，在热负荷较大及变化幅度较大的情况下可实现稳定的供汽参数。

准确地确定热负荷是保证机组改造成功及提高经济性的关键。对于不可调抽汽改造，其抽汽量和抽汽参数只能通过调整进汽量而小范围调整，因此，确定抽汽量应根据当时的用汽情况，长时间保持稳定，以保证机组能在经济性较佳的抽汽工况下运行，当热负荷偏大和偏小时，再适当地采取其他措施或利用其他设备，保证改造机组的热能利用率和综合经济效益。

5. 其他

由于通流部分改造会更换动叶片或转子及动叶片，转子质量会发生变化，需要考核各转子及改造后轴系的临界转速、轴承比压、扭振频率等。此外，改造方案还需详细校核汽轮机的轴向推力。

第六节　汽轮机汽封改造

一、汽封对机组经济性的影响

近年来，在计算流体力学的推动下，汽轮机通流部分设计技术有了很大进步，技术日臻完善；相比之下，漏汽损失逐渐成为制约汽轮机效率提高的主要因素。汽封性能的优劣，不仅影响机组的经济性，而且影响机组的可靠性。

汽轮机级间蒸汽泄漏使得机组内效率降低，有资料表明，漏汽损失占级总损失的29%，动叶顶部漏汽损失则占总漏汽损失的80%，比静叶或动叶的型面损失或二次流损失还大，后者仅占级总损失的15%。国外文献对影响高、中压缸功率和热耗率的主要因素进行了总结对比，如图11-9～图11-11所示。在各因素中，对高中压缸功率和热耗率影响最大的是动叶顶汽封，占总损失的40%；其次是表面粗糙度，占31%；轴封和隔板汽封影响分别占16%和11%；通流部分损伤仅占2%。

轴封的蒸汽泄漏，除了浪费大量高品质蒸汽外，外漏蒸汽进入轴承箱还会导致油中带水，油质乳化，润滑油膜质量变差，破坏动态润滑效果，引起油膜振荡，造成机组振动甚至烧轴瓦、停机；油中进水还可能造成调节部件锈蚀卡涩，危及机组安全。

为了减少漏汽损失，提高机组安全性和经济性，国内外有关部门对传统汽封进行了改造，陆续出现了多种新型汽封。

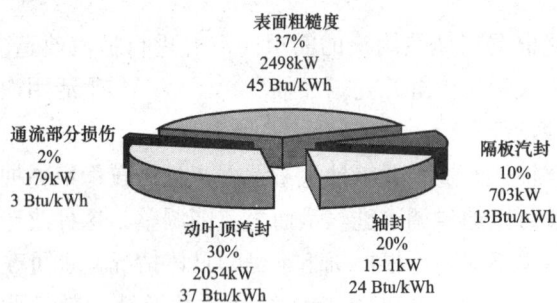

图 11-9 高压缸功率和热耗率损失

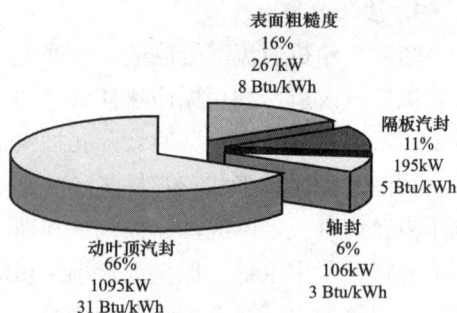

图 11-10 中压缸功率和热耗率损失

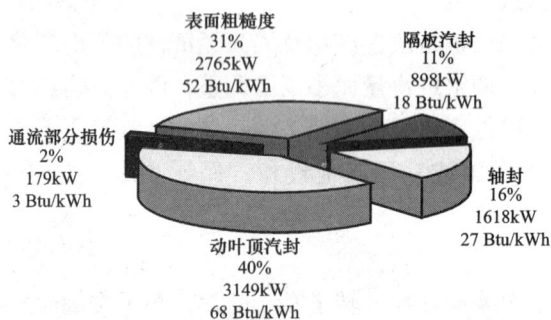

图 11-11 高、中压缸功率和热耗率损失

二、各种类型汽封的特点及应用效果

1. 传统曲径汽封（梳齿汽封）

传统曲径汽封一般采用高低齿曲径式结构、斜平齿结构或镶嵌齿片式结构，利用许多依次排列的汽封齿与轴之间较小的间隙，形成一个个的小汽室，使高压蒸汽在这些汽室中压力逐级降低，来达到减少蒸汽泄漏的目的。

曲径汽封一般每圈汽封环分成 6~8 块，每个汽封块的背部装有平板弹簧片，弹簧片将汽封块压向汽轮机转子，使得汽封齿与转子轴向间隙保持较小值，通常为 0.5~0.935mm，在运行中汽封间隙不可调整，如图 11-12 所示。

在实际运行中，由于曲径汽封汽封块的弹簧片长期处于高温高压的蒸汽中，工作环境恶劣，再加上弹簧片本身材质的原因，在汽轮机检修中常常发现因弹簧片弹性不良，汽封块被结垢卡死，造成汽封间隙发生变化。特别是汽轮机在启停过程中，由于汽缸内外受热不均匀而产生变形；或过临界转速时转子振幅较大，可能会导致转子与汽封齿发生局部摩擦，增大汽封间隙，使漏汽量增加，汽轮机效率下降。

曲径汽封的缺点主要有：

（1）汽轮机在启停机过程中过临界转速时，转子振幅较大，若汽封径向安装间隙较小，汽封齿很容易

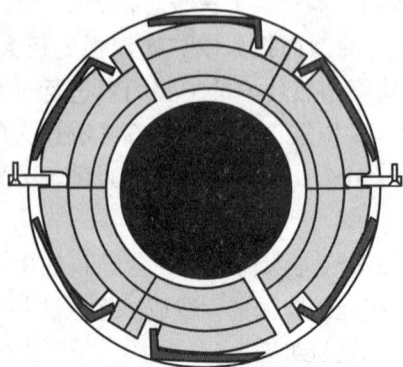

图 11-12 传统曲径汽封

磨损。

（2）由于轴封漏汽量较大（尤其在汽封齿被磨损后），蒸汽对轴的加热区段长度有所增加，并且温度也有所升高，使胀差变大，轴上凸台和汽封块的高、低齿发生相对位移而倒伏，造成漏汽量增加，密封效果得不到保证。

（3）汽封齿与轴发生碰磨时，瞬间产生大量热量，造成轴局部过热，甚至可能导致大轴弯曲。所以在机组检修时，电厂只能把汽封径向间隙调大，以牺牲经济性为代价来确保机组的安全性。

（4）曲径汽封环形腔室的不均匀性，是产生汽流激振的重要原因，而汽轮机高压转子产生的汽流激振一旦发生就很难解决，危及机组的安全运行。

2. 自调整汽封

自调整汽封是在 1987 年由美国 GE 公司雇员 Ron Brandon 提出并完成设计制造，并取得了 ABE 专利。

自调整汽封改进了曲径汽封块背部采用板弹簧的退让结构，将螺旋弹簧安装在两个相邻汽封块的垂直断面，并在汽封块上加工出蒸汽槽，以便在汽封块背部通入蒸汽（见图 11-13），汽封齿仍采用传统的梳齿式。在自由状态和空负荷工况时，汽封块在螺旋弹簧的弹力作用下张开，使径向间隙达 1.75～2.00mm，大于传统汽封的间隙值（0.75mm），避免或减轻了机组启停过程中过临界转速时，由于振动及变形而导致的汽封齿与轴碰磨。随着负荷增加，汽封块背部所承受的蒸汽压力逐渐增大并克服弹簧张力，使汽封块逐渐合拢，径向间隙逐步减小，一般设计在 20% 额定负荷时，各级汽封块完全合拢，达到设计最小径向间隙 0.25～0.50mm，小于传统曲径汽封的间隙值。

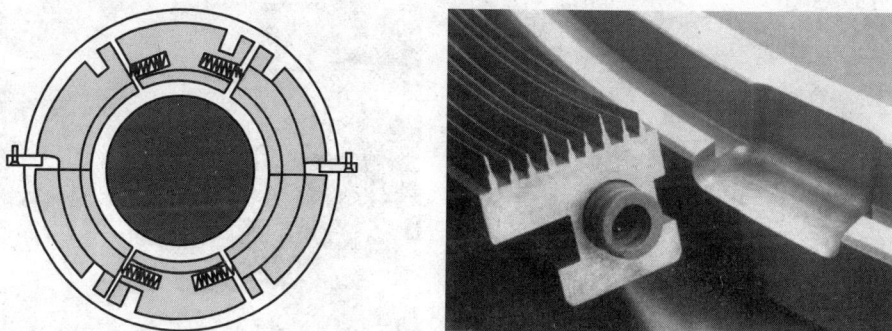

图 11-13　自调整汽封

自调整汽封的安装条件是汽封块背部须有足够大的压差，因此仅可以使用在高、中压缸隔板汽封和轴封，而对低压缸部分不适用。

国内有关部门于 1994 年引进该项技术。从国内电厂汽封的实际改造情况来看，对自调整汽封应用效果的评价褒贬不一。自调整汽封对蒸汽品质要求较高，应用中两个最主要的问题是弹簧质量和卡涩。

国内某电厂安装有 4 台国产引进型 300MW 汽轮机，高、中压缸通流部分汽封间隙普遍偏大，内漏严重。2002～2005 年，该电厂对 4 台机组高、中压缸的轴封、平衡盘汽封、中压缸静叶顶汽封进行了改造，将汽封间隙由 0.8～1.0mm（设计值为 0.76mm）调整为 0.4～0.5mm。试验表明，经平衡盘漏至中压缸的蒸汽流量由改前的 32～37t/h 下降为

16～18t/h，接近设计值（14.39t/h）。高压缸效率平均提高3.17%，中压缸效率平均提高1.14%。2006年1月，1号机组大修时，检查发现汽封未磨损，汽封间隙仍保持当初调整值，弹簧无变形，汽封开闭正常。

使用自调整汽封应关注的问题有：

（1）冷态启动胀差较大。在启动和初始负荷阶段，汽封在弹簧作用下，处于全开位置，此时间隙最大，汽封漏汽量大，转子加热快，若汽缸加热滞后，易出现较大的正胀差。

（2）运行中汽封块不能完全合拢。在所调查的机组中，有些机组由于自调整汽封加工尺寸、弹簧质量或安装工艺等方面存在问题，使得机组在运行中汽封块不能完全合拢，因此需要选择质量可靠的产品，并保证实施时具有精湛的安装工艺。

（3）启停机时汽封块打不开。若汽水品质差，通流积垢严重，汽封块被卡死，停机过程不能打开；再次启动时，因汽封间隙较小而出现动静碰磨，损伤齿、轴，并可能产生振动。

3. 刷式汽封

刷式汽封在国外被广泛应用于燃气轮机和压气机动叶顶密封，国内有制造厂曾生产过叶顶刷式汽封，该汽封齿厚约1mm，由直径为0.05mm的钢丝网组成，汽封安装间隙约为0.1mm。据反映，该汽封在使用中出现了刷子倒伏和卷曲的情况，应用效果不太理想。近年来，美国TurboCare公司开发出一种性能较好的刷式汽封如图11-14和图11-15所示，其刷子纤维材料采用高温合金Haynes 25，汽封侧板材料采用300或400系列不锈钢，刷子纤维沿轴转向成一定角度安装，如图11-16所示，可柔性地适应转子的瞬态偏振。刷式汽封具有良好的柔性，一旦与转子发生碰磨，刷子不易磨损，并且对轴伤害轻微。

图11-14 自调整刷式汽封

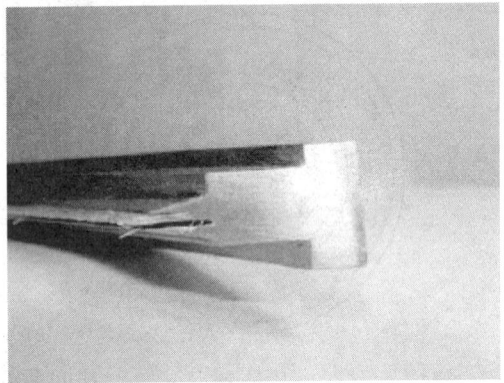

图11-15 动叶顶刷式汽封

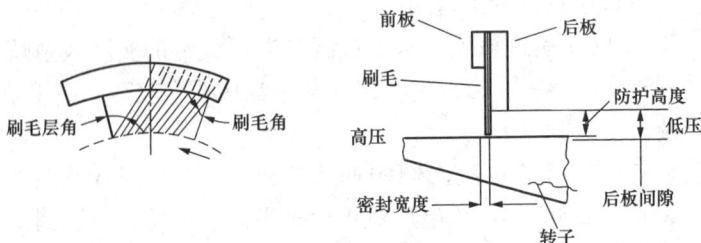

图11-16 刷式汽封布置示意

采用刷式汽封可将动叶叶顶汽封间隙由设计值 0.75mm 减小至 0.45mm，隔板汽封可由设计值 0.75mm 缩小至 0.051mm（近 0 间隙），汽封间隙的降低使得密封效果得到改善，汽轮机缸效率提高。

刷式汽封的一个重要问题就是应用于汽轮机高、中压部分时，由于刷子前后压差过大，导致刷子纤维倒伏，为此，设计出一种带压力平衡腔的刷式汽封，如图 11-17 所示。

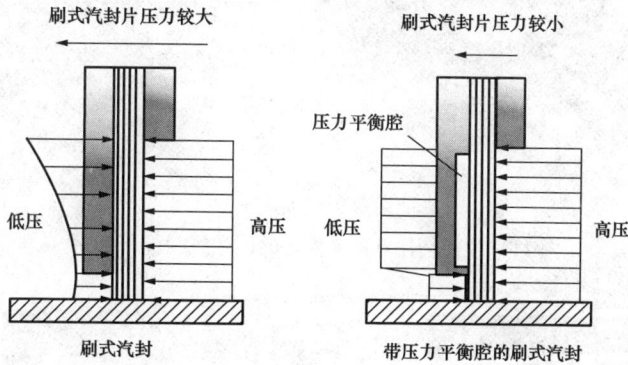

图 11-17　带压力平衡腔的刷式汽封

韩国某电厂由 GE 公司制造的 375MW 机组，在采用刷式汽封改造后，高压缸效率提高 2.6%，中压缸效率提高 2%；大修综合改进效果为：机组出力提高约 14MW，热耗率降低约 3%。马来半岛电厂 350MW 机组采用自调整刷式汽封前后热效率测量实验结果如图 11-18 所示，在满负荷工况时效率提高 1.45%。

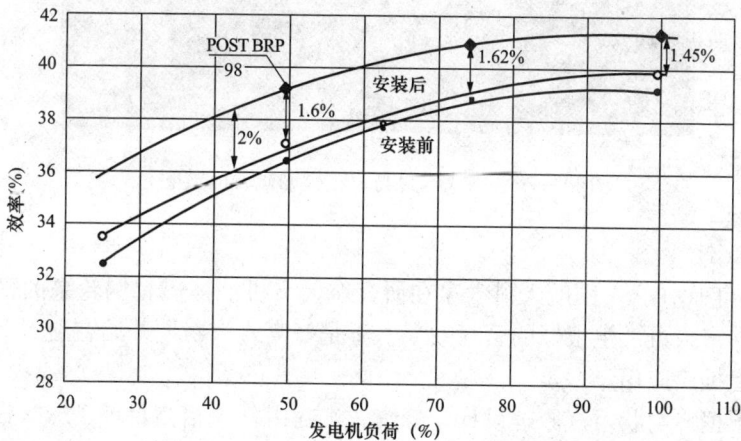

图 11-18　马来半岛电厂 350MW 机组采用自调整刷式汽封前后热效率测量结果

目前，刷式汽封的使用寿命约 8～10 年。图 11-19 为一个使用了 6～7 年后的刷式汽封，可看出汽封保持完好。图 11-20 是刷式汽封与汽轮机轴接触而被磨光的区域，这表明在汽轮机揭缸前，刷式汽封一直在与轴接触着并发挥着密封的作用。

刷式汽封在世界范围内已在超过 100 台机组上成功应用，在韩国有超过 50 台的应用实例，机组容量包括 200MW、350MW、500MW 和 800MW，汽轮机厂家有 GE、Hitachi、Alsthom 等。对于大多数制造厂生产的汽轮机，不需要进行机组的设计修改就能安装刷式汽封。

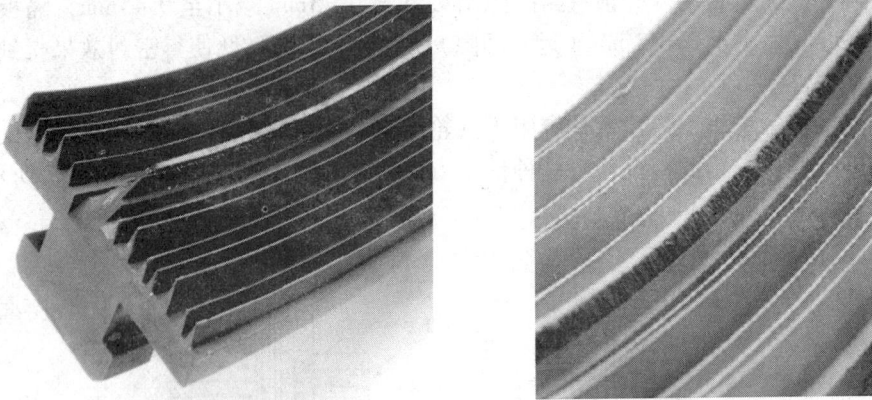

图 11 – 19　使用 6 ～ 7 年后的刷式汽封保持完好

图 11 – 20　刷式汽封与汽轮机轴接触而被磨光

4. 蜂窝式汽封

20 世纪 90 年代初，美国航天科学家在研究航天飞机液体燃料蜗轮泵的密封问题时，试验发现蜂窝状的汽封可产生很好的密封效果，于是蜂窝式汽封便开始在航天飞机、飞机发动机及燃气轮机上推广应用。

该型汽封根据蜂窝状阻汽原理设计，蜂窝式汽封组件包括汽封环、蜂窝带、调整块和调整垫片等部件。蜂窝带由厚度为 0.05 ～ 0.1mm 的海斯特镍基耐高温合金（Hastelloy-x）薄板加工成正六棱形孔状结构，工作温度可达 1000℃。汽封环材质为 15CrMoA，在 550℃ 以下工作时具有较高的热强性和足够的抗氧化性。

蜂窝式汽封具有以下特点：

（1）蜂窝带由合金制成，耐高温，质地较软，与转子碰磨时，对转子伤害较轻。

（2）蜂窝带钎焊在曲径式汽封相邻高齿中间部位，尺寸较宽，轴上凸台始终对着蜂窝带，能保持良好的密封间隙。

（3）蜂窝式汽封的安装间隙可取原标准间隙的下限，密封间隙较小；此外，蜂窝结构相对于曲径汽封的环形腔室可大大降低泄露蒸汽的流速，使涡流阻尼作用增强，进入蜂窝孔的蒸汽充满蜂窝孔后反流出，对迎面泄漏来的蒸汽产生阻滞作用，因此密封效果较好；试验表明，在相同汽封间隙和压差的条件下，蜂窝式汽封比曲径汽封平均减小泄漏损失约30%～50%。

（4）每个蜂窝带都可收集水，并通过背部的环形槽将水疏出，提高湿蒸汽区叶片通道上的去湿能力，减少末几级动叶的水蚀；其缺点是易于结垢。

（5）蒸汽充满蜂窝孔后反流出，在轴的汽封套表面形成一层汽垫，增强了轴的振动阻尼，削弱了轴的振动，阻碍了汽流激振的形成。

西安交通大学叶轮机械研究所对蜂窝式汽封和曲径汽封流动性能进行了数值研究，结果表明在汽封前后压差相同、汽封间隙相同的情况下，蜂窝式汽封比曲径汽封具有较小的泄漏量。

2003年10月，哈尔滨汽轮机厂（以下简称哈汽）在模拟试验机上就蜂窝式汽封与铁素体曲径汽封作了对比性破坏试验，结果表明：

（1）蜂窝式汽封的使用寿命（耐磨损性能）为铁素体曲径汽封的2.5倍。

（2）蜂窝式汽封对轴颈表面的伤害程度（即在相同压力下的划痕深度）仅为铁素体曲径汽封的1/6。

（3）蜂窝式汽封对轴振动稳定性的贡献为铁素体曲径汽封的2倍。

从统计的情况来看，蜂窝式汽封在200MW等级机组中有较多的应用业绩，目前已有越来越多的300MW及以上机组开始采用蜂窝汽封进行改造。蜂窝式汽封主要应用于低压缸末几级叶片的叶顶汽封，也有电厂在高、中压动叶和隔板顶采用了蜂窝式汽封，并取得了较好的效果。目前制造厂在部分新机组上也配套使用了蜂窝式汽封。图11-21为采用蜂窝汽封改造后的隔板汽封和叶顶汽封，图11-22为采用蜂窝汽封改造后的低压轴封。

图11-21　采用蜂窝汽封改造后的隔板汽封和叶顶汽封　　图11-22　采用蜂窝汽封改造后的低压轴封

5. 铁素体汽封和铜汽封

传统曲径汽封齿的汽封体材料为15CrMoA，其适用温度范围为550℃以下。当超过550℃时，材料组织的不稳定性加剧，高温氧化速度增加，持久强度显著下降。实际运行中，若汽封经常发生超温，可能会使汽封体发生变形，造成汽封圈抱轴，甚至发生弯轴事故。某汽轮机厂在高、中压缸采用铁素体汽封代替合金钢汽封，低压缸采用铜合金汽封代替原设计的合金钢汽封。铁素体材料即使淬火，也不会被淬硬，所以用作汽封齿可采用较小的安装间隙；同样，铜汽封用在低压缸也可以采用较小的安装间隙。

6. 接触式汽封

接触式汽封的汽封齿为复合材料，耐磨性好，具有自润滑性。它是在原汽封圈中间加工出一个 T 形槽，将接触式汽封装入该槽内。接触式汽封环背部弹簧产生预压紧力，使汽封齿始终与轴接触。这种汽封实际上是用可磨性材料代替传统曲径汽封的低齿部分，而不改变原有的汽封环背部结构。

第七节　结语及建议

目前，以全三维气动热力技术和动强度方法为核心的汽轮机通流部分设计方法已经成熟，以弯扭联合成型全三维叶片为代表的第三代通流设计已实现工业化。叶片的设计、制造已发展到全三维阶段，大大提高了叶片的实物质量和精度，缩短了设计和制造周期，其效率明显提高。大型汽轮机制造厂都在应用现代技术积极研制弯扭叶片的新一代汽轮机，有的产品已投入市场。先进的汽轮机通流部分气动与热力设计及结构强度设计技术已广泛应用于现代汽轮机的通流设计和老机组改造中。采用当前最新技术，对设计技术水平落后、经济性差的汽轮机机组进行通流部分改造，是投资少、见效快、提高经济效益、实现节能减排目标的有效途径。国内多家动力制造商曾对 100～600MW 机组进行过改造，已有 100 余台的改造业绩；除极个别机组外，改造后机组的热经济性指标及安全可靠性都得到了提高。

每台汽轮机的通流部分改造都有其特点和难点，应针对不同的机组，具体分析其现存的经济性及安全性问题，采用不同的技术措施进行不同形式的技术改造，以达到提高机组运行经济性、安全性和调峰灵活性与延长寿命的目的。

汽轮机通流部分改造是复杂、难度较高的改造项目，建议电厂委托在汽轮机通流改造技术领域内经验丰富的相关单位和专家为汽轮机通流改造项目的可行性研究及项目的关键环节提供技术支持，重视前期准备及项目可行性研究工作、招标阶段与制造商的技术谈判和制造厂设计阶段的技术评审工作、加工制造阶段的监造工作，以最大限度地规避改造的技术风险。

汽封性能的优劣，对机组的经济性和可靠性有重要影响。为降低漏汽损失，提高机组安全性和经济性，将原有的传统曲径汽封改为新型汽封是十分必要的。在进行汽封改造时，应根据机组特性及实际状况选择合适的汽封，从而保证改造取得良好效果。

汽轮机组的节能降耗改造是一项系统工程，汽轮机通流部分的改造应结合热力系统、给水系统、冷端系统等的改造或改进统筹规划设计，综合进行，以最大限度地提高机组的经济性，获得良好的改造效果。

第十二章

汽轮机辅机节能诊断和运行优化

第一节 主要泵组性能诊断

火电（核电）机组的给水泵、凝结水泵、循环水泵是电厂的最重要辅机之一，其运行安全性、经济性直接影响到整个机组的安全、经济性。

泵组的性能诊断就是从泵、传动机构、驱动机械本身及相关系统的性能变化着手，通过性能诊断试验，在保证设备安全的情况下，分析设备和系统性能下降的原因，进而提出相应的改进或改造建议，达到给水泵组高效安全运行的目的。

一、节能诊断试验

（一）试验准备

试验准备主要包括确定诊断的目的、试验测点准备、试验仪器仪表准备（符合精度要求、定期校验等）、试验大纲和试验措施准备等。

（二）试验内容

（1）电动给水泵组。给水泵和前置泵的性能（流量、扬程、轴功率和效率）、传动机构（液力联轴器）的效率、电动机功率和效率、给水系统的阻力特性等。

（2）汽动给水泵组。给水泵性能（流量、扬程、轴功率和效率）、给水泵汽轮机汽耗和效率、给水系统的阻力特性等。

（3）循环水泵组。循环水泵的性能（流量、扬程、轴功率和效率）、电动机功率和效率、循环水系统的阻力特性等。

（4）凝结水泵组。凝结水泵的性能（流量、扬程、轴功率和效率）、电动机功率和效率、凝结水系统的阻力特性、凝结水杂项用水流量分配特性等。

（三）主要试验标准

泵组性能诊断主要依据以下标准：

GB/T 3216—2005《回转动力泵　水力性能验收试验　1级和2级》

DL/T 839—2003《大型锅炉给水泵性能现场试验方法》

ASME PTC 6—1996《汽轮机性能试验规程》

（四）主要试验仪器仪表及测量方法

1. 压力测量

用0.075级高精度ROSEMOUNT 3051型绝对压力及表压力变送器测量，测量值经仪表校验值、大气压力及仪表位差修正。

2. 流量测量

给水泵流量采用标准节流装置（标准孔板、喷嘴、文丘里管）测量，其流量差压采用 0.075 级 ROSEMOUNT 3051 差压变送器测量，于试验前对变送器进行校验并进行仪表修正。

给水泵汽轮机进汽流量采用标准节流装置（标准孔板、喷嘴）测量，其流量差压采用 0.075 级 ROSEMOUNT 3051 差压变送器测量，于试验前对变送器进行校验并进行仪表修正。

凝结水泵的流量采用标准节流装置（标准孔板、喷嘴、文丘里管）或超声波流量计测量，其流量差压采用 0.075 级 ROSEMOUNT 3051 差压变送器测量，于试验前对变送器进行校验并进行仪表修正。超声波流量计精度达到 ±1%，能满足泵性能试验的要求。

循环水泵的流量流量采用超声波流量计测量。

3. 温度测量

温度测量采用 J 型或 E 型精密级热电偶，补偿导线为精密级导线，冷端在数据采集系统中自动补偿；给水泵进、出口温度采用高精度（A 级）铂电阻温度计测量。所有测量值经校验值修正。

4. 数据采集

主机采用台式或便携式微型计算机，数据采集部分采用英国施伦伯杰公司生产的 IMP 分散式数据采集系统，自动记录压力、差压、温度等值，并进行数据处理，其精度为 0.02 级，见图 12 - 1。

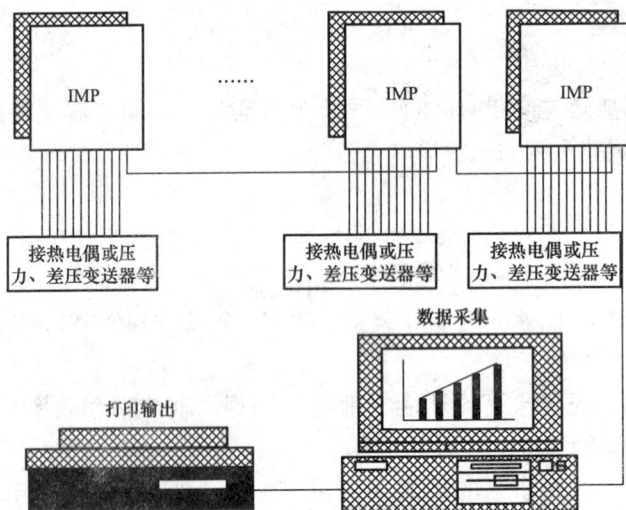

图 12 - 1　数据采集系统示意

（五）试验工况

泵组性能试验需要得出泵的性能曲线和相应系统的阻力特性，一般选择 3 ～ 5 个流量点进行试验，对应机组的工况一般为 VWO、THA、80%（75%）THA、60%（50%）THA 等。在条件允许的情况下，尽量选择较多的流量点进行试验。

（六）试验测点

给水泵组性能试验测点见表 12 - 1，凝结水泵组性能试验测点见表 12 - 2，循环水泵性能试验测点见图 12 - 3。

表 12 - 1　　　　　　　　　　给水泵组性能试验测点（单台泵组）

序号	测　点　名　称	测点数量	测量仪器仪表
1	给水泵进口压力	1	0.075 级压力变送器
2	给水泵出口压力	1	0.075 级压力变送器
3	给水泵抽头压力	1	0.075 级压力变送器
4	给水泵进口温度	2	A 级铂电阻
5	给水泵出口温度	2	A 级铂电阻
6	给水泵进口流量	1	0.075 级差压变送器
7	再热器减温水流量	1	0.075 级压力变送器
8	过热器减温水流量	1	0.075 级压力变送器
9	给水泵汽轮机进汽流量	1	0.075 级差压变送器
10	给水泵汽轮机进汽压力	1	0.075 级压力变送器
11	给水泵汽轮机排汽压力	1	0.075 级绝压变送器
12	给水泵汽轮机进汽温度	1	热电偶
13	给水泵汽轮机排汽温度	1	热电偶
14	给水泵汽轮机转速	1	运行表
15	前置泵进口压力	1	0.075 级压力变送器
16	前置泵出口压力	1	0.075 级压力变送器
17	电动机功率	1	0.25 级钳式功率表
18	电动机转速	1	运行表
19	耦合器工作油进、出口温度	2	热电偶
20	耦合器工作油冷却水进、出口温度	2	热电偶
21	耦合器工作油冷却水流量	2	超声波流量计
22	大气压力	1	压力变送器

表 12 - 2　　　　　　　　　　凝结水泵组性能试验测点（单台泵组）

序号	测　点　名　称	测点数量	测量仪器仪表
1	大气压力	1	0.075 级绝压变送器
2	凝汽器压力	2	绝压变送器
3	凝汽器水位	2	运行表计
4	凝结水泵出口压力	1	压力变送器
5	凝结水泵进口温度	1	A 级铂电阻
6	凝结水泵出口流量	1	超声波流量计
7	电动机输入功率	1	0.25 级钳式功率表
8	除氧器水位调节阀开度	1	运行表计
9	凝结水泵再循环门开度	1	运行表计

表 12－3   **循环水泵性能试验测点（单台泵组）**

序号	测 量 参 数	测点数量	测 量 仪 表
1	循环水泵进口前池水位	1	米尺
2	大气压力	1	0.075 级压力变送器
3	循泵出口压力	1	0.075 级压力变送器
4	出口流量	1	超声波流量计
5	循环冷却水温度	1	热电偶
6	电动机输入功率	1	0.25 级钳式功率表
7	凝汽器冷却水出口蝶阀开度	2	运行表计
8	循环水其他用户流量	1	1.0 级超声波流量计

（七）试验条件或要求

（1）试验泵及系统阀门的运行状态良好，试验时具备调整能力。

（2）现场泵试验时，备用泵处于备用状态。

（3）关闭泵的再循环门（给水泵再循环、凝结水泵再循环）。

（4）隔离给水泵汽轮机低压汽源（正常工作汽源）以外的所有的汽源（如高压备用汽源、辅汽联箱汽源等）。

（5）维持试验工况稳定，分别测量表中所列参数，每一工况稳定 30min，记录 30min。

（6）先进行预备性试验，再进行正式试验。

（八）试验结果计算

1. 泵扬程

泵扬程计算式为

$$H = \frac{p_2 - p_1}{\rho g} + \frac{v_2^2 - v_1^2}{2g} + Z_2 - Z_1 \tag{12-1}$$

式中 H——扬程，m；

        p_1——进口压力，Pa；

        p_2——出口压力，Pa；

        ρ——平均密度，kg/m³；

        g——重力加速度，9.81m/s²；

        v_1——进口流速，m/s；

        v_2——出口流速，m/s；

        Z_1——进口压力元件标高，m；

        Z_2——出口压力元件标高，m。

2. 泵有效功率

泵有效功率计算式为

$$P_u = \frac{GHg}{3600} \tag{12-2}$$

式中 P_u——泵有效功率，kW；

        G——出口流量，t/h。

3. 泵效率

对于循环水泵和凝结水泵，其效率的计算式为

$$\eta = \frac{P_u}{P_{gr}\eta_{gr}} \times 100\% \qquad (12-3)$$

式中　η——泵效率，%；

P_{gr}——电动机输入功率，kW；

η_{gr}——电动机效率，%。

对于给水泵，其效率的计算式为

$$\eta = \frac{v\Delta p}{1000(1+c) \cdot (h_2 - h_1)} \times 100\% \qquad (12-4)$$

式中　v——进、出口平均比体积，m^3/kg；

Δp——进、出口水的压力差，Pa；

h_2——出口水焓，kJ/kg；

h_1——进口水焓，kJ/kg；

c——每千克给水对应的泵体散热、轴封等损失。

4. 泵轴功率

泵轴功率计算式为

$$P_a = \frac{\rho g H Q}{\eta} \qquad (12-5)$$

式中　P_a——泵轴功率，kW；

H——扬程，m；

ρ——进、出口平均密度，kg/m^3；

Q——出口流量，m^3/s；

η——泵效率，%。

5. 给水泵汽轮机效率

$$\eta_t = \frac{P_a + P_{mp} + P_{mt}}{G(h_1 - h_s)} \times 100\% \qquad (12-6)$$

式中　η_t——效率，%；

G——进汽流量，kg/s；

h_1——进汽焓，kJ/kg；

h_s——理想排汽焓，kJ/kg；

P_{mp}——给水泵的机械损失，kW；

P_{mt}——驱动汽轮机的机械损失，kW。

二、诊断分析

（一）性能分析和诊断内容

1. 给水泵组及给水系统

给水泵组及给水系统性能分析和诊断的主要内容包括：

（1）给水泵出力、效率。

（2）给水泵汽轮机效率、汽耗等。

（3）液力联轴器效率。

（4）给水泵性能与系统阻力特性的匹配性。

2. 凝结水泵及凝结水系统

凝结水泵及凝结水系统性能分析和诊断的主要内容包括：

（1）凝结水泵的出力、效率。

（2）杂用水系统流量分配诊断。

（3）凝结水泵性能与系统阻力特性的匹配性。

3. 循环水泵及循环水系统

循环水泵及循环水系统性能分析和诊断的主要内容包括：

（1）循环水泵出力、效率。

（2）循环水泵性能与系统阻力特性的匹配性。

（二）性能诊断方法

一般地，泵及相应的系统存在的问题主要有以下三类：① 泵本身的性能下降；② 泵的性能与相应系统的阻力特性不匹配；③ 机组调峰运行导致泵运行点效率下降、扬程升高等。第三种情况其实是第二种情况的特例。

1. 泵及设备的性能下降

泵及相关设备的性能下降（主要是效率下降），导致在相同有效功率的情况下，消耗的驱动功率增加，对应的辅机厂用电上升或主机抽汽流量的增加。

泵的性能相对于其设计性能下降，可根据 GB 3216 的规定进行判断如图 12 - 2 和图 12 - 3 所示。在相同流量条件下，泵的性能变化可以和考核试验结果或者曾经的性能试验结果比较，以判断下降的幅度。

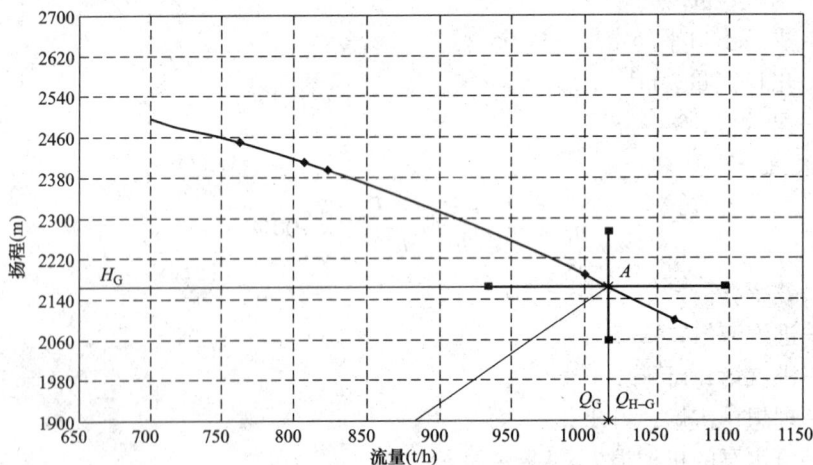

图 12 - 2　给水泵保证流量、扬程的判断

给水泵汽轮机的性能（效率、汽耗）变化可以和设计值进行对照，效率的对照条件是：相同进汽流量、压力、温度和排汽压力；汽耗的对照条件为在相同的给水泵机轴功率前提下，消耗的抽汽流量或折算成主汽轮机的新蒸汽消耗量。

2. 泵的性能与相应系统的阻力特性不匹配

泵的性能与相应系统的阻力特性不匹配分两种情况：① 系统阻力大于泵的设计扬程，造成泵实际运行扬程高于设计值，实际流量低于设计值，表现为水流量不足；② 系统阻力

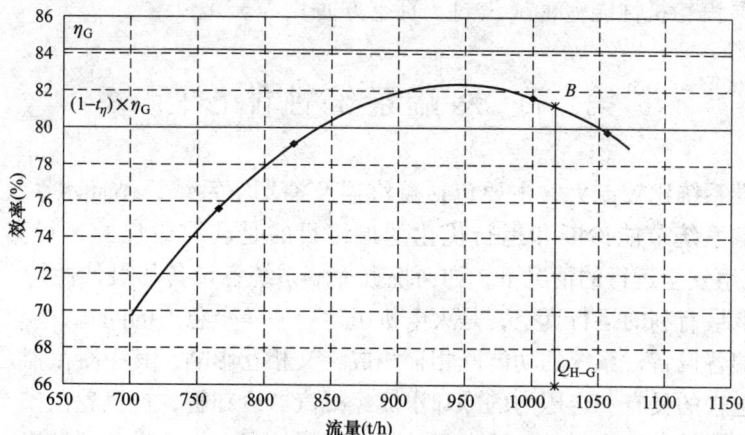

图 12 – 3　给水泵保证效率的判断

小于泵的设计扬程，造成泵实际运行扬程低于设计值，实际流量高于设计值，表现为水流量偏大。

对于变转速的给水泵而言，系统阻力和泵的性能不匹配可以通过转速的变化（自动调节）来解决，所以给水泵及给水系统一般不存在此类问题。只有在极端情况（如给水泵选型偏小太多）下才表现出来。

定速运行的凝结水泵的性能与系统阻力特性不匹配的问题最突出，主要表现为凝结水泵设计流量点的扬程相对于凝结水系统阻力偏大。机组运行时，凝结水调整门（除氧器水位调整门）开度很小，凝结水系统阻力增大，凝结水泵在小流量高扬程点工作，造成电能浪费和凝结水精处理设备工作压力升高，既不节能也不安全。

循环水泵及循环水系统的问题主要是：① 系统阻力大于循环水泵的设计扬程，造成循环水泵实际运行扬程高于设计值，实际流量低于设计值，表现为冷却水流量不足，夏季机组真空偏低；② 系统阻力小于循环水泵的设计扬程，造成循环水泵实际运行扬程低于设计值，实际流量高于设计值，表现为冷却水流量偏大，循环泵耗功增加，机组冬季真空过好。

3. 调峰运行的适应性

机组调峰运行（变负荷），负荷降低，相应的辅机泵等的出力下降。如何保证泵在出力下降时的高效运行，是辅机节能的重要问题。

定速凝结水泵在机组低负荷时，其性能与系统阻力矛盾更加突出，此时泵处于高扬程、低流量、低效率区运行，阀门节流损失、泵的低效率白白消耗了大量的厂用电，同时造成相关系统（如凝结水精处理系统）安全隐患（压力过高）。

在机组低负荷时，循环水泵出力不变，提供过多的冷却水，导致厂用电消耗过大和机组真空过高等。

（三）改进、改造措施

针对上述三个方面的问题，一般采取的节能措施有：

（1）凝结水泵电动机加装变频器的节能改造（或取消首级叶轮）。

（2）循环水泵电动机定速改双速（也有电动机加装变频器）。

（3）杂用水系统水量优化和完善措施。

（4）泵增容增效改造（主要是给水泵、循环水泵）。

（5）给水泵汽轮机性能完善（汽封、真空方面）等。

第二节 冷端系统性能诊断

汽轮机冷端系统比较庞大，主要包括凝汽器及抽真空系统、循环水系统和凝结水系统等。汽轮机冷端系统节能诊断和运行优化的最终目的是获取最佳的运行真空（凝汽器压力）。在保证机组安全运行的情况下，如何挖掘冷端系统各设备的最佳性能，并且在消耗最小的前提下获取最有利的运行真空，是火电机组运行中一个急迫的问题。

汽轮机冷端各设备、系统的功能既相辅相成，又相互影响，其中凝汽器是冷端系统的核心。循环水泵送来的具有一定压力的冷却水流经凝汽器冷却管，把汽轮机排出的蒸汽冷凝成水并带走热量，凝结水汇集到凝汽器底部被凝结水泵抽走，抽气设备则把聚集在凝汽器壳侧的空气抽出以建立和维持凝汽器内的真空。循环水泵和循环水系统不正常运行、凝汽器传热性能下降、抽气设备工作不正常、凝结水泵和凝结水系统工作不正常等都导致凝汽器压力升高，凝汽器压力升高又引起抽气设备工作状态发生改变，最终导致汽轮机冷端系统性能恶化，增加了热力循环的冷源损失和汽轮机的热耗率。

从机组冷端系统着手，提高汽轮机组冷端性能，投入小、见效快，是电厂节能降耗、提高机组热经济性、实现效益最大化的最佳途径。通过定量分析影响冷端性能的主要因素，提出设备或系统的性能监测和诊断方法，结合冷端系统运行方式优化，改善设备运行水平、提高机组冷端性能、降低机组煤耗。

一、节能诊断内容

节能诊断试验是获取冷端系统设备性能状态、运行状况的必要手段，是进行冷端影响因素分析和运行方式优化的基础。冷端系统节能诊断的主要内容包括：

（1）凝汽器及真空系统性能诊断，包含真空严密性、凝汽器传热性能、凝汽器清洁度、凝汽器汽阻（水阻）、过冷度、真空泵运行状态等诊断。

（2）循环水系统性能诊断，包含循环水泵性能、循环水系统阻力特性等诊断。

（3）凝结水系统诊断，包含凝结水泵性能、凝结水系统阻力特性、凝结水杂用水分配等诊断。

二、冷端系统性能影响因素

（一）凝汽器性能影响因素

凝汽器是汽轮机冷端系统的核心设备，凝汽器压力（机组真空）是冷端系统性能体现的最重要参数。我国大型电站汽轮机组一般配备表面式凝汽器。凝汽器压力是凝汽器传热性能的综合体现，其升高或降低将直接导致机组运行经济性的好坏，极端情况下甚至影响机组的安全运行。影响凝汽器热力性能的因素主要有：凝汽器冷却水温度和流量、汽侧空气聚集量、冷却管清洁程度、凝汽器热负荷及冷却面积等。本文讨论的凝汽器仅限表面式凝汽器。

1. 冷却水进口温度对凝汽器性能的影响

凝汽器按冷却水系统供水方式，可分为直流供水、循环供水和空气冷却三种类型，本文讨论对象不涉及空气冷却型。

凝汽器实际运行中，蒸汽的凝结温度 t_s 由式（12-7）决定。蒸汽的凝结温度对应的饱和压力就是凝汽器的压力。由式（12-7）可以看出，在凝汽器热负荷、冷却水量、真空严密性、冷却管脏污程度不变的情况下，冷却水进口温度升高，传热端差下降，对应的凝汽器蒸汽凝结温度上升，通过饱和压力曲线就可查出对应的凝汽器压力变化。

$$t_s = t_{w1} + \Delta t_w + \delta t \qquad (12-7)$$
$$\Delta t_w = t_{w2} - t_{w1}$$
$$\delta t = t_s - t_{w2}$$

式中　t_{w1} ——冷却水进口温度，℃；

　　　Δt_w ——冷却水温升，℃；

　　　δt ——凝汽器传热端差，℃。

典型国产 300MW 机组冷却水进口温度从 10℃ 上升到 33℃ 时，凝汽器压力上升（真空下降）约 7～8kPa，单位温度变化率平均为 0.34kPa/℃（见表 12-4）；冷却水进口温度与凝汽器压力变化关系见图 12-4，冷却水进口温度对传热端差的影响见图 12-5。由表 12-4 和图 12-4 可以看出，在凝汽器冷却面积、结构类型、热负荷、冷却水量、真空严密性、冷却管脏污程度不变的情况下，冷却水进口温度上升，凝汽器压力增大，并且随着温度升高，凝汽器压力升高幅度变大；由图 12-5 可以看出，在凝汽器热负荷、冷却水量、真空严密性、冷却管脏污程度不变的情况下，冷却水进口温度上升将导致传热端差下降，且随着温度的增加传热端差下降幅度减小，最终趋于稳定一个值。

表 12-4　　　　　　　　某 300MW 机组冷却水进口温度对凝汽器压力的影响

项　目　名　称	单位	数　　值							
凝汽器热负荷	MJ/h	1 467 337							
冷却水流量	m³/h	33 900							
冷却面积	m²	18 250							
冷却水进口温度	℃	5	10	15	20	25	30	33	35
传热端差	℃	7.98	6.83	5.92	5.21	4.85	4.62	4.51	4.44
凝汽器压力	kPa	2.86	3.60	4.56	5.80	7.46	9.57	11.08	12.21
单位温度真空变化率	kPa/℃	/	0.15	0.19	0.25	0.33	0.42	0.50	0.56

注　真空严密性和凝汽器面积、冷却管脏污不变。

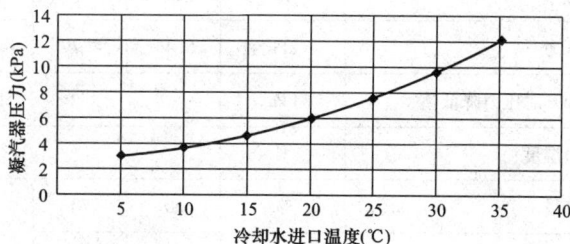

图 12-4　某 300MW 机组冷却水进口温度和凝汽器压力的关系

因此，在凝汽器冷却面积、结构类型、热负荷、冷却水量、真空严密性、冷却管脏污程度不变的情况下，冷却水进口温度升高导致凝汽器压力增大，同时对传热端差也产生影响，冷却水温度升高使传热端差下降。

冷却水进口温度与电厂所处地域和季节环境温度变化有关。对于直流供水冷却的机

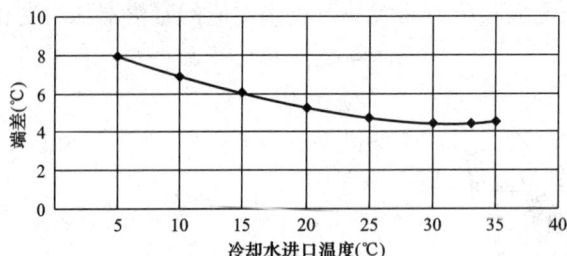

图 12-5　某 300MW 机组冷却水进口温度与凝汽器传热端差的关系

组，应充分考虑冷却水取水口和回水口的位置等影响因素；对于循环供水冷却的机组而言，除了气候和环境影响因素外，冷却塔的散热性能是否正常起到至关重要的作用。

2. 冷却水流量对凝汽器性能的影响

冷却水流量的大小，直接影响冷却水流经凝汽器后获得的温升大小。在凝汽器冷却面积、结构类型、热负荷、冷却水进口温度、真空严密性、冷却管脏污程度不变的情况下，冷却水温升与冷却水流量成反比变化，冷却水流量增大，温升降低，冷却水流量减小，温升增大。冷却水流量决定了冷却水温升，同时对传热端差产生影响，最终影响凝汽器的压力。大型发电机组凝汽器冷却水温升设计值一般为 8～10℃ 左右，冷却水流量减少 10%，冷却水温升增加约 1℃。如某国产 300MW 机组冷却水流量下降 10%（相对于设计额定冷却水流量），凝汽器压力上升约 0.24～0.58kPa。表 12-5 和图 12-6 列出了某 300MW 机组凝汽器冷却水流量对凝汽器压力的影响关系。

表 12-5　　　　　　　　　典型 300MW 机组冷却水流量对凝汽器压力的影响

项 目 名 称	单位	数　　　　值				
冷却水进口温度	℃	10				
冷却水流量	%	60	70	80	100	110
凝汽器压力	kPa	5.44	4.79	4.27	3.60	3.46
水量从 60% 增加到 100% 时压力降低值	kPa	1.84				
冷却水进口温度	℃	30				
冷却水流量	%	60	70	80	100	110
凝汽器压力	kPa	13.45	12.09	10.99	9.57	9.25
水量从 60% 增加到 100% 时压力降低值	kPa	3.88				

由表 12-5、图 12-6 可以看出，当凝汽器冷却面积、结构型式、热负荷、真空严密性、冷却管脏污程度不变的情况下，冷却水进口温度为 10℃、冷却水流量由 100% 额定值下降到 60%（对应于 300MW 机组配备两台循环水泵，由两台循环水泵运行转换为一台循环水

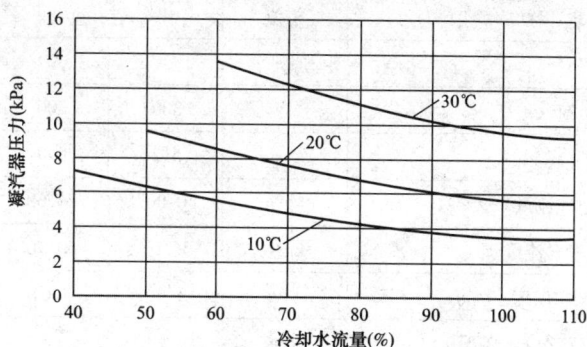

图 12-6 典型 300MW 机组冷却水流量对凝汽器压力的影响曲线（不同冷却水进口温度）

泵运行情况）时，凝汽器的压力上升约 1.84kPa；冷却水进口温度为 30℃、冷却水流量由 100% 额定值下降到 60% 时，凝汽器的压力上升约 3.88kPa。冷却水流量增加能有效地降低凝汽器压力，随着冷却水流量进一步增大，凝汽器压力下降幅度变小；冷却水进口温度较高时，流量变化对凝汽器压力的影响更加明显。

在夏季高温季节，冷却水流量是否充裕，直接影响凝汽器压力，故要求电厂在夏季开足循环水泵，使凝汽器冷却水流量达到最大值，尽可能降低凝汽器压力。

冷却水流量不是越大越好，应根据机组负荷和冷端综合性能合理控制冷却水流量，这是冷端系统及循环水泵运行优化的核心。

3. 汽侧空气对凝汽器性能影响

（1）机组负荷不变时不同空气流量对凝汽器性能影响。

从机组真空（负压）系统不严密处漏入的空气以及随新蒸汽带入的少量不凝结气体，最终汇集在凝汽器汽侧，通过抽气设备抽出凝汽器。在机组负荷、冷却水条件不变的条件下，汽侧空气聚集对凝汽器性能造成如下影响：漏入空气量增大，使凝汽器汽侧空气分压力升高，增加抽气设备负载，抬高了凝汽器压力；聚集空气在冷却管外壁形成气膜，阻碍蒸汽凝结放热，使传热系数减小，传热端差增大，凝汽器压力升高；空气分压力增大到一定程度还会降低蒸汽凝结温度，导致凝结水过冷度增大。

机组真空严密性表征漏入空气流量大小，切除抽气设备后的真空下降率是反映真空系统严密程度的指标。汽轮机组运行经验和试验研究表明，当进入凝汽器的蒸汽流量（凝汽器热负荷）、冷却水进口温度和冷却水流量为常量时，切除抽气设备后真空下降速度与漏入的空气流量成线形关系。国产某 300MW 机组在 300MW 负荷下的真空严密性试验中，真空下降率每上升 100Pa/min，凝汽器压力将平均上升约 0.1kPa，且随着漏入空气量的增加凝汽器压力上升加快。表 12-6、图 12-7 是某 300MW 机组严密性试验时，真空下降率与凝汽器压力的变化关系，图 12-8 是某 300MW 机组凝汽器泄漏空气流量与真空下降率的关系。

表 12 – 6 相同机组负荷不同冷却水温度下真空严密性与凝汽器压力变化关系

项 目 名 称	单位	数 值			
工况	—	1	2	3	4
机组负荷	MW	300	300	300	300
真空下降率	Pa/min	512	990	1707	2627
凝汽器放空气流量	kg/h	0.00	24.68	76.66	135.43
凝汽器空气泄漏流量	kg/h	36.07	60.76	112.73	171.51
凝汽器压力（冷却水温度10℃）	kPa	3.60	3.64	4.05	4.79
凝汽器压力升高值（工况4 – 工况1）	kPa	1.19			
凝汽器压力（冷却水温度20℃）	kPa	5.80	5.84	6.34	7.25
凝汽器压力升高值（工况4 – 工况1）	kPa	1.45			
凝汽器压力（冷却水温度30℃）	kPa	9.57	9.62	10.33	11.60
凝汽器压力升高值（工况4 – 工况1）	kPa	2.03			
凝汽器压力（冷却水温度33℃）	kPa	11.08	11.14	11.93	13.34
凝汽器压力升高值（工况4 – 工况1）	kPa	2.26			

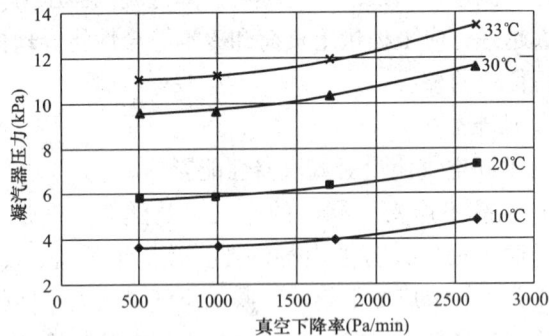

图 12 – 7 某 300MW 机组严密性试验时真空下降率与凝汽器压力变化的关系（300MW 负荷）

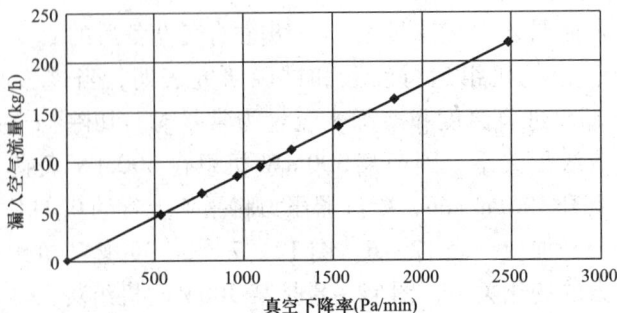

图 12 – 8 某 300MW 机组真空下降率与漏入空气流量关系（300MW 负荷）

由图 12 – 7 中可以看出，机组在 300MW 负荷、凝汽器热负荷、冷却面积、结构类型、冷却水量、冷却管脏污程度不变、相同冷却水进口温度的情况下，真空下降率增大，表明此时漏入空气流量增加，空气在凝汽器中聚集量增大（真空泵出力来不及提高），凝汽器压力升高，随着漏入空气流量的增加凝汽器压力上升速度加快。

由表 12－6 中可以看出，冷却水进口温度为 10℃时，真空严密性从 512Pa/min 变化到 2627Pa/min，相应凝汽器压力从 3.6kPa 增加到 4.79kPa，增加量为 1.19kPa；冷却水进口温度为 20℃时，真空严密性从 512Pa/min 变化到 2627Pa/min，相应凝汽器压力从 5.8kPa 增加到 7.25kPa，增加量为 1.45kPa；冷却水进口温度为 33℃时，真空严密性从 512Pa/min 变化到 2627Pa/min，相应凝汽器压力从 11.08kPa 增加到 13.34kPa，增加量为 2.26kPa。因此，冷却水进口温度较高时，凝汽器压力随着真空下降率变化而变化的幅度增大。

某国产 300MW 机组在 300MW 负荷时，漏入凝汽器真空系统的空气流量与凝汽器的压力变化关系见图 12－9。从图 12－9 中可以看出，漏入空气流量增大，凝汽器压力相应增大，但当漏入空气流量小于某一数值（图中显示约为 60kg/h）时，随着漏入空气流量减小，凝汽器压力变化幅度很小，甚至趋于不变。

从上述现象看出，凝汽器压力并不是随着漏入空气流量增大而线性升高，当漏入的空气流量较小（小于某一临界值）时，漏入的空气及时被真空泵等抽气设备抽走，空气在凝汽器中不聚集或聚集量很小，此时空气对凝汽器换热影响较小，表现出来的是随着漏入空气流量增大凝汽器压力不变或微变；当漏入空气流量超过某一临界值时，漏入空气不能被真空泵及时抽走，空气在凝汽器中明显聚集，开始明显影响凝汽器换热，凝汽器压力开始明显升高。

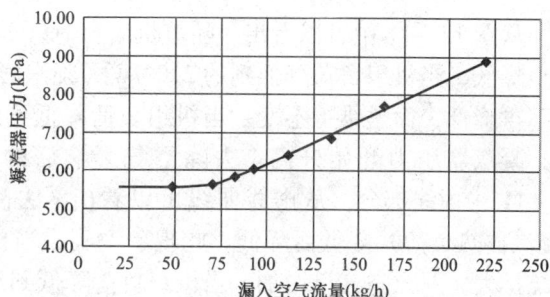

图 12－9　某 300MW 机组漏入空气流量与凝汽器压力关系（300MW 负荷）

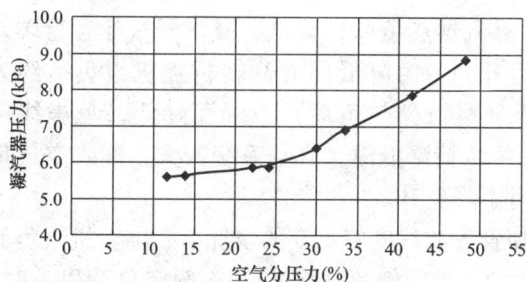

图 12－10　某 300MW 机组抽真空管中空气分压力与凝汽器压力关系（300MW 负荷）

图 12－10 显示的是某 300MW 机组（300MW 负荷下）抽真空管道中的空气分压力百分比与凝汽器压力的变化关系。抽真空管道中的汽气混合物比例基本反映了凝汽器空冷区末端汽气混合物现状，以空气分压力变化来分析空气对凝汽器压力的影响具有典型意义。从图 12－10 中可以看出，空冷区末端空气分压力小于 25%时，凝汽器压力变化很小；空冷区末端空气分压力大于 25%时，凝汽器压力变化明显。

从上述分析可以得出，漏入空气流量对凝汽器压力的影响其实就是指凝汽器中聚集的空气相对含量对凝汽器压力的影响。空气聚集量小，对凝汽器压力影响可以忽略；空气聚集量大，对凝汽器压力产生明显影响。空气聚集量随着漏入空气流量增加而增加，同时受抽气设备性能变化影响。

（2）机组负荷变化时空气流量对凝汽器性能影响。

对于实际运行中的机组冷端系统而言，随着机组负荷降低，凝汽器及其真空（负压）系统扩大，漏入其中的空气流量增大。某300MW机组不同机组负荷下漏入空气流量对凝汽器性能的影响见图12-11和图12-12。

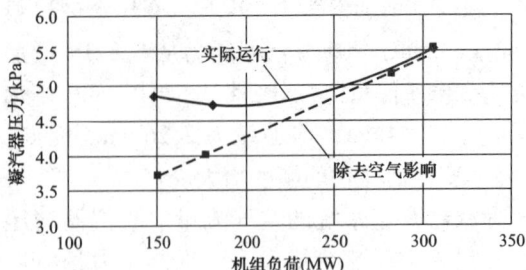

图12-11　某300MW机组不同负荷下空气流量对凝汽器压力的影响

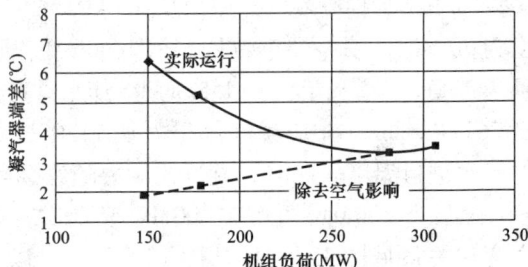

图12-12　某300MW机组不同负荷下空气流量对凝汽器端差的影响

从图12-11中可以看出，随着机组负荷（凝汽器热负荷）降低，凝汽器实际运行压力逐步降低，当机组负荷降低到约210MW（凝汽器热负荷约80%设计热负荷）时，凝汽器压力不再降低，而是维持不变；当机组负荷降低到约175MW（热负荷约为70%设计热负荷）时，凝汽器压力开始升高。去除空气影响后的凝汽器压力与机组负荷的关系曲线见图12-11中虚线部分，从虚线曲线可以看出，去除空气影响后的凝汽器压力随着机组负荷（凝汽器热负荷）降低而降低。此现象说明，当机组负荷由300MW开始降低时，机组真空系统扩大，漏入空气量增加；当机组负荷降低到约270MW时，漏入的空气聚集量增大到可以开始影响凝汽器换热；随着负荷进一步降低，漏入空气流量进一步增大，聚集的空气量进一步增大，对凝汽器换热影响加大；当负荷降低到210MW左右时，漏入的空气不仅影响凝汽器换热，同时空气本身的分压力增大，抬高了凝汽器压力；当负荷降低到175MW时，更多的空气漏入使空气分压力升高抬高了凝汽器压力，使本来应该降低的凝汽器压力不降反升。

从图12-12中可以看出，随着机组负荷（凝汽器热负荷）降低，凝汽器实际运行端差随着机组负荷（凝汽器热负荷）降低先降低后升高，由降低向升高转折点机组负荷约为260MW。去除空气影响后的端差随着机组负荷（凝汽器热负荷）下降而降低（见虚线部分）。导致实际运行端差如此变化的原因也是机组负荷降低时，真空系统扩大，漏入空气量增加，影响了凝汽器换热，导致端差在低负荷时不降反升。

从上述分析可以看出，在冷却水条件、冷却管清洁程度等不变的情况下，随着机组负荷降低，机组真空负压系统的漏入空气流量增大，特别是负荷降低到70%额定负荷以下时，大量的空气漏入凝汽器，由于此时真空泵入口压力低，抽吸流量有限，导致空气在凝汽器中聚集，既恶化了传热，又直接抬高了凝汽器压力。

减少或杜绝空气对凝汽器性能影响的关键是保证机组真空严密性达到良好的水平。不能仅满足于机组负荷80%额定负荷以上时的真空严密性在合格范围，应追求机组负荷在40%～100%额定负荷时的真空严密性在良好范围，这是确保冷端系统性能不受空气影响的充足条件。

机组正常运行时，应定期做真空严密性试验，保证真空严密性合格。严密性不合格时，应通过氨质谱检漏仪对真空负压系统不严密的地方进行查找，并及时处理。按照 GB 5578 的要求，100MW 以上级机组的真空下降率不大于 400Pa/min 为真空严密性合格。

4. 冷却管清洁度对凝汽器性能影响

清洁度是凝汽器冷却水管相对于新冷却管的脏污程度，一般以无量纲量清洁系数表示其大小。大型机组凝汽器设计清洁系数为 0.8 ~ 0.9。运行清洁系数越低，说明冷却管脏污越严重。清洁度低将导致凝汽器冷却水管传热热阻增大，总体传热系数降低，凝汽器传热端差增大，引起凝汽器压力升高。

凝汽器的脏污分汽侧脏污和水侧脏污。汽侧脏污一般为亚硫酸盐和碳酸盐，可用 80 ~ 90℃热水冲洗掉，对凝汽器传热影响不大。由于水源和水质的差异引起的水侧脏污有所不同，对于沿江（河）或沿海采用直流供水冷却的机组，脏污主要是杂物和有机生物形成的阻塞和软垢；对采用循环供水冷却的机组，脏污主要是不断浓缩的循环水中矿物质盐类生成的碳酸钙和碳酸镁等硬垢。

凝汽器冷却管结垢不但增加传热热阻，并且减小凝汽器水侧通流面积。如某凝汽器 $\phi28 \times 1$ 的 B5 材料冷却管结垢 0.5mm，使得总传热热阻增加近 1 倍，相应的传热系数下降近 50%，同时使冷却管通流面积减少 7.6%，使得凝汽器水阻迅速上升，既影响了换热效果，又增加了循环水系统的负担。

定期对凝汽器进行清洗和正常投运胶球清洗装置，可以有效地提高并保持冷却管的清洁。但即使正常投运胶球清洗装置，只能延缓冷却管结垢，某 300MW 机组经过 6 个多月运行，前、后凝汽器清洁度发生的变化和对凝汽器性能的影响见表 12 - 7 和图 12 - 13 及图 12 - 14。

表 12 - 7　　　　　　　　　某 300MW 机组凝汽器清洁度对凝汽器性能的影响

项　目　名　称	单位	内　　容			
真空泵工作水温度	℃	19 ~ 21			
试验时间	/	2006 年 4 月			
机组负荷	MW	306.8	282.0	177.8	149.2
热负荷百分比	%	116	107	71	62
凝汽器热负荷	MJ/h	1 572 130	1 449 174	963 706	839 818
计算运行清洁系数	/	0.95	0.94	0.56	0.44
修正到设计冷却水进口温度和流量下					
凝汽器端差	℃	3.53	3.30	5.20	6.41
凝汽器压力	kPa	5.51	5.19	4.76	4.85
修正到设计冷却水进口温度和流量，去除空气影响后					
凝汽器端差	℃	3.53	3.26	2.17	1.89
凝汽器压力	kPa	5.51	5.18	4.00	3.74
试验时间	/	2006 年 10 月			
机组负荷	MW	302.9	292.8	239.5	195.6
热负荷百分比	%	114	111	95	81
凝汽器热负荷	MJ/h	1 552 032	1 504 730	1 298 583	1 101 459

项 目 名 称	单位	内　容			
计算运行清洁系数	—	0.95	0.94	0.56	0.44
修正到设计冷却水进口温度和流量下					
凝汽器端差	℃	4.61	4.37	3.98	4.32
凝汽器压力	kPa	5.81	5.62	5.07	4.78
修正到设计冷却水进口温度和流量，去除空气影响后					
凝汽器端差	℃	4.61	4.37	3.81	3.18
凝汽器压力	kPa	5.81	5.62	5.02	4.45

表 12-7 中列出的数据是都修正到设计冷却水进口温度和设计冷却水流量条件下的试验结果。从表 12-7 中可以看出，两次试验时，真空泵工作水进口温度基本相同，约在 19～21℃ 范围内，表明真空泵性能良好，在漏入空气流量小于 50～60kg 时，空气对凝汽器性能的影响可以忽略。

从表 12-7 中可以看出，在机组 300MW 负荷下，按照 HEI 标准计算得到的两次试验时冷却管清洁系数存在差异（此时的空气影响可以忽略）。2006 年 4 月试验得到的清洁系数比 2006 年 10 月试验的清洁系数高，表明机组凝汽器经过 6 个月的运行，冷却管由于污垢不断增加，清洁程度下降。在机组低负荷时，由于空气和污垢共同作用，凝汽器清洁系数较小。

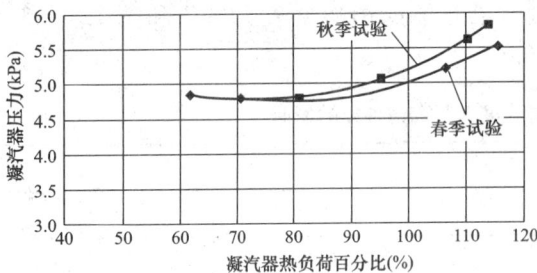

图 12-13　某 300MW 机组间隔
6 个月前后凝汽器性能对比

从表 12-7 和图 12-13 中可以看出，在冷却水条件相同、真空泵抽吸正常的情况下，当凝汽器热负荷大于 80% 设计热负荷（对应机组负荷约为 210MW）时，相同凝汽器热负荷对应的春季试验凝汽器压力低于秋季试验凝汽器压力；当凝汽器热负荷小于 80% 设计热负荷时，相同凝汽器热负荷对应的春季试验凝汽器压力基本等于秋季试验凝汽器压力（两条曲线基本重合）。当机组为 300MW 负荷时，空气漏入凝汽器流量较小，空气对凝汽器性能影响可以忽略，秋季冷却管脏污造成凝汽器传热性能变差，秋季凝汽器压力相对于春季升高；随着机组负荷的降低，漏入凝汽器空气流量增大，空气和脏污共同对凝汽器性能产生影响，机组负荷进一步降低，空气流量增大，而脏污不变，空气对凝汽器性能影响占主要部分，表现出来的是春秋两次试验凝汽器压力差越来越小；当机组负荷低而漏入空气流量很大时，冷却管脏污对凝汽器压力影响完全被空气对凝汽器压力的影响所覆盖，表现出来的是两条曲线基本重合。

去除空气对春、秋两次试验凝汽器压力的影响后，冷却管脏污对凝汽器压力影响随机组负荷变化关系见图 12-14。从图 12-14 中的两条虚曲线关系可以看出，机组负荷高于 240MW 时，冷却管脏污对凝汽器压力影响几乎一致，两次试验凝汽器压力差基本恒定；当机组负荷低于 240MW 时且随着负荷进一步降低时，冷却管脏污对凝汽器压力的影响越来越小，两次试验凝汽器压力差越来越小。分析认为，当机组负荷低到一定程度，凝汽器热负荷远低于设计热负荷，此时冷却管脏污对凝汽器性能的影响逐渐被富余的凝汽器冷却能力所掩盖，故表现出冷却管脏污对凝汽器压力的影响随着负荷降低而逐渐变小。

通过上述分析可以得出，凝汽器冷却管清洁程度对凝汽器性能影响量较大，以某 300MW 机组 300MW 负荷时为例，经过半年时间运行（胶球清洗装置正常运行），冷却管脏污使得凝汽器压力上升约 0.4kPa（设计冷却水条件下）；并且冷却管脏污不变的情况下，机组负荷越高，影响越大。

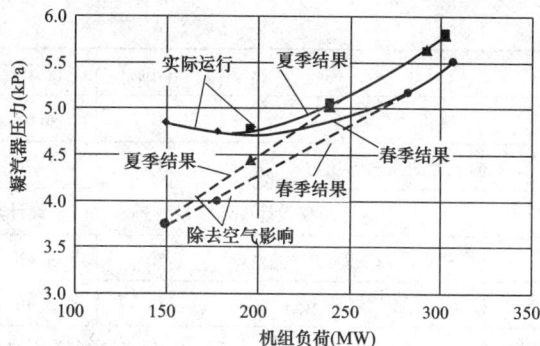

图 12 - 14　某 300MW 机组凝汽器清洁程度对凝汽器压力的影响

5. 热负荷对凝汽器性能的影响

凝汽器热负荷包括低压缸排汽、给水泵汽轮机排汽以及其他各种进入凝汽器的蒸汽和疏水带入的热量。在其他条件不变的情况下，凝汽器压力随其热负荷的增加而升高。凝汽器热负荷增加主要有两种情况，一是当汽轮机和给水泵汽轮机的内效率下降或初参数降低的情况下，机组又要保持相同的负荷，此时排入凝汽器的蒸汽流量增加，造成凝汽器热负荷增大；二是其他附加流体不正常地排入凝汽器，造成凝汽器热负荷增大。

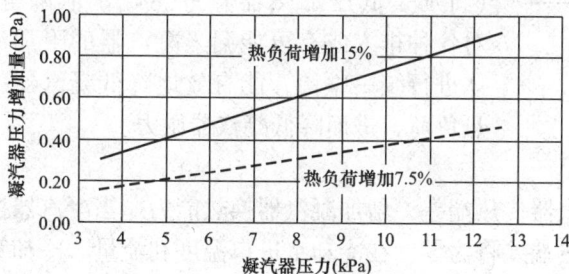

图 12 - 15　凝汽器压力随着热负荷增加的增加量

在冷却水条件、冷却管脏污、漏入空气流量等不变的情况下，理论计算得到的 300MW 机组凝汽器热负荷变化引起的凝汽器压力变化曲线见图 12 - 15。

从图 12 - 15 中可以看出，凝汽器热负荷增加，凝汽器压力相应增加；在热负荷增加量一定的情况下，凝汽器压力的增加量和凝汽器压力呈线性增长关系；凝汽器热负荷增加越多，相同凝汽器压力对应的增加量越大。

表 12 - 8 和图 12 - 16 给出了某 300MW 机组凝汽器热负荷偏大对凝汽器压力的影响。从表 12 - 8 和图 12 - 16 中可以看出，在相同机组负荷下，凝汽器热负荷增大约 16%，对应机组负荷 306MW 下，相应升高的热负荷造成凝汽器压力升高约 0.57kPa；随着机组负荷降低，增大的热负荷对凝汽器压力的影响有所减小。

表 12 - 8　　　　　　　某 300MW 机组凝汽器热负荷对机组凝汽器性能的影响

项 目 名 称	单位	设计值	试 验 结 果			
机组负荷	MW	300	306.81	281.99	177.75	149.17
凝汽器热负荷百分比	%	100	116	107	71	62
在设计冷却水量、设计进水温度、实际热负荷和实际运行清洁系数下						
修正后总体传热系数	kW/m² · ℃	2.41	3.07	3.04	1.80	1.41

项 目 名 称	单位	设计值	试 验 结 果			
修正后的端差	℃	4.68	3.53	3.30	5.20	6.41
修正后的凝汽器压力	kPa	5.40	5.51	5.19	4.76	4.85
在设计冷却水量、进水温度、设计热负荷和实际运行清洁系数下						
修正后的端差	℃	4.68	3.07	2.85	4.50	5.54
修正后的凝汽器压力	kPa	5.40	4.94	4.67	4.34	4.41
对凝汽器压力的影响量						
热负荷增加使凝汽器压力升高值（修正后的凝汽器压力差）	kPa	0	0.57	0.52	0.42	0.44

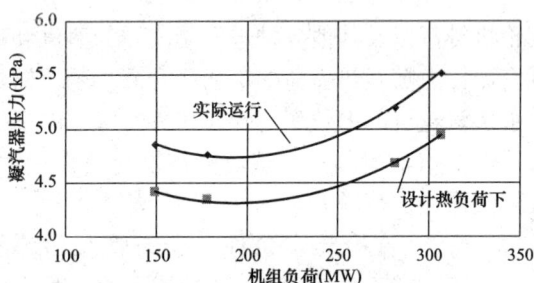

图 12-16 实际热负荷增大后的凝汽器压力与机组负荷关系

运行中的机组可能排入凝汽器的附加流体有：启动时的汽轮机本体疏水、给水泵汽轮机疏水、各种蒸汽管道疏水、旁路系统疏水等，在机组正常运行时疏水门不严导致蒸汽进入扩容器和凝汽器，加热器（特别是低压加热器）危急疏水泄漏等。对各种排入或有可能漏入凝汽器的附加流体进行统一整治，能有效地降低凝汽器的热负荷，进而降低凝汽器压力。

6. 冷却面积对凝汽器性能影响

增大凝汽器换热面积能有效降地低凝汽器传热端差，增加凝汽器换热能力。当凝汽器换热面积和冷却水流量无限大时，凝汽器传热端差将为零。在冷却水进口温度和流量、冷却管清洁程度、真空严密性等不变的情况下，增大凝汽器冷却面积能降低传热端差，根据式（12-7）可以知道，传热端差降低能有效降低凝汽器压力。

在冷却水进口温度、冷却水流量、真空严密性、冷却管清洁程度相同的情况下，某国产300MW 机组凝汽器面积从 16 000m² 增加到 19 000m²，对应 300MW 负荷时凝汽器压力下降了 0.4kPa。

增加凝汽器换热面积，就要对凝汽器实施改造，增加冷却管数量和更改相应的管板连接支撑等，有的甚至需要改变凝汽器外壳，投资和工程量较大，而得到的收益相对较小，在立项之前要充分考虑投入产出比。

目前，现役大型发电机组凝汽器冷却面积完全可以满足该型机组冷端系统性能的需求。虽然凝汽器冷却面积较大时，凝汽器压力对热负荷及清洁度变化的敏感性有所降低，但是，造成现役机组真空降低，乃至机组出力减小的主要原因不是凝汽器冷却面积偏小。

7. 结论

通过对凝汽器性能影响因素分析和比较，认为影响运行中的凝汽器性能的因素主要有：冷管脏污、漏入凝汽器空气量、凝汽器热负荷、冷却水流量。

对于一般发电机组凝汽器而言，本书分析的 6 种影响因素对凝汽器压力的影响程度有大有小。以某 300MW 机组为例，6 种影响因素按照对凝汽器性能影响程度由大到小排序为：

冷却水进口温度、冷却水流量、凝汽器热负荷、冷管脏污、漏入空气量、凝汽器冷却面积。冷却水进口温度、凝汽器冷却面积在运行中不可以人为干预，完全决定于自然条件和设计配套时的设计，一般情况下，凝汽器冷却面积留有足够的裕量。冷却水流量一般设计时能保证机组最大工况时的需要，除非循环水泵和循环水系统出现故障导致冷却水流量降低，设计冷却水流量偏小的情况很少见到。所以对于正常运行的凝汽器而言，凝汽器热负荷、冷管脏污、漏入空气才是影响凝汽器运行性能的关键因素。

（二）抽气设备性能影响因素

抽气设备（抽气器）是汽轮机冷端系统的重要组成部分，其任务是在汽轮机组启动时建立真空，以及在运行中抽除从真空系统不严密处漏入和随新蒸汽进入的空气和不凝结气体，以维持凝汽器的真空度。抽气设备按其工作原理，可分为射汽抽气器、射水抽气器和真空泵等。射汽抽气器和射水抽气器一般配备于小容量机组，国产300MW（包括引进型）及以上级机组一般配备真空泵，只有少量大机组配备射水抽气器。按照叶轮工作原理，真空泵可分为机械离心式真空泵和液环（水环）真空泵两种。

国产300MW及以上级机组一般配备水环式真空泵。水环真空泵的性能包括启动性能和持续运行性能。启动性能是把凝汽器从大气状态下抽吸到需要的真空度所需的时间；持续运行性能主要指在一定的工作液温度、功率和凝汽器真空度下，连续抽吸气体以保持恒定的凝汽器真空度能力。表征真空泵性能是吸入口压力与抽吸空气量、吸入口压力与功率的关系曲线。当凝汽器汽侧空气量增加、吸入口压力上升时，抽吸空气流量增加、真空泵耗功增加。影响真空泵性能（抽吸能力和耗功）的因素主要有：工作水进口温度、进口气体压力和温度、真空泵实际转速等。

1. 水环真空泵性能影响因素

国产300MW及以上机组冷端系统配套的抽气设备最常见的是水环真空泵。影响水环真空泵运行性能的因素有：工作水进口温度、工作水流量、吸入口压力、吸入口混合物温度以及真空泵转速等。其中，最主要的是真空泵工作水进口温度。

工作水进口温度升高、工作水流量减少、吸入口压力降低、吸入口混合物温度降低、真空泵转速下降等都将降低真空泵的抽吸能力，反之亦然。并且上述影响因素多数相互影响。上述影响因素对真空泵性能影响的理论关系式见式（12－8）。

$$q_t = \frac{q_{cor}}{\dfrac{n_g}{n_t} \cdot \dfrac{p_1 - p_{dg}}{p_1 - p_{dt}} \cdot \dfrac{t_{Lt} + 273}{t_{Lg} + 273} \cdot \dfrac{t_{1g} + 273}{t_{1t} + 273}} \tag{12－8}$$

式中　　q_{cor}——真空泵设计工况下抽吸干空气流量，m^3/h；

　　　　q_t——真空泵实际抽吸干空气流量，m^3/h；

　　　　n_g——真空泵额定转速，r/min；

　　　　n_t——真空泵实际转速，r/min；

　　　　p_1——真空绝对吸入压力，kPa；

　　　　t_{Lg}——真空泵额定工作水温度，$℃$；

　　　　t_{Lt}——真空泵实际工作水温度，$℃$；

　　　　p_{dg}——真空泵额定工作水温度对应的饱和压力，kPa；

　　　　p_{dt}——真空泵实际工作水温度对应的饱和压力，kPa；

t_{1g}——真空泵额定工况下进口气体温度，℃；

t_{1t}——真空泵实际工况下进口气体温度，℃。

真空泵的转速与真空泵抽吸能力成正比。国内火电机组配备的真空泵都是定速泵，其转速由驱动电动机的转速而定，一般情况下都在设计转速附近运行，故转速对真空泵性能的影响不大，本文不作详细研究。

真空泵工作水进口温度变化是影响真空泵抽吸能力的最主要因素。当工作水流量、吸入口压力、吸入口温度、转速不变，而真空泵的工作水进口温度高于设计水温时，真空泵实际抽吸能力将相对于设计值下降。假定抽吸压力为 4.9kPa，吸入口混合物温度、转速、工作水流量不变的情况下，工作水进口温度从设计值15℃升高到30℃，通过式（12－8）可计算得到，真空泵的抽吸能力将下降约80%。

以某典型300MW机组冷端系统的试验结果为例，分析工作水进口温度对真空泵性能的影响，具体数据和计算结果见表12－9。

表12－9　　　　　　典型300MW机组真空泵工作水温度对性能影响结果

项 目 名 称	单位	内　容			
		工况1	工况2	工况3	工况4
机组负荷	MW	300	300	300	300
真空泵运行方式	/	A	A	A	A
凝汽器压力	kPa	9.00	9.46	9.94	8.84
真空泵抽干空气质量流量	kg/h	26.01	26.01	51.91	51.42
真空泵工作水进口温度	℃	20.00	41.00	41.00	21.00
真空泵进口气汽混合物压力	kPa	8.55	9.45	9.91	8.54
真空泵进口气汽混合物温度	℃	41.94	35.95	35.46	40.26
假定蒸汽饱和时空气分压力	kPa	0.38	3.52	4.17	1.06
假定蒸汽饱和时蒸汽分压力	kPa	8.17	5.92	5.77	7.48
空气分压力占总压力百分比	%	4.44	37.25	42.08	12.41
真空泵入口压力温度下空气容积流量	m³/h	275.53	244.72	463.66	542.47
真空泵入口压力温度下蒸汽体积流量	m³/h	5895.44	411.23	641.05	3812.23
蒸汽质量流量	kg/h	346.82	26.56	43.43	223.99
真空泵入口压力温度下汽气混合物体积流量	m³/h	6170.97	655.95	1104.71	4354.71
抽吸能力下降百分比	%	—	89.37	74.63	—
真空泵转速	r/min	596	596	596	596

表12－9中，由工况1和工况2的数据和结果进行对比得出，在相同机组负荷下和真空泵相同抽吸空气流量（26.01kg/h）的情况下，当工作水进口温度为20℃时（工况1），真空泵抽吸的汽气混合物体积流量为6170.97m³/h；工作水进口温度升高到41℃时（工况2），真空泵抽吸的汽气混合物体积流量为655.95m³/h。工作水温度由20℃升高到41℃，真空泵抽吸流量下降了约89%。同样，工况3和工况4对比，工作水温度由21℃升高到41℃，真空泵抽吸流量下降了约75%。

真空泵吸入口压力升高，真空泵抽吸流量增加；吸入口混合物温度升高，真空泵抽吸流量也增加。在实际汽轮机冷端系统中，真空泵吸入口压力和吸入混合物温度对真空泵性能的影响并不能独立区分出来，这是因为，在实际系统中，真空泵入口压力和吸入混合物温度受凝汽器性能状态影响，在真空泵性能变化过程中这两个因素随时发生变化，并不能人为进行干预，所以该两个影响因素只是被动量，不是引起真空泵性能变化的主动因素。

真空泵工作水流量直接影响真空泵是否正常运转，当流量非常小时，水环不能建立，真空泵不能正常工作；但流量的多少并不能影响工作水进口温度，工作水进口温度只受其本身的冷却系统的冷却效率和冷却介质（水）温度的影响。

2. 工作水进口温度对真空泵和凝汽器性能的影响

对于一个实际且完整的真空泵和凝汽器系统来说，在机组负荷、凝汽器冷却水条件、冷却管清洁程度、漏入凝汽器的空气流量不变的情况下，工作水进口温度改变在影响真空泵抽吸能力的同时，真空泵吸入口压力、进口汽气混合物温度也相应改变。当工作水温度升高时，真空泵抽吸能力下降，漏入凝汽器的空气不能及时被抽出，空气在凝汽器内部聚集影响凝汽器换热并抬高凝汽器压力（此时原有的凝汽器压力与真空泵吸入口压力的平衡关系就被破坏了），真空泵吸入压力也相应升高，真空泵抽吸能力又被增强；当真空泵吸入压力和凝汽器压力重新平衡时，凝汽器压力和真空泵吸入压力不再升高，从而建立了一个新的凝汽器压力和真空泵吸入压力平衡关系。相对于原有的平衡关系，新的平衡关系中，凝汽器压力和真空泵吸入压力升高、真空泵抽吸的蒸汽流量减少、真空泵吸入口汽气混合物温度降低；在抽吸混合物流量明显减少的情况下，还要抽出原有的漏入流量的空气，则说明抽出的汽气混合物中的空气含量增加，此时凝汽器空冷区聚集空气量增大，空冷区范围比原有平衡有所扩大。

表 12 - 9 中工况 1 和工况 2 的数据显示，在相同机组负荷和相同漏入空气流量（26.01kg/h）情况下，工作水温度从 20℃ 升高到 41℃，抽吸蒸汽空气混合物流量明显减少 85%，凝汽器压力和真空泵吸入压力分别从 9.0、8.55kPa 升高到 9.46、9.45kPa，真空泵吸入混合物温度从 41.94℃ 降低到 35.95℃。由于抽吸流量急剧减少，抽真空管道阻力也急剧减小。

表 12 - 9 中工况 3 和工况 4 的数据显示，在相同机组负荷和相同漏入空气流量（51.92kg/h）情况下，工作水温度从 21℃ 升高到 41℃，抽吸蒸汽空气混合物流量明显减少 75%，凝汽器压力和真空泵吸入压力分别从 8.84、8.54kPa 升高到 9.94、9.91kPa，真空泵吸入混合物温度从 40.26℃ 降低到 35.46℃。由于抽吸流量急剧减少，抽真空管道阻力也急剧减小。

在机组负荷和漏入空气流量不变的情况下，在凝汽器压力和真空泵吸入压力的平衡重新建立过程中，空气在凝汽器中聚集量的变化情况，可以从真空泵入口汽气混合物中空气分压力的变化反映出来。

在真空泵吸入口及管道中空气蒸汽混合物中，假设蒸汽是饱和蒸汽（实际过程基本符合假设），则相应混合物的温度就是蒸汽的饱和温度，可通过饱和温度求出蒸汽的饱和压力，混合物总压力减去蒸汽的饱和压力就是混合物中空气的分压力。

根据分压定律，混合气体中某种气体的分压力正比于该种气体在混合物中所占的体积。则真空泵入口混合物中空气分压力百分比等于空气体积含量的百分比，即空气在混合物中的相对体积含量。抽真空管道与凝汽器空冷区相连，根据真空泵入口混合物中空气体积百分比，就能反映出凝汽器空冷区末端空气体积百分比。

如忽略汽气混合物在真空管道中的凝结，可以认为，凝汽器空冷区核心真空管道入口处的汽气混合物中空气百分比和真空泵入口一样；假如蒸汽在真空管道中有一些凝结，则真空泵入口的混合物中空气百分比要比空冷区高，但这并不影响以空气分压力百分比作为对凝汽器空冷区核心部位空气含量进行相对比较的指标。

由此看出，在表12-9中，由工况1变化到工况2，凝汽器空冷区末端空气相对含量由4.44%变化到37.25%；由工况4变化到工况3，凝汽器空冷区核心空气相对含量由12.41%变化到42.08%。

图12-17是典型的300MW机组工作水进口温度对真空泵吸入口汽气混合物中空气含量的影响曲线。

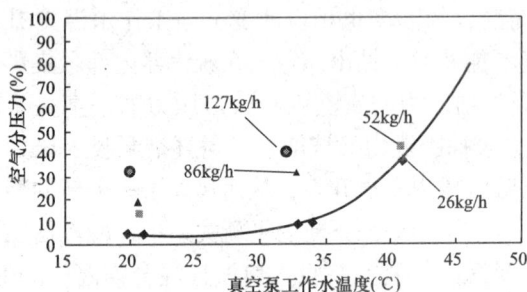

图12-17　真空泵抽吸混合物中空气
分压力和工作水进口温度关系

从图12-17中可以看出，在机组负荷、凝汽器冷却条件、冷却管清洁程度、漏入空气流量等不变的情况下，真空泵吸入口混合物中的空气分压力百分比随着工作水温度升高而增大，曲线先平缓后陡升，当工作水温度升高到约35℃时，真空泵性能开始恶化，空气分压力百分比急剧增加，说明此时空气在凝汽器中聚集量急剧增大，严重影响了凝汽器中热交换并直接抬高了凝汽器压力。

在机组负荷、凝汽器冷却水条件、冷却管清洁程度、漏入凝汽器的空气流量不变的情况下，上述分析进一步验证了工作水进口温度升高引起真空泵抽吸能力下降，在凝汽器压力和真空泵吸入压力平衡被打破并重新建立的过程中，空气在凝汽器空冷区聚集程度变大，相对含量升高，影响了凝汽器热交换。在极端情况下，当工作水温度很高时，真空泵甚至抽不出漏入的空气，空气在凝汽器中不断聚集，最终直接抬高凝汽器压力，影响机组安全运行。

300MW及以上机组配备的水环真空泵的工作水进口温度设计值一般为15℃，工作水冷却水一般采用冷却塔出水，夏季高温季节，冷却塔出水温度达到33~35℃（个别电厂甚至超过35℃），在此情况下真空泵工作水温度将达到35~45℃，这将严重影响真空泵的抽吸性能，以至于部分发电机组真空恶化，极大地影响机组运行的经济性和安全性。

有效地降低真空泵工作水温度是解决夏季机组真空偏高的主要技术措施。寻求低温的工作水冷却水替代冷却塔回水和提高真空泵工作水冷却器冷却效率和能力，就能有效地降低工作水温度。

在夏季高温季节，可以考虑用地下水或集中空调工作水（水温较低）替代冷却塔出水来作为真空泵工作水的冷却水源，或直接加装制冷装置来冷却工作水。

3. 漏入凝汽器空气流量对真空泵性能的影响

一个固定的凝汽器和真空泵系统在任何稳定状态下，抽气设备抽出的空气流量精确等于漏入凝汽器真空系统的空气流量。当漏入空气流量增大时，原有的凝汽器压力和真空泵吸入压力平衡关系被打破，在两者重新建立平衡关系后，凝汽器空冷区空气聚集量发生改变，相应的凝汽器压力和真空泵入口压力也发生改变，真空泵抽吸能力产生变化，真空泵抽出的空气流量还是精确等于增加后的漏入凝汽器真空系统空气流量。

下面以一组 300MW 机组冷端系统试验数据来说明，在机组负荷、工作水进口温度、凝汽器冷却水条件、冷却管脏污不变的情况下，对于一固定的凝汽器和真空泵系统来说，随着漏入空气流量的增大，真空泵性能相应变化的情况。具体数据见表 12－10。

表 12－10　　　　　　　　　漏入空气流量对凝汽器和真空泵性能影响

项 目 名 称	单位	试 验 数 据					
真空泵运行方式	—	B	B	B	B	B	B
机组负荷	MW	300	300	300	300	300	300
凝汽器压力	kPa	5.46	6.2	6.56	7.03	7.81	8.96
真空泵工作水温度	℃	22.07	23.5	24.44	24.82	23	23.2
真空泵冷却水温度	℃	19.38	20.76	21.22	21.46	19.77	19.57
真空泵进口气汽混合物压力	—	4.91	5.6	5.9	6.42	7.18	8.38
真空泵进口气汽混合物温度	℃	30.59	30.98	31.43	31.68	30.93	31.37
真空泵抽干空气质量流量	kg/h	48.52	81.91	93.7	110.69	163.88	219.88
空气分压力	kPa	0.52	1.11	1.29	1.75	2.7	3.79
蒸汽分压力	kPa	4.39	4.49	4.6	4.67	4.47	4.59
空气分压力百分比	%	10.59	19.82	21.86	27.26	37.60	45.23
真空泵入口压力温度下空气体积流量	m³/h	863.81	1280.12	1391.9	1512.2	1996.89	2298.79
真空泵入口压力温度下蒸汽质量流量	kg/h	254.97	204.26	204.98	181.04	164.8	160.52
真空泵入口压力温度下蒸汽体积流量	m³/h	7318.07	5178.44	4947.1	4034.73	3305.06	2783.05
真空泵入口压力温度下汽气混合物体积流量	m³/h	8181.89	6458.56	6339	5546.93	5301.95	5081.84
真空泵入口压力温度下汽气混合物质量流量	m³/h	303.49	286.17	298.68	291.73	328.68	380.4
真空泵转速	r/min	596	596	596	596	596	596

表 12－10 中可以看出，在机组负荷 300MW 不变、凝汽器冷却水条件不变、冷却管脏污不变，工作水温度不变（真空泵工作水进口温度基本在 22～24℃之间，可以忽略工作水温度对试验结果的影响）的情况下，随着漏入空气流量的增加，真空泵入口压力升高（见图 12－18），真空泵总抽吸能力和抽空气能力增强（见图 12－19）。随着漏入空气流量的增加，真空泵吸入口空气分压力百分比上升，并且上升的趋势越来越趋于平缓（见图 12－20）。随着漏入空气流量的增加，真空泵抽吸混合物中的蒸汽含量越来越少，并且混合物的体积流量逐步下降。

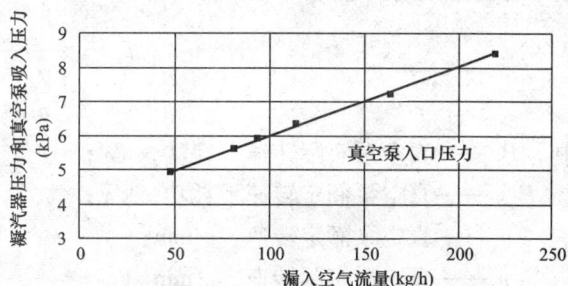

图 12－18　漏入空气流量对真空泵性能的影响

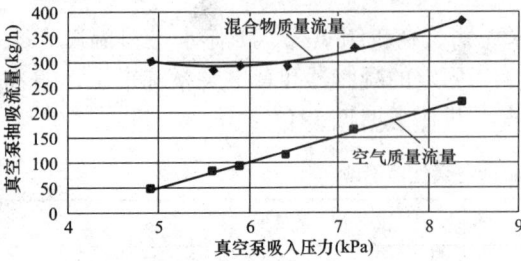

图 12 - 19　漏入凝汽器空气流量对
真空泵抽吸能力的影响

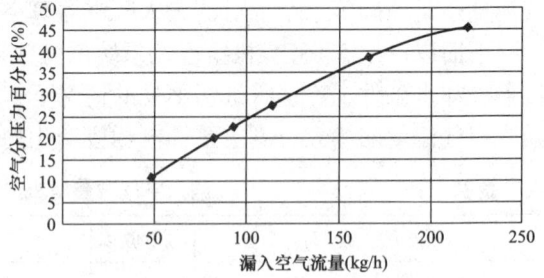

图 12 - 20　抽真空管道中空气分压力与
凝汽器压力的关系

在漏入空气流量改变的情况下，空气首先影响凝汽器性能（凝汽器压力），凝汽器压力又影响真空泵抽吸压力，进而影响到真空泵的抽吸能力。所以，漏入空气流量变化影响冷端系统性能的次序是先改变凝汽器压力，凝汽器压力再改变真空泵抽吸性能，真空泵抽吸性能变化反过来又影响凝汽器压力，直到凝汽器压力和真空泵压力建立新的平衡关系。在此平衡关系下，凝汽器空气聚集量增加，真空泵抽吸空气流量等于新的漏入空气流量。

减少或杜绝空气对凝汽器和真空泵系统性能影响的基础是保证机组真空严密性达到良好的水平，不能仅满足于机组负荷 80% 额定负荷以上时的真空严密性在合格范围，应追求机组负荷在 40% ~ 100% 额定负荷时的真空严密性均在良好范围，这是确保冷端系统性能不受空气影响的必要条件。

即使机组真空严密性在机组 40% ~ 100% 额定负荷时能达到良好水平（低于267Pa/min），如真空泵工作特性严重恶化（工作水进口温度高于 35 ~ 40℃），则凝汽器中的空气还是不能被及时抽出，凝汽器性能也要变差。所以机组在负荷为 40% ~ 100% 额定负荷时，真空严密性达到良好水平和真空泵工作水进口温度尽可能低，这才是保证空气不对凝汽器性能产生影响的充分条件。

因为真空泵和凝汽器的性能相互影响，它们的性能影响因素也是相互关联的，为了便于在运行中判断空气对凝汽器性能的影响，建议通过试验测量真空泵入口汽气混合物中的空气分压力百分比来判断空气对凝汽器性能的影响程度。当测得的空气分压力百分比小于约15% 时（综合图 12 - 17 和图 12 - 20），可以认为空气对凝汽器压力的影响很小，可以忽略不计。

4. 真空泵运行参数对耗功的影响

真空泵入口压力、实际转速的变化对真空泵耗功产生一定的影响。其中，真空泵转速对真空泵耗功的影响关系见式（12 - 9）。

$$P_t = \frac{P_{cor}}{\left(\dfrac{n_g}{n_t}\right)^2} \qquad (12 - 9)$$

式中　　P_t ——真空泵实际转速下耗功，kW；

　　　P_{cor} ——真空泵额定转速下耗功，kW；

　　　n_g ——真空泵额定转速，r/min；

　　　n_t ——真空泵实际转速，r/min。

真空泵转速高于设计值，将增加真空泵耗功；转速低于设计值，将减小真空泵耗功；如真空泵转速降低太多，会影响真空泵的水环形成，影响真空泵的抽吸性能。

图12-21给出了真空泵电动机功率与吸入压力的关系。从图12-21中可以看出，随着真空泵入口压力升高，真空泵耗功呈线性增长，但增加量较小。

5. 其他抽气设备

除了水环真空泵外，凝汽器抽气设备还有机械离心真空泵、射水抽气器、射汽抽气器等。无论何种形式的抽气设备，当其工作特性下降时，对凝汽器性能影响的机理和定性关系都和水环真空泵相同或相似，本文不一一叙述。对于影响抽气设备性能的外部因素，不同形式抽气设备稍有不同。

机械离心真空泵工作原理有别于水环真空泵，但对其性能产生影响的主要外部因素和水环泵一样，为工作水进口温度。降低工作水进口温度也是提高机械离心真空泵抽吸能力的主要举措。

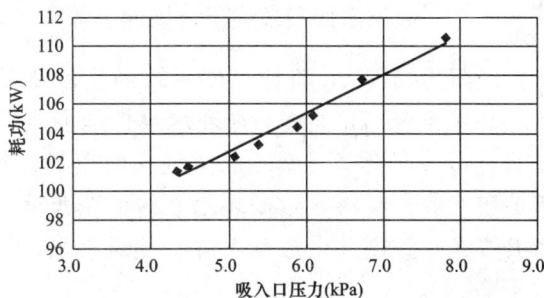

图12-21　真空泵吸入口压力与耗功关系曲线

射水抽气器影响性能的外部因素有工作水压力和温度。提高射水泵射水压力和降低射水温度是提高射水抽气器抽吸性能的关键所在。

射汽抽气器的冷却水温度、进汽压力是影响其性能的外部因素，降低冷却水温度和提高射汽压力能有效地提高射汽抽气器的抽吸能力。

6. 结论

影响抽气设备性能的主要因素有抽气设备入口气体（汽体）的压力、温度，工作水温度、转速等。对于凝汽器抽气设备系统而言，工作水进口温度是主要的影响因素，它不受抽气设备工作状态的影响，只取决于其冷却系统的工作性能。

抽气设备吸入口压力、温度等因素受凝汽器和真空泵工作状态的影响，其变化不是独立进行的，而是相互关联、相互影响的。

（三）循环水系统性能影响因素

循环水系统包括循环水泵和循环水管路及阀门等。循环水系统对汽轮机冷端的作用是提供凝汽器冷却水和其他辅助设备的冷却水，其中凝汽器冷却水量占循环水泵总流量的90%以上。

影响循环水系统性能的主要因素有循环水泵的性能、循环水系统阻力、循环水泵吸水井（循环供水冷却方式电厂）或取水口（直流供水冷却方式电厂）的水位等。循环水泵的性能随着电厂成套设备的设计而确定。在运行中，循环水系统阻力、循环水泵吸水井水位变化对循环水泵的运行性能产生一定的影响，从而最终影响循环水系统性能，影响凝汽器冷却水的供应。

国产300MW机组冷端系统一般配备两台同型号循环水泵，可通过调整循环水泵的运行方式来满足机组不同运行条件下需要的循环水流量。循环水系统的系统扬程见式（12-10）。

$$H_s = H_L + Z + \frac{p_d - p_s}{\rho g} \tag{12-10}$$

式中　H_s——循环水系统扬程；

$\qquad H_L$——系统阻力扬程；

$\qquad Z$——吸入液面与最终出口液面的标高差引起的扬程；

$\dfrac{p_d - p_s}{\rho g}$——吸入液面与最终出口液面上的压力差而引起的扬程。

系统阻力扬程 H_L 随着通过系统的流量变化而变化，导致系统扬程也产生相应的变化，循环水系统扬程曲线与循环水泵性能曲线的交点就是循环水泵的运行工况点。当循环泵吸入口液面下降、循环水系统阀门故障、凝汽器水室顶部聚集空气、凝汽器冷却管堵管或脏污时，都将导致循环水系统阻力增大，系统扬程升高，相应的循环水泵运行扬程也升高，导致循环水流量下降，使凝汽器冷却水流量减小、温升增大，最终导致机组真空下降。

减小系统阻力对循环水流量影响的措施一般有：定期抽出凝汽器水侧顶部聚集的空气（没有安装空气抽出装置的机组最好及时安装）；及时更换有缺陷的冷却管，减少凝汽器堵管数量；使旋转滤网正常运转，减少冷却管阻塞；在保证不破坏凝汽器虹吸的情况下，尽量开大凝汽器冷却水进出口阀门（一般进口门全开，出口门尽量开大）。

（四）凝结水系统性能影响因素

凝结水系统包括凝结水泵和相应的凝结水系统管道、阀门等，凝结水泵把机组排汽在凝汽器内凝结的水及时抽走。任何凝结水系统的附件工作是否正常，都影响凝结水系统的正常功能。

凝结水泵及其附件工作失常的现象主要是凝结水泵不能把凝结水及时抽走，使凝汽器热井水位升高，导致凝结水过冷度增大、凝结水含氧量增加。出现上述现象的主要原因是凝结水泵本身故障、凝结水泵再循环门误开、凝结水调整阀门故障或凝结水泵进口阀门以及连接部件不严密导致凝结水泵出力下降等。

凝结水系统是否节能还和凝结水杂项用水相关。凝结水杂项用水的诊断和治理是在变频节能基础上的进一步节能。通过诊断凝结水杂项用水系统的运行方式，进行凝结水杂项用量的科学控制和流量分配，治理后凝结水泵的节能率能达到 10% 左右。

（五）冷端性能各影响因素对凝汽器压力的影响量

综合前面的叙述和分析，影响汽轮机冷端系统性能的主要影响因素有：凝汽器冷却水进口温度、凝汽器冷却水流量、漏入空气流量（真空严密性）、凝汽器冷却管清洁系数、凝汽器热负荷、凝汽器冷却面积、真空泵工作水进口温度等。以国产 300MW 机组为例，上述各影响因素对凝汽器压力（机组真空）的影响量见表 12 – 11。表 12 – 11 中的结果为机组 300MW 负荷时的计算值，机组负荷低于额定值时，表中数值将发生变化。

表 12 – 11　　　　　　　各冷端性能影响因素对凝汽器压力的影响量

主要影响因素	变化情况	影响凝汽器压力（kPa）	影响供电煤耗（g/kWh）	影　响　趋　势
凝汽器冷却水进口温度	1℃	0.34	0.82	冷却水进口温度越高，凝汽器压力的单位温度变化值越大

续表

主要影响因素	变化情况	影响凝汽器压力（kPa）	影响供电煤耗（g/kWh）	影　响　趋　势
凝汽器冷却水流量	-10%	0.41	0.984	冷却水流量越小，每降低10%水量对凝汽压力的影响量越大；随着冷却水温度升高，相同水量变化引起的压力变化越大
真空严密性（漏入空气流量）	100Pa/min	0.1～0.21	0.24～0.504	漏入空气流量较小时，凝汽器压力变化小；当漏入空气流量超过临界值后，凝汽器压力变化大，且与真空严密性呈线性变化关系
凝汽器冷却管清洁系数	-0.1	0.23	0.552	冷却水温度越低，相同清洁系数下降值使得凝汽器压力升高值越小
凝汽器热负荷	10%	0.36	0.864	冷却水进口温度越高，热负荷增加，使得凝汽器压力变化值越大
凝汽器冷却面积	-10%	0.21	0.504	随着冷却面积增大，凝汽器压力降低值越小
真空泵工作水进口温度（真空严密性为260Pa/min）	40℃	0.65	1.560	工作水温度超过40℃，凝汽器压力明显升高；严密性越差，凝汽器压力升高值越大

对于实际运行的机组而言，冷却水进口温度受大气环境和冷却塔性能的影响，在冷却塔性能良好的情况下，冷却水进口温度不受人为因素的影响；凝汽器冷却面积是固定的，只有改造才能改变冷却面积。其他的影响因素可以通过人为的方法进行干预。

从表12-11中可以看出，单个影响因素对冷端性能的影响有限（除非极端情况），但两个或两个以上因素共同对冷端性能产生影响时，将会恶化冷端性能，较大地抬高凝汽器压力，降低机组的运行经济性。实际运行中的机组往往有两个以上的影响因素共同作用于冷端系统，最常见的是：真空严密性差、冷却管脏污、凝汽器热负荷偏大和冷却水流量偏小，如果该共同作用发生在夏季（冷却水进口温度较高、真空泵工作水进口温度升高），机组真空将会极端恶化，有可能出现由于真空偏低而限制负荷。

为了准确判断何种因素引起冷端性能变化以及如何监测这些因素引起的变化，需要科学合理的监测方法。

三、凝汽器性能监测和诊断

1. 运行参数监测

通过对汽轮机冷端系统各性能参数进行监测，对监测到的参数进行计算分析并和正常工况参数（设备正常状态下试验数据或设计参数）进行比较，可以判断冷端系统的工作状态，便于采取措施减少或消除偏差，使冷端系统性能保持在良好的状态。通过绘制凝汽器汽、水温度变化曲线，能有效地监测凝汽器运行特性，如图12-22所示。

图12-22中运行趋势线 AB 段斜率较设计趋势线增大，表示冷却水流量减少，冷却水温升增加；运行趋势线 BC 段斜率变大，表示传热端差上升，传热性能恶化，冷却管脏污、真空系统严密性下降或抽气器工作不正常；运行趋势线 CD 段斜率变大，表示凝结水过冷度

增加，说明系统严密性下降，热井水位过高或抽气器工作不正常。如果各线段斜率变化不大，只是平移的上升或下降，则表示由于冷却水温度的变化引起凝汽器运行真空的变化，而并非由凝汽器本体工作性能缺陷引起。

图 12-22　凝汽器运行特性监督曲线

2. 空气对凝汽器性能影响监测

漏入真空系统的空气聚集在凝汽器内，对凝汽器和抽气设备的运行性能均产生影响。造成凝汽器内聚集空气量增大有两方面的因素：一是漏入凝汽器（真空系统）的空气流量增大；二是真空泵抽吸能力下降。单纯利用真空严密性试验很难判断出空气对凝汽器性能的影响程度。为了准确判断凝汽器性能变差是否由凝汽器内聚集空气引起的，必须对凝汽器末端空气分压力进行监测。以某电厂 300MW 机组凝汽器空气分压力监测为例（见图 12-23），对空气分压力的变化引起凝汽器性能变化的关系进行分析。

图 12-23　某机组空气分压力与凝汽器压力的关系

从图 12-23 中可以看出，某 300MW 机组在 300MW 负荷下，空气分压力百分比超过约 30% 时，凝汽器内聚集的空气开始明显影响凝汽器的端差和压力，此时，如空气分压力进一步增大，凝汽器端差和压力将快速增长。

如果机组真空严密性合格，抽气设备工作特性将恶化；同样，可通过抽气管中的空气分压力百分比监测得到。图 12-24 为某电厂 300MW 机组在 300MW 负荷、真空严密性为 260Pa/min 的情况下，真空泵工作水温度升高导致真空泵工作特性恶化，使得凝汽器压力升高，此时凝汽器抽空气管中空气分压力百分比随着工作水温度变化的情况。

从图 12-24 中可以看出，真空泵工作水进口温度超过约 38℃ 时，空气分压力百分比达到 30% 以上；工作水温度 41℃ 时，空气分压力百分比达到 35% 以上，此时凝汽器压力上升约 0.5kPa。

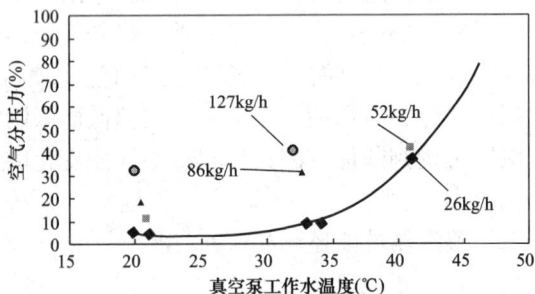

图 12-24　某 300MW 机组 300MW 负荷时空气分压力和工作水进口温度关系

上述空气监测方法，能准确地判断出空气对凝汽器性能的影响程度，从而分辨出是漏入空气流量增加还是真空泵工作性能恶化导致凝汽器性能变化，从而针对不同的原因采取相应的完善化措施，解决问题。

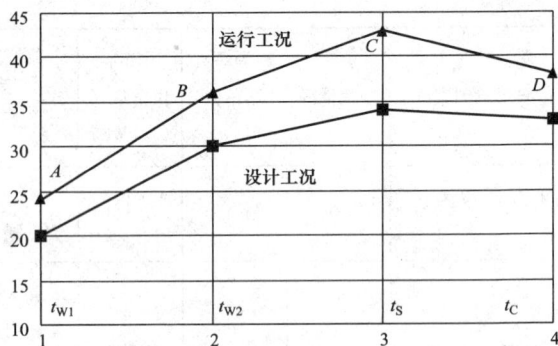

3. 凝汽器清洁度监测

衡量火电机组凝汽器运行清洁度的重要指标是运行清洁系数，对运行中的凝汽器进行运行清洁系数监测和计算，可以发现凝汽器冷却管脏污情况，并指导电厂进行冷却管清洗。凝汽器运行清洁系数的变化包含凝汽器冷却管本身脏污变化和空气对冷却管传热的影响，所以，要单纯反映冷却管脏污变化情况，必须排除空气对冷却管换热的影响。

机组额定负荷下，在真空严密性处于良好水平，且真空泵工作正常的情况下，可以忽略空气对冷却管传热的影响。当凝汽器刚清洗（停机清洗）完毕，在上述条件下计算得到的运行清洁系数为基准值，在机组运行任何阶段，根据机组负荷在额定值以上、真空严密性合格的条件下测得的数据计算得到的清洁系数为实测运行清洁系数。实测运行清洁系数小于基准值，表明冷却管脏污或真空泵工作不正常。通过空气分压力百分比监测来排除空气是否对运行清洁系数产生影响，如空气分压力百分比变化不大，则说明此时的运行清洁系数能反映冷却管真实的脏污情况。凝汽器清洁度监测和诊断流程如图 12-25 所示。需要强调是，进行不同时期凝汽器运行清洁度比较时，应保证机组负荷、凝汽器冷却水流量相同或接近。

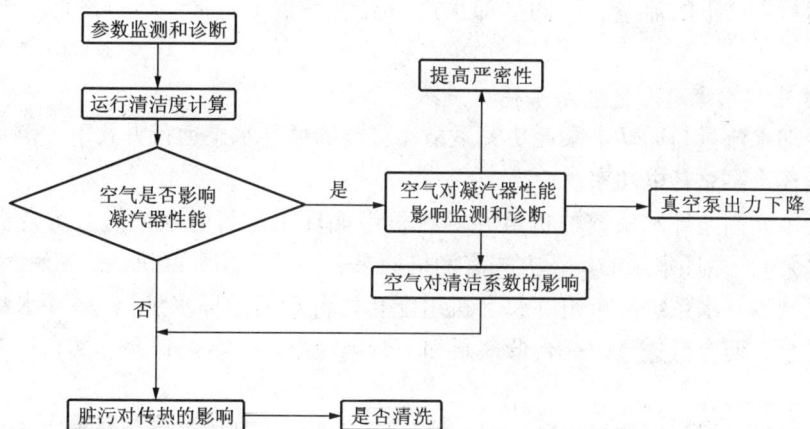

图 12-25　凝汽器清洁度监测和诊断流程

综上所述，以上三种监测方法和手段如综合使用，最终能判断出凝汽器性能下降的主要原因。

第三节　冷端系统运行优化

汽轮机冷端系统主要设备有凝汽器、循环水泵、抽气设备等。冷端运行优化是对上述设备的运行方式进行优化调整，达到最大限度地提高机组出力、降低厂用电率，使得机组在最佳排汽压力下运行，进而降低机组的供电煤耗。冷端运行优化一般通过试验获得相关数据，通过技术经济比较确定冷端循环水泵的最佳运行方式。

汽轮机岛所有主辅设备及系统正常运行、抽气设备工作正常、机组真空严密性必须在合格的范围内、凝汽器冷却管维持一定的清洁度是冷端优化试验结果对实际运行具有指导意义的前提条件。当抽气设备工作特性发生变化、机组真空严密性改变、凝汽器冷却管清洁度变化较大时，应重新进行冷端运行优化试验。

一、冷端运行优化调整试验的内容和方法

1. 汽轮机出力和排汽压力的关系

汽轮机出力和排汽压力的关系可以通过汽轮机微增出力试验得出，也可以根据制造厂给出的排汽压力对汽轮机出力的修正曲线查得。

汽轮机微增出力试验有两种方法：一种方法是在凝汽器冷却水温度较低的情况下，通过调整凝汽器冷却水流量或向真空系统放入空气来改变汽轮机排汽压力，进行汽轮机不同负荷点（日常运行的几种机组负荷）的微增出力试验，得出汽轮机出力和排汽压力的关系；另一种方法是在某一负荷点下，保持汽轮机调节阀门开度不变，机组运行控制方式由机炉自动控制改变为机炉手动控制，进行机组真空严密性试验，记录排汽压力和机组出力即可。后一种方法能有效地避免初参数和系统的变化对试验结果的影响。

2. 凝汽器变工况性能

凝汽器变工况性能反映了机组在某一负荷和不同冷却水进口温度下，不同冷却水流量与凝汽器压力（汽轮机排汽压力）的关系。不同冷却水流量是指机组循环水系统日常运行能提供的几种运行方式下的流量。不同冷却水进口温度是指机组常年运行冷却水温度的变化范围。

3. 凝汽器冷却水流量与循环水泵耗功关系

凝汽器冷却水流量与循环水泵耗功关系指在可能的循环水泵运行方式下，测量凝汽器冷却水流量和循环水泵总耗电功率。

对于扩大单元制循环水系统的机组（两台机组循环水母管有联络门，每台机组配套两台定速循环水泵），循环水泵的运行方式有两机两泵、两机三泵和两机四泵三种运行方式。

对于单元制循环水系统的机组（每台机组配套两台双速循环水泵），循环水泵的运行方式有一台低速泵、两台低速泵、一台低速泵和一台高速泵、一台高速泵、两台高速泵等多种运行方式。

对于全厂循环水母管制的机组，应综合全厂所有机组需要的水量分配来决定循环水泵的运行方式。

总之，无论循环水泵的配套方式如何变化，循环水泵的运行方式种类的确定，应符合循环水系统的实际情况和确保机组安全运行。

4. 抽气设备运行状态优化调整

抽气设备的优化调整主要指在夏季循环水温度较高时，通过改变冷却水的温度，降低工作水温度，进而提高抽气设备的抽吸能力。抽气设备运行优化的前提是必须有低温的冷却介质，同时机组的真空严密性不合格。低温的冷却介质一般有地下水、中央集中空调工作水等。

二、冷端运行优化的技术经济比较方法

1. 机组净出力比较法

净出力比较法是在不同的凝汽器冷却水进口温度和一定的机组负荷及对应多种可能的循环水泵运行方式下，汽轮机的出力（发电机功率）减去该循泵运行方式下的循环水泵的耗电功率，得到汽轮机的净出力，并对不同循环水泵运行方式下的汽轮机净出力进行比较，取净出力最大值对应的循环水泵运行方式，即循环水泵的最佳运行方式，此时对应的机组背压

就是最佳运行背压。

2. 综合煤价和电价比较法

综合煤价和电价比较法是适应目前电厂 AGC（自动发电控制）调度模式，确定循环水泵最佳运行方式和机组最佳运行背压的一种技术经济比较方法。具体做法是以不同的凝汽器冷却水进口温度和一定的机组负荷及对应多种可能的循环水泵运行方式下，锅炉消耗的煤折算成货币量减去循环水泵耗电量折算成的货币量，得到净的货币价值，并对不同循环水泵运行方式下的净的货币价值进行比较，取最大值对应的循环水泵运行方式，即循环水泵的最佳运行方式，此时对应的机组背压就是最佳运行背压。

一般情况下，综合煤价和电价比较法得出的机组最佳运行背压和循环水泵最佳运行方式，不仅与净出力比较法得出的结果有关，还与燃煤价格和上网电价有关。

第四节　诊断和运行优化实例

一、凝汽器诊断案例

A 电厂 300MW 机组夏季运行时凝汽器压力达到 12kPa 以上，严重影响了机组运行的经济性和安全性。

通过诊断试验发现，凝汽器传热性能极差，凝汽器清洁度仅为 0.34（设计为 0.85），说明该机组的凝汽器存在脏污或汽侧空气聚集量大的可能性。该机组真空严密性为 24Pa/min，漏入的空气流量非常小（约为 3kg/h）；观察真空泵的运行状况，其工作水温度低于 30℃，真空泵的抽吸性能良好。综合上述两个因素得出，该机组凝汽器汽侧空气聚集量较小，不足以影响凝汽器的传热性能。排除了空气聚集的可能，只可能是冷却管脏污导致传热性能下降。根据该诊断结果，电厂提前安排了清洗计划，在机组小修期间对凝汽器进行了清洗，小修后凝汽器的性能得到了较大幅度的提高（清洁系数达到 0.55）。清洗前后机组真空对比见表 12－12。

表 12－12　　A 电厂 300MW 机组凝汽器不同冷却水进口温度下清洁度对真空的影响

机组负荷（MW）		300	240	180
凝汽器清洁系数		0.34	0.32	0.28
凝汽器压力 （kPa）	20℃	8.00	6.82	5.81
	30℃	12.52	10.86	9.42
	33℃	14.36	12.50	10.88
凝汽器清洁系数		0.55	0.55	0.53
凝汽器压力 （kPa）	20℃	5.96	5.07	4.27
	30℃	9.73	8.42	7.24
	33℃	11.26	9.78	8.45
凝汽器 压力下降值 （kPa）	20℃	2.04	1.75	1.54
	30℃	2.79	2.43	2.17
	33℃	3.10	2.71	2.43

二、凝结水系统、凝结水泵节能诊断

1. 凝结水系统节能诊断

机组的凝结水系统存在的主要问题是凝结水泵的经济出力点和凝结水系统的阻力不匹配，具体表现为凝结水泵的流量和扬程偏大。机组运行时，凝结水泵在小流量高扬程点工作，凝结水调整门开度很小，凝结水系统阻力增大，造成电能浪费和凝结水精处理设备工作压力升高，既不节能也不安全。

凝结水系统运行方式优化的思路是：改变凝结水泵定速运行为变速运行，凝结水调整门全开，只改变水泵转速而不改变管路阻力；当水泵转速降低时，其扬程与流量曲线下移，即水泵流量减少，扬程降低，水泵的效率基本不变，始终工作在最高效率点附近。节能改造的方案一般有两种：一种是减少叶轮级数（针对多级泵），降低凝结水泵的扬程，从而达到与系统阻力更好匹配；另一种是采用变频调速，由泵的相似理论可知，泵的流量与转速成正比，扬程与转速的平方成正比，而功率与转速的立方成正比，因此采用改变转速来改变水泵运行工况点，无疑是节约电能的最佳方法。某电厂330MW机组凝结水泵流量由100%降到70%，则转速相应降到70%，扬程降到49%，耗功降到34.4%，节约电能约65.6%。表12-13为某电厂330MW机组凝结水泵不同节能改造方案下的节能效果。从表12-13中可以看出，凝结水泵变转速运行的节能效果要好于取消一级叶轮后的节能效果。

表12-13　　　　　　　　某电厂330MW机组凝结水泵节能改造效果

项目	单位	数　值					
负荷	MW	345	330	300	260	230	200
耗功	kW	818.3	796.1	781.9	773.8	764.4	775.0
单耗	kWh/t	1.1136	1.1373	1.2213	1.3810	1.5300	1.7537
流量	t/h	734.9	700.0	640.2	560.3	499.6	441.9
方案1：取消一级叶轮							
效率	%	76.8	76.3	74.0	67.9	62.8	55.9
耗功	kW	652.7	635.1	623.6	617.3	609.7	614.9
单耗	kWh/t	0.8881	0.9073	0.9741	1.1017	1.2204	1.3915
转速	r/min	1480	1480	1480	1480	1480	1480
耗功下降值	kW	165.6	161.0	158.3	156.5	154.7	160.1
方案2：变频调速							
效率	%	76.5	75.9	73.3	67.0	61.8	54.5
耗功	kW	660.7	613.5	518.8	474.9	459.2	407.1
单耗	kWh/t	0.8990	0.8764	0.8104	0.8476	0.9191	0.9212
转速	r/min	1334	1296	1200	1152	1138	1062
耗功下降值	kW	157.6	182.6	263.1	298.9	305.2	367.9

2. 凝结水杂用水系统诊断

凝结水系统的阻力特性与凝结水泵的性能匹配问题已经通过加装变频装置较好地得到了解决。加装变频装置后，凝结水泵的节电率约为15%～30%，甚至更高。本文不讨论变频节能，只是诊断凝结水系统特别是杂用水系统的运行方式存在的问题，进行凝结水杂用量的科学控制和流量分配，达到在变频节能基础上的进一步节能。

凝结水杂用水（各种减温喷水）取自凝结水泵出口之后，杂用水量的大小直接影响凝结水泵的出力和电耗。根据机组运行，需要科学合理地取用杂用水，能有效地降低凝结水泵的出口流量和厂用电消耗。通过凝结水及杂用水系统的流量分配诊断试验，制定科学合理的控制方式和运行手段，降低杂用水流量，达到凝泵节能的目的。C厂300MW机组的杂用水量较大（130～150t/h），通过科学控制和运行方式的优化后，正常运行时杂用水流量控制在30～50 t/h范围内，节约凝结水泵电功率平均约70kW，见表12－14。在凝结水泵变频节能的基础上，再年节约厂用电约40万千瓦时以上，节能效果非常明显。

表12－14　　　　　　　　　　杂用水控制后凝结水泵电机耗功降低

机组负荷（MW）	150	180	210	240	270	300
节约的凝泵电功率（kW）	59.5	64.0	69.2	70.7	80.0	87.4

三、循环水系统诊断

B电厂300MW机组的真空一直偏低，夏季高温季节由于真空低不得不限制机组负荷。表现出来的现象为：凝汽器冷却水温升大，初步判断为循环水泵的出力不足，怀疑循环水泵的性能达不到设计保证值。通过循环水系统诊断试验发现，循环水泵性能达到了设计保证值，但循环水泵的设计工作点扬程与循环水系统的阻力不匹配，导致循环水泵工作点偏离设计点，从而表现出循环水流量不足（设计冷却水流量为37 000m³/h，实际约为31 000m³/h）。

循环水泵及其循环水系统管路设计时，其系统阻力设计计算值偏小，相应循环水泵选型时扬程偏低，最终导致循环水泵实际出力不能满足凝汽器冷却水流量的要求。通过改造循环水泵，使得泵的设计工作点扬程与系统阻力相匹配。改造后的循环水泵工作点流量增加了约20%，凝汽器压力下降了约1kPa，降低供电煤耗约2.5g/kWh，改造后电动机功率增加约800kW。较好地提高了冷端系统运行经济性，保证了机组运行安全性。

四、循环水泵、凝汽器运行优化

以某电厂2×300MW机组为例，每台机组配套两台同型号循环水泵（叶片不可调），两台机组的循环水系统通过联络管连接。循环水泵可能的运行组合方式有：两机两泵、两机三泵和两机四泵（相当于一机两泵）。通过现场试验和计算得到不同循环水进口温度和不同机组负荷下的循环水泵最佳运行方式见表12－15；相对于设计配套的一机两泵运行方式，机组供电电功率增加值见表12－16。通过表12－16中可以看出，在循环水温度较低和机组部分负荷下，改变循环水泵的运行方式，能使机组供电量增加。必须提醒的是，为了保证机组安全运行，在两机两泵和两机三泵运行方式下，两台机组循环水联络门必须打开，当其中某一台泵故障时，保证凝汽器不断水。

表 12 - 15   某 2×300MW 电厂循环水泵运行方式优化结果

负荷（MW） \ 水温（℃）	10	15	20	25	30	33
150	一机一泵	两机三泵	两机三泵	两机三泵	两机三泵	两机三泵
180	两机三泵	两机三泵	两机三泵	两机三泵	两机三泵	两机三泵
210	两机三泵	两机三泵	两机三泵	两机三泵	两机三泵	一机两泵
240	两机三泵	两机三泵	两机三泵	两机三泵	一机两泵	一机两泵
270	两机三泵	两机三泵	两机三泵	一机两泵	一机两泵	一机两泵
300	两机三泵	两机三泵	两机三泵	一机两泵	一机两泵	一机两泵

表 12 - 16   循环水泵运行方式优化后机组电功率净增加值   kW

负荷（MW） \ 水温（℃）	10	15	20	25	30	33
150	695	567	461	348	246	198
180	649	555	449	338	238	195
210	609	498	364	213	54	0
240	521	389	230	48	0	0
270	496	350	163	0	0	0
300	491	320	84	0	0	0

五、抽气设备运行方式优化

抽气设备的任务是在汽轮机启动时建立真空，以及在运行中把漏入凝汽器的空气和其他不凝结气体抽出，并维持一定的真空度。抽气设备的工作状态对保证和维持凝汽器真空度具有重要的作用。影响抽气设备工作特性的主要影响因素有：抽气设备工作液温度、吸入口压力和温度、真空泵转速等，其中，最主要的因素是抽气设备工作液温度。

对于水环真空泵，工作水温度对其抽吸能力起决定性作用。工作水温度升高，真空泵的抽吸能力下降。在炎热的夏季，真空泵工作液温度可能达到35℃以上，此时真空泵的抽吸能力急剧下降，对真空严密性稍差的机组而言，将较大地影响机组的运行真空。

真空泵运行方式优化调整的思路是：在炎热的夏季，真空泵工作水温度较高时，采用低温的水（地下水）对工作液进行冷却（冷却器工作正常的情况下），降低工作水温度，提高真空泵的出力。某电厂300MW机组真空泵工作水的冷却水采用循环水，夏季工况下循环水温度达到31℃，此时的真空泵工作水温度达到45℃；通过冷却水系统改造，接入工业水（地下水温度为18.5℃）对工作水进行冷却，真空泵工作水温度下降为35.3℃，机组真空提高约1.7kPa。具体数值和结果见表12 - 17。

表 12 - 17　　　　某电厂 300MW 机组真空泵运行方式优化效果

机组负荷（MW）	300	300
真空泵工作液出口温度（℃）	45.109	35.343
真空泵耗功（kW）	134.395	128.137
工业冷却水温度（℃）	—	18.5
循环冷却水量（m³/h）	40 690	40 690
循环冷却水进口温度（℃）	30.964	30.922
循环冷却水出口温度（℃）	38.476	39.510
凝汽器压力（kPa）	11.280	9.534

从表 12 - 17 可以看出，用地下水直接冷却真空泵工作水，在夏季能较大地提高真空泵抽吸能力，同时降低真空泵的耗功，改善凝汽器换热，提高凝汽器真空度。用地下水直接冷却真空泵工作水，用完后排入循环水系统，相当于给冷却塔进行补水，同时适当减少冷却塔的正常补水量，并不会造成水资源浪费。

上述优化方法对射（汽）水抽气器具有相似的效果，以低温的工业水（地下水）作为射水抽气器的工作水水源，改变原有的工作水循环使用为直流系统，能有效地提高抽气器的效率和出力；设法降低射汽抽气器的冷却水也能起到相同的效果。

六、给水泵运行方式优化

给水泵是电厂耗电量最大的辅机（配置电动调速给水泵的机组），其耗电量直接影响机组运行经济性。在机组负荷一定时，给水泵的耗功与主蒸汽压力有关，主蒸汽压力下降，给水泵耗功减小。一般地，给水泵与给水系统配套设计时留有一定的裕量，机组定压运行时，给水流量通过给水调节阀节流调节。给水泵运行方式优化的思路是：在主汽轮机的滑压运行方式下，尽量开大给水调节阀开度，通过给水泵自动调节转速来适应给水系统的阻力和流量要求。这种方式既能消除给水调节阀节流损失，同时主给水压力下降，减小了给水泵耗功。

某电厂 137.5MW 机组电动给水泵在机组 85MW 负荷最佳滑压运行工况下的节能效果（相对于定压运行工况）见表 12 - 18。由表 12 - 18 可以看出，在优化后的运行方式下，给水泵电功率较优化前下降了约 25%，节约厂用电约 516.7kW。

表 12 - 18　　　某电厂 137.5MW 机组电动给水泵优化运行方式下的节能效果

项 目 名 称	单位	定压运行	滑压运行
主蒸汽压力	MPa	13.21	7.98
给水泵出口压力	MPa	14.44	9.47
给水泵出口流量	t/h	269.9	251.3
给水泵转速	r/min	3941	3150
给水泵电功率	kW	2035.1	1518.4
节约电功率	kW	516.7	

汽动给水泵运行方式优化原理和电动给水泵基本一致，而此时节能的效果是减少了给水泵汽轮机的耗汽量。

七、加热器水位调整

加热器运行方式优化调整指在保证机组安全运行的前提下，对加热器水位进行调整，以得到加热器疏水端差、给水端差和给水温升等与水位的关系，求出机组运行时加热器端差和疏水端差最小时的最佳水位，从而对 DCS 中的水位控制设定值进行修改，指导运行人员运行监督和调整。某电厂 300MW 机组 2 号高压加热器水位调整试验结果见表 12－19，试验表明，原来 DCS 中设定的最佳水位值基本与试验结果相符。

表 12－19　　　　　　　　某电厂 300MW 机组加热器运行方式优化结果

试验工况	单位	设计值	工况 1	工况 2	工况 3	工况 4
负荷	MW	—	296	296	296	296
DCS 水位	mm	0	－100	－50	100	120
给水温升	℃	28.1	27.7	27.2	26.5	22.8
疏水端差	℃	5.6	6.9	5.8	4.2	4.0
给水端差	℃	2.3	7.9	6.6	7.5	7.5

第 十 三 章

热 力 系 统 节 能 改 造

不同汽轮机制造厂生产的汽轮机形式结构各有不同，即使同一公司的产品，也有不同型号产品。各设计院的系统设计、辅助设备选型、管道走向及连接方式、设备布置相关位置、安装水平、运行与维护，电厂在电网中所处的地理位置、地区气象条件等亦存在较大差异。所以，不同电厂机组存在的问题既有普遍性，也有特殊性。不同发电厂汽轮机组的运行情况及大修揭缸检查结果表明，由于汽轮机结构设计、发电厂设计、安装、运行维护等因素，在机组运行安全性、可靠性及经济性方面，不同程度地存在一些问题，尤其是低负荷下，经济性较差尤为突出。机组经济性与安全可靠性是相互影响的关系，表面上看经济性差一些，实质是设备和系统存在不完善之处，是影响机组安全、可靠性的隐患。

从目前各电厂机组运行情况及有关机组试验结果来看，国产 300MW 和 600MW 机组已经日趋完善，缩小了我国大型火电机组与国际水平的差距。但由于设计、制造、安装、运行与维护等方面的因素，又不同程度地存在一些问题，影响到机组运行的安全性和经济性。经调查及试验结果统计，国产机组与进口的同类型机组相比，各项技术经济指标还有一定的差距。

根据对机组各种试验及运行数据和大修揭缸检查的结果综合分析，目前所存在的问题有原机组设计结构问题，有优化设计及加工问题，也有安装、运行等方面的因素，可归纳为以下三个主要方面：

一是汽轮机本体方面结构设计存在某些不足。如夹层汽流问题、缸效率低、高中压缸上下温差大、汽缸出现变形、螺栓松弛或断裂等问题。另外，由于反动式机组结构的特殊性，对机组安装检修工艺掌握不够，因此，有的电厂机组安装投产后运行效果不理想，甚至对机组运行中出现的问题经多次大修后仍不能得到彻底解决和改善，导致煤耗率上升 6g/kWh 左右。

二是热力系统和疏水系统的设计与安装存在不少问题，其中最为普遍而又突出的是疏水系统的设计。到目前为止，国内没有适应自己国情的设计准则，控制方法也很不合理。实际运行中系统内漏，既造成有效能损失、凝汽器热负荷增大、真空下降、影响出力 10MW 左右、煤耗率上升 3～15g/kWh。

三是辅机选型及冷端系统不完善、运行方式不合理。凝汽器真空度普遍偏低，对机组出力与经济性影响较大，厂用电率偏大 1～2 个百分点，煤耗率上升 4g/kWh 左右。特别是冷端系统，存在的问题影响因素较多，实际的表现为真空低。这需要综合分析，抓主要矛盾逐一解决，但目前对冷端系统存在问题进行全面的、系统的试验研究不多。

这些问题的存在，既影响机组运行的安全性，又影响机组的经济性，使机组经济效益不能充分发挥，增加了机组的发电成本，影响到电厂的直接经济效益。

第一节　热力系统存在的主要问题及影响

据调查和试验、运行数据，以及各电厂机组大修揭缸后的检查情况，机组投运以来，在设备和系统方面不同程度地暴露出一些问题，比较普遍的是在汽轮机本体、热力系统、冷端系统存在问题。

一、汽轮机本体方面

1. 出力不足，监视段参数偏高

有些机组在额定参数和流量下达不到额定出力，在带额定负荷下则主蒸汽流量大，各监视段参数全面超过设计值，而且影响设备运行的安全性。

2. 高压缸效率低

在额定参数与负荷下，高压缸排汽温度比设计值高出 15～30℃，不仅造成再热器喷水量达 20～40t/h，而且高压缸效率比设计值低 6～10 个百分点。

另外，再热器喷水每增加 10t/h，机组发电煤耗率上升 0.65g/kWh。

3. 高压缸效率下降快

如 1987 年 7 月，石横电厂 1 号机焓降试验高压缸效率为 83.24%；1988 年 5 月，考核试验结果为 81.54%，下降了 1.7 个百分点。

1993 年 10 月，阳逻电厂 1 号机焓降试验高压缸效率为 81%；1995 年 3 月，性能考核试验降为 77.3%，下降了 3.7 个百分点。

1994 年 6 月，珠江电厂 2 号机焓降试验高压缸效率为 79.1%；1995 年 7 月，大修前试验降为 77.0%，下降了 2.1 个百分点。另外，妈湾、外高桥等电厂也有类似情况出现。

4. 汽轮机 5、6 段抽汽温度高

汽轮机 5、6 级抽汽温度设计值分别为 233、140℃左右，实际运行普遍为 255、160 以上，均高出设计值 20℃以上。

5. 高中压内缸及隔板套（持环）螺栓断裂或松弛

石横、沙角、青岛、外高桥、阳逻、嘉兴、青山、珠江、望亭、铁岭等电厂机组，在大修中相继发生高中压内缸及隔板套等部件螺栓断裂或松弛，有的机组断裂螺栓数量占总数的 10% 以上，运行中内缸结合面漏汽。断裂螺栓的比率之高和使用寿命之短是前所未有的。

6. 正常运行时高压缸上、下缸温差大

由于高压缸结构特点，导致高压内、外缸进汽截面汽缸上、下缸温差超标。高压缸在该截面汽缸上下未设计壁温测点，运行中无显示数据。据结构分析和在珠江电厂 2 号机组上在该部位加装测点的测量结果表明，机组正常运行中，高压缸外缸上下温差达 −40～−80℃，而高压内缸上下温差有多大，仍是未知数。

7. 高中压缸内缸发生变形

在机组大修检查中发现，内缸及高中压缸平衡盘汽封套结合面有漏汽。合缸检查，内缸中分面有内张口永久变形，有的机组间隙达 0.3～0.5mm。

8. 高中压外缸跑偏

大修揭缸发现，部分机组存在高、中压外缸跑偏问题，导致通流径向间隙磨损严重。

9. 中压缸通流效率偏低

由于现代汽轮机多采用高中压合缸结构，以及为平衡汽轮机轴向推力，采用部分高压缸平衡盘漏汽至中压缸第一级入口和排汽口结构。这降低了中压缸通流部分和排汽口蒸汽焓，使试验测量的中压缸效率值产生一个增量，导致测量结果不能真实反映中压缸效率。因为平衡盘漏汽的影响，真正的中压缸第一级隔板的进汽温度比中压缸主汽门前低，而中压缸末级的排汽温度比试验测量的值要高。由于高压至中压漏汽流量及温度无法测量，计算用的中压主汽门前参数和排汽口参数并不是真实的数据。计算时初参数用高值，排汽参数用低值，造成中压缸效率高的假象。据试验结果计算分析，若中压缸进、排汽压力不变，而中压第一级进汽温度和中压缸排汽温度分别被冷却 2℃ 的话，中压缸效率要降低 1.74%。根据高压缸至中压缸第一级和中压缸排汽口的冷却蒸汽流量和温度，实际中压缸效率估计只有 88%～90%，比设计值要低 2～4 个百分点。

二、热力系统及设备方面

经对部分进口机组和国产机组的考核试验结果统计，可以看出，国产机组的试验热耗率比设计或经系统和参数修正后的热耗率大得多，一般试验与设计热耗率相差 221.2～749.4kJ/kWh，修正量（试验与修正后热耗率相差）达 233.2～499.5kJ/kWh。而进口机组试验热耗率则与设计或修正后的热耗率十分接近，有的试验热耗率不经任何修正甚至比设计热耗率还低。相比之下，说明国产机组热力系统及设备不尽完善。然而，试验得到的机组各项技术经济指标，是在阀点和按设计系统严格隔离之后，基本无汽、水损失，无补水以及经各种修正后的结果，它反映了机组理论上的运行经济性水平。而实际运行则不可能有机组试验的条件和任何修正，系统及设备的不完善性对实际运行的结果影响更大。因而，机组普遍存在试验结果看起来不错而实际运行结果较差的现象。由此可见，系统及设备的不完善是机组实际运行煤耗率普遍偏高的又一主要原因。

表 13-1 仅汇总了上汽、哈汽不同时期生产的部分机组与同类型进口机组的考核试验结果。

热力系统及辅助设备存在的问题，既影响机组运行的安全性，又影响机组运行的经济性。普遍存在的主要问题如下：

（1）冷端系统及设备不完善，凝汽器真空度偏低，年平均一般在 91%～93% 之间。300MW 机组凝汽器压力每上升 1kPa，机组发电煤耗率将上升 2g/kWh 左右，少发功率为 2.2MW。

（2）回热系统及设备不尽完善，造成高、低压加热器运行水位不正常，疏水管道振动，弯头吹薄、破裂，加热器上、下端差较大，有的机组上、下端差竟达到 20℃ 左右，给水温度达不到机组实际运行各段抽汽参数下应达到的数值。这既影响加热器的安全，又导致经济性变差。

表 13 - 1　　　　　　　部分同类型机组考核试验结果及修正情况

序号	厂名＼项目	设计热耗率 (kJ/kWh)	试验功率 (MW)	试验热耗率 (kJ/kWh)	与设计值之差 (kJ/kWh)	修正后热耗率 (kJ/kWh)	修正量 (kJ/kWh)
1	宝钢 2 号	8026.1	334.51	7992.60	-33.5	7984.6	8.0
2	福州 1 号	7904.7	342.36	7803.40	-101.3	7838.1	-34.8
3	福州 2 号	7904.7	347.21	7931.90	27.2	7837.3	94.6
4	大连 1 号	7833.5	354.95	7785.00	-48.5	7758.0	27.0
5	石横 1 号	8080.5	304.97	8397.80	317.3	8093.1	304.7
6	吴泾 11 号	8000.0	302.15	8319.10	319.1	7991.0	328.1
7	吴泾 12 号	8000.0	288.84	8396.38	396.38	7988.33	408.1
8	外高桥 1 号	7992.0	301.40	8213.16	221.16	7979.93	233.2
9	阳逻 1 号	7987.0	295.65	8338.44	351.44	8067.7	270.7
10	阳逻 3 号	7894.2	320.59	8477.90	583.7	8058.5	419.4
11	阳逻 4 号	7889.2	304.48	8416.15	531.95	7997.97	418.1
12	大坝 3 号	7907.0	315.25	8313.70	406.7	8054.9	258.8
13	妈湾 1 号	7947.4	293.87	8563.60	616.2	8116.8	446.8
14	衡水 1 号	7938.6	305.48	8451.40	512.8	8197.0	254.4
15	西柏坡 1 号	7936.5	316.91	8479.90	543.4	7980.4	499.5
16	渭河 6 号	7936.5	310.80	8535.48	598.98	8175.53	360.0

（3）汽缸及热力系统疏水设计庞大，阀门易发生内漏，且控制方式和管径设计不合理，甚至存在设计、安装错误。以控制方式为例，机组无论以什么状态启、停，均采用一个控制模式，不仅造成汽缸进水进冷汽，启、停过程中中压缸上下缸温差大，而且易造成阀芯吹损，导致正常运行时疏水阀关不严，大量蒸汽短路至凝汽器，使凝汽器的热负荷加大，影响机组真空。据某些机组试验，表明由此影响机组功率达 7～10MW。严重的还造成疏水集管与扩容器壳体连接处拉裂，使大量空气漏入凝汽器。

（4）热力系统设计复杂，且工质有效能利用不尽合理，冗余系统多，易发生内漏，热备用系统和设备多采用连续疏水方式，使有效能损失较大。这既影响安全和经济性，又增加检修、维护工作量及费用。

（5）汽水品质差，通流部分结垢严重，有的机组甚至高压缸通流部分也结垢，影响汽轮机相对内效率。汽水品质差的原因是多方面的，如凝汽器采用喉部补水时，由于雾化效果差或补水方式不当，就会造成凝结水含氧量严重超标。

（6）辅机选型、配套和运行方式不合理，运行单耗大，厂用电率增加。如循环水泵配置和运行方式不合理，造成循环水泵用电量增大或循环水量不足。

（7）机组低负荷运行方式及参数控制不合理，运行煤耗率高，有的机组低负荷技术经济指标甚至比国产 125MW 机组还要差。

（8）实际运行主机轴封漏汽量大，轴封加热器冷却面积不足，轴封系统压力高，溢流量大。

（9）给水泵汽轮机轴封系统设计不合理，易漏空气，油中带水。

第二节 汽轮机及热力系统能损分析

一、热力系统定量分析基本理论

（一）主蒸汽泄漏

在汽轮机通流部分泄漏的蒸汽，若泄漏至系统外，则在凝汽器加入相同流量的补充水；或主蒸汽直接泄漏至凝汽器，这两种情况均不影响凝结水流量，对回热系统的流量和参数都没有影响。因此，主蒸汽泄漏影响的做功就是该蒸汽直达凝汽器的做功，对循环吸热量的影响是该流量在再热器中的吸热量。

单位流量主蒸汽泄漏对做功与吸热的影响计算式为

$$\Delta W = -(h_0 + \sigma - h_n)$$
$$\Delta q = -\sigma$$

式中　ΔW——做功的增加；

　　　Δq——循环吸热量增加。

（二）再热蒸汽加入流量

当在通流部分加入流量，为保持系统中工质的平衡，凝汽器补充水流量随之减少相同的流量，因此不会影响凝结水流量和各段抽汽流量。由于加入流量的份额很小，可以忽略其对汽轮机过程线的影响，其做功的增加就是该加入蒸汽直达凝汽器的做功。由于加入点为再热蒸汽，不影响循环吸热量。讨论同时适用于流量的泄漏，只须将加入的流量取为负值，且 $h_f = h_{zr}$。

再热蒸汽加入流量对做功与吸热的影响计算式为

$$\Delta W = h_f - h_n$$
$$\Delta q = 0$$

（三）再热冷段加入流量

考虑流量的加入点在二段抽汽之后，不影响二段抽汽。流量加入后经再热器加热至再热蒸汽状态，其做功为该流量的再热蒸汽直达凝汽器的做功，其吸热量为该流量在再热器中的吸热量。讨论同时适用于流量的泄漏，只须将加入的流量取为负值，且 $h_f = h_{lz}$。

再热冷段加入流量对做功与吸热的影响计算式为

$$\Delta W = h_{zr} - h_n \quad \Delta q = h_{zr} - h_f$$

（四）加入各段抽汽流量

将加入抽汽的流量分为两部分考虑：一部分为纯热量，即 $q = h_f - h_i$，其对做功和吸热的影响按排挤抽汽的基本等效热降参数计算；另一部分为焓值与抽汽焓相同的流量，排挤等量的抽汽返回汽轮机，所排挤的抽汽直达凝汽器做功，若抽汽位于再热器之前，影响再热吸热量增加。

1、2 段抽汽加入流量计算式为

$$\Delta W = (h_f - h_i)\eta_i + (h_i + \sigma - h_n)$$
$$\Delta q = (h_f - h_i)Q_i/q_i + \sigma$$

3～8 段抽汽加入流量计算式为

$$\Delta W = (h_f - h_i)\eta_i + (h_i - h_n)$$
$$\Delta q = 0$$

（五）加入高压缸排汽流量

加入高压缸排汽的流量，其纯热量部分按流量比例分配在二段抽汽与冷段再热汽中。其做功与吸热量的变化等于纯热量 $k_2(h_f - h_2)$ 加入二抽，加上纯热量 $(1 - k_2)(h_f - h_2)$ 加入冷段再热汽中，再加上具有焓值 h_2 的工质加入冷段再热汽中对做功和吸热量的影响之和。

定义 $k_2 = \dfrac{D_{2C}}{D}$ 为二抽占高压缸排汽流量的份额，系统改变前后，将影响流量分配的比例。但考虑到通常情况下，系统改变的量级比原流量小得多，故忽略 k_2 的变化。

加入高压缸排汽的流量对做功与吸热的影响为

$$\Delta W = k_2(h_f - h_2)\eta_2 + (h_{zr} - h_n)$$
$$\Delta q = k_2(h_f - h_2)Q_2/q_2 - (1 - k_2)(h_f - h_2) + \sigma$$

（六）加热器端差

加热器端差增大，出口水温度降低，造成给水吸热量减少，抽汽量减少；同时，下一级加热器进口水温降低，既造成抽汽量增加，对于包含内置式疏水冷却段的加热器，又使疏水温度降低。

此处讨论的加热器端差为上端差，定义为

$$\Delta t = t_{ist} - t_o$$

式中　t_{ist}——抽汽压力下的饱和温度；

　　　t_o——出口温度。

为计算方便，以给水焓值的变化量 $\Delta\tau$ 表示端差的变化，即

$$\Delta\tau = -(t'_i - t_i) = -[t(t'_i) - t(t_i)]$$

端差增大时，加热器出口水温度降低，$\Delta\tau$ 增大。

对 1 号高压加热器上端差，有

$$\Delta W = \alpha_g \Delta\tau \eta_1$$
$$\Delta Q = \alpha_g \Delta\tau \left(1 + \frac{Q_1}{q_1}\right)$$

对 2 号高压加热器上端差

$$\Delta W = -(\alpha_g - \alpha_{s1})\Delta\tau(\eta_1 - \eta_2)$$
$$\Delta Q = -(\alpha_g - \alpha_{s1})\Delta\tau\left(\frac{Q_1}{q_1} - \frac{Q_2}{q_2}\right)$$

对 3 号高压加热器上端差

$$\Delta W = -(\alpha_g - \alpha_{s2})\Delta\tau(\eta_2 - \eta_3)$$
$$\Delta Q = -(\alpha_g - \alpha_{s2})\Delta\tau \frac{Q_2}{q_2}$$

对 5 号低压加热器上端差

$$\Delta W = -\alpha_n \Delta\tau(\eta_4 - \eta_5)\frac{q_4}{q_4 + \Delta\tau}$$
$$\Delta Q = 0$$

对 6 号低压加热器上端差

$$\Delta W = -(\alpha_n - \alpha_{s5})\Delta\tau(\eta_5 - \eta_6)$$

对 7 号低压加热器上端差

$$\Delta W = -(\alpha_n - \alpha_{s6})\Delta\tau(\eta_6 - \eta_7)$$

对 8 号低压加热器上端差

$$\Delta W = -(\alpha_n - \alpha_{s7})\Delta\tau(\eta_7 - \eta_8)$$

（七）门杆漏气

主汽门杆一档漏汽为主蒸汽泄漏与利用和高压缸排汽，其对汽轮机组做功与吸热的影响为上述两部分的代数和。

$$\Delta W = k_2(h_0 - h_2)\eta_2 - (h_0 + \sigma - h_{zr})$$

$$\Delta q = k_2(h_0 - h_2)Q_2/q_2 - (1 - k_2)(h_0 - h_2)$$

若门杆漏汽接入二段抽汽点之后的冷再管道，则

$$\Delta W = -(h_0 + \sigma - h_{zr})$$

$$\Delta q = -(h_0 + \sigma - h_{zr})$$

若主汽门杆漏汽引至再热热段，则对做功与吸热的影响为

$$\Delta W = -\sigma$$

$$\Delta q = -\sigma$$

主汽门门杆二档漏汽和中压门杆漏汽引至轴封加热器，其影响为主蒸汽或再热蒸汽泄漏与蒸汽利用及轴加两部分的代数和。

主汽门杆漏汽至轴加对做功与吸热的影响为

$$\Delta W = (h_0 - \bar{t}_{szj})\eta_8 - (h_0 + \sigma - h_n)$$

$$\Delta q = -\sigma$$

中压门杆漏汽至轴加对做功与吸热的影响为

$$\Delta W = (h_{zr} - \bar{t}_{szj})\eta_8 - (h_{zr} - h_n)$$

（八）喷水减温

过热减温水增加，则给水流量减少，使各段抽汽减少而增加做功，吸热变化为喷水未经高压加热器而增加的吸热，及 1、2 段抽汽减少在再热器中的吸热。

过热减温水对做功与吸热的影响为

$$\Delta W = \tau_1\eta_1 + \tau_2\eta_2 + \tau_3\eta_3$$

$$\Delta q = \bar{t}_1 - \bar{t}_4 + \frac{\tau_1}{q_1}Q_1 + \frac{\tau_2}{q_2}Q_2$$

如不考虑对锅炉的影响，高压加热器旁路的泄漏与过热减温水的作用相同。

再热减温水不在高压缸做功并使高压加热器抽汽量减少而影响机组做功，吸热的变化由三项组成，即经过主蒸汽而减少的吸热，经过高压加热器而增加的吸热，1、2 号高压加热器抽汽量减少而增加的吸热。再热减温水对做功与吸热的影响为

$$\Delta W = -(h_0 - h_{gp}) + \tau_1\eta_1 + \tau_2\eta_2 + \tau_3\eta_3$$

$$\Delta q = -(h_0 - h_{gp}) + (\bar{t}_1 - \bar{t}_4) + \frac{\tau_1}{q_1}Q_1 + \frac{\tau_2}{q_2}Q_2$$

（九）轴封系统

汽轮机组在额定负荷下，轴封系统实现自密封。高中压轴封一档漏汽至轴封母管后，一

部分供低压缸轴封，一部分溢流至凝汽器。二档漏汽在轴加中回收部分热量。低压轴封供汽一部分进入低压缸随排汽进入凝汽器，一部分从二档漏汽进入轴加。

高压轴封漏汽对做功与吸热的影响为

$$\Delta W = - (h_{zr} - h_n)$$
$$\Delta q = - \sigma$$

中压轴封漏汽对做功与吸热的影响为

$$\Delta W = - (h_4 - h_n)$$
$$\Delta q = 0$$

轴封加热器归并入 8 号低压加热器，加入轴加的热量按利用于 8 号低压加热器计算，加入轴加的流量由于直接疏水至凝汽器，对回热系统没有影响，因此只考虑其在轴加中放出的热量。

加入轴加流量对做功与吸热的影响为

$$\Delta W = (h_f - \bar{t}_{szj}) \eta_8$$
$$\Delta q = 0$$

具体分析时，需要确定各处流量的分配，计算出泄漏流量与回收流量对机组做功和吸热影响的代数和。

另外，考虑将轴封溢流引入 7、8 号低压加热器。

溢流至 7 号低压加热器，对做功与吸热的影响为

$$\Delta W = (h_f - h_7) \eta_7 + (h_7 - h_n)$$
$$\Delta q = 0$$

溢流至 8 号低压加热器，对做功与吸热的影响为

$$\Delta W = (h_f - h_8) \eta_8 + (h_8 - h_n)$$
$$\Delta q = 0$$

（十）给水泵汽轮机流量

由于给水泵汽轮机效率降低而造成给水泵汽轮机进汽流量增大，该流量变化不影响凝结水流量，因而不影响回热抽汽量，其减少的做功即为该流量直达凝汽器的做功。

给水泵汽轮机进汽流量对做功与吸热的影响为

$$\Delta W = - (h_4 - h_n)$$
$$\Delta q = 0$$

（十一）连续排污

连排的流量经过各级加热器吸热造成抽汽量增加，并在锅炉内吸热至饱和水，排出汽包后经扩容，部分利用于除氧器。

连续排污对做功与吸热的影响为

$$\Delta W = - \sum_{r=1}^{8} \tau_r \eta_r$$

$$\Delta q = (\bar{t}_{Bst} - \bar{t}_{gs}) - \frac{\tau_1}{q_1} Q_1 - \frac{\tau_2}{q_2} Q_2$$

连续排污回收至除氧器，则为

$$\Delta W = (\bar{t}_{Bst} - h_4) \eta_4 + (h_4 - h_n)$$

（十二）各级加热器疏水

根据等效热降分析，可得到单位质量流量的工质加入加热器疏水对功率与吸热的影响。

对 1 号高加疏水

$$\Delta W = (h_f - \bar{t}_{s1}) \cdot \eta_2 + (h_1 + \sigma - h_n - H_1)$$

$$\Delta q = \frac{h_f - \bar{t}_{s2}}{q_2} Q_2$$

对 2 号高加疏水

$$\Delta W = (h_f - \bar{t}_{s2}) \cdot \eta_3 + (h_2 + \sigma - h_n - H_2)$$

对 3 号高加疏水

$$\Delta W = (h_f - \bar{t}_{s3}) \cdot \eta_4 + (h_3 - h_n - H_3)$$

对 5 号低加疏水

$$\Delta W = (h_f - \bar{t}_{s5}) \cdot \eta_6 + (h_5 - h_n - H_5)$$

对 6 号低加疏水

$$\Delta W = (h_f - \bar{t}_{s6}) \cdot \eta_7 + (h_6 - h_n - H_6)$$

对 7 号低加疏水

$$\Delta W = (h_f - \bar{t}_{s7}) \cdot \eta_8 + (h_7 - h_n - H_7)$$

对 8 号低加疏水

$$\Delta W = 0$$

对于加热器危急疏水的泄漏，只须将加入的流量取为负值，并将 h_f 取为该级加热器疏水焓，即上列各式中的第一项为 0。另外，对于有疏水冷却段的加热器，由于危急疏水未经过疏水冷却段，在加热器中放热量减少，以上各式需增加一项。

对危急疏水放热量减少，有

$$\Delta W = -(\bar{t}_{ist} - \bar{t}_{si}) \cdot \eta_i$$

$$\Delta q = -\frac{(\bar{t}_{ist} - \bar{t}_{si})}{q_i} Q_i$$

式中　$\bar{t}_{ist}$——第 i 级加热器压力下的饱和水焓。

（十三）高压缸效率变化

汽轮机组高压缸的做功和缸效率计算公式为

$$W_{hp} = \alpha_1 (h_0 - h_1) + (\alpha_{gp} + \alpha_2)(h_0 - h_2)$$

$$\eta_{hp} = \eta(p_0, h_0, p_2, h_2)$$

当高压缸效率变化时，新的高压缸功率与排汽焓的计算式为

$$\eta'_{hp} = \eta_{hp} + \Delta \eta_{hp}$$

$$W'_{hp} = \frac{W_{hp}}{\eta_{hp}} \eta'_{hp}$$

$$\eta'_{hp} = \eta(p_0, h_0, p_2, h'_2)$$

此时高压缸排汽的热量减少，对二段抽汽流量与再热吸热量造成影响，从而高压缸效率变化对汽轮机组经济性的影响为以上各项的代数和，即

$$\Delta W = (W'_{hp} - W_{hp}) + \alpha_2 (h'_2 - h_2) \eta_2$$

$$\Delta Q = (\alpha_2 Q_2 / q_2 - \alpha_{lz})(h'_2 - h_2)$$

中压缸效率的变化不影响循环吸热量，为简化计算，计算中压缸效率对系统经济性的影响时，暂不考虑抽汽焓变化对抽汽量的影响。缸效率变化对功率的影响计算式为

$$W_{ip} = \alpha_3(h_{zr} - h_3) + (\alpha_{zp} + \alpha_4)(h_{zr} - h_4)$$

$$\eta_{ip} = \eta(p_{zr}, h_{zr}, p_4, h_4)$$

$$\eta'_{ip} = \eta_{ip} + \Delta\eta_{ip}$$

$$W'_{ip} = \frac{W_{ip}}{\eta_{ip}}\eta'_{ip}$$

（十四）缸体漏汽

1. 夹层漏汽至二段抽汽与高压缸排汽口

调节级蒸汽通过高压缸前轴封泄漏至高压缸内、外缸夹层，一部分蒸汽通过中压平衡盘汽封进入中压缸，一部分蒸汽通过高压缸夹层流向高压缸排汽口。汽轮机组改进中采取了措施将夹层内蒸汽流向高压缸排汽口的流道封堵，由汽缸外引两根漏汽管将夹层漏汽引向二段抽汽或高压缸排汽口，根据漏汽管接入系统的位置不同，对汽轮机组经济性的影响计算公式为

（1）调节级蒸汽泄漏。

$$\Delta W = -(h_{tj} + \sigma - h_n)$$

$$\Delta q = -\sigma$$

（2）接入高排二抽前。

$$\Delta W = k_2(h_{tj} - h_2)\eta_2 + (h_{zr} - h_n)$$

$$\Delta q = [k_2 Q_2/q_2 - (1 - k_2)](h_{tj} - h_2) + \sigma$$

（3）接入二段抽汽管道。

$$\Delta W = (h_{tj} - h_2)\eta_2 + (h_2 + \sigma - h_n)$$

$$\Delta q = (h_{tj} - h_2)Q_2/q_2 + \sigma$$

（4）接入高排二抽后。

$$\Delta W = h_{zr} - h_n$$

$$\Delta q = h_{zr} - h_{tj}$$

2. 夹层漏汽至中压缸

夹层漏汽来自调节级，加入中压缸的蒸汽做功即为该蒸汽直达凝汽器的做功，夹层漏汽至中压缸对做功与吸热计算式为

$$\Delta W = -\sigma$$

$$\Delta q = -\sigma$$

3. 低压缸进汽漏汽至5、6段抽汽

实际上，汽轮机组普遍存在5、6段抽汽温度比设计值高得多，经分析，为低压缸进汽通过气缸水平结合面泄漏至5、6段抽汽口。按热平衡计算可求出泄漏 α_x 流量的蒸汽引起抽汽焓的变化，并求出抽汽温度的变化。

（1）泄漏后的抽汽焓。

$$h'_i = \frac{\alpha_x h_4 + \alpha_i h_4}{\alpha_x + \alpha_i}$$

式中 α_x——泄漏流量。

（2）低压缸进汽漏汽至5、6段抽汽。

$$\Delta W = -(h_4 - h_i)(1 - \eta_i)$$

二、300MW 机组等效热降计算

由于系统做功的改变最终决定于抽汽量的变化，因此各抽汽量变化对作功的影响作为等效热降的基本参数。若在某一级加热器中加入热量，使该级的抽汽量减少，减少的抽汽返回汽轮机作功，成为排挤抽汽。

引进型 300MW 汽轮机组各级排挤抽汽的等效热降公式为

$$H_8 = h_8 - h_n$$
$$H_7 = (h_7 - h_8) + (H_8 - \gamma_8 \eta_8)$$
$$H_6 = (h_6 - h_7) + (H_7 - \gamma_7 \eta_7)$$
$$H_5 = (h_5 - h_6) + (H_6 - \gamma_6 \eta_6)$$
$$H_4 = (h_4 - h_n) - (\tau_5 \eta_5 + \tau_6 \eta_6 + \tau_7 \eta_7 + \tau_8 \eta_8)$$
$$H_3 = (h_3 - h_4) + (H_4 - \gamma_4 \eta_4)$$
$$H_2 = (h_2 + \sigma - h_3) + (H_3 - \gamma_3 \eta_3)$$
$$\dot{H}_1 = (h_1 - h_2) + (H_2 - \gamma_2 \eta_2)$$
$$Q_2 = \sigma$$
$$Q_1 = \sigma \left(1 - \frac{\gamma_2}{q_2} \right)$$
$$\eta_i = H_i / q_i$$

式中　　q_i ——单位质量流量抽汽在加热器中的放热量；

τ_i ——单位质量流量给水在加热器中的吸热量；

H_i ——排挤抽汽的等效热降；

η_i ——排挤抽汽的热效率；

Q_i ——单位质量排挤抽汽对循环吸热量的影响；

σ ——蒸汽在再热器中的焓升；

h_i ——抽汽焓；

h_n ——排汽焓。

根据此计算的引进型 300MW 汽轮机组等效热降基本参数见表 13 - 2，表 13 - 3 列出了采用等效热降原理针对 300MW 机组热力参数及系统内漏对经济性的影响。

表 13 - 2　　　　　　　　　　　300MW 汽轮机组等效热降计算基本参数

	产品编号	项目	单位	57. D156 - 03	57. F156 - 04	73. 000. 1J（D）-2a	73A1.000. 1J（D）-6
	制造厂			上汽	上汽	哈汽	哈汽
	产品编号			D156	F156	73	73A
	工况			额定	额定	额定	额定
选定参数	锅炉效率		%	0.92	0.92	0.92	0.92
	管道效率		%	0.99	0.99	0.99	0.99
	机械效率		%	0.990	0.990	0.990	0.990
	发电机效率		%	0.987	0.987	0.987	0.987

续表

产品编号		项目	单位	57. D156 - 03	57. F156 - 04	73. 000. 1J（D）-2a	73A1. 000. 1J（D）-6
参数整理	1 号高压加热器	τ1	kJ/kg	151. 7	151. 8	148. 2	144. 4
		q1	kJ/kg	2064. 8	2067. 4	2056. 2	2058. 6
	2 号高压加热器	τ2	kJ/kg	190. 3	190. 2	195. 1	187. 5
		q2	kJ/kg	2145. 4	2147. 8	2145. 8	2141. 1
		γ2	kJ/kg	197. 7	197. 6	203. 0	194. 8
	3 号高压加热器	τ3	kJ/kg	125. 3	125. 1	123. 9	115. 5
		q3	kJ/kg	2582. 1	2584. 1	2558. 3	2566. 2
		γ3	kJ/kg	128. 8	128. 5	128. 5	119. 8
	除氧器	τ4	kJ/kg	174. 4	174. 4	182. 6	182. 3
		q4	kJ/kg	2569. 8	2572. 0	2558. 3	2574. 7
		γ4	kJ/kg	187. 9	188. 0	195. 7	195. 4
	5 号低压加热器	τ5	kJ/kg	125. 7	125. 8	133. 8	133. 7
		q5	kJ/kg	2477. 1	2479. 3	2473. 7	2484. 5
	6 号低压加热器	τ6	kJ/kg	71. 3	71. 4	83. 4	83. 7
		q6	kJ/kg	2371. 1	2372. 9	2371. 5	2380. 5
		γ6	kJ/kg	71. 6	71. 7	81. 9	84. 0
	7 号低压加热器	τ7	kJ/kg	123. 6	123. 6	93. 4	93. 3
		q7	kJ/kg	2394. 8	2396. 4	2345. 5	2352. 2
		γ7	kJ/kg	123. 8	123. 8	93. 7	93. 5
	8 号低压加热器	τ8	kJ/kg	102. 2	102. 2	115. 9	115. 4
		q8	kJ/kg	2327. 0	2328. 7	2327. 2	2332. 1
		γ8	kJ/kg	96. 6	96. 6	110. 3	109. 9
再热吸热量		σ	kJ/kg	515. 6	515. 6	494. 2	510. 4
给水泵焓升		τb	kJ/kg	23. 5	23. 8	25. 6	25. 5
1 号高压加热器		饱和水焓	kJ/kg	1196. 0	1196. 0	1215. 9	1194. 5
2 号高压加热器		饱和水焓	kJ/kg	1046. 6	1046. 6	1070. 1	1052. 7
3 号高压加热器		饱和水焓	kJ/kg	850. 3	850. 3	868. 8	859. 5
除氧器		饱和水焓	kJ/kg	709. 1	709. 5	726. 6	726. 0
5 号低压加热器		饱和水焓	kJ/kg	570. 0	570. 4	580. 9	580. 5
6 号低压加热器		饱和水焓	kJ/kg	444. 4	444. 4	447. 0	446. 3
7 号低压加热器		饱和水焓	kJ/kg	372. 4	372. 4	363. 1	362. 4
8 号低压加热器		饱和水焓	kJ/kg	248. 7	248. 7	269. 5	269. 0

续表

产品编号	项目	单位	57. D156－03	57. F156－04	73. 000. 1J（D）－2a	73A1. 000. 1J（D）－6
经济性参数	高压缸效率	%	86. 24	86. 18	86. 01	86. 33
	中压缸效率	%	92. 33	92. 24	92. 68	92. 75
	低压缸效率	%	89. 12	89. 08	89. 66	90. 30
	吸热量	MW	660. 20	660. 07	663. 51	660. 70
	汽轮机内功率	MW	307. 03	307. 05	307. 03	307. 03
	电功率	MW	300. 01	300. 03	300. 01	300. 01
	发电煤耗率	g/（kWh）	296. 8	296. 7	298. 3	297. 0
	循环热效率	%	46. 51	46. 52	46. 27	46. 47
等效热降参数	1 段抽汽 H_1	kJ/kg	1057. 8	1058. 8	1051. 3	1054. 4
	2 段抽汽 H_2	kJ/kg	1036. 2	1036. 9	1035. 9	1036. 4
	3 段抽汽 H_3	kJ/kg	871. 9	872. 6	869. 4	872. 1
	4 段抽汽 H_4	kJ/kg	724. 7	725. 5	729. 5	741. 4
	5 段抽汽 H_5	kJ/kg	557. 1	557. 9	562. 7	570. 9
	6 段抽汽 H_6	kJ/kg	391. 3	391. 6	392. 1	396. 9
	7 段抽汽 H_7	kJ/kg	307. 1	307. 2	283. 8	286. 5
	8 段抽汽 H_8	kJ/kg	148. 9	149. 1	162. 9	164. 2
	1 段排挤抽汽 Q_1	kJ/kg	468. 1	468. 1	447. 4	463. 9
	2 段排挤抽汽 Q_2	kJ/kg	515. 6	515. 6	494. 2	510. 4
抽汽效率	1 段抽汽 η_1	—	0. 512 282	0. 512 117	0. 511 268	0. 512 204
	2 段抽汽 η_2	—	0. 482 965	0. 482 788	0. 482 738	0. 484 057
	3 段抽汽 η_3	—	0. 337 665	0. 337 675	0. 339 819	0. 339 828
	4 段抽汽 η_4	—	0. 281 995	0. 282 083	0. 285 135	0. 287 970
	5 段抽汽 η_5	—	0. 224 910	0. 225 027	0. 227 473	0. 229 773
	6 段抽汽 η_6	—	0. 165 047	0. 165 049	0. 165 356	0. 166 719
	7 段抽汽 η_7	—	0. 128 244	0. 128 199	0. 120 989	0. 121 785
	8 段抽汽 η_8	—	0. 063 988	0. 064 027	0. 069 998	0. 070 409

表 13－3　　　　300MW 机组热力参数及系统内漏对经济性的影响

序号	名　称	参数变化	对热耗率的影响（kJ/kWh）	对发电煤耗率影响（g/kWh）
1	主蒸汽压力	降低 0. 1MPa	3. 140	0. 118
2	主蒸汽温度	降低 1℃	2. 303	0. 086
3	再热蒸汽温度	降低 1℃	1. 926	0. 072
4	再热器压损	升高 1%	7. 955	0. 298
5	排汽压力	升高 1kPa	65. 200	2. 443
6	高压旁路漏至冷再	增加 1t/h	1. 147	0. 043

序号	名　称	参数变化	对热耗率的影响 （kJ/kWh）	对发电煤耗率影响 （g/kWh）
7	低压旁路漏至凝汽器	增加 1t/h	8.729	0.327
8	主蒸汽漏至凝汽器	增加 1t/h	9.759	0.366
9	冷再漏至凝汽器	增加 1t/h	6.988	0.262
10	1 号高压加热器危急疏水漏至凝汽器	增加 1t/h	1.662	0.062
11	2 号高压加热器危急疏水漏至凝汽器	增加 1t/h	1.143	0.043
12	3 号高压加热器危急疏水漏至凝汽器	增加 1t/h	0.837	0.031
13	除氧器放水漏至凝汽器	增加 1t/h	0.444	0.017
14	5 号低压加热器辅调疏水漏至凝汽器	增加 1t/h	0.255	0.010
15	6 号低压加热器辅调疏水漏至凝汽器	增加 1t/h	0.155	0.006
16	高旁减温水漏至冷再	增加 1t/h	1.683	0.063
17	1 段抽汽漏至凝汽器	增加 1t/h	7.854	0.294
18	3 段抽汽漏至凝汽器	增加 1t/h	7.172	0.269
19	4 段抽汽漏至凝汽器	增加 1t/h	5.736	0.215
20	5 段抽汽漏至凝汽器	增加 1t/h	4.245	0.159
21	6 段抽汽漏至凝汽器	增加 1t/h	2.994	0.112
22	高压导汽管漏汽至冷端再热器 J	增加 1t/h	1.172	0.044
23	中压平衡盘漏汽至中压缸 E	增加 1t/h	2.022	0.076
24	高排平衡盘漏汽至中排 L	增加 1t/h	1.444	0.054
25	高压轴封漏汽 M	增加 1t/h	6.389	0.239
26	中压门杆漏汽 K	增加 1t/h	1.013	0.038
27	中压轴封漏汽 P	增加 1t/h	5.053	0.189
28	过热器减温水量	增加 1t/h	0.285	0.011
29	再热器减温水量	增加 1t/h	1.683	0.063
30	给水泵汽轮机用汽量	增加 1t/h	5.736	0.215
31	锅炉排污量	增加 1t/h	3.952	0.148
32	1 号高压加热器上端差（给水温度下降）	增加 1℃	1.895	0.071
33	2 号高压加热器上端差	增加 1℃	1.070	0.040
34	3 号高压加热器上端差	增加 1℃	0.886	0.033
35	5 号低压加热器上端差	增加 1℃	1.151	0.043
36	6 号低压加热器上端差	增加 1℃	1.159	0.043
37	7 号低压加热器上端差	增加 1℃	0.842	0.032
38	8 号低压加热器上端差	增加 1℃	0.925	0.035
39	高压缸效率	降低 1%	16.3	0.611
40	中压缸效率	降低 1%	23.6	0.884
41	低压缸效率	降低 1%	38.1	1.427
42	凝汽器过冷度	增加 1℃	9.9	0.371
43	补水率	增加 1%	15	0.562

注　表中发电煤耗率计算时，取锅炉效率 92%，管道效率 99%。

第三节 技术改进原则、措施及效果

一、技术路线及改进原则

目前，机组所存在的问题既有机组设计、制造、结构方面的原因，又有系统设计、设备选型、安装及工艺、运行和维护方面的因素。对每台具体机组而言，解决这些问题的方法是在对机组结构及加工工艺和热力系统及配套设备、安装工艺和各种运行方式比较熟悉了解的基础上，对机组进行诊断性试验。该试验不同于热力试验之处在于，它并不仅满足于最终的一个机组热耗率数值，而是针对机组运行中表现出的问题，制定试验方法和措施，试验的范围可能是局部性的也可能是整体的。取得试验数据后，定性、定量综合分析各种数据之间的相互影响关系，判断问题的成因，抓住主要矛盾，制定出解决的对策及可实施的方案。然后，在设备解体的过程中，仔细检查和测量设备所存在的异常，对试验结果及原因分析进行证实，最后确定实施方案。

1. 设备及系统完善改进的基本原则

（1）根据机组实际运行及操作方式，结合不同电厂机组存在的问题，对影响机组运行安全、经济性的设备及系统进行改进。

（2）根据机组设计、安装、现场布置和运行性能，针对本机组的特殊问题，吸收不同电力设计院设计特点，以及国外同类型机组的先进技术和已使用过且经运行考验是成功的技术和经验。

（3）重点解决机组运行中所发现的或隐藏的安全性问题，在机组安全基础上，通过采取相应技术措施来提高机组的运行经济性。

（4）经完善改进后的设备和系统，通过对运行操作规程的补充完善，机组在任何工况下运行时，各项控制指标应在规程要求的范围之内，并满足机组在任何工况下的运行要求。

（5）对机组投运以来从未使用过，或稍经改变运行及操作方式完全可以满足机组安全运行，而不需使用的系统及设备应予以彻底割除。

2. 疏水系统设计原则及要求

疏水系统设计原则及要求参照电力行业标准 DL/T 834—2003《火力发电厂汽轮机防进水和冷蒸汽导则》。

（1）机组在各种不同的工况下运行，疏水系统应能防止可能的汽轮机进水和汽轮机本体的不正常积水，并满足系统暖管和热备用要求。

（2）设备和系统的疏水分为汽轮机本体疏水和系统疏水两大类。汽轮机本体疏水包括汽缸疏水及直接与汽缸相连的各管道疏水，包括高、中压主汽门后，与汽缸直接连通的各级抽汽管道门前，高压缸排汽止回阀前，轴封系统等。上述疏水之外归类为系统疏水。

（3）为防止疏水阀门泄漏，造成阀芯吹损，各疏水气动或电动阀门后应加装一手动截止阀。为不降低机组运行操作的自动化程度，正常工况下手动截止阀应处于全开状态。当气动或电动疏水阀出现内漏，而无处理条件时，可作为临时措施，关闭手动截止阀。机组启、停过程中，手动截止阀操作方式按照改进后修订的运行操作规程进行。

（4）对于运行中处于热备用的管道或设备，在用汽设备的入口门前应暖管，暖管采用组合型自动疏水器方式，而不采用节流疏水孔板连续疏水方式。

（5）接至管道扩容器的疏水管上不得设置疏水止回阀。

（6）疏水系统改造施工过程中，对取消的阀门、管道、三通、弯头等材料应充分利用。对于新增加或需更换的疏水阀门，采用焊接门，阀门安装前应进行严格的解体检查，检查合格的阀门才允许使用。

（7）由于改进是在原已安装完成后的系统基础上进行，且原疏水门前、后管径以设计为依据，可能与现场实际安装情况不完全一致。对于施工过程发现疏水点的确切位置、连接方式、布置及管径不合理时，可视现场实际情况作适当调整。

（8）由于疏水管径较小，施工过程中，疏水管道和阀门布置应根据现场实际情况做到排列整齐，疏水弯头最少，管线最短，阀门安装位置应便于检修和运行操作。

二、技术改进措施

对于机组所存在的问题，解决的程度基本分为以下三种情况：

（1）如果是由于设计、结构方面的原因，需制造厂配合解决，但短期内不能完成的。

（2）虽是设计、结构方面的原因，但在大修中能够得到彻底解决或者基本解决，使问题得到较大改善的。

（3）配合安装单位或电厂在大、中、小修中能够得到圆满解决的。

根据目前已实施电厂的经验，解决的重点是后两种情况，在机组大、中、小修中，投入不多的人工及材料，可以采取的主要技术措施有：

（1）可对汽轮机本体进行六个方面的完善改进，合理地改进和完善通流部分径向间隙和安装，根据计算和测量汽缸和转子的静变形结果，完善检修工艺，调整通流径向间隙在设计值范围内。重新调整高、中压缸夹层汽量等。

（2）根据机组的结构特点及运行方式，优化和改进热力及疏水系统，合理利用工质有效能，改进完善机组运行方式等。根据不同电力设计院的设计和管道布置情况，已实施结果表明，可取消排至本体疏水扩容器的疏水管 $1/3 \sim 1/2$。由于取消的疏水管道大部分在运行中与凝汽器压差在 1.0MPa 以上，正常疏水凝汽器热负荷将减少 60% 左右。并对于运行中需处于热备用的系统及设备，将原连续疏水方式改为采用自动疏水器疏水。消除外漏，尽可能减少内漏。

（3）完善配套辅机性能和合理调整配套辅机的运行方式。

（4）完善和优化冷端系统。

（5）根据不同的负荷选择最佳的运行控制方式和参数。

（6）根据设备和系统改进完善后的实际情况，制定相应完善和改进机组在不同工况下的运行操作措施等。

三、实施改造后的效果

根据机组的实际运行状况，综合考虑上述因素相互之间的影响关系，经技术经济性比较，提出切实可行的完善改进方案，使存在的问题得到彻底解决或者明显改善，机组性能可得到较大幅度提高。完善、改进后的热力系统，能完全满足机组在任何工况下运行或启、停的操作要求，各项控制指标在规程规定的范围之内。疏水系统能完全满足机组在任何工况下运行或启、停时疏水和暖管要求，能满足热备用系统在任何工况下的使用要求，并能防止汽轮机进水和迅速排除设备及系统管道的不正常积水。

完善改进后，平均能使机组供电煤耗率下降 6～8g/kWh，按年发电量 12 亿 kWh 计算，每台机组每年可节约标准煤 7200～9600t，每台机组每年可节省发电成本约 400 万元。其他方面的经济效益还包括：锅炉蒸发量下降、炉本体和辅机磨损降低、故障率下降、设备寿命增长；煤耗率下降后，锅炉二氧化硫等有害气体和粉尘排放量下降；炉排灰量减少，处理及维护费用下降，灰场利用年限增长；厂用电率下降，补水率减小；备品、备件和维修工作量及费用大幅降低；经设备和系统优化后，操作量减少，设备可靠性提高。

第四节 部分电厂机组完善改进后的实际效果

一、珠江电厂实施改进后的基本情况

广州珠江电厂一、二期工程，设计安装的 4 台 300MW 机组，为引进美国西屋公司和美国燃烧工程公司制造技术，经哈尔滨三大动力制造厂在消化、吸收、完善这些技术的基础上设计制造的配套机组。分别于 1993 年 3 月至 1997 年 1 月相继移交生产。机组投运以来，在设备和系统等方面均暴露出一些问题。

为了分析存在问题的原因，制定改进完善措施，广州珠江电厂与西安热工研究院共同合作，进行提高国产引进型 300MW 汽轮机组安全和经济性的诊断及设备与系统完善改进研究。1994 年以来，先后对 1 号、2 号、3 号机组进行了整体及局部的性能诊断试验，根据珠江电厂机组的实际情况，综合分析存在问题的相互影响关系，抓住主要矛盾，制定了一系列完善改进技术方案，结合各台机组大修，已逐步实施完善改进方案。

例如，早期投产的引进型机组普遍存在监视段参数高、出力不足问题，各电厂反映强烈。为降低监视段参数，提高出力，上汽、哈汽分别对早期出厂机组进行现场或返厂采用扩大高压缸通流面积或有的机组采用取消高压缸第 1 压力级动叶的改进。对新制造机组重新设计增大高压缸通流面积。珠江电厂经对 1 号、2 号、3 号（其中 1 号、2 号机为出厂编号 1、2 台，4 号机组出厂时已改设计）机组进行诊断试验和大修通流复测，对试验结果进行综合分析后认为，尽管实际通流面积偏小，但主要问题是机组实际运行效率偏低，系统及设备不尽完善，凝汽器热负荷大，真空偏低等问题，造成汽耗率高。通过设备及系统完善改进优化和优化运行方式等，既完善了设备及系统，提高了机组效率，汽耗率由改进前的平均 3.5kg/kWh 左右降至 3.2kg/kWh 左右，汽耗率相对下降近 10%。这既降低了凝汽器热负荷，提高了真空，增加了机组出力，又平均降低煤耗率 17g/kWh 左右，发电成本下降，电厂效益增加。现 1 号、2 号、3 号机组均未在现场进行扩大通流改造，机组出力不足问题已基本解决。

1 号、2 号、3 号、4 号机组利用大、中、小修实施完善改进措施后（4 号机组投产后未进行大修及测定），其中 1 号、2 号机组已经过两次大修改进，1 号机组发电煤耗率（5VWO五阀全开、6VWO 六阀全开）平均下降 16.79g/kWh，高中压缸效率分别达到 84.2% 和 91.9%；2 号机组发电煤耗率（5VWO、6VWO）平均下降 15.59g/kWh，高中压缸效率分别达到 84.1% 和 92.6%；3 号机组通过一次大修改进后，机组发电煤耗率（5VWO、6VWO）平均下降 20.37g/kWh，高中压缸效率分别达到 84.3% 和 92.6%。且机组实际运行工况与按设计系统隔离的试验工况结果各项经济指标十分接近。

二、珠江电厂 2 号机实施概况

珠江电厂 2 号机组为哈汽厂制造出厂编号第 2 台引进型 300MW 机组。试运及投产初期，曾发生过一些问题，比较突出的是机组出力偏紧，额定负荷下各监视段普遍超压，危及设备的安全运行；单台凝结水泵运行时机组只能带 230MW 负荷，双泵运行既增大了厂用电，又因无备用泵而降低了机组的可靠性；汽缸上下缸温差大，高中压内缸永久变形，高压内缸、高压隔板套、高压进汽平衡盘汽封套螺栓断裂达 11 根或松弛，汽缸结合面漏汽；运行中汽缸有跑偏，通流径向间隙磨损严重；高、低压加热器疏水管道振动、破裂，运行上下端差大；热力及疏水系统内外泄漏量大，补水率达 3.5% 左右；冷端系统不尽完善，凝汽器真空低；高压缸效率设计为 87.6%，实际为 77.3% 左右，与设计相差 10.3 个百分点，高压缸排汽温度高达 360℃左右；中压缸设计效率为 92.8%，实际为 84.77%，与设计值相差 8.03 个百分点；发电煤耗率在 330～335g/kWh。

1995 年 12 月 20 日至 1996 年 2 月 14 日，2 号机组进行了第一次计划性大修，历时 56d。本次大修针对运行中存在和大修中发现的问题，进行设备及系统完善改进，采取措施主要解决内缸螺栓断裂，汽缸跑偏，通流径向间隙磨损，高低压加热器运行水位不稳定，疏水管道振动，汽缸效率低，高压缸排汽温度高，上下缸温差大，改造凝结水泵单泵运行机组达不到额定负荷等问题。

经第一次大修后，设备运行状况有明显改善，如利用凝结水泵设计扬程较高，流量偏低，经试验和核算，采用去掉 1 级叶轮降扬程增流量的方案，成功实现单台凝结水泵可使机组带满负荷运行；这既提高了机组运行可靠性，又使凝结水泵单耗较改前双泵运行方式下降了 45.4%，每台机组年节约厂用电 430 万 kWh。而每台机组两台凝结水泵改造加工和材料费不到 4000 元。高、中压缸效率由大修前的 77.3% 和 84.77%，提高到 83.78%、93.88%，分别提高了 6.48 和 9.11 个百分点；凝汽器循环水进出口温升降低 3℃左右；机组热耗率降低了 155kJ/kWh，发电煤耗率下降 6g/kWh。汽轮机通流部分参数有明显改善，机组出力得到增强。

第一次大修后经过近 3 年的运行，机组性能又有所下降，高压缸效率下降比较明显，由 83.78% 下降到 80.33%，下降了约 3.5 个百分点，机组热耗率上升到 8690.6kJ/kWh，发电煤耗率上升了约 4g/kWh。1998 年 12 月 5 日至 1999 年 1 月 25 日，进行 2 号机组第二次检查性大修。本次大修总结了 2 号机第一次大修和 1 号、3 号机组的大修经验，特别是采用了 1 号、3 号机设备及系统的完善、改进优化措施，针对 2 号机制定了一系列改进方案。

主要对本体进行六个方面的完善改进，以及完善改进原本体检修工艺。对 11 个热力系统及疏水系统进行改进优化，取消各类大小阀门 50 余个，连续疏水节流孔板 9 个，设备及系统疏水点 22 个，排至本体疏水扩容器的疏水管减少 1/3 以上，由于所取消的大部分疏水管正常运行与凝汽器压差在 1.0MPa 以上，正常疏水凝汽器负荷减少 60% 左右，且大大减少了内漏，改善了凝汽器真空。更换低压缸末级叶片，以新型 900mm 叶片取代原拱形围带 900mm 叶片。取消各段抽汽节流孔板。改进凝汽器补水方式。将 5 号、6 号低压加热器疏水阀基地式调节改为汽液两相流自动疏水器。高压外缸上下壁温度测点移位。为去除高中压缸通流结垢，对高中压转子和静子进行了水力喷沙。根据本体及系统完善和改进后的实际情况，修改和制定了相应的运行措施等。

大修前后对比，在额定负荷和参数试验条件下，机组发电煤耗率为 313.9g/kWh，比大修前下降 4.731% ［15.59g/kWh］，且试验热耗率与经参数修正后热耗率之差，最大只有 8.4kJ/kWh；不采用任何运行隔离措施和计算修正，300MW 实际运行工况的发、供电煤耗率与试验值十分接近；机组的出力得到提高，平均净增发功率 6.062MW；各监视段参数普遍下降，高压缸内效率平均提高 3.77 个百分点；给水温度达到 285.2℃，较大修前提高 18.2℃；凝汽器的循环水进出口温升降低 1℃ 左右；由于机组效率的提高，虽未进行高压缸扩大通流改造，但原出力偏紧的问题基本得到解决；彻底解决了中压缸上下缸温差大；凝结水含氧量由原 200ml/m³ 降至 39ml/m³ 以下；并在同类型机组正常运行过程中，首次证实高压缸存在严重的上下缸温差大的隐患，为解决同类型机组汽轮机本体存在的问题提供了极为重要的技术依据。

表 13-4 为珠江电厂 2 号机改进前后及实际运行的结果（均对试验工况进行参数修正，使其在同一参数条件下进行比较）。

表 13-4　　　　　珠江电厂 2 号机组第二次大修改进前、后试验结果汇总表

名　　称	单　位	大修前 (1998 年 11 月 10 日)		大修后 (1999 年 2 月 4 日)		运行工况① (1999 年 1 月 27 日)
		5VWO	6VWO	5VWO	6VWO	单阀
试验功率	MW	282.207	300.842	291.308	307.422	300.919
主蒸汽压力	MPa	16.887	16.740	16.759	16.592	16.376
主蒸汽温度	℃	537.28	536.68	533.70	533.34	531.17
主蒸汽流量	t/h	932.434	1003.360	929.62	993.380	982.050
汽耗率	kg/kWh	3.304	3.335	3.191	3.231	3.264
试验热耗率	kJ/kWh	8845.684	8842.062	8298.327	8285.605	8287.916
设计锅炉效率	%	91	91	91	91	91
设计管道效率	%	99	99	99	99	99
发电煤耗率	g/kWh	335.087	334.950	314.352	313.870	313.958
供电煤耗率	g/kWh	346.484	345.756	323.576	322.856	323.007
参数修正后热耗率	kJ/kWh	8724.669	8690.636	8296.584	8277.187	—
参数修正后发电煤耗率	g/kWh	330.503	329.214	314.286	313.552	—
高压缸效率	%	79.852	80.802	83.225	84.961	84.099
中压缸效率	%	93.132	92.438	92.660	92.485	92.976
300MW 时机组热耗率	kJ/kWh	8698.473		8286.960		
300MW 时机组发电煤耗率	g/kWh	329.511		313.922		

注　该机组未经扩大通流改造。

①　不作任何系统特殊隔离措施。

另外，从表 13-4 中机组实际运行工况与试验 5VWO、6VWO 相比，尽管运行工况未像试验工况那样对系统按照试验措施进行严格隔离，且试验结果不经任何修正，但与试验工况技术经济指标已十分接近。实际运行工况接近机组理论上的运行经济性指标，且试验热耗率与经最终修正热耗率之差即修正量很小，表明该机组设备及系统已趋于完善。

根据机组参与电网调峰的实际运行情况及如何进一步降低发电成本，又进行了机组低负荷下采用不同运行方式的经济性试验研究，为 2 号机组低负荷运行确定了最佳运行方式和控制参数。结果表明，低负荷时，以顺序阀运行方式最为经济，但并不是主蒸汽压力越高，其经济性越好。

第十四章

火力发电厂节水

第一节 火力发电厂主要用水系统

大型火力发电厂具有回收价值的废水大约相当于新鲜水用量的 30% ~ 50%。如果废水实现全部回用，将会节约 30% 以上的新鲜水，效益巨大。我国有许多大型湿冷火电机组分布在北方缺水地区，节水减排将成为火电厂保持可持续发展的重要工作。

一、火力发电厂用水系统

火力发电厂主要的用水系统包括：

1. 凝汽器冷却水系统

湿冷机组凝汽器有直流冷却和循环冷却两种冷却方式。

直流冷却使用河流、湖泊或水库等地表水源。这种冷却方式的优点是冷却系统简单，不需要设置冷却塔，没有废水产生。除了有时需要间断性地投加少量的杀菌剂外，冷却水一般不需要进行其他处理，因此，不需要大量使用化学品，运行费用很低。缺点是使用过程中排水温度升高，直接排放后对外部环境有一定的热污染；但化学品的用量很少，外排后对环境的化学污染很小。

循环冷却方式需要对水进行物理、化学处理。在水循环过程中，需要向水中投加各种化学药剂，以保证循环水在浓缩过程中，不会发生结垢、腐蚀、微生物滋生等问题。在火电厂，循环冷却水系统是水容积最大的系统，这种冷却方式在地表水水资源不丰富的地区非常普遍，是我国北方电厂常见的冷却方式。

循环冷却水系统的循环量很大，在循环过程中大量的水被蒸发掉，为了维持水系统盐量的平衡，需要根据水质间断性排污，因此产生了排污水。同时，因为蒸发、泄漏、风吹和排污，系统的水量不断减少，为了保持水质和水量的平衡，需要补充一定量的新鲜水。

冷却塔排污水大多为间断性排放，瞬时流量很大。在干除灰火电厂，这是流量最大的一股废水。循环水处理系统产生的工艺废水也是间断性废水，其水质、水量与处理工艺有关。

2. 机组水汽循环系统

水汽循环系统消耗的是品质最好的除盐水。产生的废水主要来自锅炉排污、管道疏水等。

3. 辅机冷却水系统

除了凝汽器的冷却水之外，火电厂还有很多的设备需要用水来冷却，如大型水泵、风机、空气压缩机、汽水取样装置、汽轮机润滑油系统等。这些设备的冷却水系统称为工业冷却水系统，一般使用水质较好的新鲜水。

火电厂的工业冷却水系统有直流式和闭式冷却两种方式。采用直流式冷却时，冷却水在使用过程中水质基本不会受到污染，完成冷却后设备的排水水质仍然较好，一般直接补入循环冷却水系统。

在淡水资源比较缺乏的滨海电厂，凝汽器使用海水冷却，但辅机设备需要淡水冷却。有些海滨电厂为了节约淡水，使用带有冷却塔的闭式循环工业冷却水系统。例如，浙江台州发电厂，建有多座小型冷却塔用来冷却工业水。这种系统的冷却水在运行中会发生浓缩、损失，所以要不断地补充新鲜水。

4. 除渣系统

除渣方式有两种，一种是干除渣，另一种是水力除渣。干除渣是将炉底落渣在冷渣器中通过空气冷却后运走，而水力除渣则需要用水冷却落渣。水力除渣系统大都设有渣水闭路循环系统，除渣水经过处理后循环使用。常见的水力除渣流程是：炉渣落入渣池，高温渣块遇到冷水立即炸裂成碎块。碎渣由捞渣机链条带动的刮板捞起，通过双向皮带机输送至渣仓中，在此沥干水分后，用车运至渣场储存。

上述水力除渣系统产生的废水，包括刮板捞渣机的冷却水溢流、输渣皮带的回流水以及渣脱水仓的沥水。这些废水汇流到水池后由溢流水泵送至渣水处理装置，经过处理后循环使用；也可以送至除灰系统，作为除灰系统的干灰制浆用水。

5. 冲灰系统

火力发电厂除灰有干除灰和水力除灰两种方式。

水力除灰系统是火电厂最大的耗水系统。将电除尘器等设备的排灰用水冲到灰浆前池，然后用灰水泵送至灰浆浓缩池。在灰浆浓缩池中，低浓度的灰水被浓缩，底部较高浓度的灰浆用柱塞泵输送到灰场，上部的水送回冲灰水池循环使用。

有些电厂既有干除灰系统，又有水力除灰系统。将外售剩余的干灰用灰水混合器制成高浓度灰浆，然后用柱塞灰浆泵输送至灰场。

以前电厂冲灰要消耗大量的水（甚至是新鲜水），浪费十分严重，现在这一现象已经有了很大的改变。在除渣、除灰过程中，因蒸发、灰渣携带、泄漏等会消耗一部分水，因此理论上灰渣系统不会产生过剩的废水。如果灰系统的清水不能回收，就会使冲灰系统的水量过剩，产生外排废水。

在很多电厂，水力除灰系统实质上是全厂各种废水的受纳体，包括循环水排污水、化学车间酸碱废水等难以回用的废水都排入冲灰系统。如果这些废水的量过大，补入冲灰系统的水就会超过其消耗量，由此会造成冲灰系统产生多余的废水。

6. 煤系统

煤系统产生废水的地方主要有码头、铁路专用线、煤场、输煤栈桥、转运站、碎煤机房、水击式除尘器、办公楼等。露天煤场在雨雪天气容易形成积水；煤场和输煤系统为了防止煤自燃和降尘，经常需要喷淋；输煤栈桥、输煤皮带机地面的落尘需要经常冲洗；所有这一切，都会产生含煤废水。从外观来看，含煤废水呈黑色，含有大量的煤粉、油等杂质。

分散在输煤系统各处的冲洗排水通常利用分散的小型废水收集坑回收；煤场形成的废水通过煤场附近的煤泥沉淀池收集。目前，很多火电厂都设有集中的含煤废水处理站，将处理后的水循环使用。

7. 湿法脱硫系统（FGD）

FGD 系统会产生废水。在脱硫装置的运行过程中，由于吸收液是循环使用的，其中的盐分和悬浮杂质浓度会越来越高，而 pH 值越来越低。pH 值的降低会引起 SO_2 吸收率的下降；过高的杂质浓度会影响副产品石膏的品质。因此，脱硫浆液不能无限地浓缩。当杂质浓度达到一定值后，为维持循环系统的物料平衡，需要定时从系统内排出一部分废水，即脱硫废水。

8. 油系统

火电厂的油系统包括燃油储存设施、输油系统等。油系统产生的废水主要来自储油设施的排污、夏季油罐的冷却喷淋及冲洗排水。

重油罐排污水中往往含有大量的重油，污染性很强，一般在储油场地设置专门的含油废水收集系统，就地处理，将废水中的大部分油污清除后再排入厂区公用排水系统。

除了油系统产生含油废水之外，火电厂的其他废水大多也会含有油污；这些废水中油的含量和存在形式差别、变动都较大，主要是运行中或检修时设备漏油所致。

上面所述的各用水系统对水质的要求各有区别，这为水的梯级使用带来了可能。从含盐量的角度来划分，各系统对水质的要求大致有三个层次：

1. 含盐量极低的除盐水

有些系统对水质的要求最高，要求使用纯度很高的除盐水，需要除去包括盐分在内的所有杂质；这个区段的水质有明确的使用标准，如水汽循环系统、发电机内冷水系统、汽水取样冷却水等。

2. 正常含盐量的水

包括天然水或者再生水。电厂大部分水系统要求使用低悬浮物、低有机物的水，如循环冷却水系统、辅机冷却水系统等。这个区段对水质通常没有明确的标准要求，需要根据原水的水质、系统的特点确定使用标准。有些情况下可以直接使用原水（使用地下水），但大多数情况下需要对原水（或者再生水）进行预处理，除去水中的大部分悬浮物、有机物；有时甚至需要对新鲜水进行软化处理。

3. 对含盐量没有要求的水

水力除渣、冲灰系统及输煤系统对水质的要求不高，尤其是对含盐量没有要求（但不能引起系统的腐蚀），通常可使用经过适当处理的废水。

至于 FGD 系统，可以使用废水，但需要进行充分的评估和研究，原则是不能影响 FGD的运行，也不能影响石膏的脱水以及石膏的质量。

二、节水的关键环节

火电厂节水工作要根据电厂的实际情况，循序渐进。首先应该做好基础工作，提高用水管理水平；在此基础上再进行相应的改造工作。图 14－1 是节水工作的层次示意图。从图中可以看出：

（1）最基础的工作是水务管理。通过科学的水务管理，解决跑冒滴漏问题，合理地

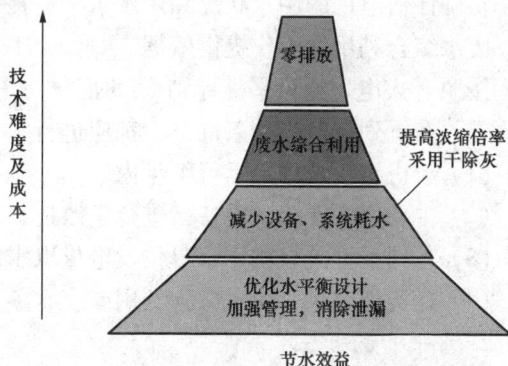

图 14－1　火电厂节水工作程序示意

分配水源，提高用水效率。这部分投入最少，技术难度也最低，但取得的节水效益最大。

水务管理的一项基础工作是全厂的水平衡试验。通过试验，摸清电厂的用水、排水状况，之后制定出优化的水平衡方案，以此作为全厂节水工作的依据。

（2）在解决了跑冒滴漏、并对全厂水平衡优化的基础上，需要考虑主要用水系统的节水。对于已投运的电厂，需要通过技术改进，减少用水设备或系统的耗水量。例如，采用干除灰系统代替水力除灰。在循环冷却型电厂，提高循环水系统的浓缩倍率是一项重要工作。

这个阶段的工作，通常需要一定的投资，另外，用水系统的节水改造需要相应的技术支持。例如，提高循环水系统的浓缩倍率就需要相关的试验、评估；这方面的内容将在后面章节中讨论。

（3）开展废水综合利用，实现废水资源化，是电厂节水工作的更高层次。废水综合利用包括梯级使用和废水回用，需要根据各类废水的特点，结合用水系统对水质的要求，对废水进行分类处理、分类回用。这个阶段需要投入更大的成本，同时，技术难度更大。

（4）零排放可以理解为废水综合利用的极限程度。由于成本的原因，零排放并不是节水工作所追求的目标。因为要实现真正意义上的零排放，难度很大，成本很高，但取得的节水效益却很小。因此，只有在某些对环保有特殊要求的地区，才考虑零排放的问题。

第二节　水平衡试验及优化

水平衡优化的目标是对水资源和废水资源进行合理调配，增加水的梯级使用，降低单位发电量取水量。其主要内容是通过水平衡试验，掌握电厂用水现状和各水系统用水量之间的定量关系，编制全厂水平衡图；同时，找出不合理的用水（包括废水），最终提出合理的用水（包括废水回用）方案。

一、水平衡试验

1. 水平衡试验原则

水平衡试验是将整个火电厂作为一个确定的用水体系，通过对电厂各水系统的取水量、用水量、排水量和耗水量以及水质的测定，分析电厂水量分配、消耗及排放之间的平衡关系，正确评估电厂的用水状况和用水水平，提出电厂合理的节水规划和措施，为电厂开展节水、废水综合利用等工作提供依据。

按照《火电厂能量平衡导则 第5部分 水平衡试验》（以下简称为《水平衡试验导则》）的要求，在下列任何一种条件下，都应进行水平衡试验：

（1）新机组投入稳定运行1年内。

（2）主要用水系统、设备已进行了改造，运行工况发生了较大的变化。

（3）与同类型机组相比，单位发电量取水量明显偏高，或偏离设计水耗较大。

（4）在实施节水、废水综合利用或废水零排放工程之前。

2. 水平衡试验基本条件

按照《水平衡试验导则》的要求，在进行水平衡试验时，运行机组的发电负荷应达到全厂总装机容量的80%以上，以在接近设计工况下进行试验，使试验结果具有代表性。同时，所有试验仪表应经过校验，其精度应满足相关要求。

对循环冷却型电厂，气候条件对水平衡的影响很大，主要是冷却塔蒸发损失量的变动最大。因此，试验时要考虑水平衡的季节性变化；有条件时应分季节进行试验。

3. 试验内容及方法

水平衡的试验项目主要有：

（1）全厂总取水量、总用水量、复用水量、循环水量、回用水量、消耗水量等。

（2）全厂各类废、污水水量，废水回用量，全厂总排水量及水质。

（3）循环水系统冷却塔的蒸发损失量、风吹损失量和排污损失量。

（4）机、炉侧辅机设备冷却水量。

（5）水处理系统自用水率、锅炉补水率、汽水损失率。

（6）冲灰系统的灰水比及灰水回收量，脱硫、脱硝系统的用水量，输煤系统用水量。

根据试验数据，计算出单位发电量取水量、单位发电量耗水量、全厂排放水率、废水回用率等数据，进行用水评价。

在一个电厂内，各用水系统的差别较大，在流量测定时，需要针对不同的流动状态采用不同的测试方法：

（1）测试管道上有水量计量仪表的，需要用试验仪表对主要仪表进行比对，然后由试验人员记录；同时查阅以前的记录报表，进行核算。

（2）测试管道上无水量计量仪表的，可以采用便携式流量计或其他不影响管道正常运行的辅助测量仪表测量。

（3）测试管道上无水量计量仪表且无法使用便携式等辅助流量计测定的，可以首先测定其他相关管道或系统的流量，然后通过计算得出该管道的流量数据。

（4）对于连续稳定的水渠流量的测定，根据现场具体情况可以采用超声波明渠流量计或流速仪测量。

（5）对于间断性通水的管道、沟渠，可以安装水表累计计量或采用容积法测量。

（6）泥浆、灰渣等固体物的含水率可以采用重量法测定。

4. 用水评价

用水评价是水平衡试验的一项重要内容，包括全厂用水指标评价、主要生产用水系统评价及非生产用水评价等三个方面。

（1）全厂用水指标评价。

主要是对单位发电量取水量、重复利用率、排放水率、废水回用率等指标进行分析、对比，查找不合理的用水及原因，为电厂提出改进措施。

（2）主要生产用水系统评价。

主要是对单个用水系统的状况进行评价；包括循环水系统、除灰渣系统、水汽循环系统、它生产用水系统和废水处理系统等。

（3）非生产用水评价。

主要是对生活用水、绿化和景观等非生产系统的用水进行评价。

在试验完成后，除了对现有水平衡状况进行综合评价外，还需要针对存在的问题，提出全厂合理的节水规划和措施，对全厂的水平衡进行优化设计，为电厂以后的改造提供依据。

二、水平衡优化

水平衡优化的实质是水资源的优化分配，包括新鲜水和可回用的废水。废水资源分配的核心内容是废水的分类处理与分类回用。一个科学的废水回用方案应该是在保证机组安全运行的同时，能够使废水以最小的成本实现回用。

水平衡优化有以下几个关键：

1. 合理地确定循环水系统的浓缩倍率

对于干除灰电厂，循环水系统是全厂最大的水系统，其补水量、排水量的数值对单位发电量取水量、废水排放量有决定性的影响，也是对全厂水平衡的影响最大的因素。在相同的气候条件下，浓缩倍率是决定循环水系统补水量、排水量的核心因素。因此，根据电厂的设备条件和水质条件，合理地提高浓缩倍率，对于降低全厂的单位发电量取水量、废水排放量有重要的作用。

对于采用水力冲灰系统的循环冷却型电厂，循环冷却水系统和冲灰水系统是两个最大的水系统，对全厂的水平衡有决定性影响。从节水的角度考虑，应优先发展干除灰，取消水力除灰。对于必须保留水力除灰的电厂，要实现节水，应该将这两个系统联合考虑。具体措施是：

（1）尽量提高冲灰系统的灰水比，降低除灰系统的补水。

（2）优先使用高含盐量的废水冲灰，因为冲灰系统对含盐量没有要求，即使有过饱和的盐分也会在灰水中沉淀，不需要脱盐处理。而其他系统使用高含盐废水的成本很高。应该通过技术经济分析，在尽量提高冲灰灰水比的情况下，综合考虑除灰系统的补水量和全厂高含盐量废水的产生量，合理地提高循环水的浓缩倍率，使高含盐量废水的流量（包括循环水系统的排水）与冲灰用水量相匹配。

需要说明的是，尽管各种废水的补入会提高冲灰水系统结垢的危险，但是从节水和全厂水平衡优化来看，这是值得的。有些电厂将含盐量较低的机组杂排水补入冲灰系统，尽管也对废水进行了利用，但并不是合理的回用，属于废水的"高质低用"；因为这类水的含盐量较低，经过简单处理后就可以用于对水质要求更高的场合。

2. 进行废水综合利用

为了减少废水回用过程中的处理成本，应该尽量减少处理环节，对所有废水根据其水量、水质进行合理分配，能直接回用的尽量直接回用，在尽量低的成本下取得废水回用的最大效益。

废水的基本回用方式包括直接串用、低含盐量废水的处理回用和高含盐量废水的处理回用。这方面的内容在第四节中详细讨论。

应建立完整的废水回收系统。目前的废水排放系统大多是按照处理排放的原则设置的，没有分类回收。要实现分类处理并回用，必须对废水进行分类收集。

第三节 提高浓缩倍率的技术关键

对循环冷却型电厂来讲，循环水系统的浓缩倍率是影响全厂单位发电量取水量的重要因素。图 14-2 是根据国内 7 个电厂的调研数据绘制的曲线。这 7 个电厂的机组形式、装机容量、水源、水质等方面都不尽相同，但从单位发电量取水量随浓缩倍率的变化趋势来看，浓缩倍率的高低对单位发电量取水量有决定性的影响。因此，提高浓缩倍率是循环冷却型火电厂开展节水工作最重要的环节。

浓缩倍率的高低受补充水的水质、循环水处理方式、凝汽器管材质等因素的限制，有一定的控制范围。从化学阻垢的角度看，水中碳酸盐硬度的大小是影响水质稳定的一个重要因素。补充水的水质不同，能够达到

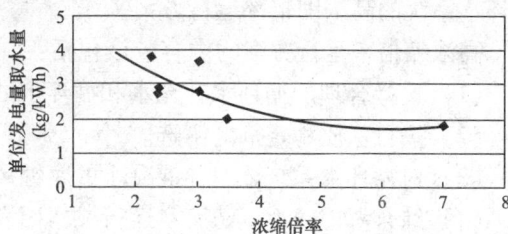

图 14-2　浓缩倍率对单位发电量取水量的影响

的最大浓缩倍率也不同；因此，不可能规定统一的浓缩倍率控制值。但从节水的角度来说，无论是什么样的水质，浓缩倍率是决定循环水系统的补水量、排污量大小的最重要要素。

一、浓缩倍率与补水量的关系

循环冷却水在循环过程中，会因蒸发、风吹、泄漏和排污等损失部分水量。为了使冷却系统保持所需的循环水量，在运行中应不断向循环水系统补充水。当循环水的损失和补充水的量达到平衡时，有

$$P_{bu} = P_1 + P_2 + P_3$$

式中　P_{bu}——补充水水量占循环水流量的百分率，%；

　　　P_1——蒸发损失水量占循环水流量的百分率，%；

　　　P_2——风吹和泄漏损失水量占循环水流量的百分率，%；

　　　P_3——排污损失水量占循环水流量的百分率，%。

蒸发损失的水可以假定全部为纯水，无 Cl^- 和其他盐分携带；而风吹、泄漏和排污损失的水中，Cl^- 的含量与循环水中相同。所以当由补充水带入的 Cl^- 与风吹、泄漏和排污损失带出的 Cl^- 总量相等时，循环水中 Cl^- 的浓度就不再变化，即

$$P_{bu}[Cl_{bu}^-] = (P_2 + P_3)[Cl_X^-]$$

$$\varphi = \frac{[Cl_X^-]}{[Cl_{bu}^-]} = \frac{P_{bu}}{P_2 + P_3} = \frac{P_1 + P_2 + P_3}{P_2 + P_3} = \frac{P_{bu}}{P_{bu} - P_1}$$

式中　$[Cl_X^-]$、$[Cl_{bu}^-]$——分别表示循环水中和补充水中的 Cl^- 浓度，mg/L；

　　　φ——浓缩倍率。

在水质浓缩的过程中，Cl^- 不会生成沉淀，其浓度的变化与水发生浓缩的倍数是成比例的。所以，通常以循环水中的 Cl^- 浓度和在补充水中浓度的比值，表示循环水浓缩的倍数，称为循环水的浓缩倍率。浓缩倍率是循环水系统的一个重要水质控制指标。

在不同的浓缩倍率段，浓缩倍率的变化对补水率的影响幅度是不同的。从节水的角度看，浓缩倍率在 1.5～2 之间为高效节水区；在 2～3 时为效益明显区；在 3～4 时为节水效益区；当浓缩倍率大于 5 时，节水效果不明显。因为过高的浓缩倍率会增大结垢或腐蚀的风险，循环水的处理费用也随之上升，所以浓缩倍率并不是越高越好，而是要根据水质、设备材质、运行成本等因素确定合理的控制范围。一般需要进行相应的实验来确定。

需要说明的是，利用循环水的 Cl^- 浓度计算浓缩倍率时，一定要注意补充水的水质是否稳定；如果水质不稳定，可以预先计算出补充水的平均 Cl^- 浓度（根据各水质段的补水量加权计算），然后再计算浓缩倍率；否则计算结果没有意义。

二、高浓缩倍率运行方案的确定

在高浓缩倍率下运行时，必须要解决结垢、沉积物和腐蚀三个问题。因此，首先要确定

循环水系统的高浓缩倍率运行方案。

高浓缩倍率运行方案的内容应该包括：

（1）选择合理的循环水补充水和循环水处理方案。

（2）进行水质稳定剂的筛选。

（3）对循环水系统金属和混凝土的腐蚀风险进行评估。

（4）综合考虑防垢、防腐和运行成本因素，确定合理的浓缩倍率范围。

循环水试验是确定高浓缩倍率运行方案的必要手段。

循环水试验包括静态试验和模拟试验两种。静态试验通过对水样进行持续的加热浓缩（浓缩温度与循环水的温度接近），直至出现沉淀为止（一般是 $CaCO_3$）。在浓缩过程中，通过不断取样分析，跟踪水质的变化，确定发生碳酸钙沉淀前最大的浓缩倍数，由此得出该水质条件下的极限碳酸硬度值。同时，通过分析腐蚀试片（与换热管、凝汽器管板等材质相同）在浓缩过程中的腐蚀情况，判断铜管或不锈钢管的腐蚀风险，并由此确定系统的缓蚀方案。

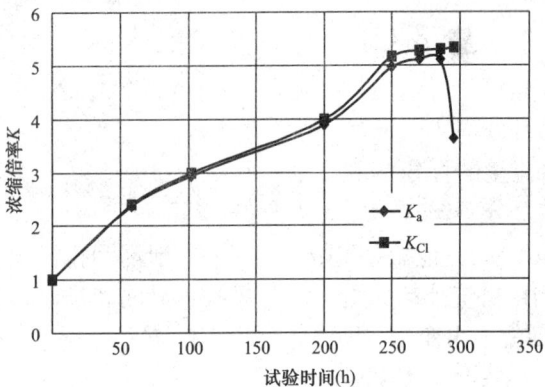

图 14-3 静态浓缩试验曲线

静态试验一般多用于水质稳定剂的筛选。目前，火电厂大多使用复配的水质稳定剂，同时具有阻垢和缓蚀的作用。通过实验，根据投加各种水质稳定剂后所能达到的极限碳酸盐硬度值，对其阻垢性能进行排序。再根据试片的腐蚀速率，对各药剂的缓蚀性能进行排序；最终筛选出阻垢、缓蚀性能最合适的药剂。

图 14-3 为某静态浓缩试验的浓缩曲线；其中 K_a 和 K_{Cl} 分别为按照碱度和 Cl^- 计算的浓缩倍率。从图中可以看出，当浓缩倍率达到 5.2 时，K_a 曲线开始下拐，说明水已达浓缩极限，水中已有部分 HCO_3^- 开始转化为 $CaCO_3$ 沉淀。

动态模拟试验是在静态试验的基础上，近似地模拟循环水系统的动态运行条件，对静态试验得出的有关数据进行验证，预测在该条件下运行循环水系统可能出现的问题。

动态试验装置主要由循环水箱、循环水泵、换热器（相当于凝汽器）、模拟冷却塔、加热系统等部分组成。其水循环流程为：

水箱→循环水泵→流量计→换热器→冷却塔（降温）→水箱

与静态试验的不同之处在于，动态模拟装置在水的蒸发浓缩条件、管内冷却水的流速等方面与工业系统非常接近。其中，换热器和冷却塔是该装置的核心设备。换热器模拟的是凝汽器，内部装有试验用的凝汽器管样（材质与工业设备相同）。同时，在水循环流动状态下，还可以考察系统内沉积物的形成情况。

三、循环水系统补充水的处理

对循环水的补充水（以下简称补充水）进行处理是提高浓缩倍率的方法之一。通过对补充水进行处理，改善进入循环系统水的水质，对提高浓缩倍率有重要的作用。通常，对于地下水，补充水处理的目的主要是软化处理，降低水中的碳酸盐硬度等致垢组分；而对于地表水，通常要考虑去除有机物、悬浮物，有时也考虑软化处理；对于再生水，要考虑去除水中的氨氮、有机物、悬浮物等杂质，并需要采取严格的杀菌措施。常用的处理工艺主要有混凝过滤、化学沉淀、离子交换软化、加酸等。下面介绍几种主要的循环水补充水处理方法。

（一）加酸处理

加酸处理主要原理是通过加酸中和，使循环水中的部分 HCO_3^- 转化为可逸出的 CO_2，由此控制水中的碳酸盐硬度不超过极限碳酸盐硬度。循环水系统加入硫酸后，将发生的反应为

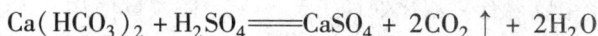

$$Ca(HCO_3)_2 + H_2SO_4 =\!=\!= CaSO_4 + 2CO_2\uparrow + 2H_2O$$

循环水一般都加硫酸，而不加盐酸，这里有两个原因：一是加硫酸的成本比加盐酸低，而且浓硫酸可以用碳钢设备运输和储存；二是使用盐酸会增加循环水中氯离子的含量，导致循环水系统的侵蚀性增大，这是限制浓缩倍率提高的主要因素之一。

因为循环水系统的容积很大，所以加酸点的选择很重要，一般要加在水流动状况好的地方，以免酸在某处积累产生酸性腐蚀。常见的加酸点是循环水泵前池。另外，加酸点要均匀分布，以防循环水沟道出现局部酸性腐蚀。

（二）混凝过滤处理

如果冷却系统补充原水的悬浮物含量过高，不能直接补入循环水系统，这时应对补充水进行混凝、沉淀处理。黄河沿岸的一些使用黄河水的电厂，为了解决河水泥沙含量高的问题，在水补入循环水系统之前，首先要经过预沉淀、混凝澄清处理。这种处理系统流程比较简单，但因为处理水量很大，所以处理设施的占地面积往往很大。

（三）软化处理

当补充水中的致垢组分含量较高、又要求比较高的浓缩倍率时，需要对补充水进行软化处理。软化处理的工艺有两种：离子交换软化和化学沉淀软化。

1. 弱酸离子交换软化

弱酸离子交换是一种重要的循环水补充水软化处理工艺，该工艺适用于处理碳酸盐硬度较高的原水，所使用的弱酸阳树脂（氢型）的工作交换容量大，一般大于 $2500mol/m^3$，而且容易再生，酸耗较低。

在弱酸离子交换器的运行过程中，伴随着树脂形态的转变，其出水的 pH 值将在 $3.5 \sim 6.5$ 的范围内变化。另外，通过弱酸离子交换器处理后，水中的 $Ca(HCO_3)_2$ 和 $Mg(HCO_3)_2$ 大部分被除去，因此水的含盐量会降低。弱酸离子交换在运行初期的出水中有一定的酸度（矿物酸度），这是由于弱型树脂中包含少量的强型基团，具有一定的中性盐分解能力所致。因为运行初期弱酸软化水的 pH 较低，出水中含有的过饱和二氧化碳，在冷却塔的吹脱下即可除去，所以可以不设除碳器。另外多台并联的弱酸软化器运行时，应尽量错开再生时间，以匀化水质，避免酸性水进入系统。

因为弱酸离子交换反应速度较慢，运行流速较低，所以需要的设备数量很多，系统复杂，占地面积大。因系统频繁再生，需要消耗大量的酸、碱等化学品（碱用来中和废水），同时会产生大量的、含盐量很高的再生废液，这些废液通常只能处理后外排，相当于向外部水体中增加了大量的盐分。

当使用硫酸再生时，产生的废液会形成大量的硫酸钙沉淀，废液池的清污比较麻烦。

2. 化学沉淀处理

化学沉淀处理的目的与离子交换软化相同，也是除去部分碳酸盐硬度，为循环水维持高

浓缩倍率运行提供条件。

石灰处理是最经典的化学沉淀处理工艺，其历史很悠久。我国的石灰处理最早用于锅炉补给水软化处理，是在20世纪70年代到80年代初，北方地区的火电厂曾经将该工艺用于处理循环水补充水（如神头电厂、大武口电厂等），软化设备大多采用泥渣循环式澄清设备。这些设备在运行中出现了一些问题，如石灰质量差（堵塞）、水质不稳定（结垢）、石灰粉尘难控制、工作环境恶劣等，以至于后来电厂新建设的水处理系统基本不再使用。

但是在国外（如德国），石灰软化处理工艺至今还在大量使用；尤其是循环水补充水处理，即使是近年来新设计的项目，也采用石灰软化处理。他们通过严格控制石灰粉的质量、采用新型的软化设备，使得这一古老工艺继续发挥着巨大的作用。实质上，从环保的角度来讲，石灰软化处理是一个很理想的工艺，工艺产生的废物对环境的影响比离子交换小得多。表14-1是加酸处理、离子交换软化和石灰软化三种工艺的对比。

表14-1　　　　　　　　加酸处理、离子交换软化和石灰软化三种工艺的对比

工艺名称 对比项目	加　酸	离子交换软化	石灰软化
降低碱度	√	√	√
降低硬度	×	√	√
降低含盐量	×	√	√
除有机物	×	×	√
降低悬浮物	×	×	√
使用的化学物品	酸	酸、碱（碱用于中和废水）	石灰、混凝剂、助凝剂、酸（调pH值用）
对环境的影响	增加水中的强酸离子量	（1）排入外部水体的盐分大幅度增加。 （2）在离子交换树脂生产过程中，对环境的污染性较强	（1）产生的泥渣主要成分是钙、镁的碳酸盐，这些都是自然界常见的物质，对环境没有危害。脱水处理后可直接填埋。 （2）混凝剂、助凝剂用量很少，无毒；而且可以随泥渣固化，对环境影响很小

从表14-1中可以看出，从改善水质的角度看，石灰软化处理综合效果最为显著。除了降低碳酸盐硬度之外，还可以去除部分有机物、悬浮物，这对于提高浓缩倍率有很大的好处。另外，从对环境的影响看，石灰处理也是最环保的，主要的原材料石灰在生产过程中，除了粉尘污染外，不会像离子交换树脂生产那样，产生对环境危害极大的有机污染物。石灰处理主要的废物是泥渣，对环境无害。国外曾经将其脱水固化后直接用于农田施肥，这也是这种工艺在国外长期使用的原因。

实际上，目前国外使用的石灰软化工艺，在工艺选择、软化设备池型设计等方面，都有很大的改进。另外，国外对石灰的质量标准比国内高得多，解决了石灰系统易堵塞、水质不稳定的问题。在石灰储存、计量和投加方面，采用密闭储存系统和自动化卸料、计量、配药系统，完全解决了传统观念中石灰处理系统环境脏、效果差的问题。总之，在循环水补充水处理中，石灰处理是值得继续推广的工艺。

四、循环水处理

1. 加水质稳定剂

水质稳定剂在循环水处理中是最常用的方法。现在普遍使用合成的水质稳定剂，除了具

有高效的防垢能力外，还有防腐蚀的作用。这方面的资料很多，在此不再赘述。

2. 加杀菌剂

在循环冷却系统中常采用化学药剂来控制微生物的滋生和繁殖。从机理上来讲，控制微生物的药剂可以分为生物杀灭剂和生物抑制剂二类。生物杀灭剂的作用是杀死微生物，而生物抑制剂只起抑制微生物滋生和繁殖的作用。根据杀菌的对象不同，生物杀灭剂又可分成杀菌剂、杀真菌剂和灭藻剂等。生物抑制剂又可分为抑菌剂和抑真菌剂等。但在循环冷却水处理的中，往往把控制微生物繁殖的药剂统称为杀菌剂。

3. 旁流处理

旁流处理就是从循环水中引出一部分水进行处理，然后将处理后的水再返回循环水系统。旁流处理工艺主要有旁流过滤和旁流软化。

循环水旁流过滤的目的是除去水在循环过程中因浓缩、污染、细菌滋生等原因形成的高浓度的悬浮物（包括污泥）和藻类，以减少系统内的积泥。通常采用的旁流过滤设备有纤维过滤器、砂滤池等。如果水中含有油污，不能直接采用旁流过滤器，因为油污有可能污染过滤介质，使过滤器发生堵塞。旁流过滤的水量一般为循环水量的 1%～5%。

旁流软化处理的目的是去除循环水中的暂时硬度，降低碳酸钙的过饱和度。国内已经采用的旁流软化处理工艺多为弱酸离子交换，软化处理量大约为循环水量的 0.5% 左右。

五、下游用水对浓缩倍率的影响

目前，保留水力除灰的电厂，都使用冷却塔排污水或其他废水除灰；存在的一个问题是为了满足冲灰水流量的需要，有时需要人为地降低循环水浓缩倍率、加大排污量，因此影响了浓缩倍率的稳定和提高。

在新电厂的设计中，尽管采用了高浓度冲灰，但由于实际运行中存在的问题，无法按照设计灰水比冲灰。例如，为了防止灰浆在管道内沉积，或者冬季防止输灰管道结冰，即使没有灰，也要保持一定的管道流速，维持灰管的通水。实际上的平均灰水比远远小于设计值，这就使得冲灰系统补水量通常远高于设计值，循环水系统需加大排污才能满足其需求，限制了浓缩倍率的提高。

因此，在设计中，尽量采用干除灰系统。

第四节　废水综合利用

废水综合利用是火电厂节水的重要内容。由于火电厂的废水种类多、水质差异大，有些废水需要回用，有些则直接排放，因此，需要采用分类处理的方案。分类处理是将水质类型相似的废水收集在一起进行处理。不同类型的废水采用不同的工艺处理，处理后的水质可以按照不同的标准控制。

一、废水综合利用的顺序

废水综合利用方案的制定要在全厂水平衡优化的框架内进行，首先要避免废水产生；其次尽量减少废水数量；最后再考虑废水综合利用。对于回用成本太高的废水，如 FGD 废水，则考虑处理后达标排放。

废水典型的回用方法有如下几种：

1. 梯级使用

按照用水系统对水质要求的高低，将上级系统的排水补入下级系统。这种回用方式最为经济。典型的梯级使用包括辅机冷却水补入循环水系统，冷却塔排污水补入冲灰、除渣系统等。

2. 上溯使用

将水质较差的废水，处理后回用到水质要求高的一级系统。典型的例子如将冷却塔排污水经脱盐处理后代替新鲜水，用于全厂工业水系统。这种回用方式的成本很高，因此目前并不普遍。

3. 循环使用

对于输煤系统产生的含煤废水、除渣系统产生的渣溢水，通常单独处理后回用于原系统。这样回用的好处是水处理系统简单，回用成本低。

二、废水的分类收集

废水的分类收集是实现分类回用的先决条件。火电厂废水的种类很多，不可能为每股废水都设计一套独立的废水收集系统。但应考虑水中杂质的特点，从回用的角度，按照分类处理、分类回用的原则，对废水进行分类收集。例如，可以将各种设备的冷却排水、密封用水、取样排水、真空系统排水等低含盐量、低悬浮物水收集在一起，这类水不需要进行除盐处理即可回用；而将循环水排水、酸碱再生废水、反渗透浓排水等高含盐量废水收集在一起，进行脱盐处理后回用。至于煤系统废水和灰渣系统废水，因水质特殊，系统相对独立，可以单独收集并在处理后循环使用。

废水分类收集中存在以下问题：

（1）因为各排水点的分布比较复杂，不可能将每种废水单独收集，但可以尽量地按照废水处理工艺的异同来收集。

（2）电厂的废水一般是无压水，其收集主要通过沟道完成。废水收集沟道的泄漏是普遍存在的问题。在南方地区，因为地下水位高，地基软，沟道容易因不均匀沉降发生开裂，导致废水外溢或内渗。外溢对地下水的水质有污染，而且废水在收集过程中损耗过大，不利于水量的平衡；内渗水则会影响废水的水质。如果地下水含盐量比废水高，则有可能影响废水的回用。例如，在有些海滨电厂，浅层地下水的含盐量很高，即使少量渗入也会大幅度提高废水的含盐量，影响其使用。地下水的水位还受海潮潮位的影响，涨潮时，地下水位高，内渗严重；落潮时，地下水位降低，废水外溢。

（3）在用海水冷却凝汽器的电厂，海水因隔离措施不完善混入废水收集系统。因海水的含盐量极高，往往少量的泄漏也会使废水的水质劣化，使收集的废水失去使用功能。常见的泄漏发生在主厂房废水收集系统。

（4）对于某些欲回收的间断性废水，有时收集系统需要改造。例如，循环水排污水的瞬时水流量很大，如果处理回用，必须将其改为连续排污。

三、废水综合利用方式

含盐量的高低，是影响废水处理流程的重要因素。对于低含盐量废水和高含盐量废水，有以下回用工艺：

（一）低含盐量废水的处理回用

低含盐量废水经过处理后，可以替代工业水用于设备的冷却、杂用等。例如，主厂房杂排水、热力系统的疏水，收集后经过处理，可以作为循环水系统的补充水使用。由于回用成本低，目前很多电厂对这类废水已经实现了回用。

1. 典型的回用处理工艺

典型的回用处理工艺为

废水→废水调节池→pH 值调整→混凝、澄清（或气浮）→过滤→清水池→回用

2. 处理过程中需要重点控制的项目

（1）悬浮物。用浊度指标来控制，通常出水浊度应该小于 5NTU。废水的悬浮物波动范围比较大，所以，处理系统应该有良好的水质适应性。

（2）化学需氧量（COD）。这部分废水的 COD 一般不是很高，目前没有明确的规定值，只要满足回用要求即可。

（3）油。废水中油的含量不稳定，一般要求出水的含油量小于 5mg/L。

（4）其他指标。如 pH 值，硬度、碱度等。

3. 处理系统运行中容易出现的问题

（1）废水水质不稳定导致出水水质恶化，如高浓度油的混入。

（2）其他类型的废水由收集系统混入，导致处理后的水质达不到回用的要求。

（3）废水处理负荷波动过大，影响出水水质。

（二）高含盐量废水的处理回用

1. 直接回用

可用于煤场喷淋、干灰调湿等、水力冲灰、除渣等对水质要求很低的场合。在德国采用石灰石—石膏湿法脱硫的火电厂，大多将这股废水补入脱硫吸收塔，作为工艺水使用。但这种使用是有条件的，需要通过试验进行评估，国内近来已经开展这方面的研究、应用工作。

2. 脱盐处理后回用

通过反渗透脱盐处理后，得到的淡水完全可以代替工业水；国内电厂比较典型的用法是将淡水补充到锅炉补给水处理车间做原水，这样可以大量减少再生用酸、碱的量和酸碱废水的产生量。浓水则可以用于除渣、输煤系统。但回用浓水时要注意系统防腐和防垢。

循环水排污水是火电厂最大的一股高含盐量废水，由于在循环水系统内已经经过多倍浓缩，循环水排污水的各项水质指标都比较高，水质复杂，有结垢的倾向，对反渗透膜的污染性很强。因此，循环水排污水回收处理的预处理系统很复杂，回用处理成本很高。

图 14-4 是某电厂废水综合利用的实例（图中的数字均为流量值，单位是 m^3/h）。

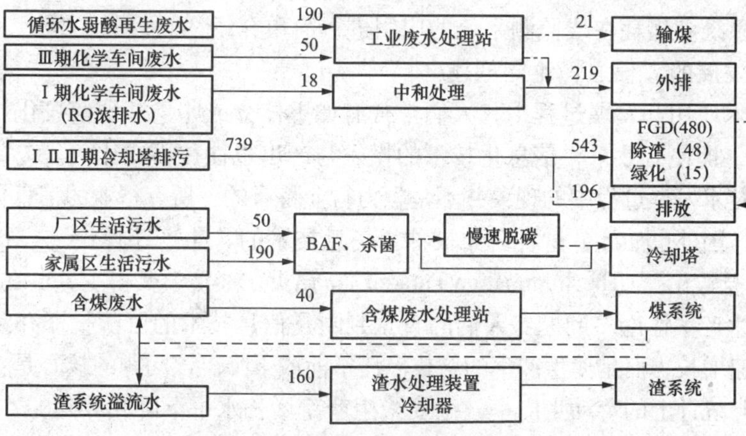

图 14-4　某电厂废水综合利用实例

第十五章

信息化在火力发电厂节能降耗中的应用

第一节 火力发电厂信息化现状

一、火力发电厂信息化发展状况

随着信息化技术的飞速发展，电力技术的发展需要充分利用信息化网络技术作为基础为其服务。

目前，新建电厂一般配有 SIS、MIS、EAM、ERP 等信息系统，大的发电集团或公司还配有集团级的财务管理、运行管理、项目管理、人力资源管理等信息系统。随着信息化技术的发展，电力信息化已经成为电力发展的一个主要方向，也是电力技术进一步深入发展的必要基础。

从信息技术应用上看，发电侧的电力信息化技术发展有两个发展趋势，一个是向宏观管理上发展，一个是向微观应用上发展。

对大的发电集团或公司，需要一个统一的数字化信息平台对所属电厂的生产运行过程进行监管，对所属电厂和机组的主要运行状况进行管理。目前，各大发电集团基本建立有一套电厂运行信息管理系统，已经实现了所属电厂、机组主要运行参数的在线监管和常规统计报表的管理。

部分电厂配有燃烧优化管理、配煤优化管理系统、SIS 系统等，可以对电厂的运行优化提供具体指导。为了保证机组的安全稳定运行，部分电厂还配备有机组寿命管理、设备优化检修、汽机振动检测等功能。随着节能减排政策的深入，火电机组能耗及污染物排放监测系统也处在研究、开发和初步应用中。

本章就 SIS 系统和煤耗在线监测系统的应用进行简单介绍。

二、信息化发展的"信息悖论"问题

在信息化技术应用和发展过程中，人们常常有如下体会或印象，即信息化技术的应用达不到预期的效果，即使有效果，信息化技术的投入与产出也往往不成比例。

这种信息化技术发展过程中的现象并不是电力行业特有的，所有行业的信息化技术应用过程都存在此问题，国外也如此，这种现象被称为信息技术的"生产率悖论"（The Productivity Paradox）或"信息悖论"（The Information Paradox）。诺贝尔经济学奖得主 Robert Solow 最先提出信息技术的"生产率悖论"问题：人们的直觉判断是信息技术的巨额投资并没有带来人们预期的生产率高速增长，而是使生产率的增长停滞不前或下降。该问题的核心是：为什么信息技术革命的出现与统计上的劳动生产率、全要素生产率增长水平下降相伴随？

目前我国的集团企业信息化技术发展水平还处在发达国家 20 世纪 80 年代中期的技术水平，相应的配套管理水平甚至更低。我国的行业信息化发展普遍存在投资多、成效少的现

象，例如电力行业中，实施的 MIS、ERP 等综合管理信息系统都不同程度地遭遇到信息技术投入与产出相背离的尴尬局面。一些高资金投入的信息系统甚至因各种原因放弃不用或处于闲置状态；即使使用，也由于没有相应配套的管理措施及管理变革，使用效果不明显。

三、电力信息化发展的问题分析

信息技术的"生产率悖论"现象使我们必须回答，电力信息化的发展是单纯的人力、物力和财力投入吗？电力信息化的发展如果带来增长水平下降还需要继续投入吗？

这需要从信息化的发展历史去分析。发达国家的信息化发展都存在过"信息悖论"的现象，这种现象直到 20 世纪 90 年代后半期才开始有逐渐转机，信息技术革命对经济增长的推动作用开始显现并逐渐得到发挥。这说明信息化技术与人类历史上推动文明发展和生产率提高的其他技术有着相同的发展规律，人类社会只有掌握应用新技术到一定程度后，新技术才会逐渐释放它的能量；同时，相应配套的人力、物力和管理等随后跟进，新技术才能体现出它对生产力发展加速推动的作用。

我国的信息化技术发展目前正处在"生产率悖论"现象凸显的时期。一方面，简单适用的信息化技术已经得到应用、推广甚至普及，通过企业管理措施的贯彻、使用人员的技术培训、人员计算机水平的提高，如企业门户、OA 等信息化系统的初步应用成果已经成为人们工作的必然要素，人们的日常工作已经对这些信息化系统产生了足够的依赖程度。另一方面，再进一步的信息化技术投入却很难得到进一步的充分应用和有效实施，实施的结果也达不到预期的设想和期望。

电力行业的信息化应用也明显处在此阶段，企业一般可以有效地实施计算机办公系统、机组甚至全公司的生产信息管理等，但想依托生产信息技术进行进一步的深入应用却往往达不到预期的目标。因此，需要结合电力行业的特点，对"信息悖论"的原因进行进一步分析，目前产生电力行业"信息悖论"的主要原因大致有：

1. 投入与产出的计量问题

传统的投入与产出主要是通过具体的支出与经济收益进行计量对比，信息化技术带来的非经济产出无法衡量。例如通过电厂的信息系统，我们可以很方便地通过计算机和移动设备了解生产信息、实现生产运行统计报表的自动生成等功能，这可以极大地减少运行人员和技术管理人员的工作时间和强度，丰富对机组设备状况的了解程度。这就是为什么目前许多扩建电厂可以不用增加人员数量而保证电厂的正常运转，因为信息化技术已经极大地为运行人员和技术管理人员提供了方便，提高了劳动效率，但这种效率很难用支出与经济收益来衡量。

有关信息化技术的经济性研究和评价还需要更多的经济学专家进行深入研究，投入与产出的计量系统模型应该涉及技术知识的应用。已有的 ERP 研究成果证明，降低固定成本的 ERP 投资可以带来企业利润的增长，而旨在降低变动成本的 ERP 投资是否会带来企业利润的增长，则要视企业所处的市场环境、市场敏感度、企业整合 ERP 的能力、竞争对手的情况而定。

2. 因学习和调整引起的时滞问题

任何技术的应用都涉及到人与物的关系。电力信息化技术作为一种新技术应用，其发挥作用需要一段时间，作为使用者也有一个学习和调整的过程。

对任何新事物，人学习和调整过程的表现形式是因其对新事物的看法不同而不同。这种不同是因为新事物（特别是新技术）带来的变革或多或少会影响到每一个人的切身利益，每个人都不可避免地需要作适当的调整，而正是这些人员对新事物所带来的变革忧虑，将会对整个新事物的发展过程产生不同的影响，并且随着时间的变化而变化。

人们对待变革的表现与时间的典型关系可用图 15 – 1 来表示。

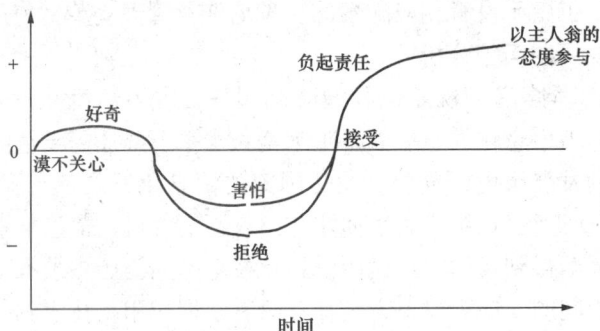

图 15 – 1　变革曲线

显然，如果没有一套体制约束人们去掌握该项新技术，大多数人往往会停留在第二阶段。

3. 技术管理的革新问题

随着信息化技术的深入应用，必然要求技术管理措施、人员结构、人员水平、管理职能划分等作相应的调整或变革。一项新技术的应用过程，也是企业管理模式的变革过程，也是人与人关系的重新调整过程。

由于管理体制变革的滞后、人员更换的周期、人们的接受程度等原因，新技术应用所要求的技术管理革新一般需要较长的时间去实施。如果相应的技术管理措施没有到位，则电力信息化技术的作用无法得到充分发挥。例如，电力信息化可以极大地降低简单的重复的数字抄表统计、设备检查、物资管理等工作，但电厂无法有效地立即减少工作人员，电力信息化技术所带来的减员增效无法体现。又如，电力信息化需要使用人员具备必要的计算机知识和自学习能力，更高级的应用需要技术人员具备必要的专业知识，而人员的更换和培训需要一定的时间，需要必要的管理措施迫使技术人员利用信息化技术进行生产组织管理、机组设备运行管理、设备优化检修等工作。

4. 电力行业的信息化问题

针对电力行业的信息化技术应用，由于其行业的特殊性，还存在如下特殊问题：

（1）数据信号的可靠性。

机组设备的数据信号是电力信息化技术应用的基础。目前电厂很少有性能测点的概念，主要测点信息用于生产运行及系统控制。而生产运行数据的精度一般要求不高，数据的使用一般用于简单的数据处理，追求数据的相对变化的准确性和可靠性。同时，必要的测点没有安装或数量不够，如电站锅炉普遍未安装空气预热器后的排烟氧量，排烟温度测点数目不足。一些测点的精度不高，如给水孔板流量、凝结水流量等。一些数据信号的测量技术还没有达到实用的程度，如煤质成分、飞灰可燃物的在线测量。这些信号的可靠性和准确性不够，直接造成电力信息化技术深入应用效果的降低，甚至具体的应用功能难以实施。

（2）专业技术知识的信息化转化。

专业技术知识的信息化转化来源于两方面的困难：一方面，专业知识存在于不同的专家头脑中，很难将专家知识提取出来，即使提取出来，许多专业技术知识还很难进行信息化转化；另一方面，由于专业技术的信息化转化程度低，许多信息化技术的应用功能仍严重依赖专业技术知识的人为参与，这要求利用信息化技术的专业技术人员具备基础的计算机应用知识和专业知识，把信息化技术平台作为一个辅助平台，更多地利用信息化技术提供的信息进行具体的功能应用。

就目前电力技术的信息化转换程度，信息化技术在电力行业的深入应用很大程度上需要技术人员的参与。许多有经验的技术专家都面临着熟练掌握计算机应用知识的问题，而青年技术人员又面临缺乏分析判断的经验问题。

第二节 SIS 系统在节能降耗中的应用

一、SIS 系统概述

（一）SIS 系统概念

火电厂厂级监控信息系统（Supervisory Information System in Plant Level，简称 SIS）是集过程实时监测、优化控制及生产过程管理为一体的电厂自动化信息系统。该系统通过对火力发电厂生产过程的实时监测和分析，实现对全厂生产过程的优化控制和全厂负荷优化调度，在整个电厂范围内充分发挥主辅机设备的潜力，达到整个电厂生产系统运行在最佳工况的目的；同时该系统提供全厂完整的生产过程历史/实时数据信息，可作为电力公司信息化网络的可靠生产信息资源，使公司管理和技术人员能够实时掌握各发电企业生产信息及辅助决策信息，充分利用和共享信息资源，提高决策科学性。

（二）SIS 系统定位

电厂生产过程信息化包括两个方面：一是面向机组级的生产过程监控；二是面向全厂生产过程乃至整个企业的监控和管理。过去，由于管理模式、投资及技术条件限制等因素的影响，我国电力企业一直偏重于机组 DCS（Distributed Control System，简称 DCS）等系统控制功能的应用，而对于全厂生产过程的实时监控、运行指标管理及其优化指导方面重视不足。随着生产自动化水平的提高和我国电力改革发展的需要，有些电厂虽然在 DCS 或 MIS 系统上增加了部分性能诊断、优化等功能，对提高机组运行经济性起到了一定的积极作用，但没有在整个机组或全厂范围内实现统一的运行优化管理。因此，迫切希望在全厂范围内实现整体优化运行，以提高全厂综合自动化水平并为 MIS（Management Information System，简称 MIS）或相关系统提供经优化处理后的实时数据，进一步提高全厂营运效益。

由于在传统的单元机组控制系统或管理信息系统上单纯增加和扩大部分机组性能诊断和优化功能不能最大限度地提高全厂运行经济性，在这一背景下，SIS 系统便应运而生，并将在今后会得到迅速的发展，从而由 SIS 系统和 MIS 系统构成一个完整的电厂厂级自动化信息系统。

二、电力集团信息化构架

从集团的技术管理角度出发，改变发电集团所属火电厂传统的汇报式运行管理模式，发电集团需要以提高集团整体运行及其管理水平为目标，综合对比不同电厂和机组间的运行指标，了解集团内机组的主要运行状况，分析集团的节能降耗潜力。因此集团运行监管系统也得到逐渐重视，目前五大发电集团都建设有类似的集团运行监管系统，对集团所属火电机组的生产过程、运行情况实现了实时在线监督和管理，对公司、电厂、机组、锅炉、汽机和辅机的主要性能参数指标进行了实时计算和对比，并对生产运行数据进行了长期存储、实时分析、及时发布和自动报表处理，为公司和电厂科学决策提供了技术支持。

此外，为了充分提高集团的管理力度，使电力信息化建设的投资得到统一规划和有效应用，集中的远程技术服务中心或诊断中心建设也逐渐得到发电集团的重视。

这样，整合后的电力集团信息化的总体构架推荐如图 15-2 所示。

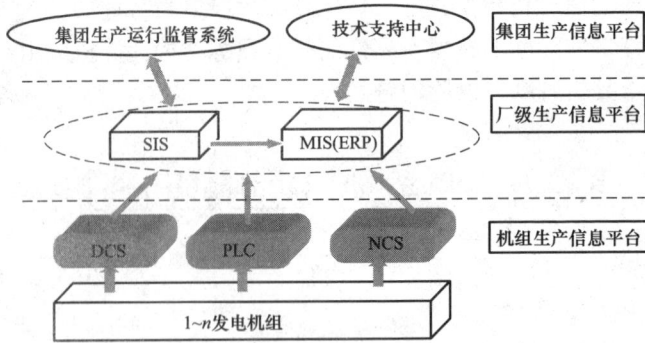

图 15-2　电力集团信息化的基本构架

三、基本性能指标的计算

（一）基本性能指标计算的意义

发电厂信息化的最基本应用功能是显示电厂运行信息的实时和历史数据，并进行简单的数据统计。更深入的功能应用是对这些基本信息进行计算和加工，得到更有用的性能指标数据，为机组运行分析、经济性评价、故障分析等提供基础数据。

（二）基本性能指标

对锅炉设备，主要的基本性能指标有：锅炉效率、排烟热损失、机械未完全燃烧热损失、散热损失、灰渣物理热损失、空气预热器漏风率、一次风机耗电率/单耗、送风机耗电率/单耗、磨煤机耗电率/单耗等，如图 15-3 所示。

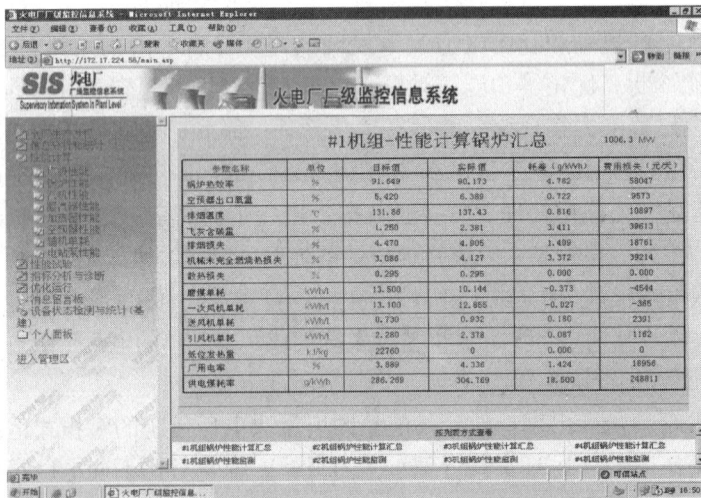

图 15-3　锅炉性能指标汇总页面

对汽轮机设备，主要的基本性能指标有：高压加热器各段抽汽量、再热蒸汽流量、主蒸汽流量、高压缸效率、中压缸效率、汽轮机热耗率、汽轮机汽耗率、汽轮机装置效率、再热蒸汽压损、凝结水过冷度、各级加热器端差、给水泵耗电率/单耗、循环水泵耗电率/单耗等，如图 15 - 4 所示。

对空冷机组，主要的基本性能指标还有空冷风机耗电率、凝结水过冷度等。

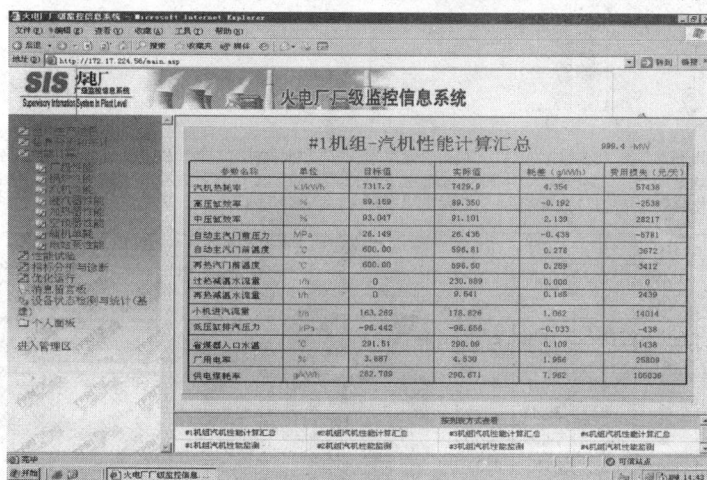

图 15 - 4　汽机性能指标汇总页面

对机组，主要的基本性能指标有：机组功率因数、机组负荷率、补给水率、机组效率、厂用电率、发电（标）煤耗、供电（标）煤耗等，如图 15 - 5 所示。

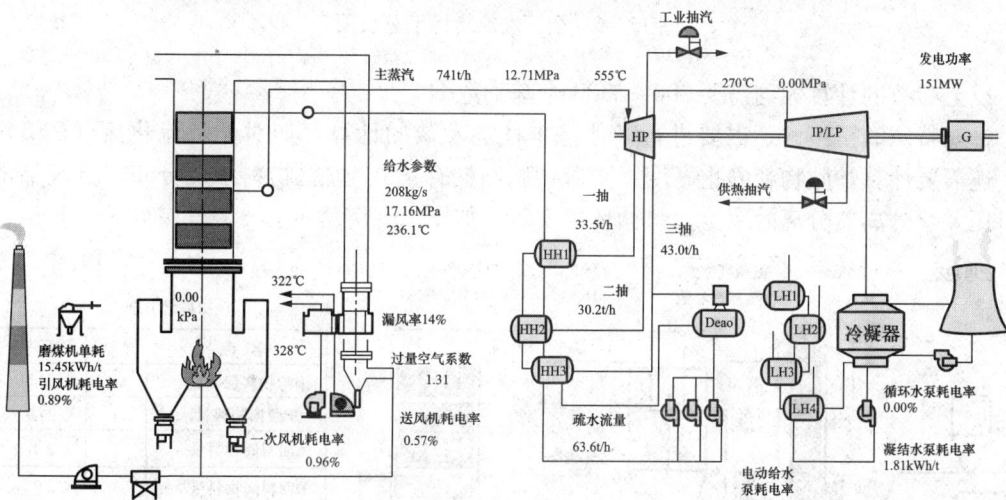

名称	单位	数值	名称	单位	数值	名称	单位	数值	名称	单位	数值
主蒸汽温度	℃	555.4	主蒸汽压力	MPa	12.71	再热蒸汽温度	℃		真空度	%	96.1
发电功率	MW	151.4	供电功率	MW	140.0	厂用电功率	MW	11.5	厂用电率	%	7.50
抽汽耗煤量	t/h	22.2	发电耗煤量	t/h	21.8	供热耗煤量	t/h	12.9	机组燃煤量	标煤 t/h	56.9
高压缸效率	%	87.37	汽机汽耗率	kg/kWh	4.90	凝结水过冷度	℃	-3.3	凝汽器端差	℃	8.3
供热抽汽比	%	17.50	工业抽汽比	%	29.95	过量空气系数	—	1.31	漏风率	%	14
发电热耗率	kJ/kWh	3901	锅炉效率	%	93.13	燃料利用系数	%	74.74	负荷率	%	71.8

图 15 - 5　机组性能指标汇总页面

对全厂，主要的基本性能指标有：全厂平均负荷率、全厂平均机组效率、全厂平均供电煤耗、全厂平均发电煤耗、全厂平均锅炉效率、全厂平均汽轮机热耗、全厂平均汽耗率、全厂平均厂用电率、全厂燃煤成本、全厂供电量（累积）、全厂发电量（累计）等，如图 15-6 所示。

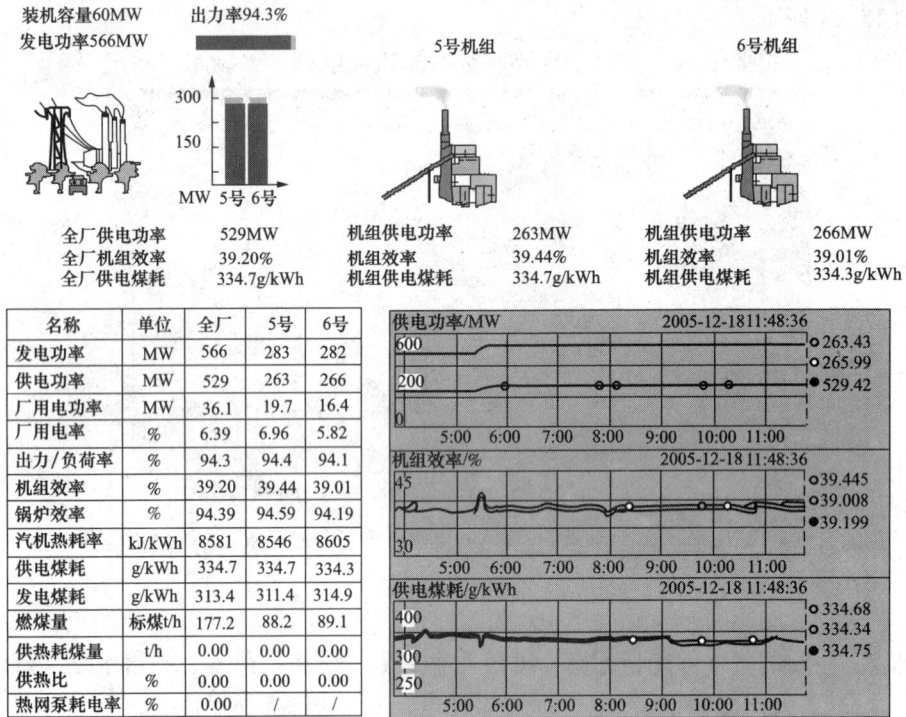

装机容量60MW　出力率94.3%
发电功率566MW

5号机组　　　　　　　　　6号机组

全厂供电功率	529MW	机组供电功率	263MW	机组供电功率	266MW
全厂机组效率	39.20%	机组效率	39.44%	机组效率	39.01%
全厂供电煤耗	334.7g/kWh	机组供电煤耗	334.7g/kWh	机组供电煤耗	334.3g/kWh

名称	单位	全厂	5号	6号
发电功率	MW	566	283	282
供电功率	MW	529	263	266
厂用电功率	MW	36.1	19.7	16.4
厂用电率	%	6.39	6.96	5.82
出力/负荷率	%	94.3	94.4	94.1
机组效率	%	39.20	39.44	39.01
锅炉效率	%	94.39	94.59	94.19
汽机热耗率	kJ/kWh	8581	8546	8605
供电煤耗	g/kWh	334.7	334.7	334.3
发电煤耗	g/kWh	313.4	311.4	314.9
燃煤量	标煤t/h	177.2	88.2	89.1
供热耗煤量	t/h	0.00	0.00	0.00
供热比	%	0.00	0.00	0.00
热网泵耗电率	%	0.00	/	/

供电功率/MW　2005-12-1811:48:36
○263.43
○265.99
●529.42

机组效率/%　2005-12-18 11:48:36
○39.445
○39.008
●39.199

供电煤耗/g/kWh　2005-12-18 11:48:36
○334.68
○334.34
●334.75

图 15-6　全厂性能指标汇总页面

以上参数的计算大约需要 200～300 个基础数据。

针对特殊的机组，还需要进行其他基本性能参数的计算。如对循环流化床（CFB）锅炉，还需要计算炉膛物料静止高度（炉膛内物料储存量）、炉膛物料浓度分布、分离器的进出口压差、分离器分离效率、物料循环倍率等，如图 15-7 所示。

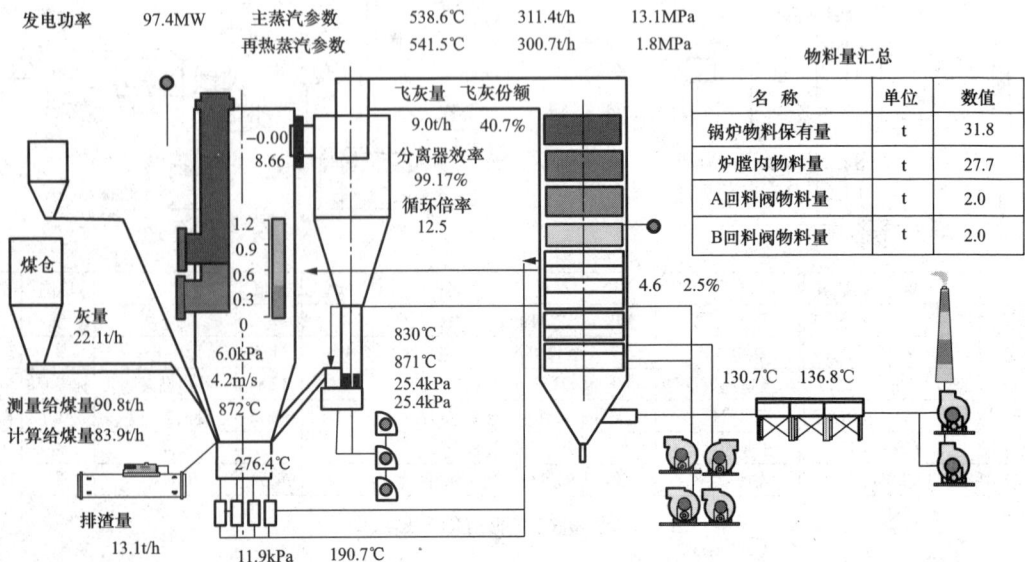

发电功率　97.4MW　主蒸汽参数　538.6℃　311.4t/h　13.1MPa
再热蒸汽参数　541.5℃　300.7t/h　1.8MPa

物料量汇总

名　称	单位	数值
锅炉物料保有量	t	31.8
炉膛内物料量	t	27.7
A回料阀物料量	t	2.0
B回料阀物料量	t	2.0

飞灰量　飞灰份额
9.0t/h　40.7%
分离器效率
99.17%
循环倍率
12.5

煤仓
灰量
22.1t/h

测量给煤量90.8t/h
计算给煤量83.9t/h

排渣量
13.1t/h

图 15-7　物料平衡监视页面

四、耗差分析

为了让运行人员和管理人员了解和掌握当前机组设备的运行经济性水平，掌握机组设备在操作和设备上存在的问题及解决问题的方向，必须对机组经济性指标进行准确和可靠的分析，才能清楚地掌握在整个机组复杂系统中各项设备性能指标、运行参数的偏差及带来的能耗增加，做到解决问题"有的放矢"。这些性能指标和运行参数主要包括：

锅炉效率、锅炉排烟温度、烟气含氧量、飞灰含碳量、燃料发热量、汽轮机热耗率、高压缸效率、中压缸效率、主蒸汽压力、主蒸汽温度、再热蒸汽温度、再热蒸汽压力损失、凝汽器真空、凝结水过冷度、锅炉给水温度、各加热器端差、过热器减温水流量、再热汽减温水流量、辅助蒸汽用汽量、机组补水率、轴封漏汽量、厂用电率、给水泵汽轮机用汽量或电动给水泵用电量等。

机组经济性指标分析来源于机组耗差分析，分为可控耗差和不可控耗差两部分。

（1）可控耗差。包括主蒸汽压力、主蒸汽温度、再热蒸汽温度、排烟温度、烟气含氧量、飞灰含碳量、厂用电率、真空、最终给水温度、各加热器端差、过热器减温水流量、再热器减温水流量。

（2）不可控耗差。包括再热器压损、燃料发热量、高压缸效率、中压缸效率、辅汽用汽量、机组补水率、凝结水过冷度、轴封漏汽量。

对耗差分析结果，可以用直观的棒图和饼图形式显示。

（1）耗差分析棒图。以耗差分析数据表格和直观的各系统耗差分布棒图两种形式显示，图 15-8 以棒图的形式列出了影响机组经济性的主要参数的当前数值和目标数值，包括费用损失等。

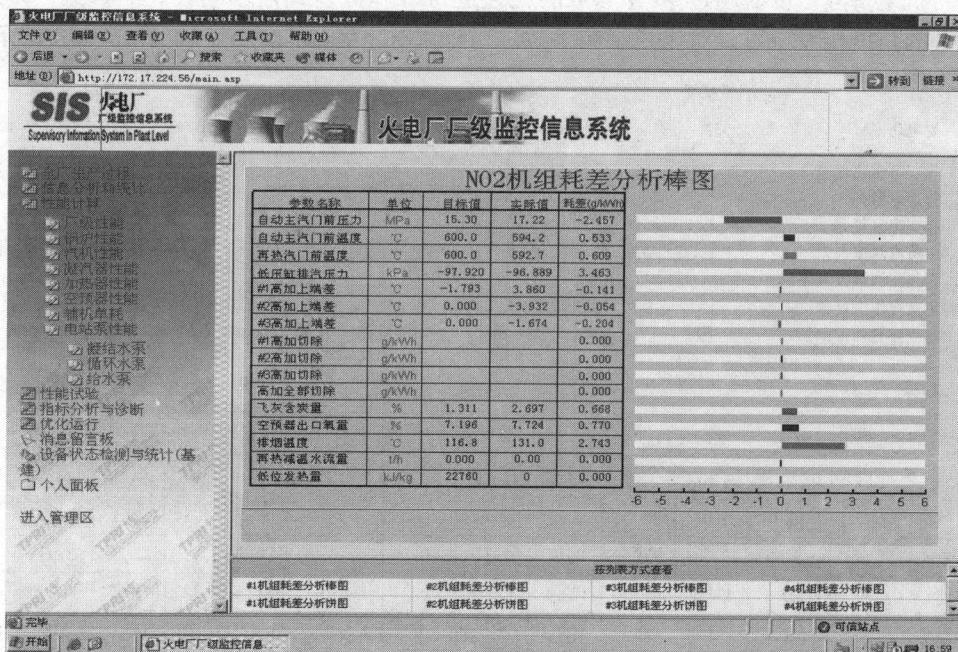

图 15-8　耗差分析棒图

（2）机组系统耗差分布饼图。如图 15-9 所示。

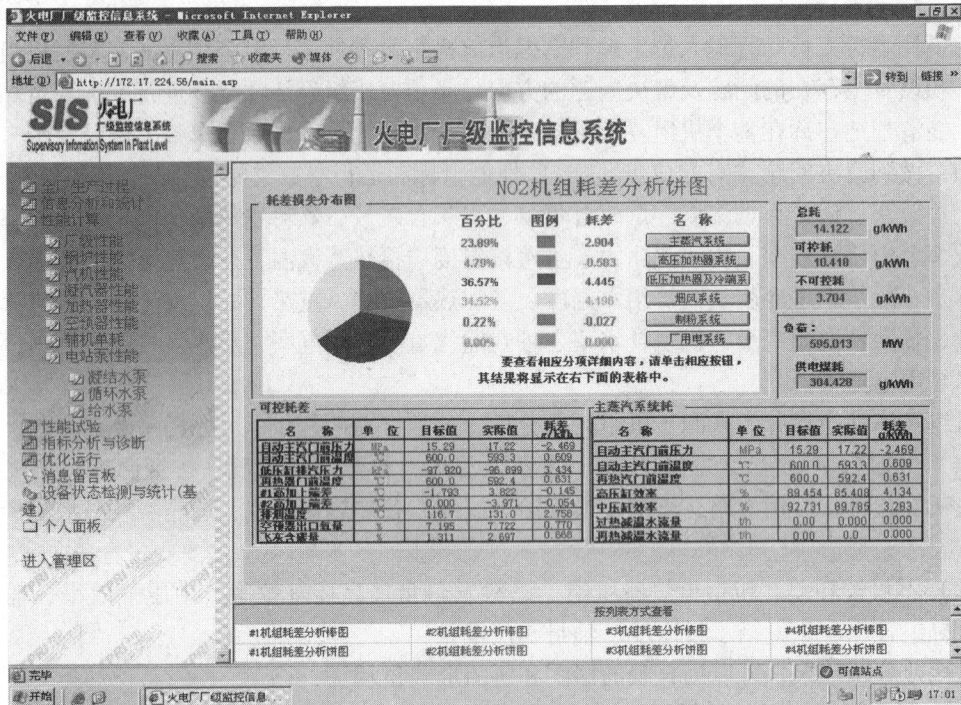

图 15-9　耗差分析饼图

　　每台机组一般可以对超过 30 个参数的耗差进行计算分析，但影响较大的参数不多。从集团管理的角度出发，可以对主要影响参数进行计算分析和横向对比，如图 15-10 所示。

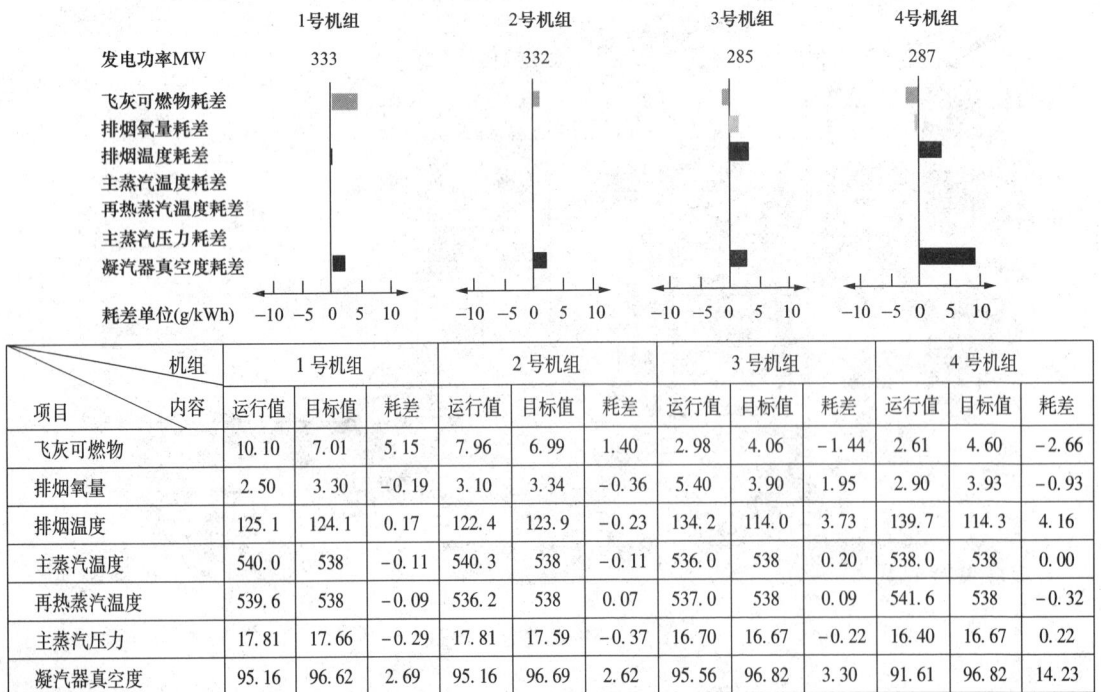

机组项目内容	1 号机组			2 号机组			3 号机组			4 号机组		
	运行值	目标值	耗差	运行值	目标值	耗差	运行值	目标值	耗差	运行值	目标值	耗差
飞灰可燃物	10.10	7.01	5.15	7.96	6.99	1.40	2.98	4.06	-1.44	2.61	4.60	-2.66
排烟氧量	2.50	3.30	-0.19	3.10	3.34	-0.36	5.40	3.90	1.95	2.90	3.93	-0.93
排烟温度	125.1	124.1	0.17	122.4	123.9	-0.23	134.2	114.0	3.73	139.7	114.3	4.16
主蒸汽温度	540.0	538	-0.11	540.3	538	-0.11	536.0	538	0.20	538.0	538	0.00
再热蒸汽温度	539.6	538	-0.09	536.2	538	0.07	537.0	538	0.09	541.6	538	-0.32
主蒸汽压力	17.81	17.66	-0.29	17.81	17.59	-0.37	16.70	16.67	-0.22	16.40	16.67	0.22
凝汽器真空度	95.16	96.62	2.69	95.16	96.69	2.62	95.56	96.82	3.30	91.61	96.82	14.23

图 15-10　主要参数耗差分析

五、机组优化运行

（一）机组运行参数优化及调整操作指导

为了提高机组的运行经济性，应对运行操作人员，尤其是经验不足的操作人员提供有效的指导性操作方法或参考信息。

由于机组参数的优化和操作指导涉及锅炉、汽轮机、电气、化学、热控、环保等专业技术，是一项专业性非常强的技术知识，SIS系统的模块和内容应将理论知识和实践经验相结合，才能达到真正的效果。

就目前的电力信息化技术水平，还很难找到一套很好的优化运行指导软件，直接给出机组设备的优化运行方式和优化指导。在对运行参数优化及调整操作指导设计时，应本着实用、可操作的原则，结合机组全面性优化调整试验结果和运行历史进程数据，最大限度地提高机组的运行效率。因此，该功能还需要运行人员和技术人员的参与，SIS系统主要提供一个数据信息平台，能够不断集成已有的运行知识。

目前，SIS系统可以设计有运行方式操作指导、优化运行指导曲线、优化参数列表三项主要功能：

1. 运行方式操作指导

目前，主要考虑了下列设备的运行方式指导：

（1）高压调门开度。

（2）循环水泵运行方式。

（3）给水泵运行方式。

（4）磨煤机投运方式。

（5）送风机挡板开度。

（6）二次风风挡板开度等。

2. 优化运行指导曲线

主要提供以下优化运行指导曲线：

（1）主汽压力。

（2）主汽温度。

（3）再热汽温。

（4）排烟（或炉膛出口）氧量。

（5）凝汽器真空等。

图15-11为主蒸汽压力运行优化指导页面。在该页面中，线条代表经优化后的最佳运行曲线，单点为机组实际运行点，通过该图，运行人员能够很容易了解到主蒸汽压力的偏离程度。

3. 优化参数列表

可以查看机组所有优化参数的实际值和目标值，这些参数包括：

主蒸汽压力，主蒸汽温度，再热蒸汽温度，排烟温度，烟气含氧量，飞灰含碳量，厂用电率，真空，高、中压缸效率，最终给水温度，各加热器端差，过热器减温水流量，再热器减温水流量等。

（二）优化运行指导实现方法

1. 机组实际运行基础数据的获得

机组实际运行基础数据包括制造厂提供的设计和原始数据、DCS系统及其他控制系统

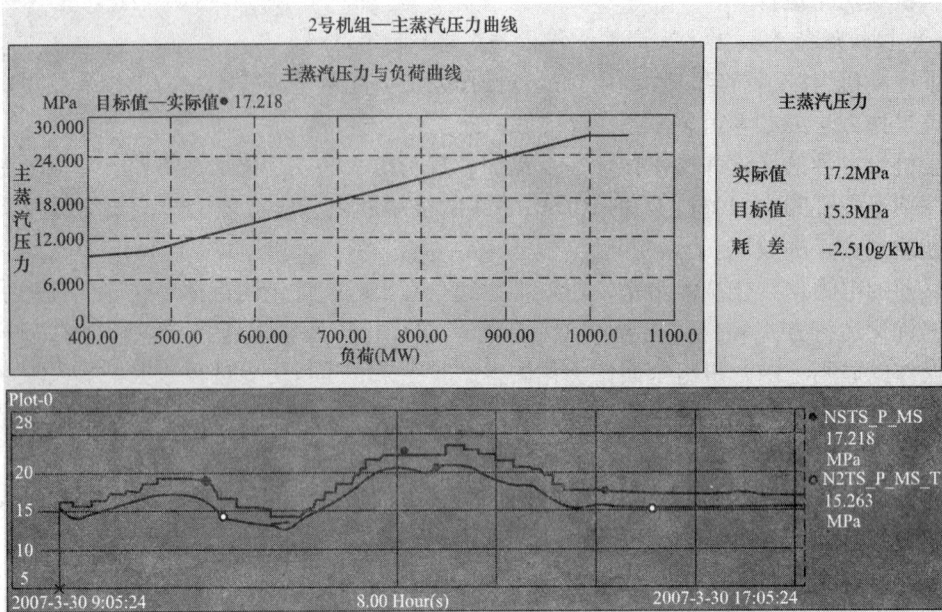

图 15－11　主蒸汽压力运行优化指导曲线

提供的生产当前和历史数据、通过经济指标计算数据和通过优化试验获得的机组运行数据。

2. 运行指导的获得

可以将优化试验或同类型机组优化试验结果与机组性能动态自修正相结合，既考虑机组性能优化试验结果，又考虑性能的动态变化，用于指导机组优化运行，并且提出机组参数优化、运行操作指导建议。

图 15－12 为当主蒸汽温度偏离最佳运行值时，系统给出的操作指导及建议。

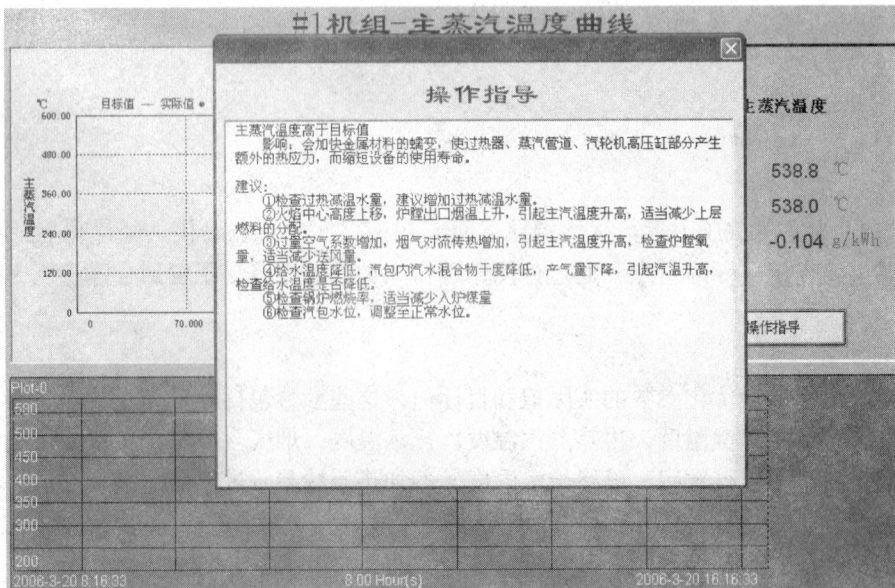

图 15－12　主蒸汽温度偏离操作指导

运行方式操作指导方法只是提供了运行参数的目标值与实际值的差别，能否达到目标值和如何达到目标值，需要运行人员和技术人员参与分析。同时，如何获取反映当前机组实际情况的目标值也是该功能的难点。因此，机组运行参数优化及调整操作指导应该是一个开放的系统，技术人员可以根据机组的实际情况进行不断地修改和完善。

六、其他应用

1. 吹灰优化

通过在线计算对流式换热器（过热器、再热器、省煤器）性能、炉膛的总体污染情况、空气预热器的污染情况，进行优化吹灰。

在整体热平衡的基础上，利用工质侧参数和省煤器后烟气侧参数，并根据飞灰可燃物及排烟氧量软测量模型，首先进行锅炉各项热损失和热效率的计算。以省煤器出口参数为基准位置，向下计算得到空气预热器的清洁度系数。基于受热面对流辐射传热，逆烟气的流程逐段进行各受热面的热平衡和传热计算，得到各级对流受热面积灰的清洁度系数和炉膛出口温度，从而得到炉膛的清洁度系数。

根据各级受热面或各部位的清洁度系数，按照一定的吹灰规则指导是否吹灰，根据吹灰结果的评估确定多长时间吹灰，以减少不必要的吹灰能源浪费，同时也提高了锅炉运行的安全性和经济性。

2. 循环流化床锅炉的点火优化

由于 CFB 锅炉的点火过程与煤粉炉存在很大差别，可以利用已有的技术成果和信息化技术实时提供 CFB 锅炉冷、热态点火过程中的在线监视指导功能，如图 15－13 所示。

利用该功能，可以实现 CFB 锅炉点火过程中主要运行参数（风室温度、炉膛温度、回料阀温度、风室压力、一次风流量、排烟氧量等）的监视和主要参数报警，并根据实际的煤质资料提供投煤的稳定着火温度。利用实时数据库功能，还可以查询点火期间各运行参数的历史变化，便于运行人员根据实际情况作及时调整。

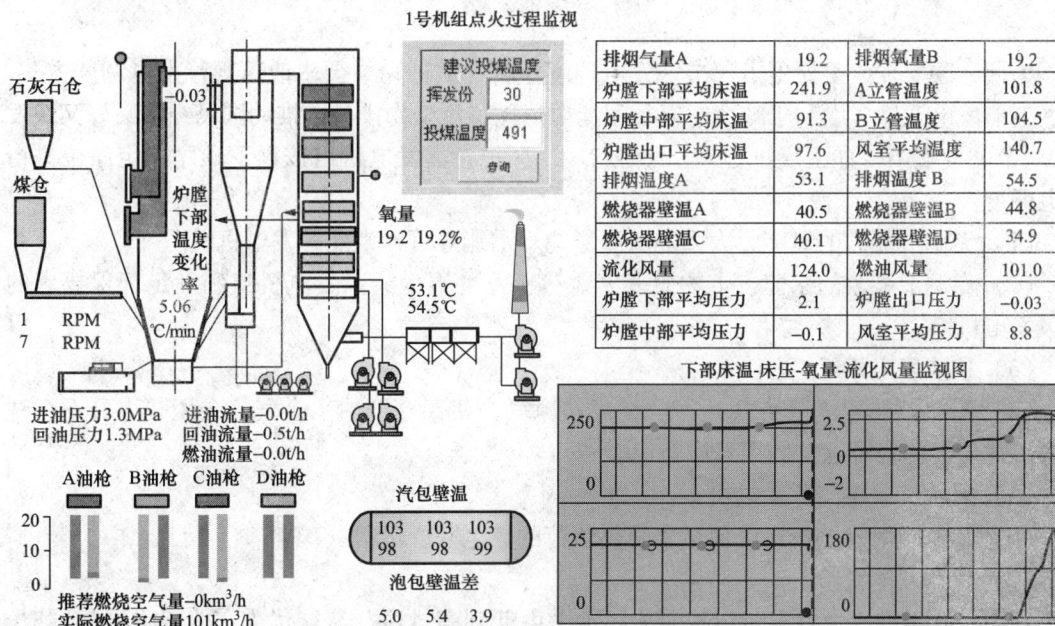

图 15－13　CFB 锅炉点火过程的监视和指导页面

第三节 煤耗在线监测系统在节能降耗中的应用

一、煤耗在线监测系统背景

我国是燃煤大国，同时也是能耗很高的能源消耗大国，与发达国家相比较，发电行业的能耗水平存在很大的节约空间。目前，国家有关部委和电力行业，已经在政策、法规、标准上采取了许多措施，降低供电煤耗、减少污染物排放，并取得了一定的成效；但如何进一步促进国民经济、能源和环境的协调发展，进一步降低能耗指标，还需要采取进一步的技术措施。

为深入贯彻"十一五"期末单位国内生产总值能源消耗和主要污染物排放总量分别比2005年降低20%左右和10%的目标，落实节约资源的基本国策，加快建设节约型社会，电力行业的节能降耗成为工作重点之一。这就需要，一方面，电力企业应采取更加切实的措施开展节能降耗工作；另一方面，必须关停高能耗的发电机组，从而促进电力行业健康、协调、可持续发展。

随着电力行业的改革，"厂网分开"已经顺利实施。目前，电力市场的改革正在东北、华东等地区逐渐试点，如何在安全可靠地调度发电企业上网电量分配的基础上，实现更加经济、环保调度是电力行业必须面对的问题。电力市场目前一般按照各电厂的报价作为重要依据进行优化调度，重点是从电力企业的经济性出发，这就不可避免地忽视了电厂的实际燃煤消耗量，无法合理体现煤炭资源的消耗量和资源优化配置的基本利用原则，不利于"十一五"期末能源战略总体目标的实现。因此，如果能够对电厂每台机组的发电能耗水平进行研究，获得基本数据，就可以将机组的燃煤消耗量作为电网优化调度的参考指标或主导指标，从煤炭资源利用角度实现资源的合理利用和优化配置，督促发电企业进一步加强节能降耗工作，从电力市场上切实落实高能耗、高污染的机组关停，实现"十一五"的能源战略目标。

为此，国家发改委提出了《节能发电调度办法（试行）》，要求改革现行发电调度方式，开展节能发电调度，以利于减少发电行业能源消耗和污染物排放，推动国民经济又好又快发展。《节能发电调度办法（试行）》的重点之一，是各类发电机组按以下顺序确定序位进行发电调度：

（1）无调节能力的风能、太阳能、海洋能、水能等可再生能源发电机组。

（2）有调节能力的水能、生物质能、地热能等可再生能源发电机组和满足环保要求的垃圾发电机组。

（3）核能发电机组。

（4）按"以热定电"方式运行的燃煤热电联产机组，余热、余气、余压、煤矸石、洗中煤、煤层气等资源综合利用发电机组。

（5）天然气、煤气化发电机组。

（6）其他燃煤发电机组，包括未带热负荷的热电联产机组。

（7）燃油发电机组。

其中，同类型火力发电机组按照能耗水平由低到高排序，节能优先；能耗水平相同时，按照污染物排放水平由低到高排序。机组运行能耗水平近期暂依照设备制造厂商提供的机组能耗参数排序，逐步过渡到按照实测数值排序，对因环保和节水设施运行引起的煤耗实测数值增加要作适当调整。污染物排放水平以省级环保部门最新测定的数值为准。

　　该排序的技术难点是如何获得煤耗水平的实测数值？如何保证实测数值的准确性和可靠性？为此，贵州、江苏和河南省作为节能发电调度试点省，分别进行了技术研究或工程实施。本节对贵州节能发电调度煤耗在线监测系统的应用成果进行介绍。

二、贵州节能发电调度煤耗在线监测系统总体方案

（一）总体方案

　　贵州节能发电调度煤耗在线监测系统分为两个部分——电厂侧和调度侧。

　　电厂侧通过 DCS 接口采集每台机组的实时数据，并将这些数据通过调度数据网发送到贵州电力调度通信局的数据库服务器。调度侧建立实时数据库服务器，接收来自各厂的生产数据，并进行实时计算、统计和分析等，为节能调度提供辅助决策支持。系统基本配置如图 15-14 所示。

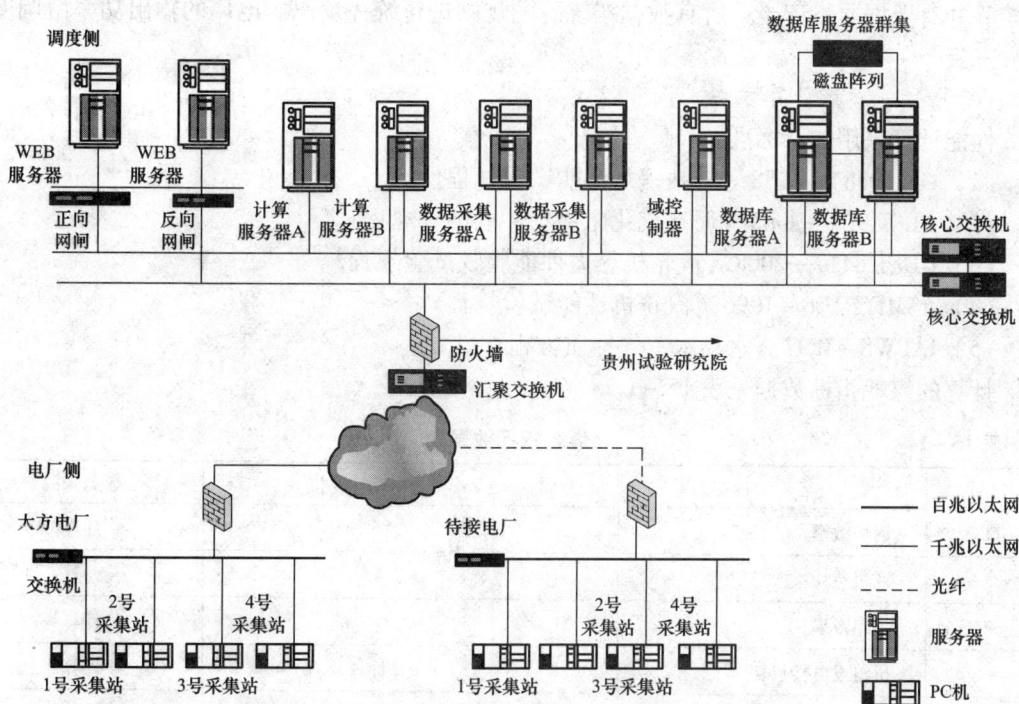

图 15-14　节能发电调度煤耗在线监测系统基本配置

　　注：系统网络的安全性主要依赖于调度数据网，如调度数据网中未考虑其安全性，可在电厂侧网络出口处添
　　　　加网闸或防火墙等设备。

　　调度侧硬件主要由冗余的核心交换机、数据库服务器集群、实时数据采集服务器、计算服务器、WEB 服务器、操作员站、工程师站、打印机等组成。软件部分主要包括实时数据库 PI 及相关套件或 Proficy Historian 及相关套件、关系型数据库 SQL Server、数据通讯软件、计算分析软件、信息发布软件等。

　　厂站侧硬件部分主要包括数据发送服务器、交换机和机组 DCS 系统接口机等。软件部分主要包括厂端 DCS 接口软件和通信软件。

（二）数据流程及采集方案

本系统的基本数据流程为：

（1）电厂端的原始数据（DCS 数据和煤质数据）采集。

（2）电厂端的原始数据向电网的传输和存储。

（3）由试研院结合各电厂机组运行的历史状况和最近试验及监督的情况，对原始数据进行分析，对原始数据的真实性进行甄别，剔除异常数据。

（4）全厂和机组性能参数的计算。

（5）在调度侧对全厂和机组性能数据进行分析，得到机组的供电煤耗曲线和微增率曲线。

（6）性能数据的发布和向决策系统的数据传输。

电厂侧的数据采集量每台机组在 60 个左右，其中，DCS 数据采用直采直送，测点精度满足工业级。煤质数据和灰渣可燃物由电厂手工录入。电厂采集的数据按一定的技术规则进行校验并有数据质量记录，所有数据按统一的规则进行统一编码。电厂的输出功率由调度侧统一采集。

（三）性能参数计算方法

性能计算采用如下标准：

（1）GB 10184—1988《电站锅炉性能试验规程》。

（2）DL/T 964—2005《循环流化床锅炉性能试验规程》。

（3）GB/T 8117—2008《汽轮机热力性能验收试验规程》。

（4）ASME PTC6 – 1996《汽轮机性能试验规程》。

（5）IAPWS – IF97《水和水蒸气性质方程》。

计算的煤耗指标数据见表 15 – 1。

表 15 – 1　　　　　　　　　　　煤耗指标数据表

序号	名　　称	数量	单　　位	数据来源
1	锅炉效率	1	%	计算
2	汽机热耗	1	kJ/kWh	计算
3	机组效率	1	%	计算
4	机组发电标煤耗	1	g（标煤）/kWh	计算
5	机组厂用电率 1*	1	%	计算
6	机组厂用电率 2**	1	%	计算
7	机组供电标煤耗 1*	1	g（标煤）/kWh	计算
8	机组供电标煤耗 2**	1	g（标煤）/kWh	计算
9	标煤燃煤量	1	t（标煤）/h	计算
10	原煤燃煤量	1	t/h	计算

* 只考虑机组发电设备用电。

** 将全厂的公用电按机组负荷分摊到机组上。

此外，还可以计算锅炉的各项损失、高压缸效率、中压缸效率等性能参数，用于机组煤耗参数计算结果的分析。

综合厂用电率的计算式为

$$\delta_p = (1 - P_S/P_e) \tag{15-1}$$

式中　δ_p——综合厂用电率；

P_e——发电机发电功率，kW；

P_S——净发电功率（机组向电网输送的功率），kW。

全厂公用电的厂用电率在机组间的分摊直接影响到各台机组的供电煤耗，进而影响到各个机组的调度上网发电量。所以，为简单公平起见，统一按机组发电功率比例来分摊计算机组供电标煤耗。两台机组共用一套脱硫系统时，脱硫变压器功率按机组发电功率分摊。

对 n 台机组的电厂，第 i 台机组净发电功率的计算方法为

$$P_{S,i} = P_{e,i} - P_{CGB,i} - P_{QGB,i} - P_{GYD}P_{e,i}/\sum_{j=1}^{n} P_{e,j} \tag{15-2}$$

$$P_{GYD} = \sum_{j=1}^{P} P_{e,j} - \sum_{j=1}^{n} P_{CGB,j} - \sum_{j=1}^{n} P_{QGB,j} - \sum_{j=1}^{n} P_{OUT,j} \tag{15-3}$$

式中　P_{CGB}——机组的厂高压变压器功率，MW；

P_{QGB}——机组的启动备用变压器功率，MW；

P_{GYD}——全厂公用电功率，MW；

P_{OUT}——全厂出线功率，MW。

（四）煤耗曲线计算方法

机组煤耗数据分析主要为供电煤耗与发电功率的数据分析，重点是得到机组的供电煤耗曲线和微增率曲线。

在表 15-2 中提供了电厂各机组发电功率与煤耗率关系。

表 15-2　　　　　　　　　　　机组出力与煤耗率关系

功　率（MW）	供电煤耗（g/kWh）	功　率（MW）	供电煤耗（g/kWh）
P_1	b_1	…	…
P_2	b_2	P_n	b_n

同时，对机组的工况稳定性进行判断，去除表 15-2 中不稳定工况下的数据后，通过加权平均和数据拟合方法，给出电厂机组的供电煤耗与负荷函数曲线，得到供电煤耗与发电功率关系，即

$$b = \alpha_1 P^2 + \alpha_2 P + \alpha_3 \tag{15-4}$$

式中　　　b——供电煤耗，g（标煤）/kWh；

P——发电功率，MW；

α_1，α_2，α_3——系数。

对供电燃煤量与负荷率的函数进行求导，可得到微增率函数，即

$$\frac{\mathrm{d}B}{\mathrm{d}P} = 3\alpha_1 P^2 + 2\alpha_2 P + \alpha_3 \tag{15-5}$$

式中　B——燃煤量，kg（标煤）/h。

三、贵州节能发电调度煤耗在线监测系统功能

（一）机组性能监视

机组性能监视能实现电厂主要性能指标的监视，这些性能参数都与煤耗指标的计算有关，如图 15 – 15 所示。

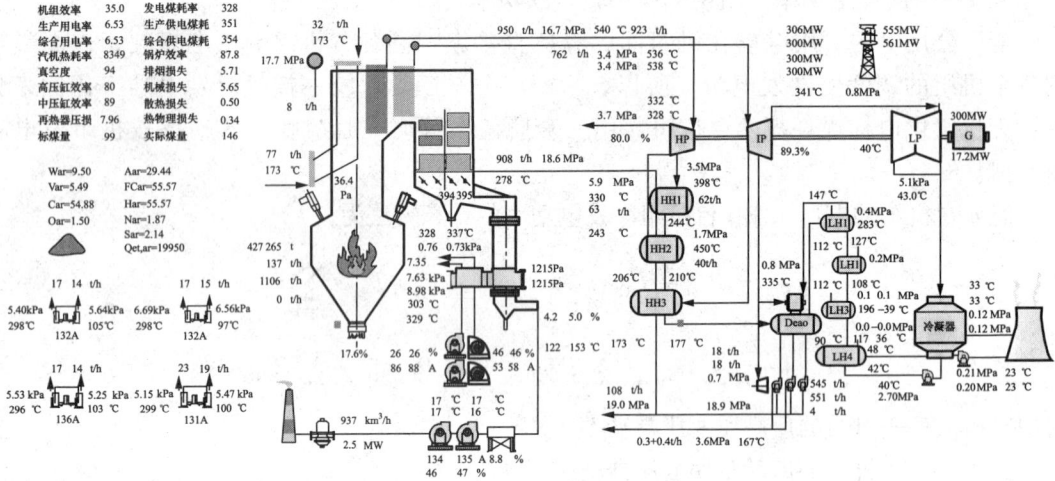

图 15 – 15　主要性能监视图

相对于常规的优化系统（SIS）的性能计算，煤耗指标的计算更注重一次数据的准确性、可靠性和完整性，煤耗结果的计算精度大幅度提高。这得益于如下一些技术措施：

（1）所有性能测点（如排烟温度、排烟氧量测点等）都得到补充和校验。

（2）煤质和灰渣可燃物数据能保证得到定期输入和检验。

（3）所有性能计算涉及的数据都有必要的校验程序进行校验替代，校验结果有历史记录。

（4）电厂的数据从 DCS 系统直采直送，降低了人为因素的影响。

（5）一定的管理措施保证电厂对测点问题及时整改。

（二）数据查询

数据查询包括实时数据查询、历史数据查询和趋势曲线查询。通过这些参数的变化查找机组的性能指标差异，为节能减排提供基础分析数据。

例如，根据某电厂 4×300MW 的煤耗曲线在线计算结果，可以对电厂的性能指标进行分析和机组间煤耗的对比分析，并通过性能参数分析煤耗差异的原因。

根据该系统，可以分析出该电厂机组煤耗偏高的主要问题有：

（1）锅炉效率低，很难达到设计值91.2%，一般在84%～87%。主要原因为：

1）飞灰可燃物高，机械未完全燃烧损失大。

2）排烟温度高，满负荷在150℃左右，比设计值高20℃以上，甚至在170℃以上。

（2）汽轮机运行基本正常，但由于锅炉侧燃烧问题，造成过热器、再热器喷水量大（见图 15 – 16），特别是再热器喷水，有时在 50t/h 以上。

（3）一次风机的挡板开度在满负荷下为20%～30%时，送风机的挡板开度在满负荷下为30%～40%，风机效率低，厂用电率偏高。

其中，4 台机组中 1 号机组煤耗高的原因有：

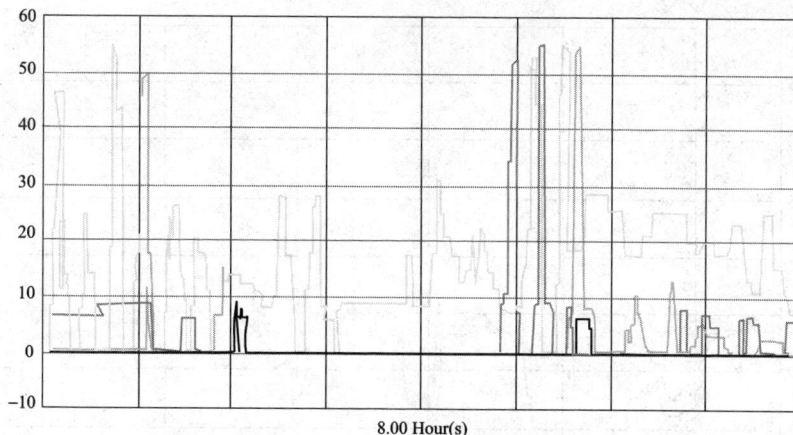

8.00 Hour(s)

图 15 - 16　再热器喷水对比

1）排污率长期大于其他机组，如图 15 - 17 所示。

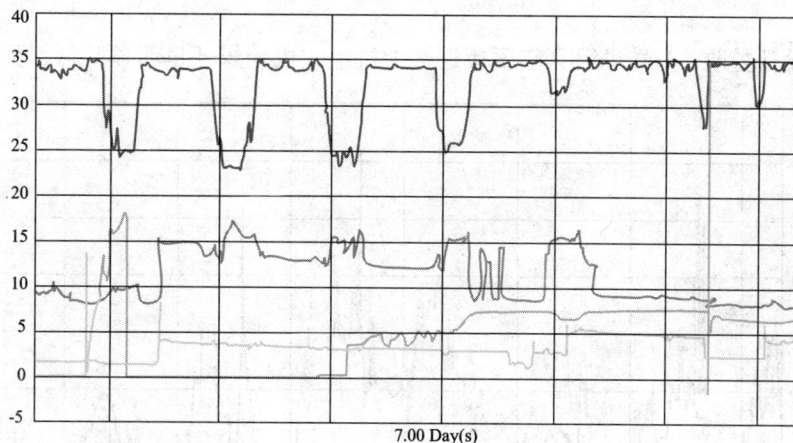

7.00 Day(s)

图 15 - 17　排污率对比

2）机组排汽压力和温度明显高于其他机组，见图 15 - 18 和图 15 - 19。

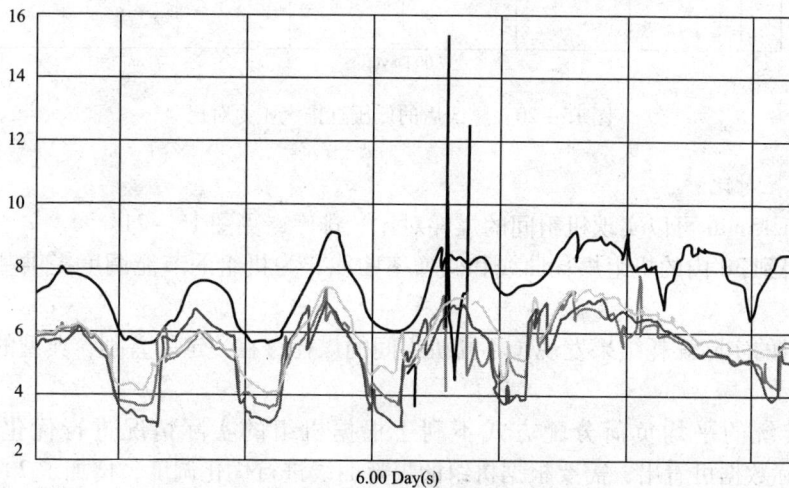

6.00 Day(s)

图 15 - 18　低压缸排汽压力对比

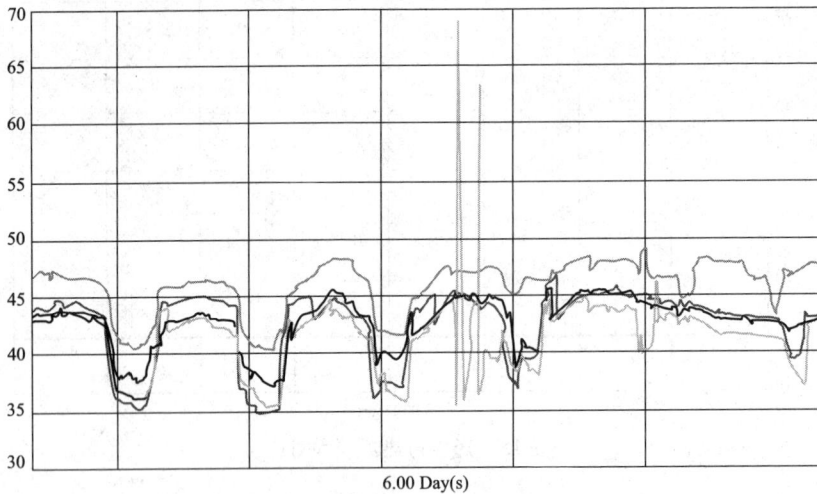

图 15 – 19　低压缸排汽温度对比

后经过设备整改，1 号机组真空度接近其他机组，机组煤耗也明显降低，见图 15 – 20。

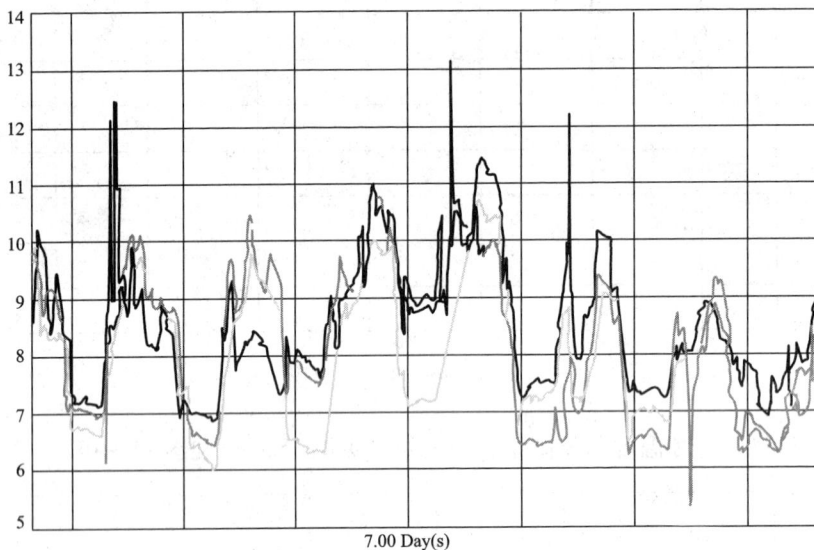

图 15 – 20　整改后的低压缸排汽压力对比

（三）煤耗对比

该系统每 15min 可以实现机组间的煤耗对比、排序，见图 15 – 21。

同时可得到 3d 内的机组煤耗曲线和微增率曲线，为机组的节能调度提供基础数据，见图 15 – 22。

根据机组的实际煤耗结果发现，不同机组间的煤耗存在一定的差别，典型的用煤量对如图 15 – 23 所示。

因此，传统的平均负荷分配方式不利于根据机组的实际情况进行优化调度。从图 15 – 23 的实际数据可看出，需要根据机组的煤耗曲线进行优化调度，增加了 2 号、3 号机组的发电量。

还可以对不同时间段的机组节能调度结果进行统计对比，如图 15-24 所示。

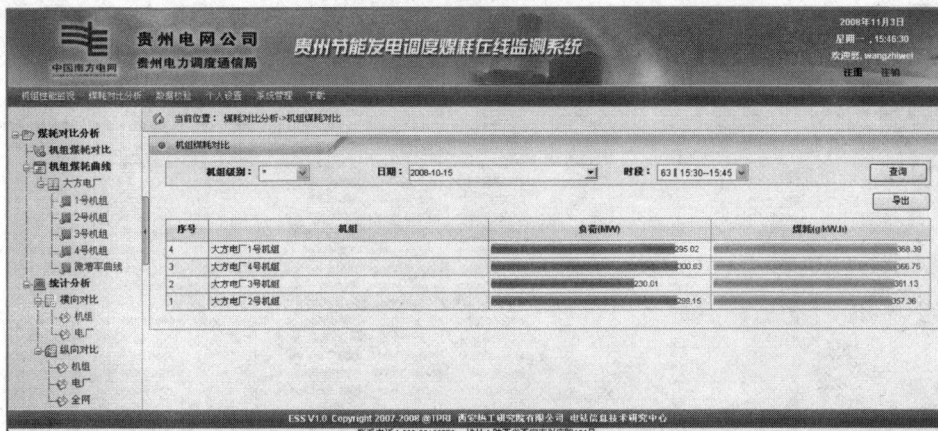

图 15-21 机组间的煤耗对比

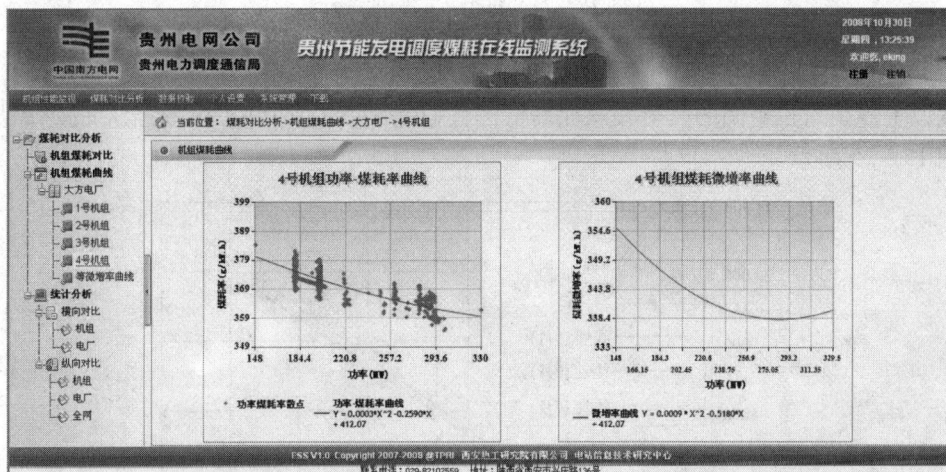

图 15-22 机组煤耗曲线和微增率曲线

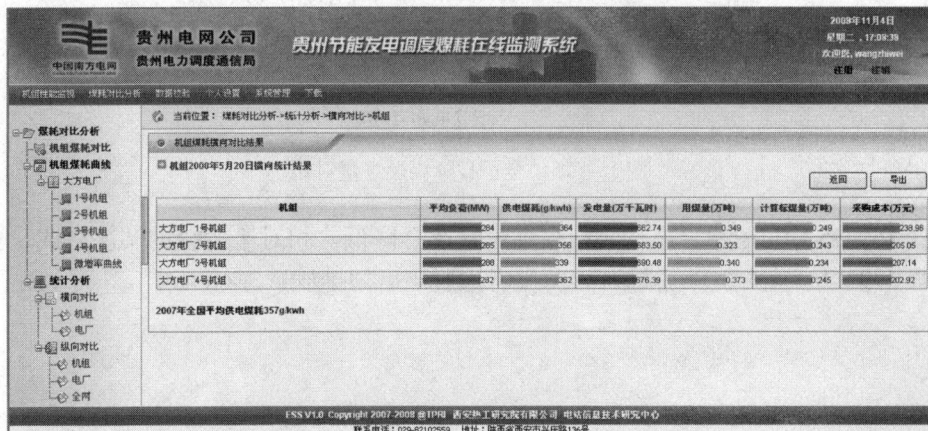

图 15-23 用煤量对比

图 15 - 24　机组节能调度统计

（四）实际节能调度结果

按以上规则对机组间的负荷按煤耗高低进行节能调度，3 个月内，某全厂的燃煤量月对比如图 15 - 25 所示。

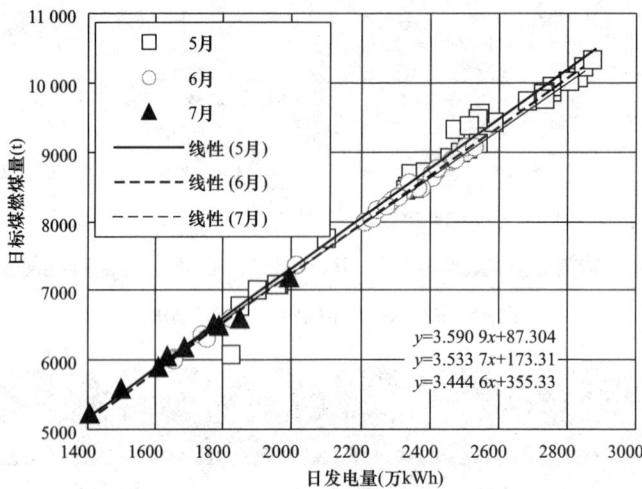

$$y = 3.590\,9x + 87.304$$
$$y = 3.533\,7x + 173.31$$
$$y = 3.444\,6x + 355.33$$

图 15 - 25　全厂日标煤燃煤量对比

从图 15 - 25 中可看出，全厂日标煤燃煤量逐月降低。相对于传统的调度方式，全厂年节约燃煤 1.92 万 t，减少 SO_2 排放 38.4t（考虑脱硫后的排放），CO_2 减排 3.5 万 t 以上。

参 考 文 献

［1］ 祁君田，党小庆，张滨渭．现代高效除尘技术．北京：化学工业出版社．

［2］ Zhang Binwei, Wang Ronghua, Yan Keping. Industrial Applications of Three-phase T/R for Upgrading ESP Performance. 11th International Conference on Electrostatic Precipitation，Hangzhou，2008

［3］ 陈忠义．EAI/EIP 技术在电力企业中的应用．电网技术，2007，31（增刊2）：303～206

［4］ 唐波，孟遂民，王刚．发电厂设备资产管理的设计与开发．电力自动化设备，2007，27（4）：99～102

［5］ 曲朝阳，沈晶，李佳，等．具有面向服务架构的电力企业资产管理系统模型设计．电网技术，2007，31（11）：69～73，87

［6］ 何新，杨东，何涌，等．火电厂厂级监控信息系统的设计和研究．电力设备，2004，5（10）：4～7

［7］ 莫靖林．"生产率悖论"对我国企业信息化的启示．广西社会科学，2008，（151）：83～84

［8］ 徐威，王智微，毕德才，等．生产实时信息移动系统在德州电厂的研究开发．热力发电，2008，37（9）：75～78

［9］ 谭久均．ERP 投资对企业业绩影响的数理分析．系统工程，2006，24（11）：120～126

［10］ 王智微，褚贵宏，胡洪华，等．华能国际火电运行指标监管系统的研究开发．电力信息化．2008，4（6）：51～53

［11］ 王智微，张朝阳．循环流化床煤着火特性的试验研究．燃烧科学与技术，2002，8（5）：468～471

［12］ 王智微，赵敏，邹生发，等．100MW CFB 锅炉的冷态点火介绍．锅炉制造，2004，（4）：37～38